高等院校机械类应用型本科“十二五”创新规划系列教材

顾问 · 张 策 张福润 赵敖生

液压与气压传动（第二版）

主 编 李 兵 黄方平

副主编 谢 明 马春峰 马爱兵 曾亮华
周邢银 吴德旺 徐云杰 孙 娜

主 审 黄宝山

YEYA YU QIYA CHUANDONG

華中科技大學出版社
http://www.hustp.com
中国 · 武汉

内 容 简 介

本书系统地介绍了液压与气压传动的工作原理、结构特点、使用维护和一般故障处理。全书共分为10章：第1、2章为液压与气压传动的基础知识，即液压与气压传动的基本概念、应用和液压流体力学基础；第3章至第6章分别介绍了液压动力元件、执行元件、控制元件及辅助装置；第7章为液压基本回路；第8、9章为典型液压传动系统和液压传动系统的设计和计算；第10章为气压传动基础知识、气源装置与气动辅助元件、气动执行元件、气动控制元件、气动基本回路。每章前有内容提要，基本要求、重点和难点，每章后有思考题与习题。

本书可作为普通工科院校机械类、动力与车辆工程、自动化类各专业开设的“液压与气压传动”相关课程的教学用书，也适用于各类成人高校、自学考试等学生，同时可作为技师、高级工等技术工人学习液压与气压传动技术的培训教材，也可作为机械技术人员进行专业设计或应用的工具书和参考书。

图书在版编目(CIP)数据

液压与气压传动/李兵，黄方平主编. —2版. —武汉：华中科技大学出版社，2015.11（2022.11重印）
高等院校机械类应用型本科“十二五”创新规划系列教材
ISBN 978-7-5680-1385-7

Ⅰ.①液… Ⅱ.①李… ②黄… Ⅲ.①液压传动-高等学校-教材 ②气压传动-高等学校-教材
Ⅳ.①TH137 ②TH138

中国版本图书馆CIP数据核字(2015)第272254号

液压与气压传动(第二版)
Yeya yu Qiya Chuandong(Di-erban)

李 兵 黄方平 主编

策划编辑：俞道凯
责任编辑：吴 晗
封面设计：原色设计
责任校对：张会军
责任监印：张正林
出版发行：华中科技大学出版社(中国·武汉) 电话：(027)81321913
武汉市东湖新技术开发区华工科技园 邮编：430223
录 排：武汉市洪山区佳年华文印部
印 刷：武汉市籍缘印刷厂
开 本：787mm×1092mm 1/16
印 张：15.75
字 数：379千字
版 次：2012年6月第1版 2022年11月第2版第8次印刷
定 价：36.00元

高等院校机械类应用型本科“十二五”创新规划系列教材

编审委员会

高等院校机械类应用型本科“十二五”创新规划系列教材

总　序

胡锦涛同志在党的十七大上指出:教育是民族振兴、社会进步的基石,是提高国民素质、促进人的全面发展的根本途径。温家宝同志在2010年全国教育工作会议上的讲话中指出:民办教育是我国教育的重要组成部分,发展民办教育,是满足人民群众多样化教育需求、增强教育发展活力的必然要求。从1998年到2010年,我国民办高校从21所发展到了676所,在校生从1.2万人增长为477万人。《国家中长期教育改革和发展规划纲要》(2010—2020)颁布以来,我国高等教育发展正进入一个以注重质量、优化结构、深化改革为特征的新时期,独立学院和民办本科学校在拓展高等教育资源,扩大高校办学规模,尤其是在培养应用型人才等方面发挥了积极作用。

当前我国机械行业发展迅猛,急需大量的机械类应用型人才。全国应用型高校中设有机械专业的学校众多,但这些学校使用的教材中,既符合当前改革形势又适用于目前教学形式的优秀教材却很少。针对这种现状,急需推出一系列切合当前教育改革需要的高质量优秀专业教材,以推动应用型本科教育办学体制和运行机制的改革,提高教育的整体水平,加快改进应用型本科的办学模式、课程体系和教学方式,形成具有多元化特色的教育体系。现阶段,组织应用型本科教材的编写是独立学院和民办普通本科院校内涵提升的需要,是独立学院和民办普通本科院校教学建设的需要,也是市场的需要。

为了贯彻落实教育规划纲要,满足各高校的高素质应用型人才培养要求,2011年7月,华中科技大学出版社在教育部高等学校机械学科教学指导委员会的指导下,召开了高等院校机械类应用型本科“十二五”创新规划系列教材编写会议。本套教材以“符合人才培养需求,体现教育改革成果,确保教材质量,形式新颖创新”为指导思想,内容上体现思想性、科学性、先进性和实用性,把握行业岗位要求,突出应用型本科院校教育特色。在独立学院、民办普通本科院校教育改革逐步推进的大背景下,本套教材特色鲜明,教材编写参与面广泛,具有代表性,适合独立学院、民办普通本科院校等机械类专业教学的需要。

本套教材邀请有省级以上精品课程建设经验的教学团队引领教材的建设,邀请本专业领域内德高望重的教授张策、张福润、赵敖生等担任学术顾问,邀请国家级教学名师、教育部机械基础学科教学指导委员会副主任委员、华中科技大学机械学院博士生导师吴昌林教授担任总主编,并成立编审委员会对教材质量进行把关。

我们希望本套教材的出版,能有助于培养适应社会发展需要的、素质全面的新型机械工程建设人才,我们也相信本套教材能达到这个目标,从形式到内容都成为精品,真正成为高等院校机械类应用型本科教材中的全国性品牌。

高等院校机械类应用型本科“十二五”创新规划系列教材

编审委员会

2012-5-1

前　言

本书是应用型本科机械制造、机电工程、车辆工程、数控、自动化等相关专业的教学用书，是作者结合现代工业自动化飞速发展的需求，经过多年的教学、科研及生产的实践，引用最新技术资料编写而成。

本书在内容上，简明全面地讲述了液压与气动元件的原理、结构及性能，液压与气动基本回路的工作原理，典型系统的原理和特点，以及液压与气动系统使用和维护的部分知识。本书在编排过程中，注重与生产实际紧密结合，选用较为典型的实例，使学生获得实用的技术知识。另外，为便于学生理解，大多数元件我们都配以图片，也让学生对实际液压元件有一个初步的认识。

在编写本书时，遵循的指导思想是：阐明工作原理，拓展专业知识，引入先进技术信息，注重理论联系实际，培养学生理解、分析、应用的综合能力。

本书不仅可以作为高等院校相关专业的试用教材或培训资料，还可以供教师、学生、企业技术人员课内外学习、拓展视野或进一步提高时参考。

本书的第3、9章由北京理工大学珠海学院李兵和湖州师范学院徐云杰编写，第1、10章由浙江大学宁波理工学院黄方平编写，第2章由东莞理工学院城市学院谢明编写，第4章由华北电力大学科技学院周邢银和湖北工业大学马爱兵编写，第5章由沈阳理工大学应用技术学院马春峰编写，第6章由北京理工大学珠海学院吴德旺编写，第7章由宁夏理工学院孙娜和北京理工大学珠海学院曾亮华编写，第8章1～3节由北京理工大学珠海学院曾亮华编写，4～5节由东莞理工学院城市学院谢明编写，第6节由北京理工大学珠海学院李兵编写。本书由李兵、黄方平任主编，全书由李兵负责统稿和定稿。本书由黄宝山主审。

限于编者的水平和经验，书中难免有欠妥甚至是错误之处，敬请广大读者批评指正，以便再版时修正和完善。

编　者

2015年10月

目　录

第1章 液压、气压传动概述

内容提要

液压、气压传动是属于自动控制领域的一门重要学科，它是以流体（液体或压缩空气）为工作介质，以液体或气体的压力能进行能量传递和控制的一种传动形式。本章主要讲述了液压、气压传动与控制的概念，揭示了液压或气压传动的基本原理，论述了压力与负载、速度与流量、液压功率与输出功率之间的关系，液压、气压传动系统的组成，液压、气压传动系统图的表示方法，液压、气压传动的优缺点，液压、气压传动的应用及发展前景。通过本章的学习，使学生对液压、气压传动与控制这门技术有一个初步的了解。

基本要求、重点和难点

基本要求：

(1) 掌握液压、气压传动的定义，区分液压与气压传动和其他传动形式的不同，了解液压、气压传动的工作原理和传动实质；

(2) 了解液压、气压传动系统的组成和系统图的表示方法；

(3) 了解液压、气压传动系统的优缺点；

(4) 了解液压、气压传动的应用情况及发展前景。

重点：液压、气压传动的工作原理；液压、气压传动系统图的表示方法。

难点：液压、气压传动的工作原理。

1.1 液压、气压传动的定义及工作原理

液压、气压传动系统是由一些功能不同的液压和气压元件组成，在密闭的回路中依靠运动的液体和气体进行能量传递，通过对液体或气体的相关参数（压力、流量）进行调节和控制，来满足工作装置输出力、速度（或转矩、转速）的一种传动装置。液压和气压传动在元件工作原理、系统构成等方面极其相似，所不同的是：作为液压传动的液体几乎不可压缩，作为气压传动的空气有较大的压缩性。液压、气压传动系统的类型很多，应用范围也十分广泛，下面以图1-1所示的液压千斤顶为例说明其工作原理。

当向上提手柄5时，小缸4内的小活塞上移，小缸下部因容积增大形成真空，此时排油单向阀3关闭，油箱1内的液压油通过油管和吸油单向阀2被吸入到小缸下腔并充满。当向下压手柄5时，小活塞下移，液压油被挤出，压力升高，此时吸油单向阀2关闭，小缸4内的液压油顶开排油单向阀3进入大缸7下腔，迫使大活塞向上移动举起重物6。经过反复提升和下压杠杆，就能将油箱的液压油不断吸入小缸，压入大缸，推动大活塞逐渐上移而将重物举起。为把重物从举高的位置顺利放下，系统设置了截止阀（放油螺塞）8。

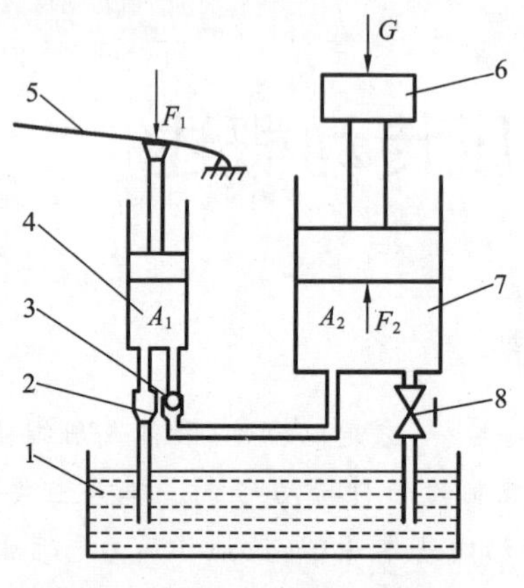

图 1-1 液压千斤顶的工作原理

1—油箱;2—吸油单向阀;3—排油单向阀;4—小缸;5—手柄;6—重物(负载);7—大缸;8—截止阀

在图 1-1 中,如果两根通油箱的管道与大气相通,则变成了气动系统的原理图。这种情况下,上下按动手柄 5 一次,空气就通过阀 2 被吸入一次,经阀 3 输到大缸 7 的下腔一次。反复按动手柄 5,同样可以把重物提起。与液压系统不同的是,因气体有压缩性,不会一按手柄 5 重物立即相应上移,而是需按动手柄 5 多次,使进入大缸 7 下腔中的气体逐渐增多,压力逐渐升高,一直到气体压力达到使重物上升所需的压力值时,重物才开始上升。在重物上升的过程中,也不像液压系统那样,压力值基本保持不变(重物负载不变),因气体的压缩性较大,气压值会发生波动。

图 1-1 所示的系统不能对重物的上升速度进行调节,也没有防止压力过高的安全措施,是一个简单的液压或气压系统,但同样充分揭示了液压或气压传动的压力与负载、速度与流量、液压功率与输出功率之间的关系。

1.1.1 压力与负载的关系

在图 1-1 中,设大、小活塞(也称大、小液压缸)的面积分别为 A_2 和 A_1,作用在大活塞上的外负载为 G,大活塞下端的受力为 F_2,施加于小活塞上的作用力为 F_1,则在大缸 7 中所产生的液体压力(压强)为(忽略活塞自重、摩擦力等)$p_2=G/A_2=F_2/A_2$,小缸 4 内的压力为 $p_1=F_1/A_1$。根据帕斯卡原理:加在密封容器中的压力(压强)能够按照原来的大小向液体的各个方向传递,即 $p_1=p_2=p$。若忽略压力损失,则可以表示为

$$p=\frac{G}{A_2}=\frac{F_2}{A_2}=\frac{F_1}{A_1} \tag{1-1}$$

或

$$F_2=F_1\ \frac{A_2}{A_1} \tag{1-2}$$

式(1-1)说明,当 A_1、A_2 一定时,负载 F_2 越大,系统中的压力 p 也越高,外界对系统的作用力 F_1 也越大,所以系统的压力 p 取决于外负载的大小。式(1-2)表明,当 $A_2/A_1\gg1$ 时,作用在小活塞上一个很小的力 F_1,便可以在大活塞上产生一个很大的力 F_2,以举起重物(负载)。

1.1.2 速度与流量的关系

在图 1-1 中,若不计液体的泄漏、可压缩性和系统的弹性变形等因素,则从小缸中排出的液体体积一定等于大缸中的液体体积,以供活塞上升。设大、小缸活塞的位移分别为 s_2、s_1,则有

$$s_1A_1=s_2A_2 \tag{1-3}$$

或

$$\frac{s_2}{s_1}=\frac{A_1}{A_2} \tag{1-4}$$

式(1-4)表明两活塞的位移与两活塞的面积成反比。将式(1-3)两边同除以活塞运动的时间 t，得

$$q_1=A_1v_1=A_2v_2=q_2=q \tag{1-5}$$

式中：v_1、v_2——小活塞、大活塞的平均运动速度；

q_1、q_2——小缸输出的平均流量、大缸输入的平均流量。

从式(1-5)可以得到一般公式

$$v=\frac{q}{A} \tag{1-6}$$

式(1-6)是液压传动中速度调节的基本公式。说明通过调节进入液压缸的液体流量，即可调节活塞的运动速度，由此可见：液压传动系统中，执行机构的运动速度取决于输入流量的大小。

1.1.3 能量转换关系

由图1-1可知，大活塞工作时输出的瞬时功率为负载与速度的乘积，即

$$P=F_2v_2=F_2\frac{q_2}{A_2}=\frac{F_2}{A_2}q_2=p_2q_2 \tag{1-7}$$

式中：P——液压缸所输出的功率。

式(1-7)表明，液压传动的功率等于液体的压力 p 和流量 q 的乘积。所以压力和流量是液压传动中的两个重要的基本参数。它们相当于机械传动的直线运动中的力和速度，旋转运动中的转矩和转速。

1.2 液压和气压系统的组成及表示方法

1.2.1 液压和气压系统的组成

为了对液压和气压系统有一个更加清楚的了解，下面详细介绍工程实际中的液压和气压系统。图1-2是磨床液压传动系统工作原理图，该液压系统能实现磨床工作台的往复运动及运动过程中的换向、调速及进给力的控制。为了实现这些功能，需要在液压泵和液压缸之间设置一些装置。其工作原理如下：电动机驱动液压泵3旋转，从油箱1中经过滤器2吸油，向系统提供具有一定流量的压力油。当换向阀5的阀芯处于图示位置时，压力油经流量控制阀4(节流阀)、阀5和管道9进入液压缸7的左腔，推动缸7的活塞向右运动。缸7右腔的油液经管道6、阀5和管道10流回油箱。当改变阀5阀芯的工作位置，使其处于左端位置时，缸7的活塞将反向运动。换向阀5的作用是实现磨床工作台的换向运动。流量控制阀4的作用是用来调节磨床工作台的运动速度。溢流阀11(压力控制阀)的作用是根据负载的不同来调节并稳定液压系统的工作压力，同时放掉液压泵3排出的多余压力油，对整个液压系统起过载保护作用。工作台的移动速度是由流量控制阀4来调节的，开大流量控制阀的开口，进入缸7的流量增多，工作台的移动速度增大；反

之，工作台的移动速度减慢。此时液压泵 3 排出的多余油液经溢流阀 11 和管道 12 流回油箱 1。系统工作时，缸 7 工作压力的大小取决于磨削工件所需的进给力的大小。液压泵 3 的最高工作压力由溢流阀 11 调定。

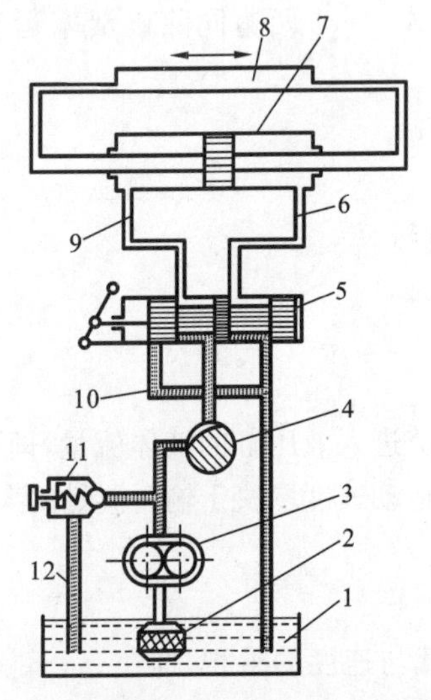

图 1-2　磨床液压传动系统工作原理

1—油箱；2—过滤器；3—液压泵；4—流量控制阀；
5—换向阀；6，9，10，12—管道；7—液压缸；
8—工作台；11—溢流阀

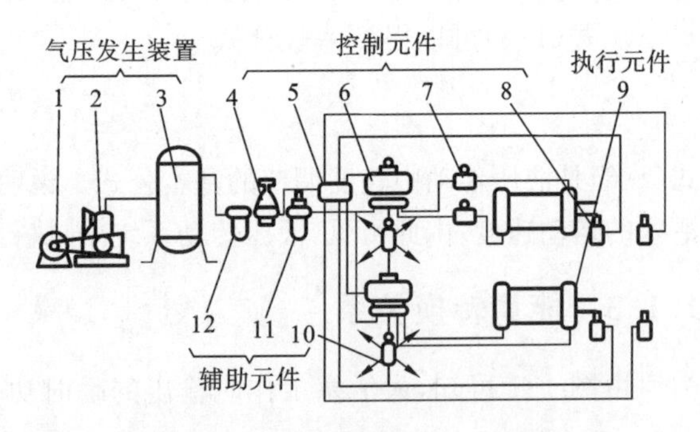

图 1-3　气压传动系统工作原理

1—电动机；2—空气压缩机；3—气罐；4—压力控制阀；
5—逻辑元件；6—方向控制阀；7—流量控制阀；8—行程阀；
9—汽缸；10—消声器；11—油雾器；12—分水过滤器

图 1-3 所示的气压传动系统，在气压发生装置和汽缸之间有控制压缩空气的压力、流量和方向的各种控制元件，逻辑运算、检测、自动控制等信号控制元件，以及使压缩空气净化、润滑、消声、传输所需要的一些装置。

从上面的例子可以看出，液压与气压传动系统主要由以下五部分组成。

（1）动力元件　动力元件是一种能量转换装置，将机械能转换成压力能。包括液压泵、气压发生装置。

（2）执行元件　执行元件也是一种能量转换装置，将流体的压力能转换成机械能输出。这种元件可以是做直线运动的液压缸、汽缸，也可以是做旋转运动的液压马达、气动马达，还可以是做往复摆动的液压或气压缸（马达）。

（3）控制元件　控制元件是对液压或气压系统中流体的压力、流量及流动方向等参数进行控制和调节，或实现信号转换、逻辑运算和放大等功能的元件。这些元件对流体相关参数进行调节、控制、放大，不进行能量转换。

（4）辅助元件　辅助元件是指除上述三种元件以外的其他元件，即保证系统正常工作所需的元件，如：液压系统中的油箱、蓄能器、过滤器等；气压系统中的分水滤气器、油雾器、消声器等；液压与气压系统中的管道、管接头、压力表等。辅助元件对液压与气压系统的正常工作是必不可少的。

（5）工作介质　用来进行能量和信号的传递，它是液压或气压能的载体。液压系统以液压油液或高水基液体作为工作介质，气压系统以压缩空气作为工作介质。

1.2.2 液压和气压系统的表示方法

图1-2、图1-3所示分别为半结构式的液压与气压系统工作原理图，该图直观性强，容易理解，读图方便，但绘制起来较为麻烦，元件多时几乎不可能绘制出来。为了简化液压、气压系统的表示方法，通常采用图形符号来绘制系统的原理图，如图1-4和图1-5所示。各类元件的图形符号完全脱离了其具体结构形式，只表示其职能，由它们组成的系统原理图能简明表达系统的工作原理及各元件在系统中的作用，为此国家专门制定了相关的液压与气压传动常用图形符号的标准GB/T 17491—2011。图1-4、图1-5所示分别为图1-2、图1-3采用图形符号绘制的液压与气压传动系统工作原理图。

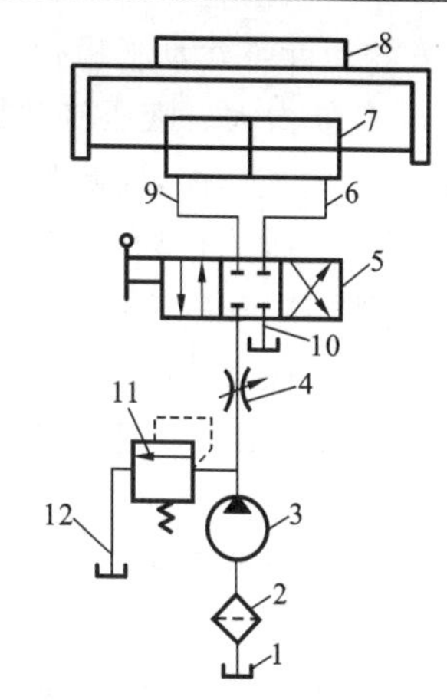

图1-4 用图形符号表示的磨床液压传动系统工作原理

1—油箱；2—过滤器；3—液压泵；4—流量控制阀；5—换向阀；6,9,10,12—管道；7—液压缸；8—工作台；11—溢流阀

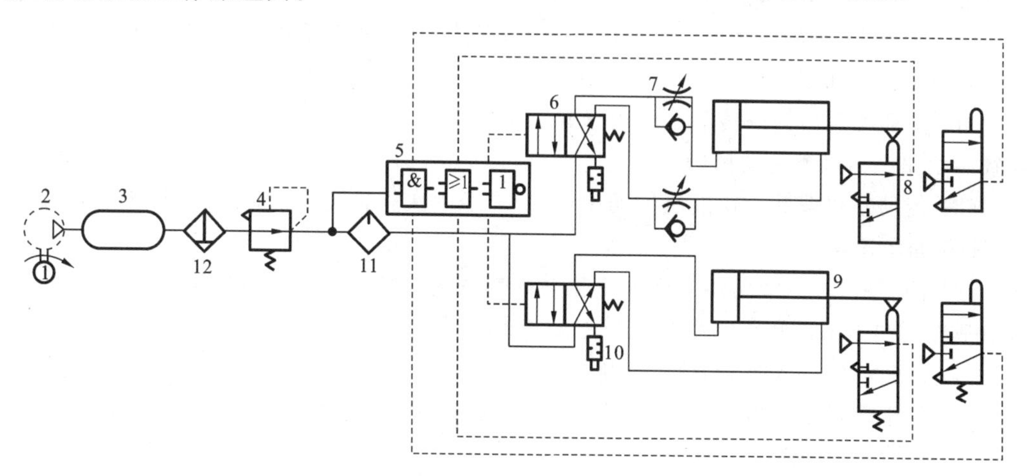

图1-5 用图形符号表示的气压传动系统工作原理

1—电动机；2—空气压缩机；3—气罐；4—压力控制阀；5—逻辑元件；6—方向控制阀；7—流量控制阀；8—行程阀；9—汽缸；10—消声器；11—油雾器；12—分水过滤器

1.3 液压传动和气压传动的优、缺点

1.3.1 液压传动的优、缺点

1. 液压传动的优点

(1) 易于实现无级调速。通过调节流量系统可在运行过程中方便地实现无级调速，调速范围可达2000：1，容易获得极低的运动速度。

(2) 传递运动平稳。靠液压油的连续流动传递运动，液压油几乎不可压缩，且具有吸振能力,因此执行元件运动平稳。

(3) 承载能力大。液压传动是将液压能转化为机械能来驱动执行元件做功的,系统很容易获得很大的液压能,因此驱动执行元件做功的机械能也大,可以很方便地实现低速大扭矩传动或低速大推力传动。

(4) 元件使用寿命长。因元件在油液中工作,润滑条件充分,可延长其使用寿命。

(5) 易于实现自动化。系统的压力、流量和流动方向容易实现调节和控制,特别是与电气、电子和气动控制联合起来使用时,能使整个系统实现复杂的程序动作,也可方便地实现远程控制。

(6) 易于实现过载保护。液压传动采取了多种过载保护措施,能自动防止过载,避免发生事故。

(7) 易于实现标准化、系列化和通用化。液压元件属机械工业基础件,在国内外有许多专门从事液压元件制造的厂家,除油箱和少量的专用件外,一般的液压元件都能直接购买,且规格齐全、品种多样。

(8) 系统的布局和安装灵活。液压元件的布局不受严格的空间位置限制,各元件之间用管道连接,布局和安装有较大的灵活性。

(9) 体积小,质量小,惯性小,反应快,结构紧凑,易于实现快速启动、制动和频繁换向。

2. 液压传动的缺点

(1) 不能实现严格的传动比。由于传动介质的可压缩性和易泄漏等因素的影响,从而导致传动比不如机械传动精确。

(2) 传动效率偏低。在液压传动中,系统需经两次能量转换,因而相对于机械和电气系统,其传动效率偏低。

(3) 油温变化时,液压油黏度的变化会影响系统的稳定工作。系统在高温工作时,采用石油基液压油为工作介质的系统还需注意防火问题。

(4) 液压油中混入空气,容易产生振动和噪声。

(5) 发生故障不易检查与排除,且工作介质被污染后,会造成液压元件阀芯卡死等现象,使系统不能正常工作。

(6) 液压元件制造精度要求高,系统维护技术水平要求高。

1.3.2 气压传动的优、缺点

1. 气压传动的优点

(1) 工作介质获取容易。工作介质为空气,可以在大气中获取,用过的空气可以直接排放到大气中去,万一空气管路有泄漏,也不会污染环境,处理方便,而且可以利用空气的可压缩性储存能量,集中供气和远距离输送。

(2) 输出力和速度调节容易。汽缸动作速度一般为 50~500 mm/s,比液压和电气装置动作速度快。

(3) 气动系统结构简单、维修方便,管路不易堵塞,也不存在介质变质、补充更换等问题。因气动系统的压力较低(一般 0.3~0.8 MPa),所以气动元件的材料和制造精度要求低。

(4) 使用安全。气动装置具有防火、防爆、防潮等特点，使用温度范围广，便于实现过载自动保护。

2. 气压传动的缺点

(1) 由于空气具有可压缩性，因此传递运动的平稳性差。

(2) 系统工作压力低(0.3～0.8 MPa)，又因结构尺寸不易过大，因此汽缸的输出推力不可能很大。

(3) 气信号传递速度较慢，仅限于声速范围内，因此气压传动不易用于要求高速度的复杂回路中。

(4) 排气声音大，需加消声器。

(5) 气压传动的传递效率比较低。

综上所述，液压与气压传动中，优点是主要的，而其缺点随着科学技术进步的发展会不断被克服和改善。

1.4　液压与气压传动的应用

工农业各部门使用液压与气压传动的出发点是不同的。如机床上采用液压传动是利用其无级变速方便、运动平稳、易于实现自动化控制、易于实现频繁的换向等特点；工程机械、压力机械主要是利用其结构简单、输出功率大的特点；航空工业主要是利用其体积小、质量小、动态性能好、有良好的操纵控制性能的特点；采矿、钢铁和化工工业等采用气压传动主要是利用其空气工作介质具有防爆、防火等特点。

液压传动在某些机械工业部门的应用情况如表1-1所示。

表1-1　液压传动在各个行业中的应用

行业名称	应用场合举例
机床工业	磨床、铣床、拉床、刨床、压力机、自动车床、组合车床、数控机床、加工中心等
工程机械	挖掘机、装载机、推土机、压路机、铲运机等
起重运输机械	起重机、叉车、装卸机械、皮带运输机、液压千斤顶等
矿山机械	开采机、凿岩机、开掘机、破碎机、提升机、液压支架等
建筑机械	打桩机、平地机等
农业机械	联合收割机的控制系统、拖拉机和农用机的悬挂装置等
冶金机械	电炉控制系统、轧钢机控制系统等
轻工机械	注塑机、打包机、校直机、橡胶硫化机、造纸机等
汽车工业	自卸式汽车、平板车、高空作业车、汽车转向器、减振器等
船舶港口机械	起货机、起锚机、舵机等
铸造机械	砂型压实机、加料机、压铸机等
智能机械	折臂式小汽车装卸器、数字式体育锻炼机、模拟驾驶舱、机器人等

1.5 液压与气压传动的发展前景

液压与气压传动相对于机械等传动来说是一门新兴技术。虽然从17世纪中叶帕斯卡提出静压传递原理，到18世纪末英国制造出世界上第一台水压机算起，已有几百年的历史，但液压与气压传动在工业上被广泛采用和有较大幅度的发展却是20世纪中期以后的事情。

近代液压传动是由19世纪崛起并蓬勃发展的石油工业推动起来的，最早实践成功的液压传动装置是舰艇上的炮塔转位器，其后才在其他邻域应用。第二次世界大战期间，各参战国为了打赢战争，投入了大量的人力、物力、财力发展新式武器，制造出反应迅速、动作准确、输出功率大的液压传动及控制装置，促使液压技术迅速发展。战后，液压技术很快转入民用工业，并随着各种液压元件的标准化、规格化、系列化，液压系统在机床、工程机械、冶金机械、塑料机械、农林机械、汽车、船舶等行业得到了大幅度的应用和发展。20世纪60年代以后，随着原子能技术、空间技术、电子技术等方面的发展，液压技术向更广阔的领域渗透，发展成为包括传动、控制和检测在内的一门完整的自动化技术。现今，采用液压传动的程度已成为衡量一个国家工业水平的重要标志之一。如发达国家生产的95%的工程机械、90%的数控加工中心、95%以上的自动化流水线都采用了液压传动技术。

我国的液压工业始于20世纪50年代，其产品最初只用于机床和锻压设备，后来才用到拖拉机和工程机械上。自1964年从国外引进一些液压元件生产技术，同时进行自行设计液压产品以来，我国的液压件生产已从低压到高压形成系列，并在各种机械设备上得到了广泛的应用。20世纪80年代起更加速了对国外先进液压产品和技术的有计划引进、消化、吸收和国产化工作，以确保我国的液压技术能在产品质量、经济效益、研究开发等方面全方位地赶上世界水平。

随着液压机械自动化程度的不断提高，液压元件应用数量急剧增加，元件小型化、系统集成化是必然的发展趋势。特别是近十年来，液压技术与传感技术、微电子技术密切结合，出现了许多诸如电液比例控制阀、数字阀、数字缸、电液伺服液压缸等机（液）电一体化元器件，使液压技术在高压、高速、大功率、节能高效、低噪声、使用寿命长、高度集成化等方面取得了重大进展。无疑，液压元件和液压系统的计算机辅助设计（CAD）、计算机辅助制造（CAM）、计算机辅助试验（CAT）和计算机实时控制也是当前液压技术的发展方向。

由于空气具有无污染、防火、防爆、防电磁干扰、吸收振动和冲击等优点，在20世纪60年代末，人们用空气作为工作介质来传递动力做功，出现了各种气动系统，如利用自然风力推动风车、带动水车提水灌田，后来用于汽车的自动开关门、火车的自动抱闸、采矿用风钻等。近年来气动技术的应用领域已从交通运输、采矿、钢铁、机械等工业迅速扩展到化工、轻工、食品、军事工业等工业部门。和液压技术一样，当今气动技术亦发展成包含传动、控制与检测在内的自动化技术，作为柔性制造系统（FMS）在包装设备、自动生产线和机器人等方面也成为不可缺少的重要手段。由于工业自动化以及FMS的发展，要求气动技术以提高系统可靠性、智能化，降低总成本并与电子工业相适应为目标，进行系统控制技术和机电液气综合技术的研究和开发。显然，气动元件的微型化、节能化、无油化是当前的发展特点，与电子技术相结合产生的自适应元件，如各类比例阀和电气伺服阀，使气动系统从开关控制进入反馈控制。计算机的广泛普及与应用为气动技术的发展提供了更加广阔的前景。

思考题与习题

1-1　什么是液压与气压传动？液压与气压传动和机械传动相比，有哪些优、缺点？

1-2　液压与气压传动系统由哪几部分组成？每部分的功能是什么？

1-3　液压传动中液体的压力是由什么决定的？

1-4　液压传动系统的基本参数是什么？它们与哪些因素有关？

第2章　液压与气压传动基本理论

内容提要

通过学习液体静力学、液体动力学和压力损失的计算，掌握液体压力、流量的表示方法及力的计算方法，熟练掌握流量、流速、压力损失的计算方法，为元件的结构及油路的分析提供依据。

基本要求、重点和难点

基本要求：掌握流体力学的基础知识；掌握液体的黏性、黏度和液压油选用的方法；了解流体质量、动量、能量守恒方程的形式及应用；掌握压力损失的计算方法；能利用小孔流量方程分析流量特性；熟悉缝隙流量方程的形式和应用。

重点：液体静力学基本方程，流动液体的连续性方程和伯努利方程式的物理意义及其应用，小孔流动液压与气压传动的工作原理。

难点：绝对压力、相对压力和真空度之间的关系，连续性方程和伯努利方程，液压、气压传动的工作原理。

2.1　液压油的主要物理性质

在液压系统中，液压油是传递动力和信号的工作介质。同时，它还起到润滑、冷却和防锈的作用。液压系统能否可靠有效地工作，在很大程度上取决于系统中所使用的液压油。

2.1.1　液压油的主要特性

1. 黏性

1）定义

液体在外力作用下流动时，分子间的内聚力要阻止分子的相对运动而产生一种内摩擦力，这种性质称为液体的黏性。液体只有在相对运动时才会出现黏性，静止液体不显示黏性。

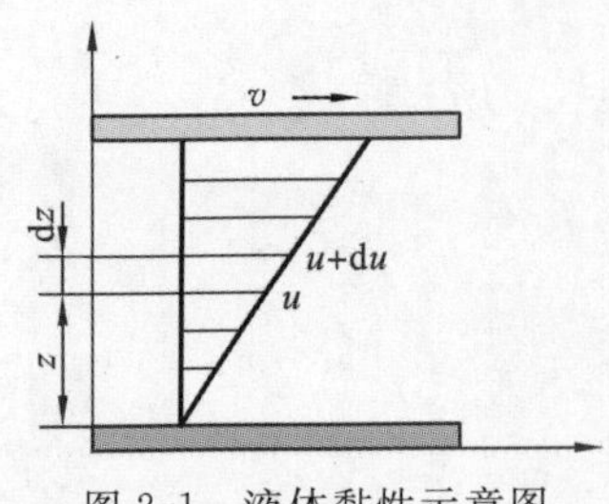

图2-1　液体黏性示意图

2）牛顿内摩擦定律

如图2-1所示，设两个平行平板，其间充满液体，下平板固定不动，上平板以速度 v 向右移动，附着在平板表面液体层的速度与平板速度相同。现在其间任取一薄层 dz，速度近似按线性规律分布，下层液体速度设为 u，上层液体速度设为 $u+du$，由于液体层间产生相对运动，因此液体层间产生内摩擦力 F。

实验测定指出,液体流动时,相邻液体层间的内摩擦力 F 与接触面积 A、速度梯度 $\frac{du}{dz}$ 成正比,它们之间的关系可用牛顿内摩擦定律表示,即

$$F=\mu A\frac{du}{dz} \quad 或 \quad \tau=\mu\frac{du}{dz} \tag{2-1}$$

式中:μ——液体动力黏度,与液体的种类和温度有关;

τ——内摩擦切应力(单位面积上的内摩擦力);

$\frac{du}{dz}$——速度梯度,即液体层间相对速度对液层距离的变化率。

3) 动力黏度 μ 和运动黏度 ν

动力黏度是表征液体黏性大小的物理量。它的物理意义是指当速度梯度等于1时,液体层间单位面积上的内摩擦力,它的单位是 Pa·s(帕·秒)。

动力黏度 μ 与密度 ρ 的比值称为运动黏度,用 ν 表示,$\nu=\mu/\rho$。运动黏度的单位为 m^2/s,工程中还使用 cSt(厘斯)来表示,1 $m^2/s=10^6$ cSt$=10^6$ mm^2/s。

ISO(国际标准组织)规定统一采用运动黏度来表示油的黏度。我国生产的机械油和液压油采用 40 ℃时的运动黏度(mm^2/s)为其标号。例如 YA-N32,YA 表示普通液压油,N32 表示 40 ℃时油的平均运动黏度为 32 mm^2/s。

4) 影响黏度的因素

(1) 温度　液体的黏度随温度的升高而下降。液体黏度对温度很敏感,温度略有升高,其黏度明显下降。这是由于温度升高时,分子间距增大,分子间内聚力减小的缘故。液体黏度随温度变化的关系可以用黏-温曲线表示。国际和国内均采用黏度指数(VI)来衡量油液黏-温特性的好坏。

(2) 压力　压力增加时,黏度略有增加。这是因为压力增加时,分子间距缩小,内聚力增加。压力对黏度的影响不大,一般情况下,特别是压力较低时,可不考虑。

2. 可压缩性

在温度不变的条件下,液体受压时,体积要缩小,这一性质称为可压缩性。

假设液体压力为 p_0 时体积为 V_0,当压力增加 Δp 时,体积减小 ΔV。液体的可压缩性用体积压缩系数 β 或其倒数体积弹性模量 K 表示,则

$$\beta=-\frac{1}{V_0}\frac{\Delta V}{\Delta p}, \quad K=\frac{1}{\beta}$$

油液的可压缩性比钢的大得多,一般为钢的100～150倍。液压油的体积弹性模量和温度、压力有关,温度增高时,K 减小;压力增大时,K 增大。一般情况下,在对中、低压系统进行静态特性分析、计算时,油的可压缩性对系统性能影响不大,可以忽略,认为液体是不可压缩的。但在高压下或研究系统动态性能时,必须予以考虑。

2.1.2 液压油的选择和使用

1. 液压油的种类

液压系统使用的工作介质有以下几种类型。

(1) 石油型液压油　石油型液压油包括普通液压油(YA)、液压-导轨油、抗磨液压油

(YB)、低温液压油(YC)、高黏度指数液压油(YD)、机械油、汽轮机油。

(2) 乳化型液压液　乳化型液压液包括水包油乳化液(YRA)、油包水乳化液(YRB)。

(3) 合成型液压液　合成型液压液包括水-乙二醇液(YRC)、磷酸酯液(YRD)。

2. 对液压油的要求

为了很好地传递动力和运动,液压油应具有如下性能:良好的化学稳定性;良好的润滑性能,以减小元件中相对运动表面的磨损;质地纯净,不含或含有极少量的杂质、水分和水溶性酸、碱等;适当的黏度和良好的黏-温特性;凝固点较低,以保证油液能在较低温度下正常使用;自燃点和闪点要高;抗泡沫性和抗乳化性要好;腐蚀性小,防锈性好;对人体无害,成本低。

3. 液压油的选用

目前,90%以上的液压系统采用石油型液压油。合成型液压油价格高,只有在某些特殊设备中,其抗燃要求高、使用压力高、温度范围大等情况下采用。工作压力不高时,高水基乳化液也是一种良好的抗燃液。

选用液压油时,最先考虑的是油液的黏度(黏度既影响泄漏,又影响功率损失),其次还应考虑系统的工作压力、环境温度、运动速度、液压泵的类型等因素。

2.2 液体静力学基础

2.2.1 液体静压力及其性质

静止液体指的是液体内部质点间没有相对运动,不呈现黏性。静止液体某点处单位面积 ΔA 上所受的法向力 ΔF 之比叫做压力 p(静压力),即

$$p=\lim_{\Delta A\to 0}\frac{\Delta F}{\Delta A} \tag{2-2}$$

若法向作用力 F 均匀地作用在面积 A 上,则压力可表示为

$$p=\frac{F}{A} \tag{2-3}$$

由于液体质点间的凝聚力很小,不能受拉,只能受压,所以液体静压力具有以下两个重要特性:

① 液体静压力的方向总是作用面的内法线方向;

② 静止液体内任一点的液体静压力在各个方向上都相等。

2.2.2 液体静力学基本方程

如图 2-2 所示,在静止不动的液体中,一个高度为 h、底面积为 ΔA 的假想微小液柱,表面上的压力为 p_0,求其底面积上的压力。

因这个小液柱在重力及周围液体的压力作用下处于平衡状态,在垂直方向上的力平衡关系表示为

$$p\Delta A=p_0\Delta A+G$$

式中：G——小液柱的重力，$G=\rho gh\Delta A$，ρ 为液体的密度。

上式化简后可得

$$p=p_0+\rho gh \tag{2-4}$$

式(2-4)为液体静压力的基本方程，由此式可知：

① 静止液体中任何一点处的静压力由两部分组成，一部分是液面上的压力 p_0，另一部分是 ρg 与该点离液面深度 h 的乘积；

② 同一容器中同一液体内的静压力随液体深度 h 的增加而线性增加；

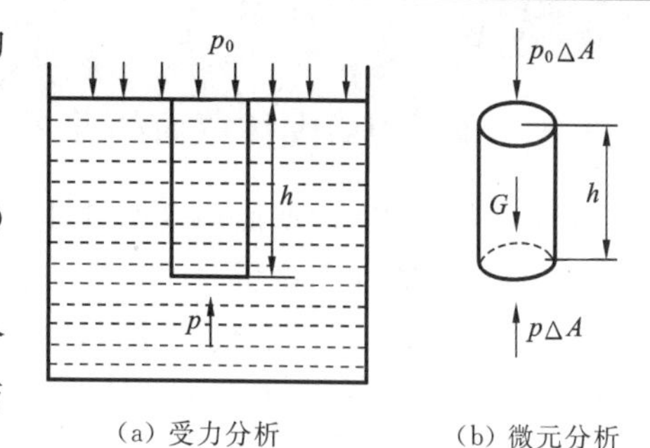

(a) 受力分析　(b) 微元分析

图 2-2　重力作用下的静止液体

③ 在连通器里，同一液体中深度相同的各点压力都相等，由压力相等的点组成的面积为等压面。

2.2.3　压力的表示方法

压力的表示方法有两种：一种是以绝对真空作为基准所表示的压力称为绝对压力；另一种是以当地大气压力为基准所表示的压力称为相对压力(表压力)。若液体中某点处的绝对压力小于大气压力，则此时该点的绝对压力比大气压力小的那部分压力值，称为真空度，即

真空度=大气压力-绝对压力

有关绝对压力、相对压力和真空度的关系如图 2-3 所示。

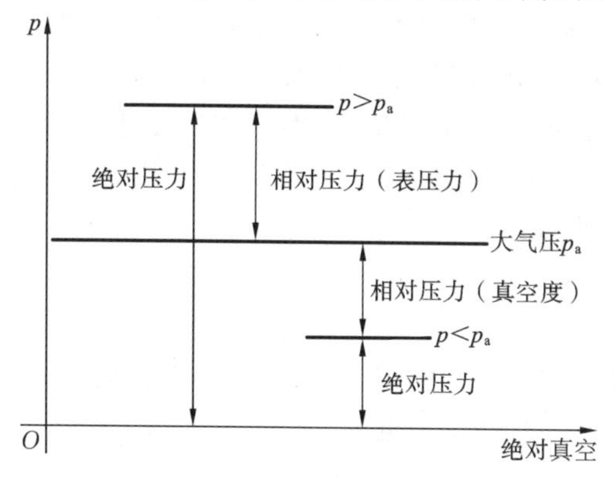

图 2-3　绝对压力、相对压力和真空度

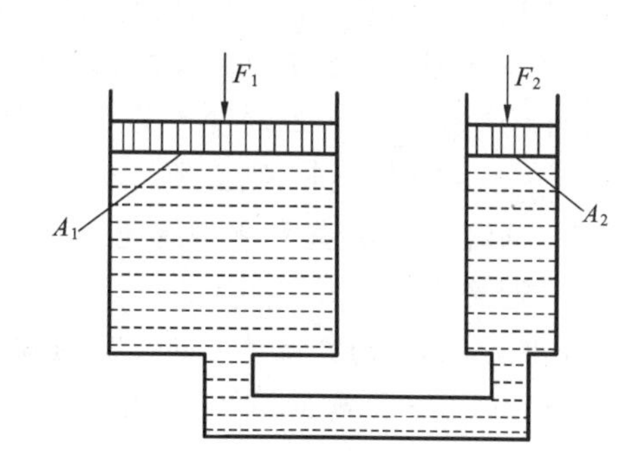

图 2-4　帕斯卡原理的应用

2.2.4　静压传递原理

在密封容器内，施加于静止液体上的压力将以等值同时传到各点，这就是静压传递原理或称帕斯卡原理。

以图 2-4 为例说明液体的静压力传递原理。容器内液体各点的压力为

$$p=\frac{F_1}{A_1}=\frac{F_2}{A_2} \tag{2-5}$$

式(2-5)建立了一个很重要的概念，即在液压传动中工作的压力取决于负载，而与流入的液

体多少无关。

2.2.5 静压力对固体壁面的作用力

静止液体和固体壁面相接触时，固体壁面上各点在某一方向上所受静止作用力的总和，即为液体在该方向上作用于固体壁面上的力。固体壁面为一平面时，如不计重力作用（即忽略 ρgh 项），平面上各点处的静压力大小相等，作用在固体壁面上的力等于静压力与承压面积的乘积，其作用方向垂直于固体壁面，即

$$F = pA \tag{2-6}$$

曲面上液压作用力在方向 x 上的分力 F_x 等于液体静压力和曲面在该方向垂直面内投影面积 A_x 的乘积，即

$$F_x = pA_x \tag{2-7}$$

2.3 液体动力学基础

2.3.1 基本概念

1. 理想液体、恒定流动

研究液体流动时必须考虑黏性的影响，但问题非常复杂，分析时假设液体没有黏性，然后再考虑黏性的作用并通过实验验证的办法对理想结论进行修正。用同样的办法来处理液体的可压缩性问题。一般把既无黏性且不可压缩的假想液体称为理想液体。

液体流动时，若液体中任何点处的压力、速度和密度都不随时间而变化，则称为恒定流动（定常流动或非时变流动）；反之，只要压力、速度或密度中有一个量随时间变化，则称为非恒定流动（非定常流动或时变流动）。研究液压系统静态性能时，可以认为液体做恒定流动；但在研究其动态性能时，则必须按非恒定流动来考虑。

2. 通流截面、流量和平均流速

1）通流截面

液体流动时，与其流动方向正交的截面为通流截面（或过流截面），截面上每点处的流动速度都垂直于这个截面。图 2-5 中的面 A 和面 B 即为通流截面。

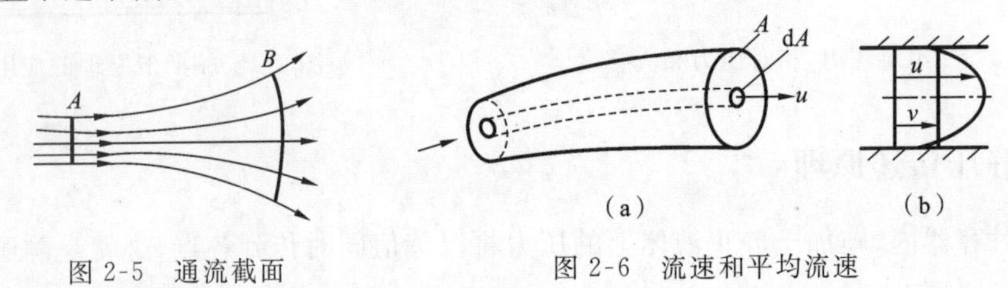

图 2-5 通流截面　　图 2-6 流速和平均流速

2）流量

单位时间内流过某一通流截面的液体体积称为流量，以 q 表示，单位为 m^3/s 或 L/min。

液体流动时受黏性的影响，所以通流截面上各点的流速 u 一般不相等。在计算流过整个通流截面 A 的流量时，可在通流截面 A 上取一微小截面 dA，如图 2-6(a)所示，由于通流

面积很小，所以可以认为在微小截面 dA 内各点的速度 u 相等，则流过该微小截面的流量为

$$dq=u dA$$

对上式积分，可得流过整个通流截面 A 的流量为

$$q=\int_A u dA \tag{2-8}$$

3）平均流速

在工程实际中由于黏性的影响，速度的分布规律很复杂，如图 2-6(b)所示，很难用公式(2-8)计算流量。因此，用平均流速 v 来代替，平均流速是一个假想流速，即液体以此流速 v 流过通流截面的流量等于以实际流速流过的流量，即

$$q=\int_A u dA=vA$$

$$v=\frac{q}{A} \tag{2-9}$$

2.3.2　连续性方程

设在恒定流动的流场中取出一微小流束，其两端的通流截面为 1、2，面积分别为 dA_1 和 dA_2，两个截面中液体的流速分别为 u_1、u_2，密度分别为 ρ_1、ρ_2。如图 2-7 所示，根据质量守恒定律，在 Δt 时间内流过两个截面的液体质量相等，即

$$\rho_1 u_1 dA_1 \Delta t=\rho_2 u_2 dA_2 \Delta t$$

在单位时间内流过两个截面的液体质量相等，即

$$\rho_1 u_1 dA_1=\rho_2 u_2 dA_2$$

不考虑液体的可压缩性，有 $\rho_1=\rho_2$，则得

$$u_1 dA_1=u_2 dA_2$$

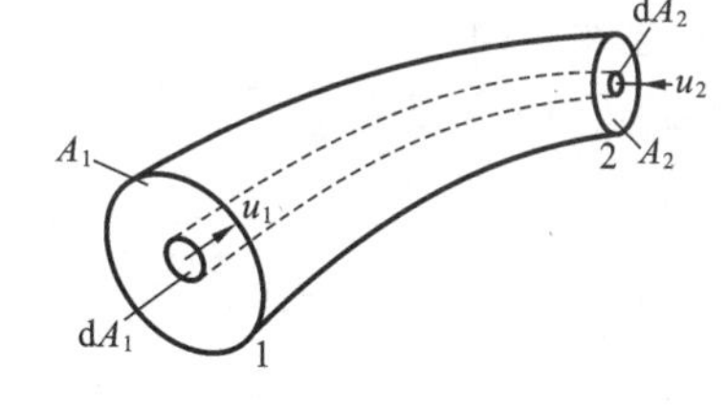

图 2-7　流量连续方程推导图

对上式积分可得

$$\int_1 u_1 dA_1=\int_2 u_2 dA_2$$

$q_1=q_2$，如用平均流速代替实际流速，则

$$v_1 A_1=v_2 A_2 \tag{2-10}$$

或写成

$$q=vA=常数$$

这就是液流的流量连续性方程。它说明恒定流动中流过各通流截面的不可压缩液流的流量是不变的，因而流速和通流截面的面积成反比。

2.3.3　伯努利方程

1. 理想液体的伯努利方程

理想液体因无黏性，又不可压缩，因此在管内做恒定流动时没有能量损失。根据能量守恒定律，同一管道任一截面的总能量都是相等的。如前所述，对静止液体，单位质量液体的总能量为单位质量液体的压力能 p/ρ 和势能 gz 之和；而对于流动液体，除以上两项外，还有单位质量液体的动能 $v^2/2$。

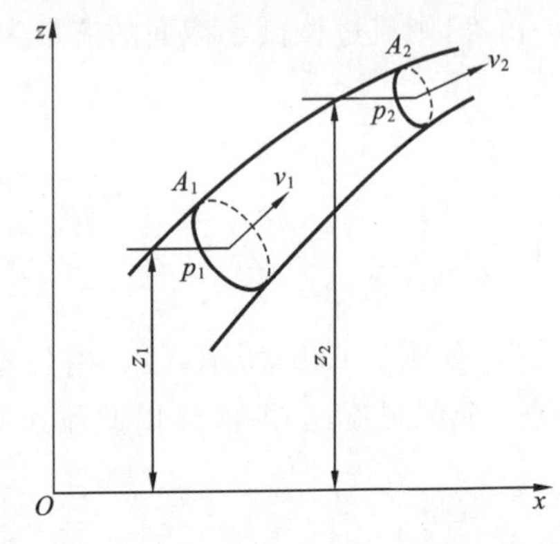

图 2-8 伯努利方程推导简图

在图 2-8 中，任取两个截面 A_1 和 A_2，它们距基准水平面的距离分别为 z_1 和 z_2，通流截面平均流速分别为 v_1 和 v_2，压力分别为 p_1 和 p_2。根据能量守恒定律，有

$$\frac{p_1}{\rho}+gz_1+\frac{v_1^2}{2}=\frac{p_2}{\rho}+gz_2+\frac{v_2^2}{2} \tag{2-11}$$

因两个截面是任意取的，因此式(2-11)可以改写为

$$\frac{p}{\rho}+gz+\frac{v^2}{2}=\text{常量}$$

以上两式即为理想液体的伯努利方程，它表明理想液体做恒定流动时，液流中任一截面处液体的总能量由压力能、势能和动能三种形式的能量组成，且这三种能量可以互相转换，其总和不变，即能量守恒。

2. 实际液体的伯努利方程

实际液体具有黏性，因此液体在流动时需要克服由于黏性所引起的摩擦力而消耗能量，此外由于管道形状和尺寸的变化，液流会产生扰动，也会消耗能量。另外，因实际流速 u 在管道通流截面上的分布是不均匀的，为方便计算，一般用平均流速替代实际流速来计算动能，显然，这将产生计算误差。为修正这一误差，便引进了动能修正系数 α，它等于单位时间内某截面处液流的实际动能和按平均流速计算出的动能之比，其表达式为

$$\alpha=\frac{\frac{1}{2}\int_A u^2\rho u\,\mathrm{d}A}{\frac{1}{2}\rho Avv^2}=\frac{\int_A u^3\,\mathrm{d}A}{v^3A} \tag{2-12}$$

动能修正系数 α 与液体流动状态即截面上流速分布有关，流速分布越不均匀，α 值越大，流速分布均匀时，α 值接近 1。在紊流时取 $\alpha=1$，在层流时取 $\alpha=2$。

在引进了能量损失 h_w 和动能修正系数 α 后，实际液体的伯努利方程表示为

$$\frac{p_1}{\rho}+gz_1+\frac{\alpha_1v_1^2}{2}=\frac{p_2}{\rho}+gz_2+\frac{\alpha_2v_2^2}{2}+gh_w \tag{2-13}$$

2.3.4 动量方程

液体作用在固体壁面上的力，用动量定理来求解比较方便。动量定理指出：作用在物体上的力的大小等于物体在力作用方向上的动量的变化率，即

$$\sum F=\frac{\Delta(mu)}{\Delta t} \tag{2-14}$$

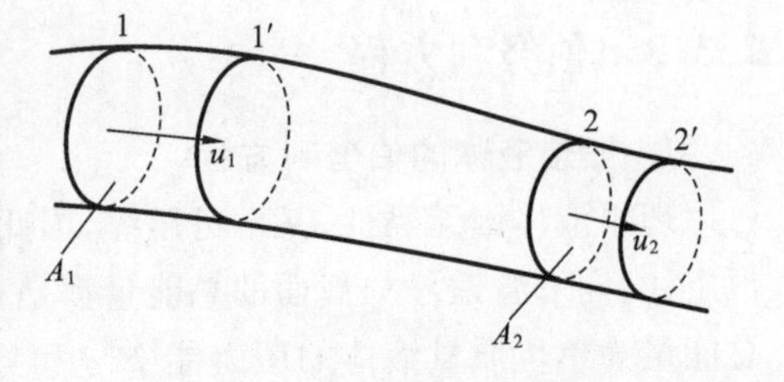

图 2-9 动量方程推导简图

将此动量定理应用于流动液体，即得到液压传动中的动量方程。如图 2-9 所示，任取通流截面 1、2 所限制的液流作为控制体。截面 1、2 的面积分别为 A_1、A_2，流速分别为 u_1、u_2，液流做恒定流动。该控制体内的流体在该时刻的动量为 $(mu)_{1\text{-}2}$，经 Δt 时刻后，该控制体内的流体移到了

$1'$-$2'$,此时刻流体的动量为$(mu)_{1'-2'}$。因为流体做恒定流动,所以 1-2 之间液体的各点流速经 Δt 以后没有变化,即得

$$\sum F = \frac{\Delta(mu)}{\Delta t} = \rho q(u_2 - u_1) \tag{2-15}$$

式中:q——流量。

式(2-15)即为流动液体的动量方程。方程左边 $\sum F$ 为作用在液体控制体上的全部外力总和,右边为单位时间内流出控制体与流入控制体的液体的动量之差。根据作用力与反作用力方向相反、大小相等的原理,常利用动量方程求液体流动时液体对固体壁面的总作用力。

2.4　液体流动时的压力损失和流量损失

实际液体流动时管道会产生阻力,为了克服阻力,流动的液体需要损耗一部分能量,这种能量损耗表现为压力损失,即伯努利方程中的 h_w 项。能量的损耗转变为热能,它将导致系统的温度升高。所以在设计液压系统时,要尽量减少压力损失。液体在管路中流动时的压力损失与液流的运动状态有关。压力损失由沿程压力损失和局部压力损失两部分组成。

2.4.1　流态、雷诺数

1. 流态

19 世纪末,雷诺首先通过实验观察了水在圆管内的流动情况,发现液体的流速变化时,流动状态也发生变化。层流与紊流是两种不同性质的流动状态。层流时,液体质点受黏性的约束,不能随意运动,液体的流动呈线性或层状,并且平行于管道轴线,这时,黏性力起主导作用,液体的能量主要消耗在摩擦损失上。紊流时,液体流速较高,液体质点间的黏性不能再约束质点,液体质点的运动杂乱无章,除了平行于管道轴线的运动外,还存在着剧烈的横向运动,这时,惯性力起主导作用,液体的能量主要消耗在动能损失上。

2. 雷诺数

液体的流动状态是层流还是紊流,可用雷诺数来判别。实验证明,液体在圆管中的流动状态不仅与管内的平均流速 v 有关,还和管道内径 d、液体的运动黏度 ν 有关。综合上述三个参数的影响,可以确定一个称为雷诺数 Re 的无量纲数判定液体的流动状态。

$$Re = \frac{vd}{\nu} \tag{2-16}$$

对于不同情况下的液体的流动状态,如果液流的雷诺数相同,它们的流动状态亦相同。液流由紊流变为层流时的雷诺数作为判别液流状态的依据,称为临界雷诺数 Re_{cr}。当液流的实际雷诺数小于临界雷诺数时,液流为层流;反之,液流为紊流。常见液流管道的临界雷诺数由实验求得,见表 2-1。

对于非圆截面的管道来说,雷诺数 Re 可由下式计算

$$Re = \frac{4vR}{\nu} \tag{2-17}$$

式中:R——通流截面的水力半径,可表示为

$$R=\frac{A}{x} \tag{2-18}$$

式中：A——液流的有效面积；

x——湿周(有效截面的周界长度)。

表 2-1 常见液流管道的临界雷诺数 Re_{cr}

管道	Re_{cr}	管道	Re_{cr}
光滑金属圆管	2 000～2 320	带环槽的同心环状缝隙	700
橡胶软管	1 600～2 000	带环槽的偏心环状缝隙	400
光滑的同心环状缝隙	1 100	圆柱形滑阀阀口	260
光滑的偏心环状缝隙	1 000	锥阀阀口	20～100

面积相等但形状不同的通流截面，它们的水力半径也不同，其中圆形管道的水力半径最大。水力半径的大小对管道的通流能力的影响很大，水力半径大，意味着液流和管壁的接触周长短，管壁对液流的阻力小，通流能力大。

2.4.2 压力损失

1. 沿程压力损失

液体在等直径管中流动时因黏性摩擦而产生的损失称为沿程压力损失。液体的沿程压力损失也因液体的流动状态的不同而有所区别。

1）层流时的沿程压力损失

液流做层流流动时，液体质点是做有规则的运动，是液压传动中最常见的现象。这里先分析液流的速度、流量，再推导圆管层流的沿程压力损失计算公式。

(1) 液流在通流截面上的速度分布规律　图 2-10 所示液体在等直径水平圆管中做层流运动。在液体中取一微小圆柱体，其半径为 r，长度为 l，作用在两端面的压力分别为 p_1 和 p_2，作用在侧面的内摩擦力为 F_f。液流做匀速运动时在轴线方向上的受力平衡方程式为

$$(p_1-p_2)\pi r^2=F_f \tag{2-19a}$$

由式(2-19a)可知，内摩擦力 $F_f=-A\mu\mathrm{d}u/\mathrm{d}r=-2\pi rl\mu\cdot\mathrm{d}u/\mathrm{d}r$(因流速 u 随 r 的增大而减小，故 $\mathrm{d}u/\mathrm{d}r$ 为负值，所以加一负号)。令 $\Delta p=p_1-p_2$，并将 F_f 代入式(2-19a)，可得

$$\mathrm{d}u=-\frac{\Delta p}{2\mu l}r\,\mathrm{d}r$$

对上式进行积分，并代入边界条件，当 $r=R$ 时 $u=0$，得其流速 u 为

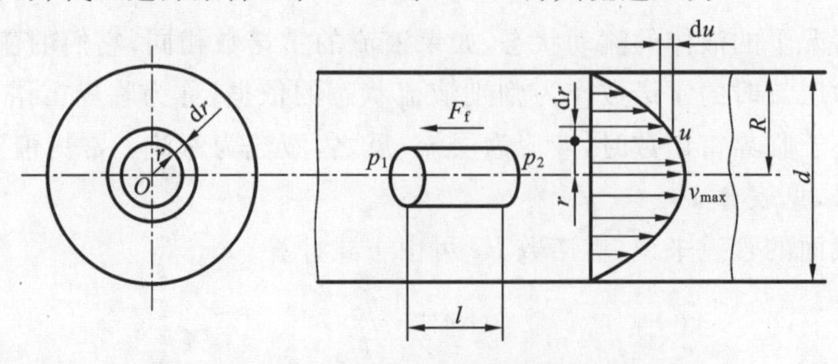

图 2-10 液体在等直径水平圆管中做层流运动

$$u=\frac{\Delta p}{4\mu l}(R^2-r^2) \tag{2-19b}$$

式(2-19b)表明，液体在圆管中做层流运动时，液体质点的流速在半径方向上按抛物线规律分布。最小流速在管壁 $r=R$ 处，$u_{min}=0$；最大流速在轴线 $r=0$ 处，$u_{max}=\Delta p\cdot R^2/4\mu l$。

(2) 圆管中的流量　通过整个通流截面的流量可由对式(2-19b)积分求得，即

$$q=\int_0^R 2\pi\frac{\Delta p}{4\mu l}(R^2-r^2)r\mathrm{d}r=\frac{\pi R^4}{8\mu l}\Delta p=\frac{\pi d^4}{128\mu l}\Delta p \tag{2-20}$$

(3) 管道内的平均流速　根据平均流速的定义，液体的平均流速为

$$v=\frac{q}{A}=\frac{1}{\frac{\pi}{4}d^2}\frac{\pi d^2}{128\mu l}\Delta p=\frac{d^2}{32\mu l}\Delta p \tag{2-21}$$

由式(2-21)可知，平均流速 v 为最大流速的 1/2。

(4) 沿程压力损失　从式(2-21)中得出圆管层流的沿程压力损失为

$$\Delta p_\lambda=\Delta p=\frac{32\mu l v}{d^2} \tag{2-22}$$

由式(2-22)可知，液流在直管中做层流流动时，其沿程压力损失与管长、液流流速、液体黏度成正比，而与管径的平方成反比。因为 $\mu=\frac{\rho v d}{Re}$，代入式(2-22)整理得

$$\Delta p_\lambda=\frac{64}{Re}\frac{l}{d}\frac{\rho v^2}{2}=\lambda\frac{l}{d}\frac{\rho v^2}{2} \tag{2-23}$$

式中：λ——沿程阻力系数，理论值为 $64/Re$。考虑实际流动中油温变化等问题，因而在实际计算时，对金属管取 $\lambda=75/Re$，橡胶软管 $\lambda=80/Re$，在液压传动中，因为液体自重和位置变化对压力的影响很小，可以忽略，所以在水平管的条件下推导的沿程压力损失公式(2-23)同样适用于非水平管。

2）紊流时的沿程压力损失

紊流流动现象很复杂，完全用理论方法加以研究至今未获得令人满意的成果，故仍用实验的方法加以研究。实验证明，紊流时的沿程压力损失计算公式也可利用层流时的计算公式，即

$$\Delta p_\lambda=\lambda\frac{l}{d}\frac{\rho v^2}{2}$$

但式中的沿程阻力系数 λ 除与雷诺数有关外，还与管壁的相对粗糙度 d/Δ 有关。紊流时圆管的沿程阻力系数 λ 值可以根据不同的 Re 和 d/Δ 值从表 2-2 中选择公式进行计算。

表 2-2　圆管紊流流动时沿程阻力系数 λ 的计算公式

Re 范围	λ 的计算公式
$2\,320<Re<10^5$	$\lambda=0.316\,4Re^{-0.25}$
$10^5<Re<3\times10^6$	$\lambda=0.032+0.221Re^{-0.237}$
$Re>900d/\Delta$	$\lambda=(2\lg(d/2\Delta)+1.74)^{-2}$

注：管壁表面粗糙度的值在粗估时，钢管取 $\Delta=0.04$ mm，铜管取 $\Delta=0.001\,5\sim0.01$ mm，铝管取 $\Delta=0.0015\sim0.06$ mm，橡胶软管取 $\Delta=0.03$ mm。

2. 局部压力损失

液体流经管道的弯头、接头、突然变化的截面时，产生的压力损失称为局部压力损失。液体流过这些地方时，液体流速的大小和方向将发生急剧变化，会产生旋涡，并发生强烈的紊动现象，于是产生流动阻力，从而产生了较大的能量损耗。

局部压力损失 Δp 的计算一般表示为

$$\Delta p_{\xi}=\xi\frac{\rho v^2}{2} \tag{2-24}$$

式中：ξ——局部阻力系数，其值仅在液流流经突然扩大的截面时可用理论求得，其他情况都须通过实验来测定；

v——液体的平均流速，一般情况下均指局部阻力后部的流速。

3. 液压系统中总的压力损失

整个液压系统的总压力损失等于所有沿程压力损失和所有局部压力损失之和，即

$$\sum\Delta p=\sum\Delta p_{\lambda}+\sum\Delta p_{\xi}$$

或

$$\sum\Delta p=\sum\rho\lambda\frac{l}{d}\frac{v^2}{2}+\sum\xi\rho\frac{v^2}{2} \tag{2-25}$$

应用式(2-25)计算系统压力损失，要求两相邻局部障碍之间的距离大于管道内径10～20倍的场合，否则，液流经过一局部阻力区后，还没稳定下来，又经过另一局部阻力区，扰动就会更严重，压力损失也会大大增加。所以用式(2-25)计算出来的压力损失值比实际数值小。

2.4.3 流量损失

在液压系统中，液体经孔口或缝隙流动的问题会经常遇到，它们有的用来调节流量，有的造成泄漏而影响效率。本节研究液流经过小孔及缝隙的流量-压力特性，此特性是研究节流调速及分析计算液压元件泄漏的重要理论基础。

孔口根据长径比可分为三种：孔口的长径比 $l/d\leqslant0.5$ 时的孔称为薄壁小孔；$0.5<l/d\leqslant4$ 时的孔称为短孔；$l/d>4$ 时的孔称为细长孔。

1. 薄壁小孔

图 2-11 为孔口边缘为刃口形的薄壁孔口，液流通过孔口时，由于惯性的作用会发生收缩，然后再扩散。在靠近孔口的后方出现收缩最大的通流截面 2-2。这一收缩和扩散过程会产生很大的能量损失。管道直径 D 与小孔直径 d 的比值 $D/d>7$ 时，收缩作用不受管道侧壁的影响，此时的收缩称为完全收缩；当 $D/d<7$ 时，孔前通道对液流进入小孔起导向作用，这时的收缩称为不完全收缩。

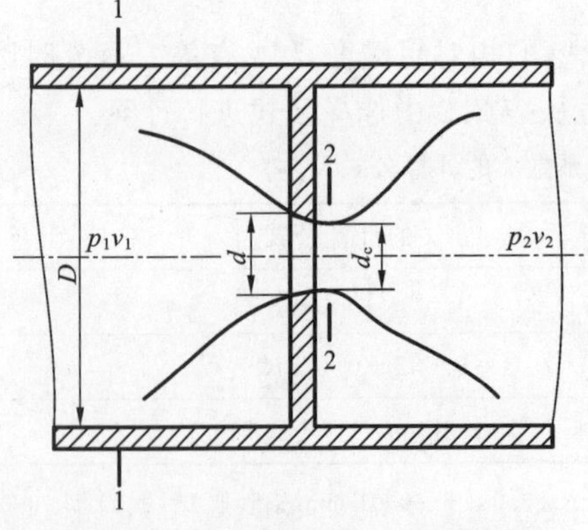

图 2-11 液体在薄壁小孔中的流动

孔前截面 1-1 和收缩截面 2-2 的伯努利方程为

$$\frac{p_1}{\rho}+\frac{\alpha_1v_1^2}{2}=\frac{p_2}{\rho}+\frac{\alpha_2v_2^2}{2}+gh_{\mathrm{w}}$$

式中：$v_1 \ll v_2$，v_1 可以忽略不计；

α_2——动能修正系数，因为收缩断面的流动是紊流，则 $\alpha_2=1$；

h_w——局部损失，即 $h_w=\xi\dfrac{v^2}{2g}$，代入上式后得

$$v_2=\frac{1}{\sqrt{1+\xi}}\sqrt{\frac{2}{\rho}(p_1-p_2)}=C_v\cdot\sqrt{\frac{2}{\rho}\Delta p} \tag{2-26}$$

式中：C_v——速度系数，$C_v=\dfrac{1}{\sqrt{1+\xi}}$，它反映局部阻力对速度的影响。

经过薄壁小孔的流量为

$$q=A_2v_2=C_vC_cA_0\sqrt{\frac{2}{\rho}\Delta p}=C_dA_0\sqrt{\frac{2}{\rho}\Delta p} \tag{2-27}$$

式中：A_0——小孔截面面积；

C——截面收缩系数，$C_c=A_2/A_0$；C_d 和 C_c 一般由实验确定，$C_d=C_vC_c$，通常 D/d 较大，一般在 7 以上，液流为完全收缩，C_d 可认为是常数，一般取 C_d=0.61～0.63。C_d 取值见表 2-3。

表 2-3　不完全收缩时流量系数 C_d 的值

$\dfrac{A_0}{A_1}$	0.1	0.2	0.3	0.4	0.5	0.6	0.7
C_d	0.602	0.615	0.634	0.661	0.697	0.742	0.804

薄壁小孔因其沿程阻力损失非常小，通过小孔的流量与油液的黏度无关，所以对油温的变化不敏感。因此薄壁小孔常被用作液压系统中的节流器使用。

2. 短孔和细长孔

短孔流量公式依然是式(2-27)，只是流量系数不同而已。流量系数 C_d 可由图 2-12 查出。由图 2-12 可知，雷诺数较大时，流量系数基本稳定在 0.8 左右。短孔加工比薄壁孔容易，因此常用作固定节流器使用。

细长孔流动一般为层流流动，故可用液流流经圆管的流量公式计算，即

$$q=\frac{\pi d^4}{128\mu l}\Delta p \tag{2-28}$$

从式(2-28)可看出，液流经过细长孔的流量和孔前后的压差成正比，而和液体黏度成反比。细长孔的流量与油液的黏度有关，因此流量受液体温度影响较大，这一点和薄壁小孔不同。

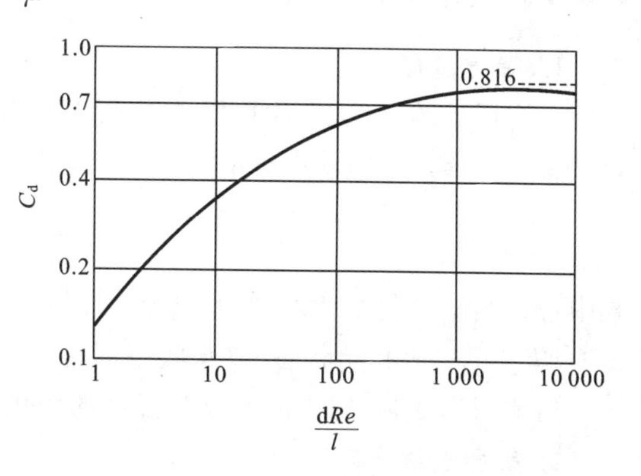

图 2-12　短孔的流量系数

综合各孔口的流量公式，可以归纳出一个通用公式，即

$$q=KA\Delta p^m \tag{2-29}$$

式中：K——由孔口的形状、尺寸和液体性质决定的系数，对于细长孔，$K=$

$\frac{d^2}{32\pi l}$；对于薄壁孔和短孔，$K=C_d\sqrt{\frac{2}{\rho}}$；

A——孔口的通流面积；

Δp——孔口两端的压差；

m——由孔口的长径比决定的指数，对于细长孔 $m=1$，对于短孔 $0.5<m<1$，对于薄壁孔 $m=0.5$。

2.5 气体静力学基础

2.5.1 理想气体状态方程

理想气体是指没有黏性的气体，一定质量的理想气体，在状态变化的某一平衡状态的瞬时，其状态方程为

$$\frac{pV}{T}=常数 \tag{2-30}$$

$$pv=RT \tag{2-31}$$

$$p=\rho RT \tag{2-32}$$

式中：p——气体的绝对压力(Pa)；

V——气体的体积(m^3)；

T——气体的热力学温度(K)；

ρ——气体的密度(kg/m^3)；

v——气体的比体积(单位质量体积)(m^3/kg)，$v=1/\rho$；

R——气体常数[N·m/(kg·K)]，干空气 $R_g=287.1$ N·m/(kg·K)，湿空气 $R_s=462.05$ N·m/(kg·K)。

理想气体的状态方程适用于绝对压力小于 20 MPa、热力学温度不低于 253 K 的空气、氧气、氮气和二氧化碳等气体，不适用于高压和低温状态下的气体。

2.5.2 气体状态变化过程

1. 等容过程

一定质量的气体，在体积保持不变($V=$常数)的条件下所进行的状态变化过程称为等容过程。等容过程的状态方程为

$$\frac{p}{T}=常数 \quad 或 \quad \frac{p_1}{T_1}=\frac{p_2}{T_2} \tag{2-33}$$

式中：p_1、p_2——起始状态、终止状态下的绝对压力(Pa)；

T_1、T_2——起始状态、终止状态下的热力学温度(K)。

当体积不变时，压力的变化与温度的变化成正比，当压力上升时，气体的温度随之上升。

2. 等压过程

一定质量的气体，在压力保持不变($p=$常数)的条件下所进行的状态变化过程称为等

压过程。等压过程的状态方程为

$$\frac{V}{T}=\text{常数} \quad \text{或} \quad \frac{V_1}{T_1}=\frac{V_2}{T_2} \tag{2-34}$$

式中：V_1、V_2——起始状态、终止状态下的气体体积(m^3)。

当压力不变时，温度升高，体积增大(气体膨胀)；反之，体积减小(气体压缩)。

3. 等温过程

一定质量的气体，在温度保持不变(T=常数)的条件下所进行的状态称为等温过程。等温过程的状态方程为

$$pV=\text{常数} \quad \text{或} \quad p_1V_1=p_2V_2 \tag{2-35}$$

在温度不变的条件下，压力下降时，体积增大(气体膨胀)；反之，体积减小(气体压缩)。

4. 绝热过程

一定质量的气体，在与外界没有热交换的条件下所进行的状态变化过程称为绝热过程。绝热过程的状态方程为

$$pV^k=\text{常数} \quad \text{或} \quad p_1V_1^k=p_2V_2^k \tag{2-36}$$

$$\frac{p}{\rho^k}=\text{常数} \quad \text{或} \quad \frac{p_1}{p_2}=\left(\frac{\rho_1}{\rho_2}\right)^k \tag{2-37}$$

$$\frac{T_2}{T_1}=\left(\frac{p_2}{p_1}\right)^{\frac{k-1}{k}}=\left(\frac{V_1}{V_2}\right)^{k-1} \tag{2-38}$$

式中：k——等熵指数(又称绝热指数)，对于干空气，$k=1.4$。

在绝热过程中，气体靠消耗自身热力学能对外做功，其压力、温度和体积均为变量。当气体状态变化很快时，可视为绝热变化过程，如气动系统中的快速充、排气过程。

5. 多变过程

一定质量的气体，在没有任何制约条件下所进行的状态变化过程称为多变过程。等容、等压、等温和绝热四种变化过程只是多变过程的特例。多变过程的状态方程为

$$pV^n=\text{常数} \quad \text{或} \quad p_1V^{n_1}=p_2V^{n_2} \tag{2-39}$$

$$\frac{T_2}{T_1}=\left(\frac{p_2}{p_1}\right)^{\frac{n-1}{n}}=\left(\frac{V_1}{V_2}\right)^{n-1} \tag{2-40}$$

式中：n——多变指数，对于空气，$n=1\sim1.4$；在研究气罐的启动和活塞的运动速度时，可取 $n=1.2\sim1.25$。

2.6 气体动力学基础

1. 连续性方程

气体在管道中做恒定流动时，根据质量守恒定律，单位时间内通过管道任一通流截面的气体质量流量 q_m 都相等，即

$$q_m=\rho Av=\text{常数} \quad \text{或} \quad \rho_1A_1v_1=\rho_2A_2v_2 \tag{2-41}$$

式中：ρ_1、ρ_2——截面1、2处气体的密度；

A_1、A_2——截面1、2的面积；

v_1、v_2——截面1、2处气体的平均流速。

式(2-41)就是可压缩气体的流量连续方程。

2. 伯努利方程

气体在管道中做恒定流动时，根据能量守恒定律，推导出管道任意截面上气体流动的伯努利方程为

$$gh+\frac{v^2}{2}+\int\frac{\mathrm{d}p}{\mathrm{d}\rho}+gh_{\mathrm{f}}=\text{常数} \tag{2-42}$$

式中：h——管道任一截面的位置高度；

h_{f}——摩擦阻力损失。

如果忽略气体流动时的能量损失和位能变化，则可压缩气体绝热过程下流动时的伯努利方程为

$$\frac{k}{k-1}\frac{p_1}{\rho_1}+\frac{v_1^2}{2}=\frac{k}{k-1}\frac{p_1}{\rho_2}+\frac{v_2^2}{2} \tag{2-43}$$

同理，多变过程下可压缩气体流动的伯努利方程为

$$\frac{n}{n-1}\frac{p_1}{\rho_1}+\frac{v_1^2}{2}=\frac{n}{n-1}\frac{p_2}{\rho_2}+\frac{v_2^2}{2} \tag{2-44}$$

2.7 液压冲击和空穴现象

2.7.1 液压冲击

在液压系统中，因某些原因液体压力在一瞬间会突然升高，产生很高的压力峰值，这种现象称为液压冲击。

系统中出现液压冲击时，液体瞬间的压力峰值往往比正常工作压力高好几倍，瞬间压力冲击不仅会引起振动和噪声，而且会损坏密封装置、管道和液压元件，有时还会使某些液压元件(如压力继电器、顺序阀等)产生误动作，导致设备损坏。

引起液压冲击的原因有多种，如液压系统中，管道中的阀门突然关闭或开启，运动的工作部件突然制动或换向，某些元件的动作不够灵敏等，使液体在系统中的流动突然受阻。液体在惯性的作用下从受阻端开始，迅速将动能逐层转换为压力能，产生压力冲击波。此后又从另一端开始，迅速将压力能转换为动能，液体反向流动。如此反复地进行能量转换，在系统内形成压力冲击。

1. 液压冲击压力的计算

液压冲击的动态过程比较复杂，影响因素很多，所以很难精确计算冲击压力的大小。这里给出两种常见液压冲击的近似计算公式。

1) 管道阀门突然关闭时的液压冲击

设管道长度为L，管中液体的密度为ρ，流速为v，阀门关闭时流速为v_1，阀门关闭的时间为压力冲击波在管中往复一次的时间，$t_{\mathrm{c}}=2L/c$。

当阀门关闭时间$t<t_{\mathrm{c}}$时，冲击压力升高值为

$$\Delta p=\rho c(v-v_1) \tag{2-45}$$

当阀门关闭时间 $t>t_c$ 时，冲击压力升高值为

$$\Delta p=\rho c(v-v_1)\frac{t_c}{t} \tag{2-46}$$

式中：c——压力为冲击波在管中的传播速度，它不仅与液体的体积弹性模量 K 有关，还与管道材料的弹性模量 E、管道内径 d 及壁厚 δ 有关。在液压传动中，c 值一般在 900～1 400 m/s 之间。

2）运动部件制动时产生的液体冲击

设总质量为 m 的运动部件在制动时的减速时间为 Δt，速度的减小值为 Δv，液压缸有效工作面积为 A，则根据动量定理可求得系统中的冲击压力的近似值 Δp 为

$$\Delta p=\frac{\sum m\Delta v}{A\Delta t} \tag{2-47}$$

式(2-47)中忽略了阻尼和泄漏等因素，所以计算结果会比实际值要大些，但偏于安全，因而具有实用价值。

2. 减小液压冲击的措施

减小液压冲击的主要措施有以下几点。

(1) 尽量延长阀门关闭和运动部件制动换向的时间，可采用换向时间可调的换向阀。

(2) 限制管道流速及运动部件的速度，一般在液压系统中将管道流速控制在 4.5 m/s 以内，而运动部件的质量 m 愈大，越应控制其运动速度不要太大。

(3) 适当增大管径，尽量缩短管道长度。增大管径不仅可以降低流速，而且可以减小压力冲击波传播速度 c。缩短管道长度可以减小压力冲击波的传播时间 t_c。

(4) 用橡胶软管或在冲击源处设置蓄能器，以吸收冲击的能量，也可以在容易出现液压冲击的地方，安装限制压力升高的安全阀。

2.7.2　空穴现象

1. 空穴现象的原因及危害

在液压系统中，如果某点处的压力低于液压油液所在温度下的空气分离压力时，原先溶解在液体中的空气就会分离出来，从而导致液体中出现大量气泡，这种现象叫做空穴现象。当压力进一步降低到液体的饱和蒸气压时，液体将迅速汽化，产生大量蒸气气泡，使空穴现象更加严重。

空穴现象多发生在阀口和液压泵的吸油口处。阀口的通道狭窄，流速很高，根据伯努利方程，该处的压力会很低，导致产生空穴；在液压泵的吸油过程中，吸油口的绝对压力会低于大气压，如果液压泵的安装高度过高，吸油管阻力太大或泵的转速太高，都会使泵入口处的真空度过大，产生空穴。

当液压系统出现空穴现象时，大量的气泡会引起流量的不连续和压力的不稳定，当带有气泡的液流进入高压区时，气泡又重溶解于液体中，周围的高压液体迅速填补原来空间，形成无数微小范围内的压力冲击，引起振动和噪声。当附着在金属表面上的气泡破裂时，局部产生的高温和高压会使金属表面疲劳，造成金属表面的侵蚀、剥落的空穴现象，导致液压元件工作性能下降，缩短元件的使用寿命。

2. 减少空穴现象的措施

为减少空穴现象和气蚀的危害，一般采取如下一些措施。

(1) 减少阀孔或其他元件通道前后的压力降。

(2) 尽量降低液压泵的吸油高度。

(3) 管路要有良好的密封，防止空气进入。

(4) 提高液压零件的抗气蚀能力。

思考题与习题

2-1 如图示，具有一定真空度的容器用一管子倒置于一液面与大气相通的槽中，液体在管中上升的高度 $h=0.5$ m，设液体的密度 $\rho=1\ 000$ kg/m^3，试求容器内的真空度。

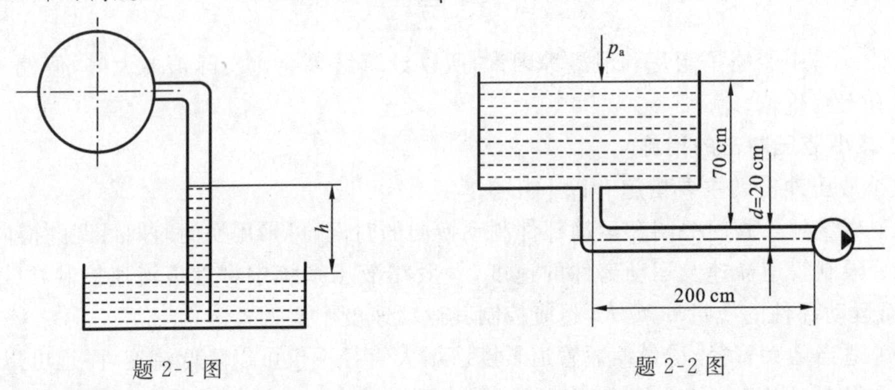

题 2-1 图　　题 2-2 图

2-2 将流量 $q=16$ L/min 的液压泵安装在油面以下，已知油的运动黏度 $\nu=0.11$ cm^2/s，油的密度 $\rho=880$ kg/m^3，弯头处的局部阻力系数 $\xi=0.2$，其他尺寸如图示。求液压泵入口处的绝对压力。

2-3 如图示，泵从一个大的油池中抽吸油液，流量为 $q=150$ L/min，油液的运动黏度 $\nu=34\times10^{-6}$ m^2/s，油液密度 $\rho=900$ kg/m^3。吸油管直径 $d=60$ mm，并设泵的吸油管弯头处局部阻力系数 $\xi=0.2$，吸油口粗滤网的压力损失 $\Delta p=0.017\ 8$ MPa。如希望泵入口处的真空度 p_b 不大于 0.04 MPa，求泵的吸油高度 H（液面到滤网之间的管路沿程损失可忽略不计）。

2-4 如图示，一抽吸设备水平旋转，其出口和大气相通，细管处的截面积 $A_1=3.2\times10^{-4}$

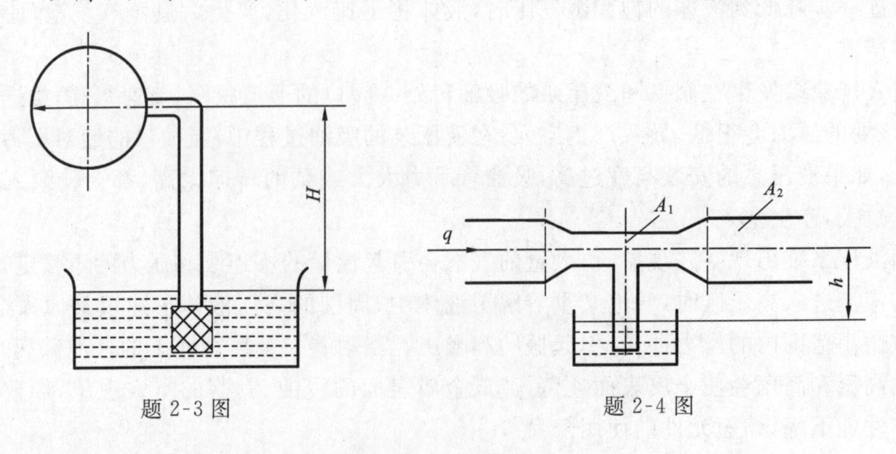

题 2-3 图　　题 2-4 图

m^2，出口处管道面积 $A_2=4A_1$，$h=1$ m，求开始抽吸时，水平管中所必须通过的流量 q（液体为理想液体，不计损失）。

2-5 内容积为 2 m^3 的储气罐充气前罐内压力为 0，温度为 10 ℃，当充入压缩空气充至压力表压为 0.6 MPa、温度为 15 ℃时，求空气的重度和密度？充入罐内空气的质量为多少？

2-6 某气罐压力表显示的初始压力为 0.5 MPa，温度为 20 ℃，试求打开阀门迅速放气到大气中后，立刻关闭阀门，求此时罐内的气体温度及回升到室温时气罐的压力？

2-7 设湿空气的压力为 0.101 3 MPa，温度为 20 ℃，相对湿度为 50%。求：

(1) 绝对湿度为多少？

(2) 含湿量为多少？

(3) 气温降低到多少度时开始结露水(露点)？

(4) 温度为 20 ℃时，空气的密度为多少？

2-8 温度为 15 ℃的空气从大容器中流出，当流速为 100 m/s 时，求空气密度及压力的相对变化。设气体流动为绝热过程。

2-9 若空压机排出的空气压力为 $p_2=0.7$ MPa(绝对压力)，温度为 $t_2=40$ ℃，吸入空气量为 $Q=8$ m^3/min，如空气压力为 $p_1=0.1$ MPa(绝对压力)，温度 $t_1=20$ ℃，相对湿度 $\varphi=82\%$，试求每小时的析水量。

2-10 在室温(18 ℃)下，把压力为 1 MPa 的压缩空气通过有效截面 25 mm^2 的阀口，充入容积为 100 L 的气罐中，绝对压力从 0.25 MPa 上升到 0.7 MPa 时，求充气时间及气罐内的温度 t_2 为多少？当温度 t_2 降至室温后罐内压力为多少？

第3章　液压泵和液压马达

内容提要

通过学习液压泵和液压马达的相关知识，了解液压泵的工作原理和分类，齿轮泵和液压马达的工作原理，叶片式液压泵、变量叶片泵、柱塞泵和其他液压泵的工作原理与结构特点。

基本要求、重点和难点

基本要求：掌握液压泵与液压马达的分类、特点、主要性能参数，弄清单作用叶片泵与双作用叶片泵的区别，掌握如何正确选择和使用液压泵、液压马达。

重点：液压泵和液压马达的基本性能参数；轴向柱塞泵的结构和工作原理。

难点：齿轮泵、叶片泵和轴向柱塞泵的技术问题。

3.1　液压泵、液压马达概述

液压泵和液压马达都是液压传动系统中的能量转换元件。液压泵由原动机驱动，把输入的机械能转换成油液的压力能，再以压力、流量的形式输送到系统中去，它是液压系统的动力源；液压马达则将输入的压力能转换成机械能，以扭矩和转速的形式输送到执行机构做功，是液压传动系统的执行元件。

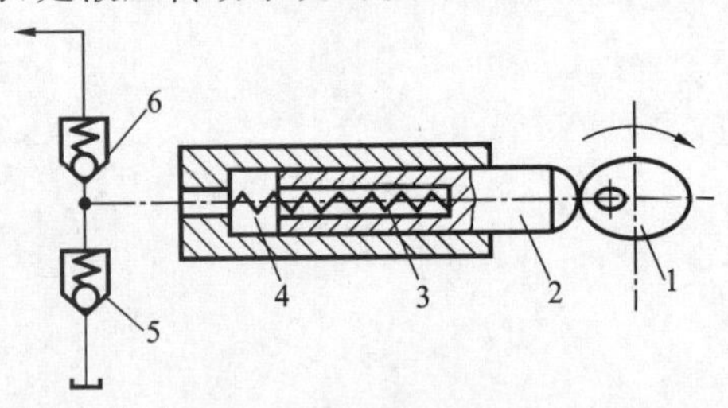

图3-1　液压泵的工作原理

1—凸轮；2—柱塞；3—弹簧；4—工作腔；5—吸油阀；6—压油阀

图3-1为液压泵的工作原理简图，凸轮1旋转时，柱塞2在凸轮和弹簧3的作用下，在缸体的柱塞孔内左、右往复移动，缸体与柱塞之间构成了容积可变的密封工作腔4。柱塞向右移动时，工作腔容积变大，产生真空，油液便通过吸油阀5吸入；柱塞2向左移动时，工作腔容积变小，已吸入的油液便通过压油阀6排到系统中去。在工作过程中，吸油阀5、压油阀6在逻辑上互逆，不会同时开启。由此可见，泵是靠密封工作腔的容积变化进行工作的。

液压马达是实现连续旋转运动的执行元件，从原理上讲，向容积式泵中输入压力油，迫使其转轴转动，就成为液压马达，即容积式泵都可作液压马达使用。但在实际中由于性能及结构对称性等要求不同，一般情况下，液压泵和液压马达不能互换。

液压泵按其在单位时间内所能输出油液体积能否调节而分为定量泵和变量泵两类；按结构形式可以分为齿轮式液压泵、叶片式液压泵和柱塞式液压泵三大类。液压马达也具有相同的分类。

根据工作腔的容积变化而进行吸油和排油是液压泵工作的共同特点，因而这种泵又称为容积泵。构成容积泵必须具备以下基本条件。

（1）结构上能实现具有密封性能的可变工作容积。

（2）工作腔能周而复始地增大或减小。当它增大时与吸油口相连，当它减小时与排油口相通。

（3）吸油口与排油口不能直通，即不能同时开启。

从工作过程可以看出，在不考虑油液泄漏的情况下，液压泵在每一工作周期中吸入或排出的油液体积只取决于工作构件的几何尺寸，如柱塞泵的柱塞直径和工作行程。

在不考虑泄漏等影响时，液压泵单位时间排出的油液体积与泵密封容积变化频率成正比，也与泵密封容积的变化量成正比；在不考虑液体的压缩性时，液压泵单位时间排出的液体体积与工作压力无关。

常用的液压泵的图形符号如图3-2所示。

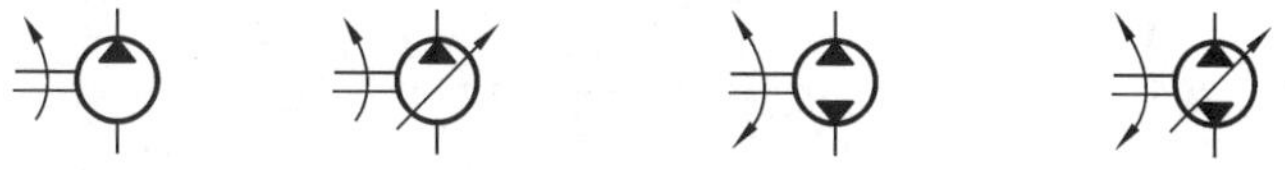

（a）单向定量泵　（b）单向变量泵　（c）双向定量泵　（d）双向变量泵

图3-2　液压泵图形符号

液压马达图形符号如图3-3所示。

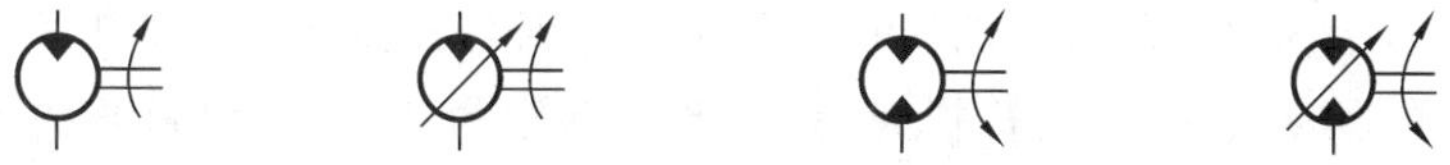

（a）单向定量马达　（b）单向变量马达　（c）双向定量马达　（d）双向变量马达

图3-3　液压马达图形符号

3.2　液压泵、液压马达的基本性能参数

液压泵和液压马达的基本性能参数主要是指液压泵和液压马达的压力、排量、流量、功率和效率等。

工作压力：指泵、马达实际工作时的压力。对泵来说，工作压力是指它的输出压力；对马达来讲，则是指它的输入压力。实际工作压力取决于相应的外负载。

额定压力：指泵、马达在额定工况条件下，按试验标准规定的连续运转的最高压力，超过此值就是过载。

排量：指泵、马达的轴每转一周，由其密封腔几何体积变化所排出、吸入液体的体积，亦即在无泄漏的情况下，其轴转动一周时油液体积的有效变化量。

理论流量：在单位时间内，由其密封腔几何体积变化而排出、吸入的液体体积。泵、马达的流量为其转速与排量的乘积。

额定流量：指在正常工作条件下，按试验标准规定必须保证的流量，亦即在额定转速和额定压力下泵输出的流量。因为泵和马达存在内泄漏，油液具有压缩性，所以额定流量和理论流量是不同的。

功率和效率:液压泵由原动机驱动,输入量为转矩和转速,输出量为液体的压力和流量;如果不考虑液压泵、马达在能量转换过程中的损失,则输出功率等于输入功率,也就是它们的理论功率为

$$P=pq=2\pi T_t n \tag{3-1}$$

式中:T_t、n——液压泵、液压马达的理论转矩(N·m)和转速(r/min)。

p、q——液压泵、液压马达的压力(Pa)和流量(m^3/s)。

实际上,液压泵和液压马达在能量转换过程中是有损失的,因此输出功率小于输入功率。两者之间的差值即为功率损失,功率损失可以分为容积损失和机械损失两部分。

容积损失是因泄漏、气穴和油液在高压下压缩等造成的流量损失。对液压泵来说,输出压力增大时,泵实际输出的流量 q 减小。设泵的流量损失为 q_l,则理论流量 $q_t=q+q_l$。而泵的容积损失可用容积效率 η_V 来表征,即

$$\eta_V=\frac{q}{q_t}=\frac{q_t-q_l}{q_t}=1-\frac{q_l}{q_t} \tag{3-2}$$

对液压马达来说,输入液压马达的实际流量 q 必然大于它的理论流量 q_t,即 $q=q_t+q_l$,它的容积效率 η_V 可表示为

$$\eta_V=\frac{q_t}{q}=\frac{q-q_l}{q}=1-\frac{q_l}{q} \tag{3-3}$$

机械损失是指因摩擦而造成的转矩上的损失。对液压泵来说,泵的驱动转矩总是大于其理论上需要的驱动转矩,设转矩损失为 T_f,理论转矩为 T_t,则泵实际输入转矩为 $T=T_t+T_f$,用机械效率 η_m 来表征泵的机械损失,则

$$\eta_m=\frac{T_t}{T}=\frac{T_t}{T_t+T_f}=\frac{1}{1+\frac{T_f}{T_t}} \tag{3-4}$$

对于液压马达来说,由于摩擦损失的存在,其实际输出转矩 T 小于理论转矩 T_t,它的机械效率 η_m 为

$$\eta_m=\frac{T}{T_t}=\frac{T_t-T_f}{T_t}=1-\frac{T_f}{T_t} \tag{3-5}$$

液压泵的总效率 η 是其输出功率和输入功率之比,由式(3-1)、式(3-2)、式(3-4)可得

$$\eta=\eta_V\eta_m \tag{3-6}$$

液压马达的总效率同样也是其输出功率和输入功率之比,可由式(3-1)、式(3-3)、式(3-5)得到与式(3-6)相同的表达式。这就是说,液压泵或液压马达的总效率都等于各自容积效率和机械效率的乘积。

事实上,液压泵、液压马达的容积效率和机械效率在总体上与油液的泄漏和摩擦副的摩擦损失有关,而泄漏及摩擦损失则与泵、马达的工作压力、油液黏度、转速有关,为了更确切地表达效率与这些原始参数之间的关系,以无因次压力$\frac{p}{\rho\nu n}$为变量来表示液压泵、液压马达的效率。图3-4给出了液压泵、液压马达无因次压力$\frac{p}{\rho\nu n}$与效率之间的关系,图中,ρ、ν 分别

为油液的密度和运动黏度，其余符号意义同前。由图可见，在不同的无因次压力下，液压泵和液压马达的这些参数值相似但不相同，而在不同的转速和黏度下，液压泵和液压马达的效率值也是不同的，可见液压泵、液压马达的使用转速、工作压力和传动介质均会影响使用效率。

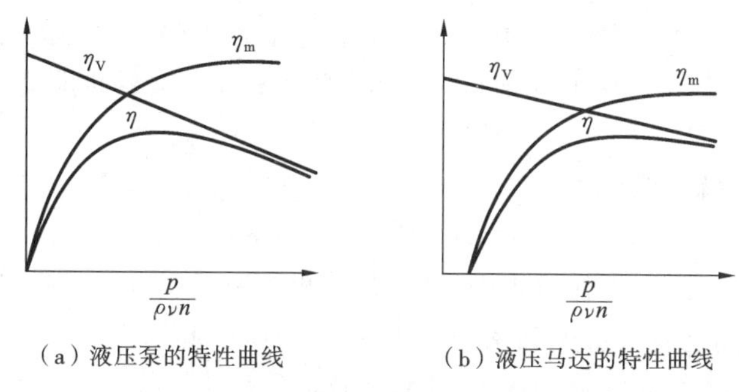

（a）液压泵的特性曲线　（b）液压马达的特性曲线

图3-4　液压泵、液压马达的特性曲线

3.3　齿轮泵

齿轮泵是一种常用的液压泵。它的主要特点是结构简单，制造方便，价格低廉，体积小，质量小，自吸性好，对油液污染不敏感，工作可靠；其主要缺点是流量和压力脉动大，噪声大，排量不可调。齿轮泵被广泛地应用于采矿设备、冶金设备、建筑机械、工程机械、农林机械等各个行业中。

齿轮泵按照其啮合形式的不同，分为外啮合齿轮泵和内啮合齿轮泵两种，其中外啮合齿轮泵应用较广，而内啮合齿轮泵则多为辅助泵，下面分别介绍。

3.3.1　外啮合齿轮泵

外啮合齿轮泵的工作原理和结构如图3-5所示。泵主要由主、从动齿轮，驱动轴，泵体及侧板等主要零件构成。泵体内相互啮合的主动齿轮、从动齿轮与两端盖及泵体一起构成密封工作腔，齿轮的啮合点将左、右两腔隔开，形成了吸油腔与压油腔，当齿轮按图示方向旋转时，右侧吸油腔内的轮齿脱离啮合，密封工作腔容积不断增大，形成部分真空，油液在大气压力作用下从油箱经吸油管进入吸油腔，并被旋转的轮齿带入左侧的压油腔。左侧压油腔内的轮齿不断进入啮合，使密封工作腔容积减小，油液受到挤压被排往系统，这就是齿轮泵的吸油和压油过程。在齿轮泵的啮合过程中，啮合点沿啮合线，把吸油区和压油区分开。

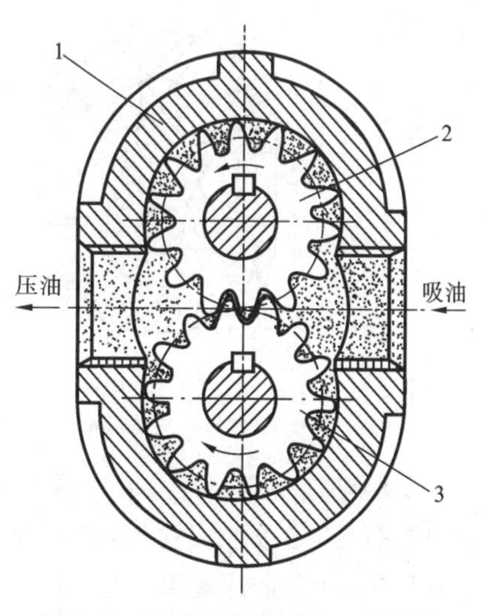

图3-5　外啮合齿轮泵的工作原理

1—泵体；2—主动齿轮；3—从动齿轮

外啮合齿轮泵的排量可近似看作是两个啮合齿

轮的齿谷容积之和，若假设齿谷容积等于轮齿体积，则当齿轮齿数为 z，模数为 m，节圆直径为 d，有效齿高为 h，齿宽为 b 时，根据齿轮参数计算公式有 $d=mz$，$h=2m$，齿轮泵的排量近似为

$$V=\pi dhb=2\pi zm^2b \tag{3-7}$$

实际上，齿谷容积比轮齿体积稍大一些，并且齿数越少误差越大，因此，在实际计算中用3.33～3.50来代替式(3-7)中的 π 值，齿数少时取大值。齿轮泵的排量为

$$V=(6.66\sim7)zm^2b \tag{3-8}$$

由此得齿轮泵的输出流量为

$$q=(6.66\sim7)zm^2bn\eta_V \tag{3-9}$$

实际上，由于齿轮泵在工作过程中，排量是转角的周期函数，存在排量脉动，瞬时流量也是脉动的。流量脉动会直接影响到系统工作的平稳性，引起压力脉动，使管路系统产生振动和噪声。如果脉动频率与系统的固有频率一致，还将引起共振，加剧振动和噪声。若用 q_{max}、q_{min} 来表示最大、最小瞬时流量，q_0 表示平均流量，则流量脉动率为

$$\sigma=\frac{q_{max}-q_{min}}{q_0} \tag{3-10}$$

σ 是衡量容积式泵流量品质的一个重要指标。在容积式泵中，齿轮泵的流量脉动最大，并且齿数越少，脉动率越大，这是外啮合齿轮泵的一个弱点。

如图3-6所示，齿轮泵因受其自身结构的影响，在结构性能上有以下特征：齿轮泵要平稳地工作，齿轮啮合时的重叠系数必须大于1，即至少有一对以上的轮齿同时啮合。因此，在工作过程中，就有一部分油液困在两对轮齿啮合时所形成的封闭油腔之内，如图3-7所示，这个密封容积的大小随齿轮转动而变化。从图3-7(a)到图3-7(b)，密封容积逐渐减小；从图3-7(b)到图3-7(c)，密封容积逐渐增大；从图3-7(c)到图3-7(d)密封容积又会减小，如此产生了密封容积周期性的增大和减小。

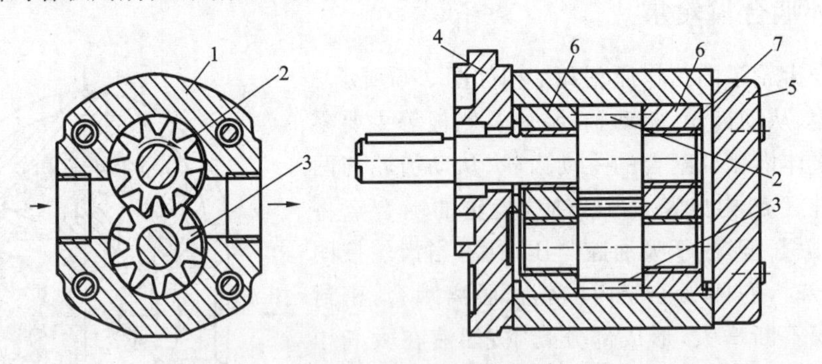

图3-6 齿轮泵的结构

1—壳体；2—主动齿轮；3—从动齿轮；4—前端盖；5—后端盖；6—浮动轴套；7—压力盖

受困油液受到挤压会产生瞬间高压，密封腔的受困油液若无油道与排油口相通，将从缝隙中被挤出，导致油液发热，轴承等零件也受到附加冲击载荷的作用；若密封容积增大时无油液补充，又会造成局部真空，使溶于油液中的气体分离出来，产生气穴。这就是齿轮泵的困油现象。

困油现象会使齿轮泵产生强烈的噪声，并引起振动和气蚀，同时降低泵的容积效率，影

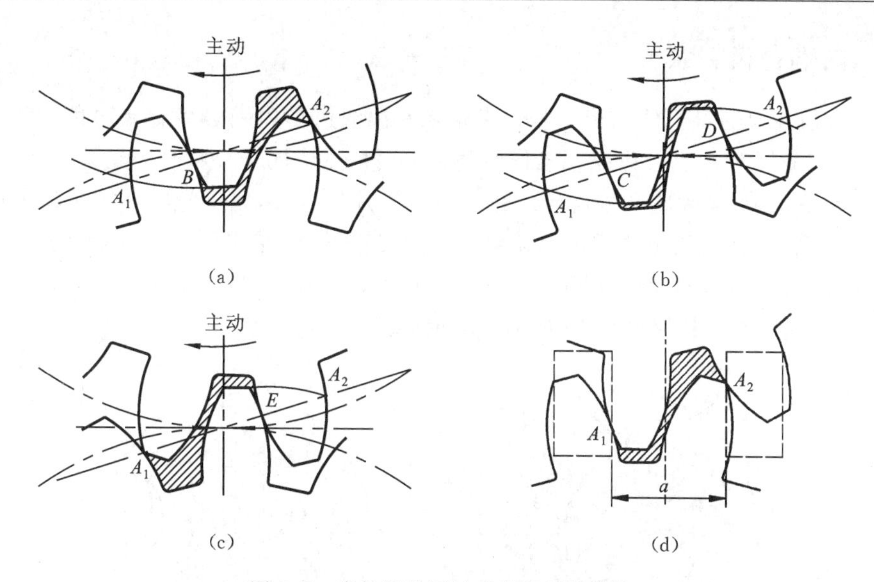

图 3-7　齿轮泵的困油现象及消除措施

响泵工作的平稳性和使用寿命。消除困油的方法，通常是在两端盖板上开卸荷槽，见图 3-7(d)中的虚线方框。当封闭容积减小时，通过右边的卸荷槽与压油腔相通，而封闭容积增大时，通过左边的卸荷槽与吸油腔通，两卸荷槽的间距必须确保在任何时候都不使吸、排油相通。

在齿轮泵中，油液作用在轮外缘的压力是不均匀的，从低压腔到高压腔，压力沿齿轮旋转的方向逐齿递增，因此，齿轮和轴受到径向不平衡力的作用，工作压力越高，径向不平衡力越大，径向不平衡力很大时，能使泵轴弯曲，导致齿顶压向定子的低压端，使定子偏磨，同时也加速轴承的磨损，降低轴承使用寿命。为了减小径向不平衡力的影响，常采取缩小压油口的办法，使压油腔的压力仅作用在一个齿到两个齿的范围内，同时，适当增大径向间隙，使齿顶不与定子内表面产生金属接触，并在支撑上多采用滚针轴承或滑动轴承。

在液压泵中，运动件间的密封是靠微小间隙密封的，这些微小间隙从运动学上形成摩擦副，同时，高压腔的油液通过间隙向低压腔泄漏的现象是不可避免的；齿轮泵压油腔的压力油可通过三条途径泄漏到吸油腔去：一是通过齿轮啮合线处的间隙——齿侧间隙；二是通过泵体定子环内孔和齿顶间的径向间隙——齿顶间隙；三是通过齿轮两端面和侧板间的间隙——端面间隙。在这三类间隙中，端面间隙的泄漏量最大，压力越高时，由间隙泄漏的液压油就越多。因此，为了提高齿轮泵的压力和容积效率，实现齿轮泵的高压化，需要从结构上采取措施，对端面间隙进行自动补偿。

通常采用的自动补偿端面间隙装置有：浮动轴套式装置或弹性侧板式装置两种。其原理都是引入压力油使轴套或侧板紧贴在齿轮端面上，压力越高，间隙越小，可自动补偿端面磨损和减小间隙。齿轮泵的浮动轴套是浮动安装的，轴套外侧的空腔与泵的压油腔相通，当泵工作时，浮动轴套受油压的作用而压向齿轮端面，将齿轮两侧面压紧，从而补偿了端面间隙。

3.3.2 内啮合齿轮泵

内啮合齿轮泵有渐开线齿形内啮合齿轮泵和摆线齿形内啮合齿轮泵两种，其结构示意可见图 3-8。这两种内啮合齿轮泵工作原理和主要特点皆同于外啮合齿轮泵。在渐开线齿形内啮合齿轮泵中，小齿轮和内齿轮之间要装一块月牙隔板，以便把吸油腔和压油腔隔开，如图 3-8(a)所示；摆线齿形内啮合齿轮泵又称摆线转子泵，在这种泵中，小齿轮和内齿轮只相差一个齿，因而不需要设置隔板，如图 3-8(b)所示。内啮合齿轮泵中的小齿轮是主动轮，内齿轮是从动轮，在工作时内齿轮随小齿轮同向旋转。

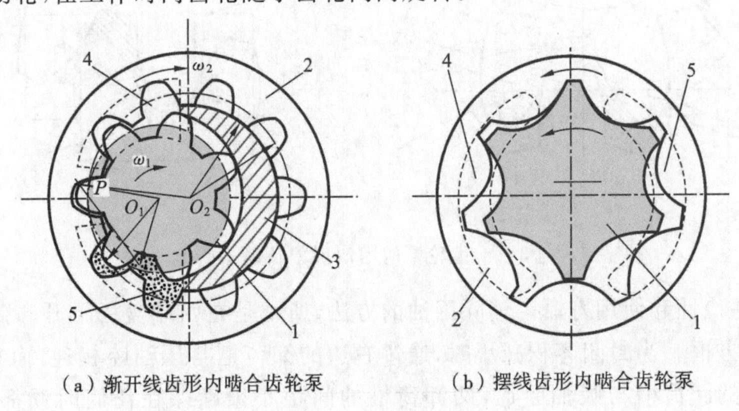

(a) 渐开线齿形内啮合齿轮泵　　(b) 摆线齿形内啮合齿轮泵

图 3-8　内啮合齿轮泵

1—小齿轮；2—内齿轮；3—隔板；4—吸油口；5—压油口

内啮合齿轮泵的结构紧凑，尺寸小，质量小，运转平稳，噪声小，在高转速工作时有较高的容积效率。但在低速、高压状态下工作时，压力脉动大，容积效率低，所以一般用于中、低压系统。在闭式系统中，常用这种泵作为补油泵。内啮合齿轮泵的缺点是齿形复杂，加工困难，价格较高，且不适合高速高压的工况。

3.4 叶片泵

叶片泵有单作用式和双作用式两大类，它输出流量均匀，脉动小，噪声小，但结构较复杂，对油液的污染比较敏感。

3.4.1 单作用叶片泵

1. 单作用叶片泵的工作原理

如图 3-9 所示为单作用叶片泵的工作原理，泵由转子 2、定子 3、叶片 4 和配流盘等件组成。定子的内表面是圆柱面，转子和定子中心之间存在着偏心，叶片在转子的槽内可灵活滑动，在转子转动时的离心力以及叶片根部油压力作用下，叶片顶部贴紧在定子内表面上，于是两相邻叶片、配流盘、定子和转子便形成了一个密封的工作腔。当转子按图示方向旋转时，图右侧的叶片向外伸出，密封工作腔容积逐渐增大，产生真空，油液通过吸油口 5、配流盘上的吸油窗口进入密封工作腔；而在图的左侧，叶片往里缩进，密封腔的容积逐渐缩小，密封腔中的油液排往配流盘排油窗口，经压油口1被输送到系统中去。这种泵在转子转一转的过程中，吸油、压油各一次，故称单作用叶片泵。从力学上讲，转子上受有单方向的液压不平衡作用力，故又称非平衡式泵，其轴承负载大。若改变定子和转子间的偏心距的大小，便可改变泵的排量，形成变量叶片泵。

2. 单作用叶片泵的排量

单作用叶片泵的平均流量可以用图解法近似求出，图3-10为单作用叶片泵平均流量计算原理图。假定两叶片正好位于过渡区 V_1 位置，此时两叶片间的空间容积为最大，当转子沿图示方向旋转 π 弧度，转到定子 V_2 位置时，两叶片间排出容积为 ΔV 的油液；当两叶片从 V_2 位置沿图示方向再旋转 π 弧度，回到 V_1 位置时，两叶片间又吸满了容积为 ΔV 的油液。由此可见，转子旋转一周，两叶片间排出油液容积为 ΔV。当泵有 z 个叶片时，就排出 z 个与 ΔV 相等的油液容积，若将各块容积加起来，就可以近似为环形体积，环形的大半径为 $D/2+e$，环形的小半径为 $D/2-e$，因此，单作用叶片油泵的理论排量为

$$V=\pi[(R+e)^2-(R-e)^2]B=4\pi ReB \tag{3-11}$$

式中：R——定子半径，$R=D/2$；

B——转子宽度；

e——偏心距。

单作用叶片泵的输出流量为

$$q=Vn=4\pi ReBn\eta_V \tag{3-12}$$

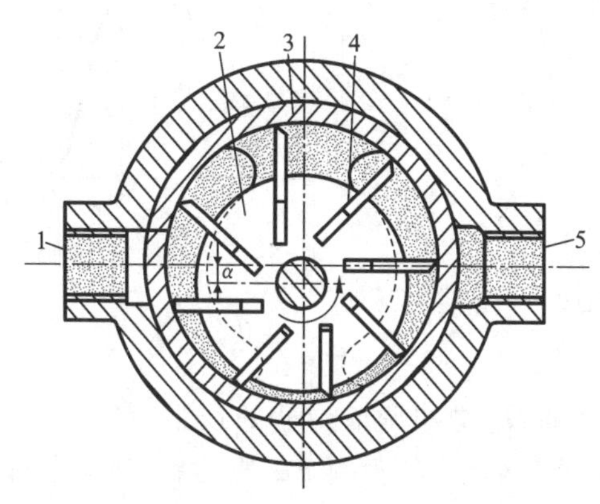

图3-9　单作用叶片泵工作原理

1—压油口；2—转子；3—定子；4—叶片；5—吸油口

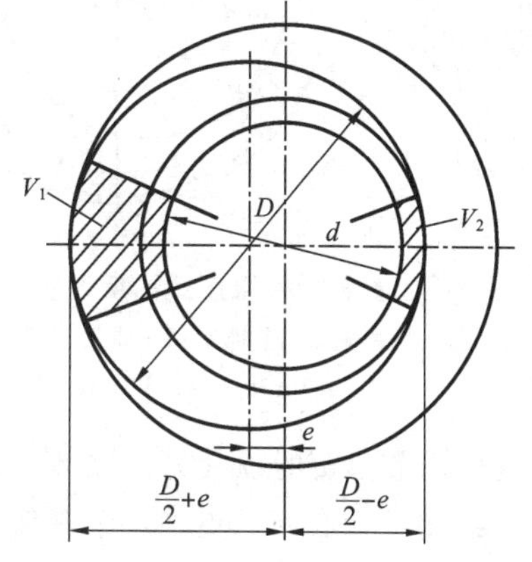

图3-10　单作用叶片泵的流量计算原理

单作用叶片泵的叶片底部小油室和工作油腔相通。当叶片处于吸油腔时，它和吸油腔相通，也参与吸油，当叶片处于压油腔时，它和压油腔相通，也向外压油，叶片底部的吸油和排油作用，正好补偿了工作油腔中叶片所占的体积，因此叶片对容积的影响可不考虑。

3. 限压式变量叶片泵

单作用变量泵中最常用的是限压式变量叶片泵，限压式变量叶片泵按变量工作原理来分，有内反馈变量叶片泵和外反馈变量叶片泵两种。

1）限压式内反馈变量叶片泵

内反馈式变量叶片泵操纵力来自泵本身的排油压力，其配流盘的吸、排油窗口的布置如图 3-11 所示。由于存在偏角 θ，排油压力对定子环的作用力可以分解为垂直于轴线 OO_1 的分力 F_1 及与之平行的调节分力 F_2，调节分力 F_2 与调节弹簧的压缩恢复力、定子运动的摩擦力及定子运动的惯性力相平衡。定子相对于转子的偏心距、泵的排量大小可由力的相对平衡来决定，变量特性曲线如图 3-12 所示。

当泵的工作压力所形成的调节分力 F_2 小于弹簧预紧力时，泵的定子环对转子的偏心距保持在最大值，不随工作压力的变化而变，由于泄漏，泵的实际输出流量随其压力增加而稍有下降，如图 3-12 中 AB；当泵的工作压力超过 p_B 值后，调节分力 F_2 大于弹簧预紧力，随着工作压力的增加，力 F_2 增加，使定子环向减小偏心距的方向移动，泵的排量开始下降。当工作压力到达 p_C 时，与定子环的偏心量对应的泵的理论流量等于它的泄漏量，泵的实际排出流量为零，此时泵的输出压力为最大。

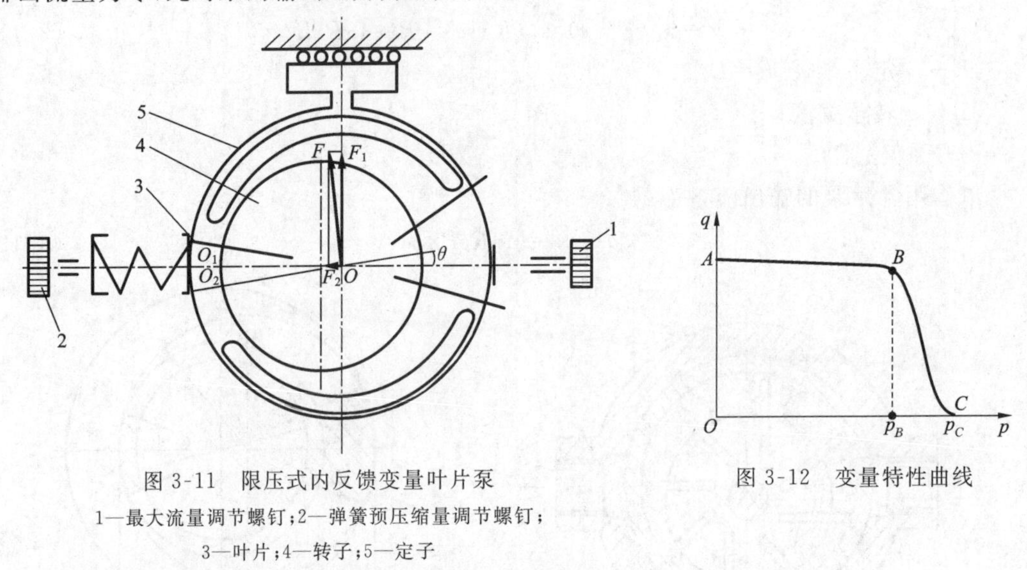

图 3-11　限压式内反馈变量叶片泵

1—最大流量调节螺钉；2—弹簧预压缩量调节螺钉；3—叶片；4—转子；5—定子

图 3-12　变量特性曲线

改变调节弹簧的预紧力可以改变泵的特性曲线，增加调节弹簧的预紧力使点 p_B 向右移，BC 线则平行右移。更换调节弹簧，改变其弹簧刚度，可改变 BC 段的斜率，调节弹簧刚度增加，BC 线变平坦，调节弹簧刚度减弱，BC 线变陡。调节最大流量调节螺钉，可以调节曲线点 A 在纵坐标上的位置。

内反馈式变量泵利用泵本身的排出压力和流量推动变量机构，在泵的理论排量接近零工况时，泵的输出流量为零，因此便不可能继续推动变量机构来使泵的流量反向，所以内馈式变量泵仅能用于单向变量。

2）限压式外反馈变量叶片泵

图 3-13 所示为外反馈限压式变量叶片泵，它能根据泵出口负载压力的大小自动调节泵的排量。图中转子 1 的中心是固定不动的，定子 3 可沿滑块滚针轴承 4 左右移动。定子右边有反馈柱塞 5，它的油腔与泵的压油腔相通。设反馈柱塞的受压面积为 A_x，则作用在定子上的反馈力 pA_x 小于作用在定子上的弹簧力 F_x，即 $pA_x<F_x$ 时，弹簧 2 把定子推向最右

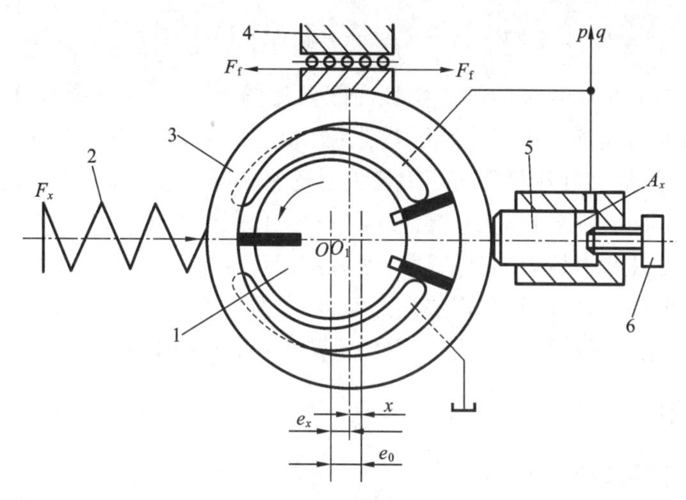

图 3-13　限压式外反馈变量叶片泵

1—转子；2—弹簧；3—定子；4—滑块滚针轴承；5—反馈柱塞；6—流量调节螺钉

边，柱塞和流量调节螺钉 6 用以调节泵的原始偏心距 e_0，进而调节流量，此时偏心距达到预调值 e_0，泵的输出流量最大。当泵的压力升高到 $pA_x>F_x$ 时，反馈力克服弹簧预紧力，推动定子左移距离 x，偏心距减小，泵输出流量随之减小。压力越高，偏心距越小，输出流量也越小。当压力达到使泵的偏心距所产生的流量全部用于补偿泄漏时，泵的输出流量为零，不管外负载再怎样加大，泵的输出压力不会再升高，所以这种泵被称为限压式外反馈变量叶片泵。

对限压式外反馈变量叶片泵的变量特性作如下分析。

设泵转子和定子间的最大偏心距为 e_{max}，此时弹簧的预压缩量为 x_0，弹簧刚度为 k_x，泵的偏心距预调值为 e_0，当压力逐渐增大，使定子开始移动时压力为 p_0，则有

$$p_0A_x=k_x(x_0+e_{max}-e_0) \tag{3-13}$$

当泵压力为 p 时，定子移动了 x 距离，即弹簧压缩量增加 x，这时的偏心量为

$$e=e_0-x \tag{3-14}$$

如忽略泵在滑块滚针支承处的摩擦力 F_f，泵定子的受力方程为

$$p_0A_x=k_x(x_0+e_{max}-e_0+x) \tag{3-15}$$

由式(3-13)得

$$p_0=\frac{k_x}{A_x}(x_0+e_{max}-e_0) \tag{3-16}$$

泵的实际输出流量为

$$q=k_qe-k_1p \tag{3-17}$$

式中：k_q——泵的流量增益；

k_1——泵的泄漏系数。

当 $pA_x<F_x$ 时，定子处于最右端位置，弹簧的总压缩量等于其预压缩量，定子偏心量为 e_0，泵的流量为

$$q=k_qe_0-k_1p \tag{3-18}$$

而当 $pA_x>F_x$ 时，定子左移，泵的流量减小。由式(3-14)、式(3-15)和式(3-17)得

$$q=k_{\mathrm{q}}(x_0+e_{\max})-\frac{k_{\mathrm{q}}}{k_x}\left(A_x+\frac{k_x+k_1}{k_{\mathrm{q}}}\right)p \tag{3-19}$$

限压式外反馈变量叶片泵的静态特性曲线参见图 3-12。不变量的 AB 段与式(3-18)相对应，压力增加时，实际输出流量因压差泄漏而减少；BC 段是泵的变量段，与式(3-19)相对应，这一区段内泵的实际流量随着压力增大而迅速下降，点 B 称为曲线的拐点，拐点处的压力 $p_B=p_0$ 值主要由弹簧预紧力确定，并可以由式(3-16)算出。

限压式变量叶片泵对既要实现快速行程又要实现保压和工作进给的执行元件来说，可以提供一种合适的油源；快速行程需要大的流量，负载压力较低，正好使用其 AB 段曲线部分；保压和工作进给时负载压力升高，需要流量减小，正好使用其 BC 段曲线部分。

3.4.2 双作用叶片泵

1. 双作用叶片泵的工作原理

图 3-14 为双作用叶片泵的工作原理图，它的作用原理和单作用叶片泵相似，不同之处只在于定子内表面是由两段长半径圆弧、两段短半径圆弧和四段过渡曲线组成，且定子和转子是同心的，在图 3-14 中，当转子顺时针方向旋转时，密封工作腔的容积在左上角和右下角处逐渐增大，为吸油区，在左下角和右上角处逐渐减小，为压油区；吸油区和压油区之间有一段封油区将吸、压油区隔开。这种泵的转子每转一圈，每个密封工作腔完成吸油和压油动作各两次，所以称为双作用叶片泵。泵的两个吸油区和两个压油区是径向对称的，作用在转子上的压力径向平衡，所以又称平衡式叶片泵。

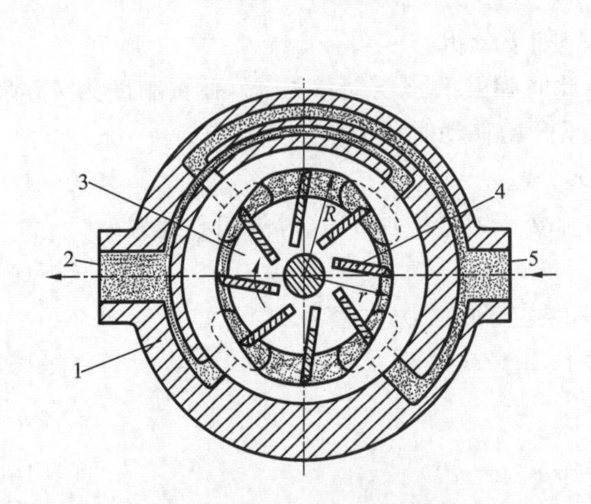

图 3-14 双作用叶片泵工作原理

1—定子；2—压油口；3—转子；4—叶片；5—吸油口

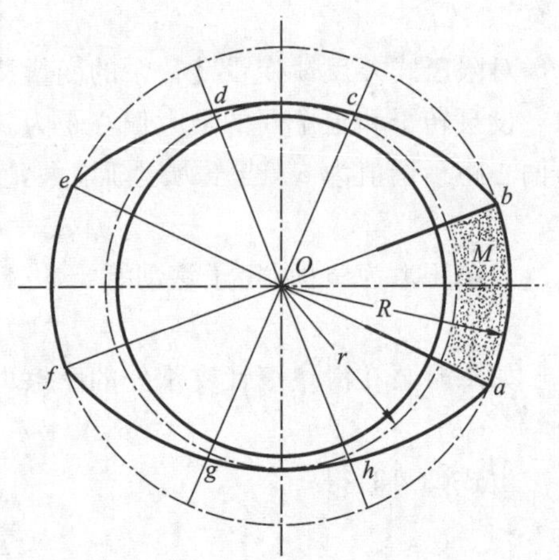

图 3-15 双作用叶片泵平均流量计算原理

2. 双作用叶片泵的流量计算

双作用叶片泵平均流量的计算方法和单作用叶片泵相同，也可以近似化为环形体积来计算。图 3-15 为双作用叶片泵平均流量计算原理图。当两叶片从 a、b 位置转到 c、d 位置时，排出容积为 M 的油液，从 c、d 转到 e、f 时，吸进了容积为 M 的油液。从 e、f 转到 g、h 时又排出了容积为 M 的油液；再从 g、h 转回到 a、b 时又吸进了容积为 M 的油液。这样转子转一周，两叶片间吸油两次，排油两次，每次容积为 M，当叶片数为 z 时，转子转一周，所

有叶片的排量为 $2z$ 个 M 容积，若不计叶片几何尺度，此值正好为环形体积的两倍。所以，双作用叶片泵的理论排量为

$$V=2\pi(R^2-r^2)B \tag{3-20}$$

式中：R——定子长半径；

r——定子短半径；

B——转子厚度。

双作用叶片泵的平均流量为

$$q=2\pi(R^2-r^2)Bn\eta_V \tag{3-21}$$

式(3-21)是不考虑叶片几何尺度时的平均流量计算公式。一般双作用叶片泵，在叶片底部都通以压力油，并且在设计中保证高、低压腔叶片底部总容积变化为零，也就是说叶片底部容积不参加泵的吸油和排油。因此在排油腔，叶片缩进转子槽的容积变化，对泵的流量有影响，在精确计算叶片泵的平均流量时，还应该考虑叶片容积对流量的影响。每转不参加排油的叶片总容积为

$$V_b=\frac{2(R-r)}{\cos\phi}Bbz \tag{3-22}$$

式中：b——叶片厚度；

z——叶片数；

ϕ——叶片相对于转子半径的倾角。

则双作用叶片泵精确流量计算公式为

$$q=\left[2\pi(R^2-r^2)-\frac{2(R-r)}{\cos\phi}bz\right]Bn\eta_V \tag{3-23}$$

对于特殊结构的双作用叶片泵，如双叶片结构、带弹簧式叶片泵，其叶片底部和单作用叶片泵一样也参加泵的吸油和排油，其平均流量的计算仍采用式(3-21)。

3. 双作用叶片泵的结构

随着技术的发展，双作用叶片泵经不断改进，最高工作压力已达到 20～30 MPa。双作用叶片泵转子上的径向力基本上是平衡的，因此不像高压齿轮泵和单作用叶片泵那样，工作压力的提高会受到径向承载能力的限制。叶片泵采用浮动配流盘对端面间隙进行补偿后，泵在高压下也能保持较高的容积效率，叶片泵工作压力提高的主要限制条件是叶片和定子内表面的磨损。为了解决定子和叶片的磨损，要采取措施减小在吸油区叶片对定子内表面的压紧力，目前采用的主要结构有以下几种。

1）双叶片结构

如图 3-16 所示，各转子槽内装有两个经过倒角的叶片。叶片底部不和高压油腔相通，两叶片的倒角部分构成从叶片底部通向头部的 V 形油道，因而作用在叶片底部、头部的油压力相等，合理的叶片头部的形状，应为叶片头部承压面积略小于叶片底部承压面积，这个承压面积的差值就

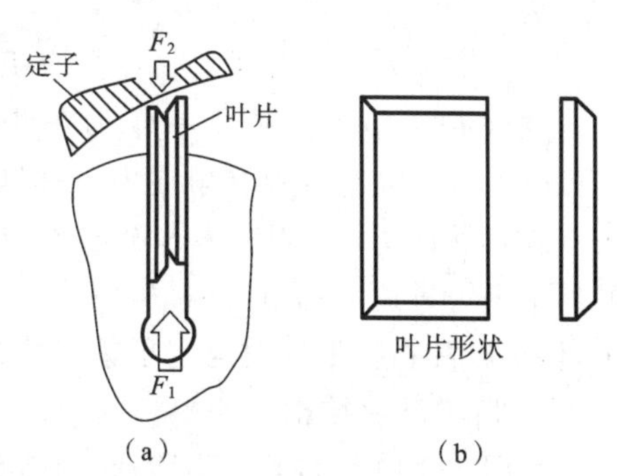

图 3-16 双叶片结构原理

形成叶片对定子内表面的接触力。也就是说，这个接触力是能够通过叶片头部的形状来控制的，以便既保证叶片与定子紧密接触，又不至于使接触应力过大。同时，槽内的两个叶片可以相互滑动，以保证在任何位置，两个叶片的头部和定子内表面紧密接触。

2）弹簧负载叶片结构

与双叶片结构类似的还有弹簧负载叶片结构。如图 3-17 所示，叶片在头部及两侧开有半圆形槽，在叶片的底面上开有三个弹簧孔。通过叶片头部和底部相连的小孔及侧面的半圆槽使叶片底面与头部相通，这样，叶片在转子槽中滑动时，头部和底部的压力完全平衡。叶片和定子内表面的接触压力仅为叶片的离心力、惯性力和弹簧力，故接触力较小。不过，弹簧在工作过程中频繁受交变压缩，易引起疲劳损坏，但这种结构可以原封不动地作为液压马达使用，这是其他叶片泵结构所不具备的特点。

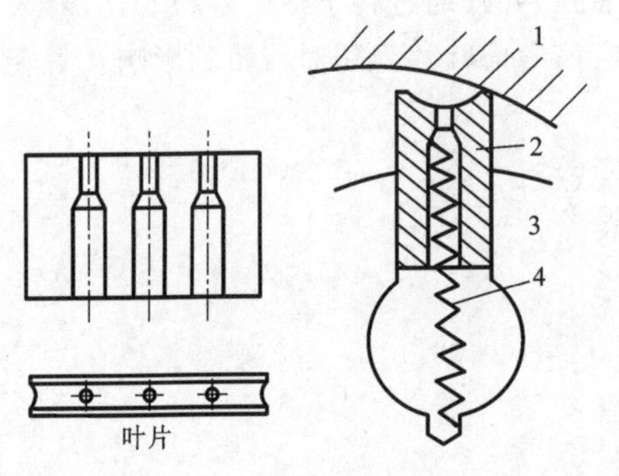

图 3-17 弹簧负载叶片结构

1—定子；2—叶片；3—转子；4—弹簧

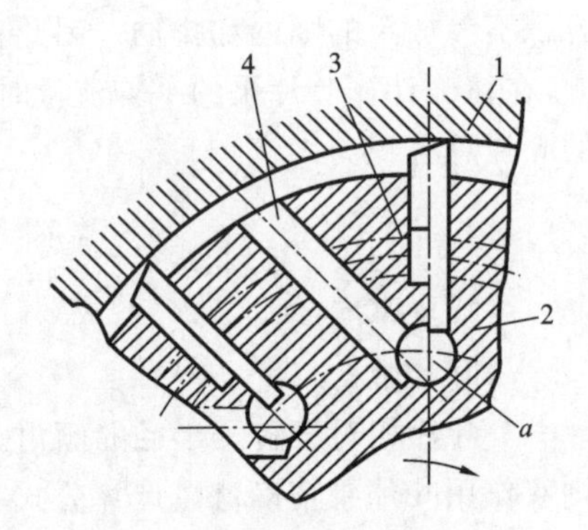

图 3-18 子母叶片结构

1—定子；2—转子；

3—中间油腔；4—压力平衡油道

3）子母叶片结构

如图 3-18 所示，在转子叶片槽中装有母叶片和子叶片，母、子叶片能自由地相对滑动，为了使母叶片和定子的接触压力适当，须正确选择子叶片和母叶片的宽度尺寸之比。转子上的压力平衡孔使母叶片的头部和底部液压力相等，泵的排油压力经过配流盘，转子槽通到母、子叶片之间的中间压力腔，如不考虑离心力、惯性力，由图 3-18 可知，叶片作用在定子上的力为

$$F=bt(p_2-p_1) \tag{3-24}$$

在吸油区，$p_1=0$，则 $F=p_2tb$；在排油区，$p_1=p_2$，故 $F=0$。由此可见，只要适当地选择 t 和 b 的大小，就能控制接触应力，一般取子叶片的宽度 b 为母叶片宽度的1/4～1/3。

在排油区 $F=0$，叶片仅靠离心力与定子接触。为防止叶片的脱空，在连通中间压力腔的油道上设置适当的节流阻尼，使叶片运动时中间油腔的压力高于作用在母叶片头部的压力，保证叶片在排油区时与定子紧密贴合。

4）阶梯叶片结构

如图 3-19 所示，叶片为阶梯形状，转子上的叶片槽亦具有相应的形状。它们之间的中间油腔经配流盘上的槽与压力油相通，转子上的压力平衡油道把叶片头部的压力油引入叶片底部，与子母叶片结构相似，在压力油引入中间油腔之前，设置节流阻尼，使叶片向内缩进时，此腔保持足够的压力，保证叶片紧贴定子内表面。这种结构由于叶片及槽的形状较为复杂，加工工艺性较差，应用较少。

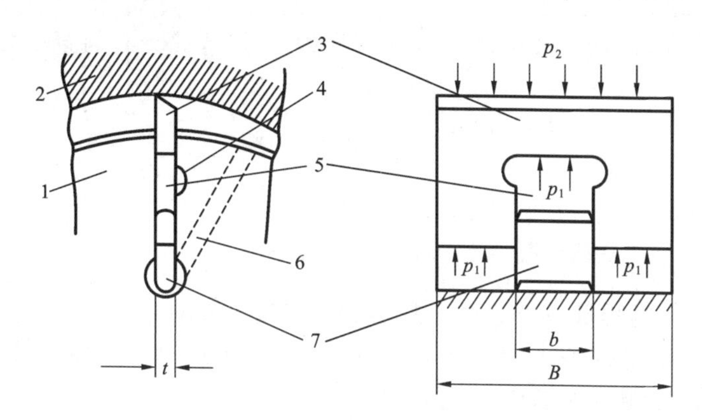

图 3-19 阶梯叶片结构

1—转子；2—定子；3—母叶片；4—压力油道；5—中间压力腔；6—压力平衡孔；7—子叶片

3.5 柱塞泵

柱塞泵是通过柱塞在柱塞孔内往复运动时密封工作容积的变化来实现吸油和排油的。由于柱塞与缸体内孔均为圆柱表面，滑动表面配合精度高，所以这类泵的特点是泄漏小、容积效率高，可以在高压下工作。柱塞泵按柱塞在缸体内的排列方式的不同，可分为径向柱塞泵和轴向柱塞泵。下面主要介绍轴向柱塞泵。

1. 轴向柱塞泵的工作原理

轴向柱塞泵可分为斜盘式轴向柱塞泵和斜轴式轴向柱塞泵，图 3-20 所示为斜盘式轴向柱塞泵的工作原理图。泵由斜盘 1、柱塞 2、缸体 3、配流盘 4 和传动轴 5 等主要零件组成，斜盘 1 和配流盘 4 是不动的，传动轴 5 带动缸体 3、柱塞 2 一起转动，柱塞 2 靠机械装置或在低压油作用压紧在斜盘上。当传动轴按图示方向旋转时，柱塞 2 在其沿斜盘自下而上回转的半周内逐渐向缸体外伸出，使缸体孔内密封工作腔容积不断增加，产生局部真空，从而将油液经配流盘 4 上的配油窗口 a 吸入；柱塞在其自上而下回转的半周内又逐渐向里推入，使密封工作腔容积不断减小，将油液从配流盘窗口 b 向外排出，缸体每转一转，每个柱塞往复运

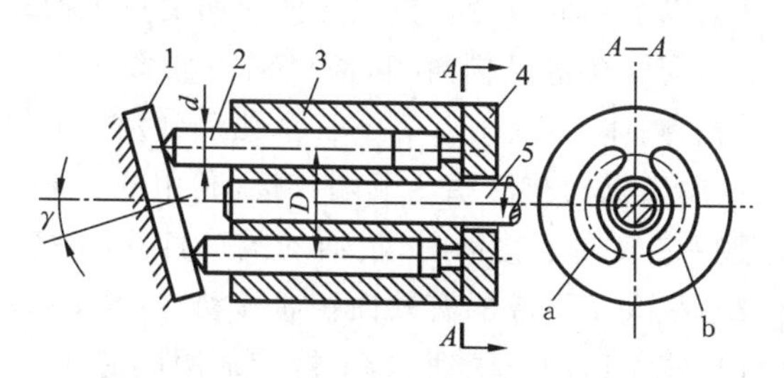

图 3-20 斜盘式轴向柱塞泵的工作原理

1—斜盘；2—柱塞；3—缸体；4—配流盘；5—传动轴

动一次，完成一次吸油动作。改变斜盘的倾角 γ，就可以改变密封工作容积的有效变化量，实现泵的变量。

2. 轴向柱塞泵的流量计算

如图 3-20 所示，若柱塞数目为 z，柱塞直径为 d，柱塞孔分布圆直径为 D，斜盘倾角为 γ，则泵的排量为

$$V=\frac{\pi}{4}d^2 zD\tan\gamma \tag{3-25}$$

则泵的输出流量为

$$q=\frac{\pi}{4}d^2 zDn\eta_V\tan\gamma \tag{3-26}$$

实际上，柱塞泵的排量是转角的函数，其输出流量是脉动的，就柱塞数而言，柱塞数为奇数时的脉动率比为偶数时的小，且柱塞数越多，脉动率越小，故柱塞泵的柱塞数一般都为奇数。从结构工艺性和脉动率综合考虑，常取 $z=7$ 或 $z=9$。

3. 轴向柱塞泵的结构特征

1）端面间隙的自动补偿

由图 3-20 可见，使缸体紧压配流盘端面的作用力，除机械装置或弹簧作为预密封的推力外，还有柱塞孔底部台阶面上所受的液压力，此液压力比弹簧力大得多，而且随泵的工作压力的增大而增大。由于缸体始终受液压力作用而紧贴着配流盘，就使端面间隙得到了自动补偿。

2）滑靴的静压支撑结构

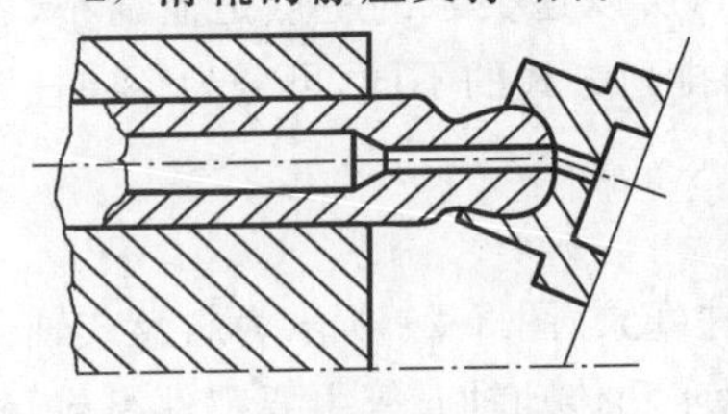

图 3-21 滑靴的静压支承原理

在斜盘式轴向柱塞泵中，若各柱塞以球形头部直接接触斜盘而滑动，这种泵称为点接触式轴向柱塞泵。点接触式轴向柱塞泵在工作时，由于柱塞球头与斜盘平面理论上为点接触，因而接触应力大，极易磨损。一般轴向柱塞泵都在柱塞头部装一滑靴，如图 3-21 所示，滑靴是按静压轴承原理设计的，缸体中的压力油经过柱塞球头中间小孔流入滑靴油室，使滑靴和斜盘间形成液体润滑，改善了柱塞头部和斜盘的接触情况，有利于提高轴向柱塞泵的压力和其他参数，使其在高压、高速下工作。

3）变量机构

在斜盘式轴向柱塞泵中，通过改变斜盘倾角 γ 的大小就可调节泵的排量，变量机构的结构形式是多种多样的，这里以手动伺服变量机构为例说明变量机构的工作原理。

如图 3-22 所示为手动伺服变量机构简图，该机构由缸筒 1、活塞 2 和伺服阀组成。活塞 2 的内腔构成了伺服阀的阀体，并有 c、d 和 e 三个孔道分别沟通缸筒 1 下腔 a、上腔 b 和油箱。泵上的斜盘 4 通过拨叉机构与活塞 2 下端铰接，利用活塞 2 的上下移动来改变斜盘倾角 γ。当用手柄使伺服阀芯 3 向下移动时，上面的阀口打开，a 腔中的压力油经孔道 c 通向 b 腔，活塞因上腔有效面积大于下腔的有效面积而移动，活塞 2 移动时又使伺服阀上的阀口关闭，最终使活塞 2 自身停止运动。同理，当手柄使伺服阀芯 3 向上移动时，下面的阀口打开，b 和 e 接通油箱，活塞 2 在 a 腔压力油的作用下向上移动，并在该阀口关闭时自行停止运动。变量控制机构就是这样依照伺服阀的动作来实现其控制的。

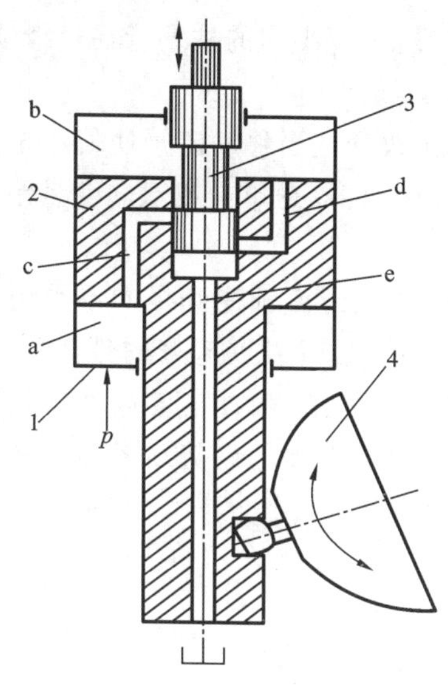

图 3-22　手动伺服变量机构

1—缸筒；2—活塞；3—阀芯；4—斜盘

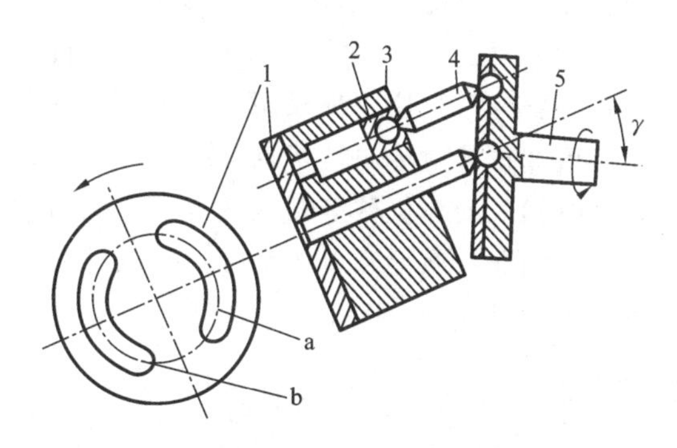

图 3-23　斜轴式轴向柱塞泵的工作原理

1—配流盘；2—柱塞；3—缸体；4—连杆；5—传动轴

图 3-23 为斜轴式轴向柱塞泵的工作原理图。传动轴 5 的轴线相对于缸体 3 的倾角为 γ，柱塞 2 与传动轴圆盘之间用相互铰接的连杆 4 相连。当传动轴 5 沿图示方向旋转时，连杆 4 就带动柱塞 2 连同缸体 3 一起绕缸体轴线旋转，柱塞 2 同时也在缸体的柱塞孔内做往复运动，使柱塞孔底部的密封腔容积不断发生增大和缩小的变化，通过配流盘 1 上的窗口 a 和 b 实现吸油和压油。

与斜盘式泵相比较，斜轴式泵由于缸体所受的不平衡径向力较小，故结构强度较高，可以有较高的设计参数，其缸体轴线与驱动轴的夹角 γ 较大，变量范围较大；但外形尺寸较大，结构也较复杂。目前，斜轴式轴向柱塞泵的使用相当广泛。

在变量形式上，斜盘式轴向柱塞泵靠斜盘摆动变量，斜轴式轴向柱塞泵则为摆缸变量，因此，后者的变量系统的响应较慢。关于斜轴泵的排量和流量可参照斜盘式泵的计算方法计算。

图 3-24 是径向柱塞泵的工作原理图，由图可见，径向柱塞泵的柱塞径向布置在缸体上，在转子 2 上径向均匀分布着数个柱塞孔，孔中装有柱塞 5；转子 2 的中心与定子 1 的中心之间有一个偏心量 e。在固定不动的配流轴 3 上，相对于柱塞孔的部位有相互隔开的上下两个配流窗口，该配流窗口又分别通过所在部位的两个轴向孔与泵的吸、排油口连通。当转子 2 旋转时，柱塞 5 在离心力及机械回程力作用下，它的头部与定子 1 的内表面紧紧接触，由于转子 2 与定子 1 存在偏心，所以柱塞 5 在随转子转动时，又在柱塞孔内做径向往复滑动，当转子 2 按图示箭头方向旋转时：上半周

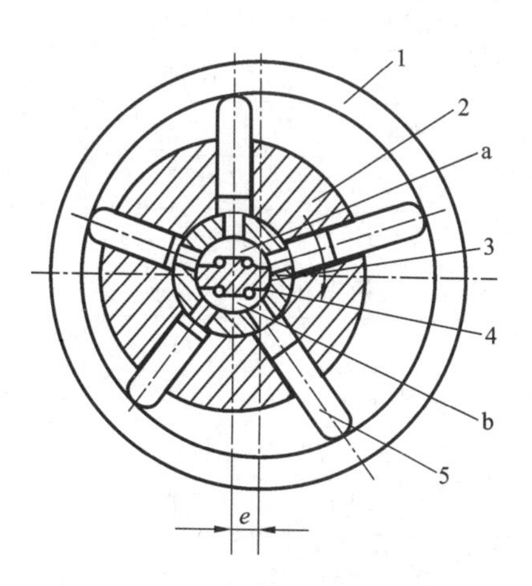

图 3-24　径向柱塞泵的工作原理

1—定子；2—转子；3—配流轴；

4—衬套；5—柱塞

a—吸油腔；b—压油腔

的柱塞皆往外滑动，柱塞孔的密封容积增大，通过轴向孔吸油；下半周的柱塞皆往里滑动，柱塞孔内的密封工作容积缩小，通过配流盘向外排油。

当移动定子，改变偏心量 e 的大小时，泵的排量就发生改变。当移动定子使偏心量从正值变为负值时，泵的吸、排油口就互相调换，因此，径向柱塞泵可以是单向或双向变量泵。为了流量脉动率尽可能小，通常采用奇数柱塞。

径向柱塞泵的径向尺寸大，结构较复杂，自吸能力差，并且配流轴受到径向不平衡液压力的作用，易于磨损，这些都限制了它的速度和压力的提高。最近发展起来的带滑靴连杆-柱塞组件的非点接触径向柱塞泵，改变了这一状况，出现了低噪声、耐冲击的高性能径向柱塞泵，并在凿岩、冶金机械等领域获得了应用，代表径向柱塞泵发展的趋势。径向柱塞泵的流量可参照轴向柱塞泵和单作用叶片泵的计算方法。

泵的平均排量为

$$V=\frac{\pi}{4}d^2 2ez=\frac{\pi}{2}d^2 ez \tag{3-27}$$

泵的输出流量为

$$q=\frac{\pi}{2}d^2 ezn\eta_V \tag{3-28}$$

3.6 液压泵的性能比较及选用

设计液压系统时，应根据所要求的工作情况合理地选择液压泵。表 3-1 所示为液压系统中常用液压泵的性能比较及应用。

表 3-1 常用液压泵的性能比较及应用

项　目	外啮合齿轮泵	双作用叶片泵	限压式变量叶片泵	径向柱塞泵	轴向柱塞泵
输出压力	低压	中压	中压	高压	高压
流量调节	不能	不能	能	能	能
效率	低	较高	较高	高	高
流量脉动	很大	很小	一般	一般	一般
自吸特性	好	较差	较差	差	差
对油的污染敏感性	不敏感	较敏感	较敏感	很敏感	很敏感
噪声	大	小	较大	大	大
功率质量比	中等	中等	小	小	大
寿命	较短	较长	较短	长	长
单位功率造价	最低	中等	较高	高	高
应用范围	机床、工程机械、农机、航空、船舶、一般机械	机床、注塑机、液压机、起重运输机械、工程机械、飞机	机床、注塑机	机床、液压机、船舶机械	工程机械、锻压机械、起重运输机械、矿山机械、冶金机械、船舶、飞机

3.7　液压马达

液压马达和液压泵在结构上基本相同，都是靠密封容积的变化进行工作的。常见的液压马达也有齿轮式、叶片式和柱塞式等几种主要形式；从转速转矩范围分，有高速马达和低速大扭矩马达之分。马达和泵在工作原理上是互逆的，当向泵输入压力油时，其轴输出转速和转矩就成为马达。但由于两者的任务和要求有所不同，故在实际结构上只有少数泵能当做马达使用。下面首先对液压马达的主要性能参数作一介绍。

1）工作压力和额定压力

马达入口油液的实际压力称为马达的工作压力，马达入口压力和出口压力的差值称为马达的工作压差。在马达出口直接接油箱的情况下，为便于定性分析问题，通常近似认为马达的工作压力等于工作压差。

马达在正常工作条件下，按试验标准规定连续运转的最高压力称为马达的额定压力。马达的额定压力亦受泄漏和零件强度的制约，超过额定压力时就会过载。

2）流量和排量

马达入口处的流量称为马达的实际流量。马达密封腔容积变化所需要的流量称为马达的理论流量。实际流量和理论流量之差即为马达的泄漏量。

马达轴每转一周，由其密封腔有效体积变化而排出的液体体积称为马达的排量。

3）容积效率和转速

因马达实际存在泄漏，由实际流量 q 计算转速 n 时，应考虑马达的容积效率 η_V。当液压马达的泄漏流量为 q_l，马达的实际流量为 $q=q_t+q_l$，则液压马达的容积效率为

$$\eta_V=\frac{q_t}{q}=1-\frac{q_l}{q} \tag{3-29}$$

马达的输出转速等于理论流量 q_t 与排量 V 的比值，即

$$n=\frac{q_t}{V}=\frac{q}{V}\eta_V \tag{3-30}$$

4）转矩和机械效率

因马达实际存在机械摩擦，故实际输出转矩应考虑机械效率。若液压马达的转矩损失为 T_f，马达的实际转矩为 $T=T_t-T_f$，则液压马达的机械效率为

$$\eta_m=\frac{T}{T_t}=1-\frac{T_f}{T_t} \tag{3-31}$$

设马达的出口压力为零，入口工作压力为 p，排量为 V，则马达的理论输出转矩与泵有相同的表达形式，即

$$T_t=\frac{pV}{2\pi} \tag{3-32}$$

马达的实际输出转矩为

$$T=\frac{pV}{2\pi}\eta_m \tag{3-33}$$

5）功率和总效率

马达的输入功率为

$$P_i = pq \tag{3-34}$$

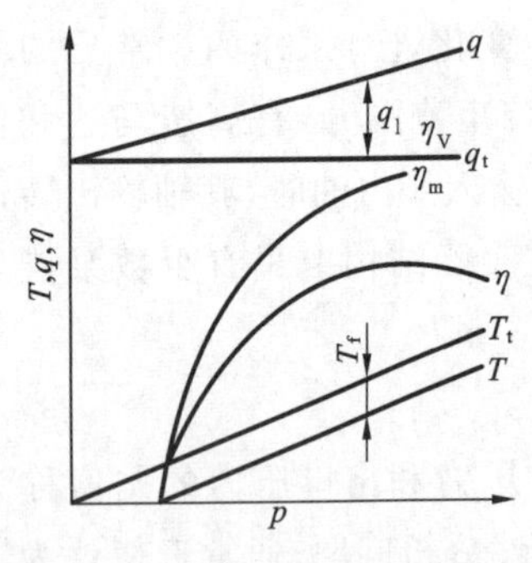

图 3-25 液压马达的特性曲线

马达的输出功率为

$$P_o = 2\pi nT \tag{3-35}$$

马达的总效率为

$$\eta = \frac{P_o}{P_i} = \frac{2\pi nT}{pq} = \eta_V \eta_m \tag{3-36}$$

由式(3-36)可见，液压马达的总效率亦同于液压泵的总效率，等于机械效率与容积效率的乘积。图 3-25 是液压马达的特性曲线。

一般来说，额定转速高于 500 r/min 的马达属于高速马达，额定转速低于 500 r/min 的马达属于低速马达。

3.8 液压泵及液压马达的工作特点

3.8.1 液压泵的工作特点

(1) 液压泵的吸油腔压力过低将会产生吸油不足的现象和异常噪声，甚至无法工作。因此，除了在泵的结构设计上尽可能减小吸油管路的液阻外，为了保证泵的正常运行，应该使泵的安装高度不超过允许值，避免吸油滤油器及管路形成过大的压降，限制泵的使用转速至额定转速以内。

(2) 液压泵的工作压力取决于外负载，若负载为零，则泵的工作压力为零。随着排油量的增加，泵的工作压力根据负载大小自动增加，泵的最高工作压力主要受结构强度和使用寿命的限制。为了防止压力过高而使泵、系统受到损害，液压泵的出口常常要采取限压措施。

(3) 变量泵可以通过调节排量来改变流量，定量泵只有用改变转速的办法来调节流量，但是转速的增大受到吸油性能、泵的使用寿命、效率等的限制。例如，工作转速低时，虽然对泵的寿命有利，但是会使容积效率降低，并且对于需要利用离心力来工作的叶片泵来说，转速过低会无法保证正常工作。

(4) 液压泵的流量具有某种程度的脉动性质，其脉动情况取决于泵的形式及结构设计参数。为了减小脉动的影响，除了从造型上考虑外，必要时可在系统中设置蓄能器或液压滤波器。

(5) 液压泵靠工作腔的容积变化来吸、排油，如果工作腔处在吸、排油之间的过渡密封区时存在容积变化，就会产生压力急剧升高或降低的“困油现象”，从而影响容积效率，产生压力脉动、噪声及工作构件上的附加动载荷，这是液压泵设计中需要注意的一个共性问题。

3.8.2 液压马达的工作特点

(1) 在一般工作条件下，液压马达的进、出口压力都高于大气压，因此不存在液压泵那样的吸入性能问题，但是，如果液压马达可以在泵工况下工作，它的进油口应有最低压力限制，以免产生汽蚀。

(2) 马达应能正、反向运转，因此，就要求液压马达在设计时具有结构上的对称性。

(3) 液压马达的实际工作压差取决于负载力矩的大小，当被驱动负载的转动惯量大、转速高，并要求急速制动或反转时，会产生较高的液压冲击，为此，应在系统中设置必要的安全阀、缓冲阀。

(4) 由于内部泄漏不可避免，因此将马达的排油口关闭而进行制动时，仍会有缓慢的滑转，所以，需要长时间精确制动时，应另行设置防止滑转的制动器。

(5) 某些形式的液压马达必须在回油口具有足够的背压才能保证正常工作，并且转速越高所需背压也越大，背压的增高意味着油源的压力利用率低，系统的损失大。

思考题与习题

3-1 液压泵按其结构不同，可分为哪几类？液压泵的图形符号有哪几种？其结构与其表示的图形符号有什么关系？

3-2 什么是液压泵的额定压力和额定流量？液压泵在使用时，其实际工作压力和实际流量是否允许达到泵的额定压力和泵的额定流量？

3-3 如图所示，已知液压泵的额定压力和额定流量，设管道内压力损失和液压缸、液压马达的摩擦损失忽略不计，而图(c)中的支路上装有节流小孔，试说明图示各种工况下液压泵出口处的工作压力值。

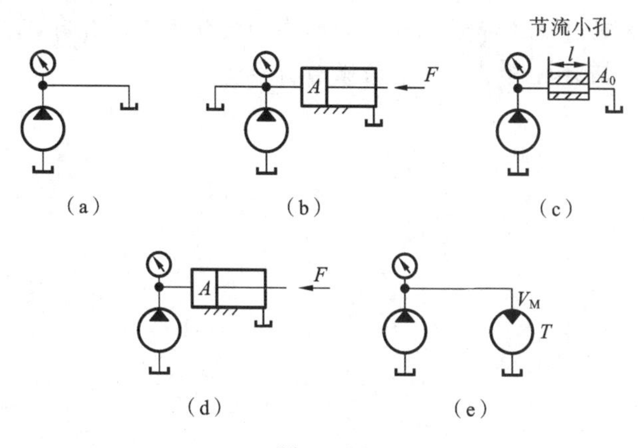

题3-3图

3-4 机械功率 P 等于力 F 与速度 v 的乘积，即 $P=Fv$。功率 P 与液体的压力 p 和流量 q_V 有什么关系？

3-5 什么是齿轮泵的困油现象？困油现象有什么危害？用什么方法减小或较好地解决齿轮泵的困油问题？

3-6 径向柱塞泵和轴向柱塞泵各有什么优缺点？各适用于什么场合？

3-7 已知某一液压泵的排量 $V=100$ mL/r，转速 $n=1\,450$ r/min，容积效率 $\eta_V=0.95$，总效率 $\eta=0.9$，泵输出油的压力 $p=10$ MPa。求泵的输出功率 P_o 和所需电动机的驱动功率 P_i 各为多少？

3-8 已知一齿轮泵的参数：齿轮模数 $m=4$ mm，齿数 $z=12$，齿宽 $b=32$ mm，泵的容积效率 $\eta_V=0.8$，机械效率 $\eta_m=0.9$，转速 $n=1\ 450$ r/min，工作压力 $p=2.5$ MPa。试计算齿轮泵的理论流量、实际流量、输出功率及电动机的驱动功率？

3-9 某变量叶片泵，其转子的外径 $d=83$ mm，定子的内径 $D=89$ mm，定子宽度 $b=30$ mm。求：

(1) 当泵的排量 $V=16$ mL/r 时，定子与转子的偏心量 e；

(2) 泵的最大排量 V。

3-10 一轴向柱塞泵，其斜盘的倾角 $\gamma=22°30'$，柱塞直径 $d=22$ mm，柱塞分布圆直径 $D=68$ mm，柱塞数 $z=7$。若泵的容积效率 $\eta_V=0.98$，机械效率 $\eta_m=0.9$，转速 $n=960$ r/min，输出压力 $p=10$ MPa，试求泵的理论流量、实际流量和泵的输入功率。

3-11 液压马达的工作压力为 10×10^6 Pa，排量为 200 mL/r，总效率 $\eta=0.75$，机械效率 $\eta_m=0.9$。

(1) 计算该液压马达能输出的理论转矩；

(2) 若马达的转速为 500 r/min，求输入液压马达的理论流量；

(3) 若外负载为 200 N·m($n=500$ r/min)时，求液压马达的输入功率和输出功率。

3-12 液压泵的额定流量为 100 L/min，液压泵的额定压力为 2.5 MPa，额定转速为 1 450 r/min，机械效率为 $\eta_m=0.9$。由实验测得，当液压泵的出口压力为零、额定转速时，流量为 106 L/min；额定压力、额定转速时，流量为 100.7 L/min。

(1) 计算液压泵的容积效率 η_V；

(2) 如果液压泵的转速下降到 500 r/min，在额定压力下工作时，试估算液压泵的流量。

(3) 计算在上述两种转速下液压泵的驱动功率。

第4章 液 压 缸

内 容 提 要

本章主要介绍液压执行元件:液压缸。液压执行元件是将液压泵所输出油液的压力能转换成机械能输出的液压元件。通过学习,使学生掌握液压缸的工作原理和特点及其分类、液压缸推力和速度的计算和液压缸的设计。

基本要求、重点和难点

基本要求:掌握液压缸的类型、特点和结构,以及液压缸的速度与流量的关系、牵引力与压力的关系。掌握活塞式、柱塞式、伸缩式、摆动式液压缸的结构特点与工作原理。掌握液压缸的设计与计算。

重点:液压缸的结构实例;液压缸的密封。

难点:液压缸的结构实例。

4.1 液压缸的类型和特点

液压缸又称为油缸,它是液压系统中的一种执行元件,其功能就是将液压能转变成直线往复式的机械运动。

液压缸的种类很多,其详细分类见表4-1。

下面分别介绍几种常用的液压缸。

1. 双活塞杆液压缸

活塞两端都有一根直径相等的活塞杆伸出的液压缸称为双活塞杆液压缸,它一般由缸体、缸盖、活塞、活塞杆和密封件等零件构成。根据安装方式不同可分为缸筒固定式和活塞杆固定式两种。

如图4-1(a)所示的为缸筒固定式的双活塞杆液压缸。它的进、出口布置在缸筒两端,活塞通过活塞杆带动工作台移动,当活塞的有效行程为l时,整个工作台的运动范围为$3l$,所以机床占地面积大,一般适用于小型机床。当工作台行程要求较长时,可采用图4-1(b)所示的活塞杆固定式液压缸,这时,缸体与工作台相连,活塞杆通过支架固定在机床上,动力由缸体传出。这种安装形式中,工作台的移动范围只等于液压缸有效行程l的两倍,因此占地面积小。进出油口可以设置在固定不动的空心活塞杆的两端,但必须使用软管连接。

由于双活塞杆液压缸两端的活塞杆直径通常是相等的,因此它左、右两腔的有效面积也相等,当分别向左、右腔输入相同压力和相同流量的油液时,液压缸左、右两个方向的推力和速度相等。当活塞的直径为D,活塞杆的直径为d,液压缸进、出油腔的压力为p_1和p_2,输入流量为q时,双活塞杆液压缸的推力F和速度v为

表 4-1 常见液压缸的种类及特点

分类	名　称	符　号	说　明
单作用液压缸	柱塞式液压缸	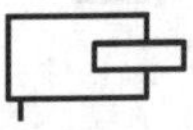	柱塞仅单向运动，返回行程是利用自重或负荷将柱塞推回
	单活塞杆液压缸	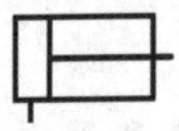	活塞仅单向运动，返回行程是利用自重或负荷将活塞推回
	双活塞杆液压缸	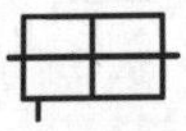	活塞的两侧都装有活塞杆，只能向活塞一侧供给压力油，返回行程通常利用弹簧力、重力或外力
	伸缩液压缸	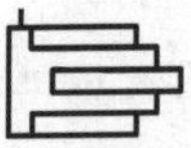	它以短缸获得长行程。用液压油由大到小逐节推出，靠外力由小到大逐节缩回
双作用液压缸	单活塞杆液压缸	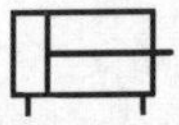	单边有杆，两向液压驱动，两向推力和速度不等
	双活塞杆液压缸	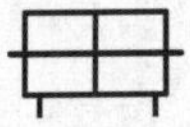	双向有杆，双向液压驱动，可实现等速往复运动
	伸缩液压缸	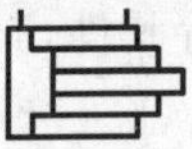	双向液压驱动，伸出由大到小逐节推出，由小到大逐节缩回
组合液压缸	弹簧复位液压缸	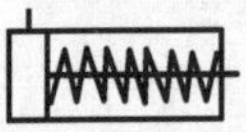	单向液压驱动，由弹簧力复位
	串联液压缸	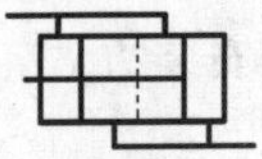	用于缸的直径受限制，而长度不受限制处，获得大的推力
	增压缸(增压器)	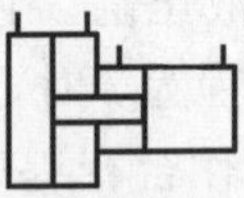	由低压力室 A 缸驱动，使室 B 获得高压油源
	齿条传动液压缸		活塞往复运动由装在一起的齿条驱动齿轮获得的往复回转运动而形成
摆动式液压缸			输出轴直接输出扭矩，其往复回转的角度小于360°，也称摆动马达

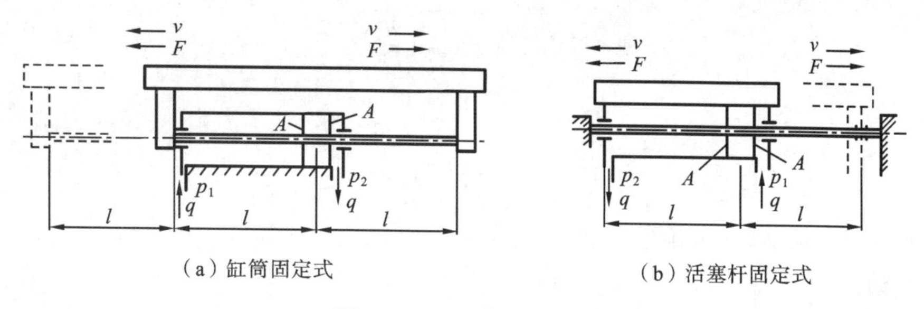

（a）缸筒固定式　　（b）活塞杆固定式

图 4-1　双活塞杆液压缸

$$F_1=F_2=(p_1-p_2)A\eta_m=(p_1-p_2)\frac{\pi}{4}(D^2-d^2)\eta_m \tag{4-1}$$

$$v_1=v_2=\frac{q}{A}\eta_V=\frac{4q\eta_V}{\pi(D^2-d^2)} \tag{4-2}$$

式中：A——活塞的有效工作面积。

双活塞杆液压缸设计成一个活塞杆受拉，而另一个活塞杆不受力，因此这种液压缸的活塞杆可以做得细些。

2. 单活塞杆液压缸

如图 4-2 所示，活塞只有一端带活塞杆，单杆液压缸也有缸体固定和活塞杆固定两种形式，但它们的工作台移动范围都是活塞有效行程的两倍。

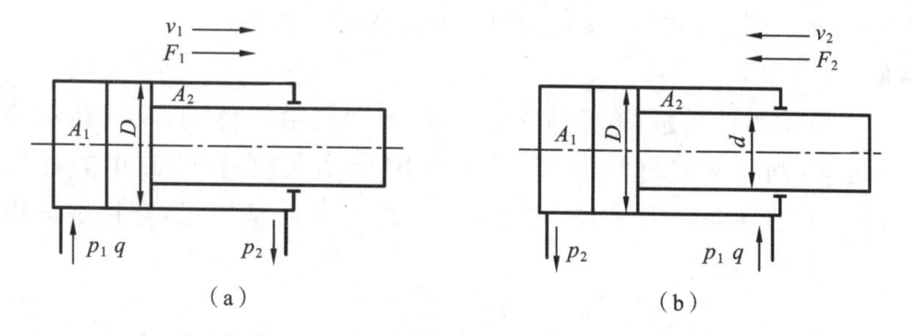

（a）　　（b）

图 4-2　单活塞杆液压缸

由于液压缸两腔的有效工作面积不等，因此它在两个方向上的输出推力和速度也不等，其值分别为

$$F_1=(p_1A_1-p_2A_2)\eta_m=\frac{\pi}{4}[(p_1-p_2)D^2+p_2d^2]\eta_m \tag{4-3a}$$

$$F_2=(p_1A_2-p_2A_1)\eta_m=\frac{\pi}{4}[(p_1-p_2)D^2-p_1d^2]\eta_m \tag{4-3b}$$

$$v_1=\frac{q}{A_1}\eta_V=\frac{4q\eta_V}{\pi D^2} \tag{4-4a}$$

$$v_2=\frac{q}{A_2}\eta_V=\frac{4q\eta_V}{\pi(D^2-d^2)} \tag{4-4b}$$

由式(4-1)～式(4-4)可知，由于 $A_1>A_2$，所以 $F_1>F_2$，$v_1<v_2$。如果把两个方向上的输出速度 v_2 和 v_1 的比值称为速度比，记作 λ_v，可得

$$\lambda_v = \frac{v_2}{v_1} = \frac{1}{1-\left(\frac{d}{D}\right)^2}$$

则

$$d = D\sqrt{\frac{\lambda_v - 1}{\lambda_v}}$$

因此，在已知 D 和 λ_v 时，可确定 d 值。

3. 差动缸

单活塞杆液压缸在其左右两腔都接通高压油的连接方式称为差动连接，这时单活塞杆液压缸称为差动缸，如图 4-3 所示。差动连接时活塞(或缸筒)只能向一个方向运动，要使它反方向运动时，油路的接法必须和非差动式连接相同(见图 4-2(b))。差动连接时输出的推力和速度为

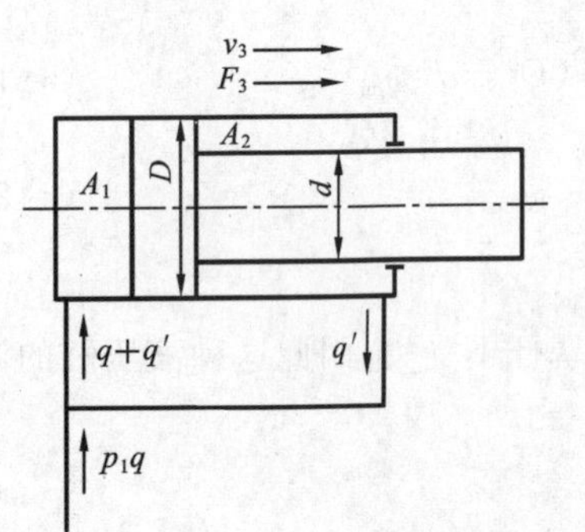

图 4-3 差动缸

$$F_3 = p_1(A_1 - A_2)\eta_m = p_1\frac{\pi}{4}d^2\eta_m \tag{4-5}$$

$$v_3 = \frac{q}{A_1 - A_2}\eta_V = \frac{4q\eta_V}{\pi d^2} \tag{4-6}$$

反向运动时，F_2 和 v_2 的公式分别同式(4-3b)、式(4-4b)。

如果要求 $v_2 = v_3$ 时，由式(4-4b)、式(4-6)，可得 $D=\sqrt{2}d$。

4. 柱塞缸

如图 4-4(a)所示为柱塞缸，它只能实现一个方向的液压传动，反向运动要靠外力。若需要实现双向运动，则必须成对使用，如图 4-4(b)所示，这种液压缸中的柱塞和缸筒不接触，运动时由缸盖上的导向套来导向，因此缸筒的内壁不需精加工，它特别适用于行程较长的场合。

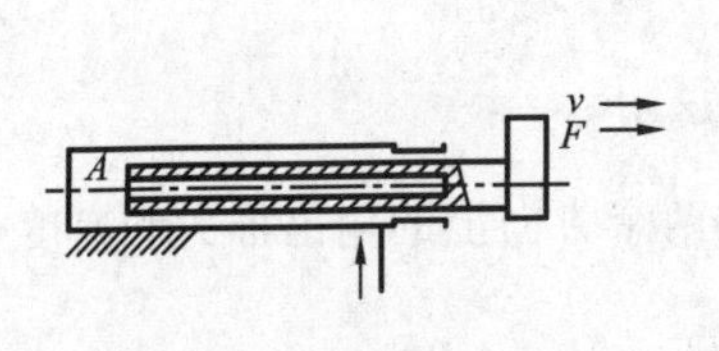

(a) 单个柱塞缸

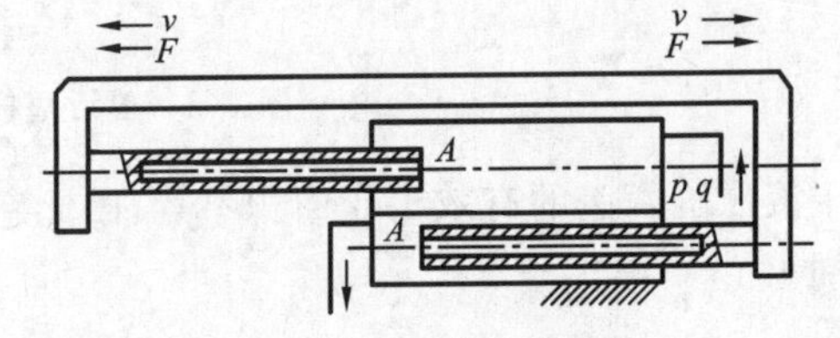

(b) 成对使用的柱塞缸

图 4-4 柱塞缸

柱塞缸输出的推力和速度各为

$$F = pA\eta_m = p\frac{\pi}{4}d^2\eta_m \tag{4-7}$$

$$v = \frac{q}{A}\eta_V = \frac{4q\eta_V}{\pi d^2} \tag{4-8}$$

5. 其他液压缸

1) 增压液压缸

增压液压缸又称增压器，它利用活塞和柱塞有效面积的不同使液压系统中的局部区域

获得高压。它有单作用增压缸和双作用增压缸两种形式，单作用增压缸的工作原理如图4-5(a)所示，当输入活塞缸的液体压力为p_1，活塞直径为D，柱塞直径为d时，柱塞缸中输出的液体压力为高压，其值为

$$p_2\ \frac{\pi}{4}d^2=p_1\ \frac{\pi}{4}D^2\eta_m$$

整理得

$$p_2=p_1\left(\frac{D}{d}\right)^2\eta_m=p_1K\eta_m \tag{4-9}$$

式中：K——增压比，$K=\left(\frac{D}{d}\right)^2$，它代表液压缸增压程度。

显然增压能力是在降低有效能量的基础上得到的，也就是说增压缸仅仅是增大输出的压力，并不能增大输出的能量。

单作用增压缸在柱塞运动到终点时，不能再输出高压液体，需要将活塞退回到左端位置，再向右行时才又输出高压液体，为了克服这一缺点，可采用双作用增压缸，如图4-5(b)所示，由两个高压端连续向系统供油。

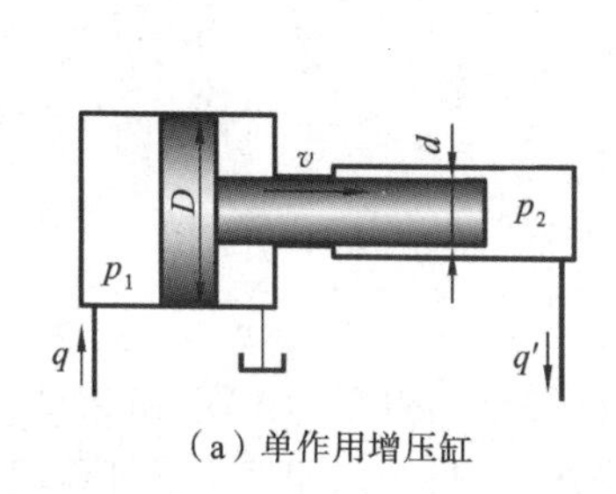

(a) 单作用增压缸

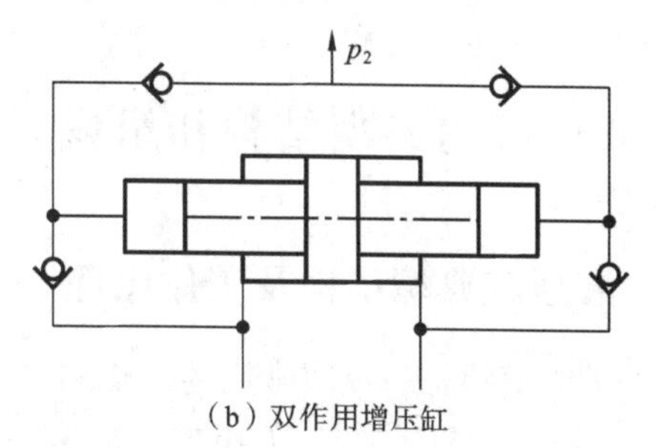

(b) 双作用增压缸

图4-5　增压缸

2) 伸缩缸

伸缩缸由两个或多个活塞缸套装而成，前一级活塞缸的活塞杆内孔是后一级活塞缸的缸筒，伸出时可获得很长的工作行程，缩回时可保持很小的结构尺寸，伸缩缸被广泛用于起重运输车辆上。

伸缩缸可以是如图4-6(a)所示的单作用伸缩缸，也可以是如图4-6(b)所示的双作用伸缩缸，前者靠外力回程，后者靠液压回程。

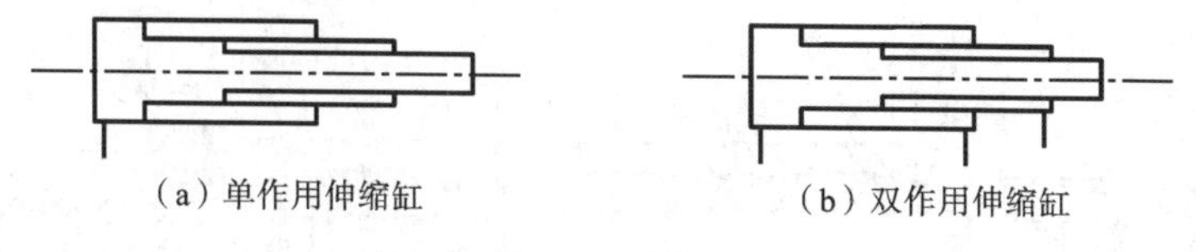
(a) 单作用伸缩缸　　(b) 双作用伸缩缸

图4-6　伸缩缸

伸缩缸的外伸动作是逐级进行的。首先是最大直径的缸筒以最低的油液压力开始外伸，当到达行程终点后，稍小直径的缸筒开始外伸，直径最小的末级最后伸出。随着工作级数变大，外伸缸筒直径越来越小，工作油液压力随之升高，工作速度变快。其值为

$$F_i=p_1\ \frac{\pi}{4}D_i^2\eta_{mi} \tag{4-10}$$

$$v_i=\frac{4q\eta_{Vi}}{\pi D_i^2} \tag{4-11}$$

式中：i——第 i 级活塞缸。

3）齿轮缸

齿轮缸由两个柱塞缸和一套齿条传动装置组成，如图 4-7 所示。柱塞的移动经齿轮齿条传动装置变成齿轮的传动，用于实现工作部件的往复摆动或间歇进给运动。

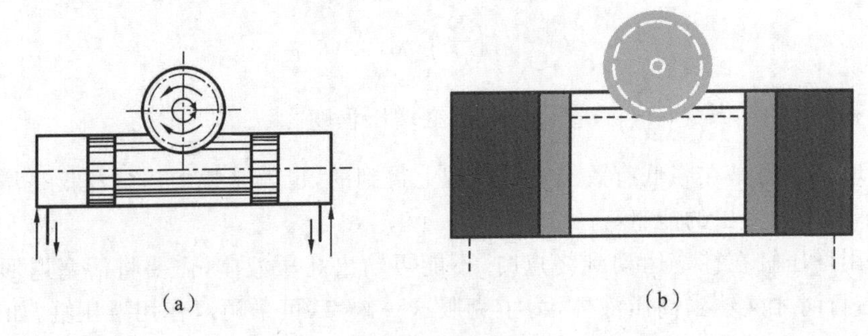

图 4-7 齿轮缸

4.2 液压缸的典型结构和组成

4.2.1 液压缸典型结构及工作原理

图 4-8 所示的是一个较常用的双作用单活塞杆液压缸。它由缸底 20、缸筒 10、缸盖兼导向套 9、活塞 11 和活塞杆 18 组成。缸筒一端与缸底焊接，另一端缸盖（导向套）与缸筒用卡键 6、套 5 和弹簧挡圈 4 固定，以便拆装检修，两端设有油口 A 和 B。活塞 11 与活塞杆 18 利用卡键 15、卡键帽 16 和弹簧挡圈 17 连在一起。活塞与缸孔的密封采用的是一对 Y 形聚氨酯密封圈 12，由于活塞与缸孔有一定间隙，采用由尼龙 1010 制成的耐磨环（又叫支承环）13 定心导向。活塞杆 18 和活塞 11 的内孔由 O 形密封圈 14 密封。较长的导向套 9 则可保证活塞杆不偏离中心，导向套外径由 O 形密封圈 7 密封，而其内孔则由 Y 形密封圈 8 和防尘圈 3 密封，分别防止油外漏和避免将灰尘带入缸内。缸与杆端销孔与外界连接，销孔内有尼龙衬套抗磨。

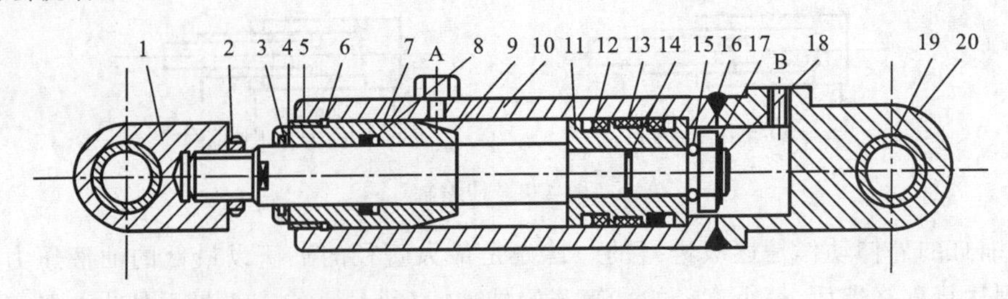

图 4-8 双作用单活塞杆液压缸

1—耳环；2—螺母；3—防尘圈；4，17—弹簧挡圈；5—套；6，15—卡键；7，14—O 形密封圈；8，12—Y 形密封圈；9—缸盖兼导向套；10—缸筒；11—活塞；13—耐磨环；16—卡键帽；18—活塞杆；19—衬套；20—缸底如图 4-9 所示为一空心双活塞杆式液压缸的结构。由图可见，液压缸的左、右两腔是通过油口 b 和 d 经活塞杆 1 和 15 的中心孔与左右径向孔 a 和 c 相通的。由于活塞杆固定在床身上，缸筒 10 固定在工作台上，工作台在径向孔 c 处接通压力油，径向孔 a 接通回油时向右移动；反之则向左移动。在这里，缸盖 18 和 24 是通过螺钉(图中未画出)与压板 11 和 20 相连，并经钢丝环 12 相连，左缸盖 24 空套在托架 3 孔内，可以自由伸缩。空心活塞杆的一端用堵头 2 堵死，并通过锥销 9 和 22 与活塞 8 相连。缸筒相对于活塞运动由左右两个导向套 6 和 19 导向。活塞与缸筒之间、缸盖与活塞杆之间以及缸盖与缸筒之间分别用 O 形圈 7、V 形圈 4 和 17、纸垫 13 和 23 进行密封，以防止油液的内、外泄漏。缸筒在接近行程的左、右终端时，径向孔 a 和 c 的开口逐渐减小，对移动部件起制动缓冲作用。为了排除液压缸中剩留的空气，缸盖上设置有排气孔 5 和 14，经导向套环槽的侧面孔道(图中未画出)引出与排气阀相连。

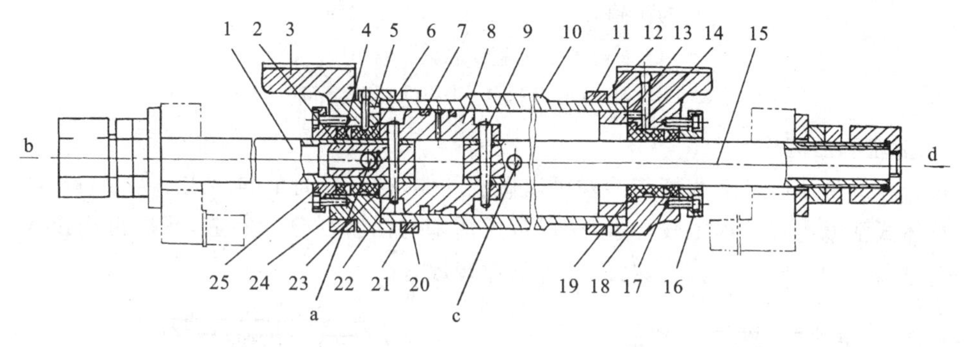

图 4-9 空心双活塞杆式液压缸的结构

1,15—活塞杆；2—堵头；3—托架；4,7,17—密封圈；5,14—排气孔；6,19—导向套；8—活塞；9,22—锥销；10—缸筒；11,20—压板；12,21—钢丝环；13,23—纸垫；16,25—压盖；18,24—缸盖

4.2.2 液压缸的组成

从上面所述的液压缸典型结构中可以看到，液压缸的结构可以分为缸筒和缸盖、活塞和活塞杆、密封装置、缓冲装置，以及排气装置五个部分，分述如下。

1. 缸筒和缸盖

一般来说，缸筒和缸盖的结构形式与其使用的材料有关。工作压力 $p<10$ MPa 时，使用铸铁；10 MPa$<p<$20 MPa 时，使用无缝钢管；$p>$20 MPa 时，使用铸钢或锻钢。图 4-10 所示为缸筒和缸盖的常见结构形式。图 4-10(a)所示为法兰连接式，结构简单，容易加工，也容易装拆，但外形尺寸和质量都较大，常用于铸铁制的缸筒上。图 4-10(b)所示为半环连接式，它的缸筒壁部因开了环形槽而削弱了强度，有时要加厚缸壁，它容易加工和装拆，质量较小，常用于无缝钢管或锻钢制的缸筒上。图 4-10(c)所示为螺纹连接式，它的缸筒端部结构复杂，外径加工时要求保证内外径同心，装拆要使用专用工具，它的外形尺寸和质量都较小，常用于无缝钢管或铸钢制的缸筒上。图 4-10(d)所示为拉杆连接式，结构的通用性大，容易加工和装拆，但外形尺寸较大，且较重。图 4-10(e)所示为焊接连接式，结构简单，尺寸小，但缸底处内径不易加工，且可能引起变形。

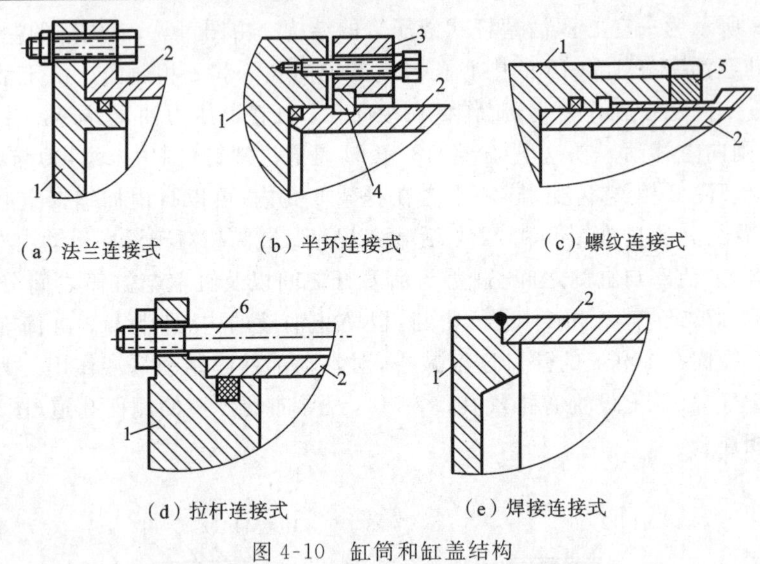

（a）法兰连接式　（b）半环连接式　（c）螺纹连接式

（d）拉杆连接式　（e）焊接连接式

图 4-10　缸筒和缸盖结构

1—缸盖；2—缸筒；3—压板；4—半环；5—防松螺帽；6—拉杆

2. 活塞和活塞杆

短行程的液压缸的活塞杆与活塞可以做成一体，这是最简单的形式。但当行程较长时，这种整体式活塞组件的加工较费事，所以常把活塞与活塞杆分开制造，然后再连接成一体。图 4-11 所示为几种常见的活塞与活塞杆的连接形式。

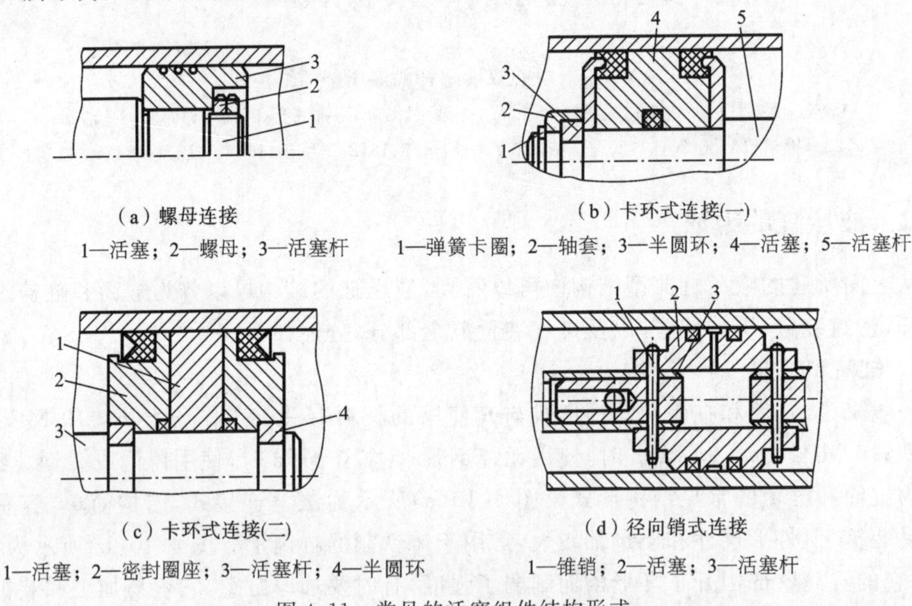

（a）螺母连接

1—活塞；2—螺母；3—活塞杆

（b）卡环式连接(一)

1—弹簧卡圈；2—轴套；3—半圆环；4—活塞；5—活塞杆

（c）卡环式连接(二)

1—活塞；2—密封圈座；3—活塞杆；4—半圆环

（d）径向销式连接

1—锥销；2—活塞；3—活塞杆

图 4-11　常见的活塞组件结构形式

图 4-11(a)所示为活塞与活塞杆之间采用螺母连接，它适用于负载较小，受力无冲击的液压缸中。螺纹连接虽然结构简单，安装方便，但在活塞杆上车螺纹将削弱其强度。图4-11(b)和(c)所示为卡环式连接。图 4-11(b)中活塞杆 5 上开有一个环形槽，槽内装有两个半圆环 3 以夹紧活塞 4，半圆环 3 由轴套 2 套住，而轴套 2 的轴向位置用弹簧卡圈 1 来固定。图

4-11(c)中的活塞杆使用了两个半圆环4，它们分别由两个密封圈座2套住，半圆形的活塞杆3安放在密封圈座的中间。图4-11(d)所示的是一种径向销式连接结构，用锥销1把活塞2固连在活塞杆3上。这种连接方式特别适用于双出杆式活塞。

3. 密封装置

液压缸中常见的密封装置如图4-12所示。图4-12(a)所示为间隙密封，它依靠运动间的微小间隙来防止泄漏。为了提高这种装置的密封能力，常在活塞的表面上制出几条细小的环形槽，以增大油液通过间隙时的阻力。它的结构简单，摩擦阻力小，可耐高温，但泄漏大，加工要求高，磨损后无法恢复原有能力，只有在尺寸较小、压力较低、相对运动速度较高的缸筒和活塞间使用。图4-12(b)所示为摩擦环密封，它依靠套在活塞上的摩擦环(尼龙或其他高分子材料制成)在O形密封圈弹力作用下贴紧缸壁而防止泄漏。这种材料防止泄漏的效果较好，摩擦阻力较小且稳定，可耐高温，磨损后有自动补偿能力，但加工要求高，装拆较不便，适用于缸筒和活塞之间的密封。图4-12(c)、(d)所示为密封圈(O形圈、V形圈等)密封，密封圈密封是利用橡胶或塑料的弹性使各种截面的环形圈贴紧在静、动配合面之间来防止泄漏。它结构简单，制造方便，磨损后有自动补偿能力，性能可靠，在缸筒和活塞之间、缸盖和活塞杆之间、活塞和活塞杆之间、缸筒和缸盖之间都能使用。

对于活塞杆外伸部分来说，由于它很容易把脏物带入液压缸，使油液受污染，使密封件磨损，因此常需在活塞杆密封处增添防尘圈，并放在向着活塞杆外伸的一端。

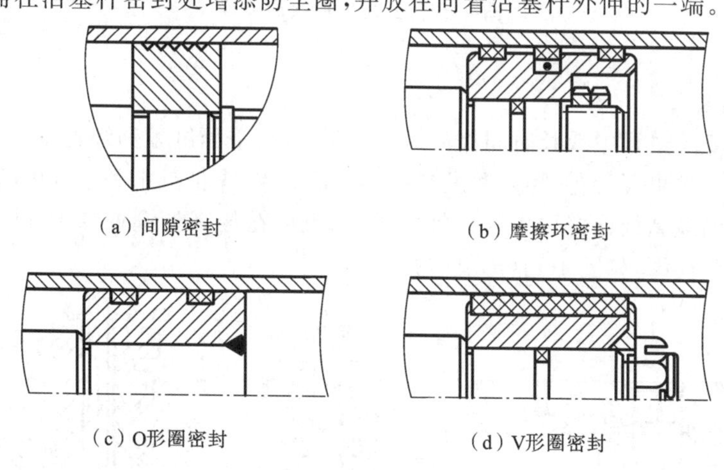

图4-12　密封装置

4. 缓冲装置

液压缸一般都设置缓冲装置，特别是对大型、高速或要求高的液压缸，为了防止活塞在行程终点时和缸盖相互撞击，引起噪声和冲击，因此必须设置缓冲装置。

缓冲装置的工作原理是利用活塞或缸筒在其走向行程终端时封住活塞和缸盖之间的部分油液，强迫它从小孔或细缝中挤出，以产生很大的阻力，使工作部件受到制动，逐渐减慢运动速度，达到避免活塞和缸盖相互撞击的目的。

如图4-13(a)所示，当缓冲柱塞进入与其相配的缸盖上的内孔时，孔中的液压油只能通过间隙δ排出，使活塞速度降低。由于配合间隙不变，故随着活塞运动速度的降低，缓冲的作用也就体现出来。当缓冲柱塞进入配合孔之后，油腔中的油只能经节流阀1排出，如图

4-13(b)所示。由于节流阀1是可调的,因此缓冲作用也可调节,但仍不能解决速度降低后缓冲作用减弱的缺点。如图4-13(c)所示,在缓冲柱塞上开有三角槽,随着柱塞逐渐进入配合孔中,其节流面积越来越小,解决了在行程最后阶段缓冲作用过弱的问题。

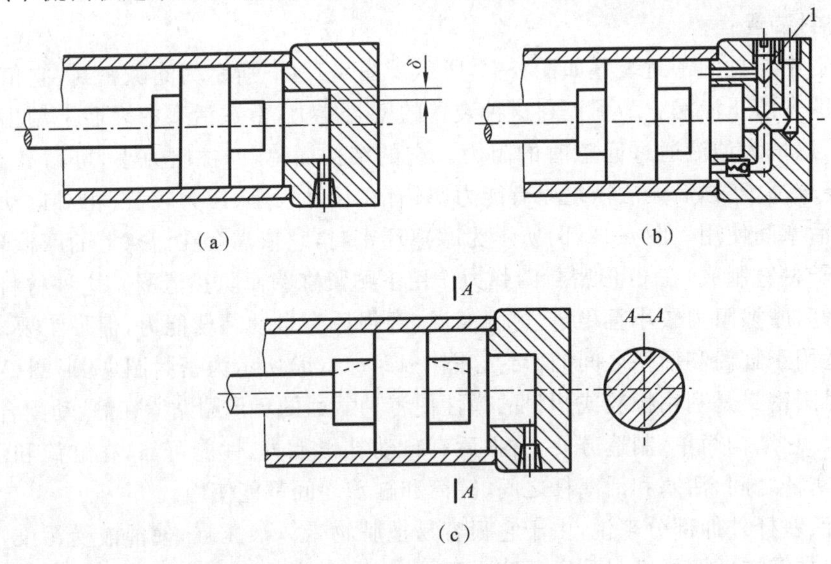

图4-13 液压缸的缓冲装置

1—节流阀

5. 排气装置

液压缸在安装过程中或长时间停放后重新工作时,液压缸里和管道系统中会渗入空气,为了防止执行元件出现爬行、噪声和发热等不正常现象,需把缸中和系统中的空气排出。一般可在液压缸的最高处设置进出油口把气带走,也可在最高处设置如图4-14(a)所示的放气孔或专门的放气阀,如图4-14(b)、(c)所示。

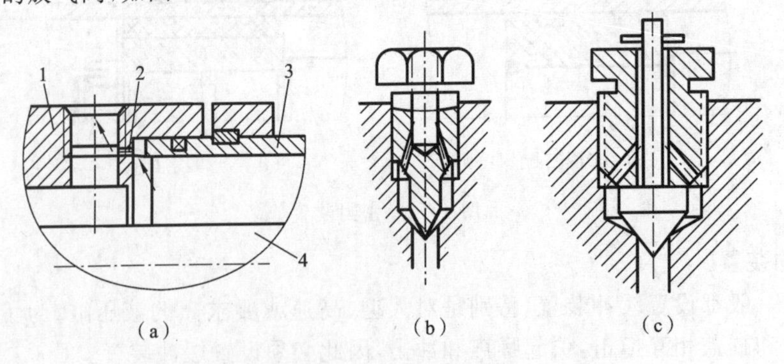

图4-14 排气装置

1—缸盖;2—排气小孔;3—缸体;4—活塞杆

4.3 液压缸的设计和计算

液压缸是液压传动的执行元件,它和主机工作机构有直接的联系,对于不同的机种和机构，液压缸具有不同的用途和工作要求。因此，在设计液压缸之前，必须对整个液压系统进行工况分析，编制负载图，选定系统的工作压力（详见第9章），然后根据使用要求选择结构类型，按负载情况、运动要求、最大行程等确定其主要工作尺寸，进行强度、稳定性和缓冲验算，最后再进行结构设计。

4.3.1 液压缸的设计内容和步骤

液压缸的设计一般有以下内容：

① 选择液压缸的类型和各部分结构形式；

② 确定液压缸的工作参数和结构尺寸；

③ 结构强度、刚度的计算和校核；

④ 导向、密封、防尘、排气和缓冲等装置的设计；

⑤ 绘制装配图、零件图、编写设计说明书。

下面只着重介绍几项设计工作。

4.3.2 计算液压缸的结构尺寸

液压缸的结构尺寸主要有三个：缸筒内径 D、活塞杆外径 d 和缸筒长度 L。

1. 缸筒内径 D

根据负载的大小来选定工作压力或往返运动速度比，求得液压缸的有效工作面积，从而得到缸筒内径 D，再从 GB/T 8162—2008 标准中选取最近的标准值作为所设计的缸筒内径。

根据负载和工作压力的大小确定 D。

（1）以无杆腔作工作腔时

$$D=\sqrt{\frac{4F_{max}}{\pi p_I}} \tag{4-12}$$

（2）以有杆腔作工作腔时

$$D=\sqrt{\frac{4F_{max}}{\pi p_I}+d^2} \tag{4-13}$$

式中：p_I——缸工作腔的工作压力，可根据机床类型或负载的大小来确定；

F_{max}——最大作用负载。

2. 活塞杆外径 d

活塞杆外径 d 通常先从满足速度或速度比的要求来选择，然后再校核其结构强度和稳定性。若速度比为 λ_v，则该处应有一个带根号的式子，即

$$D=\sqrt{\frac{\lambda_v-1}{\lambda_v}} \tag{4-14}$$

也可根据活塞杆的受力状况来确定，一般为受拉力作用时，$d=(0.3\sim0.5)D$。

受压力作用时：

$p_I<5$ MPa，则 $d=(0.5\sim0.55)D$

5 MPa$<p_I<7$ MPa，则 $d=(0.6\sim0.7)D$

$p_{\mathrm{I}}>7$ MPa,则
$$d=0.7D$$

3. 缸筒长度 L

缸筒长度 L 由最大工作行程长度加上各种结构需要来确定,即
$$L=l+B+A+M+C$$

式中:l——活塞的最大工作行程;

B——活塞宽度,一般为$(0.6\sim1)D$;

A——活塞杆导向长度,取$(0.6\sim1.5)D$;

M——活塞杆密封长度,由密封方式定;

C——其他长度。

一般缸筒的长度最好不超过内径的 20 倍。

4. 最小导向长度的确定

当活塞杆全部外伸时,从活塞支承面中点到导向套滑动面中点的距离称为最小导向长度 H(见图 4-15)。如果导向长度过小,将使液压缸的初始挠度(间隙引起的挠度)增大,影响液压缸的稳定性,因此设计时必须保证有一最小导向长度。

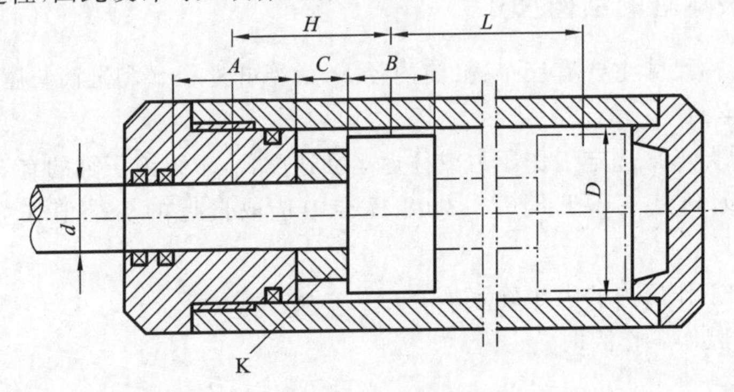

图 4-15 油缸的导向长度

对于一般的液压缸,其最小导向长度应满足
$$H\geqslant L/20+D/2 \tag{4-15}$$

式中:L——液压缸最大工作行程(m);

D——缸筒内径(m)。

一般导向套滑动面的长度 A,在 $D<80$ mm 时取 $A=(0.6\sim1.0)D$,在 $D>80$ mm 时取 $A=(0.6\sim1.0)d$;活塞的宽度 $B=(0.6\sim1.0)D$。为保证最小导向长度,过分增大 A 和 B 都是不适宜的,最好在导向套与活塞之间装一隔套 K,隔套宽度 C 由所需的最小导向长度决定,即
$$C=H-\frac{A+B}{2} \tag{4-16}$$

采用隔套不仅能保证最小导向长度,还可以改善导向套及活塞的通用性。

4.3.3 强度校核

对液压缸的缸筒壁厚 δ、活塞杆直径 d 和缸盖固定螺栓的直径,在高压系统中必须进行强度校核。

1. 缸筒壁厚校核

缸筒壁厚校核时分薄壁和厚壁两种情况，当 $D/\delta \geqslant 10$ 时为薄壁，壁厚按下式进行校核：

$$\delta \geqslant p_t D/2[\sigma] \tag{4-17}$$

式中：D——缸筒内径；

p_t——缸筒试验压力，当缸的额定压力 $p_n \leqslant 16$ MPa 时，取 $p_t = 1.5p_n$，p_n 为缸生产时的试验压力；当 $p_n > 16$ MPa 时，取 $p_t = 1.25p_n$；

$[\sigma]$——缸筒材料的许用应力，$[\sigma] = \sigma_b/n$，σ_b 为材料的抗拉强度，n 为安全系数，一般取 $n=5$。

当 $D/\delta < 10$ 时为厚壁，壁厚按下式进行校核：

$$\delta \geqslant \frac{D}{2}\sqrt{\frac{[\sigma]+0.4p_t}{[\sigma]-1.3p_t}}-1 \tag{4-18}$$

在使用式(4-17)、式(4-18)进行校核时，若液压缸缸筒与缸盖采用半环连接，δ 应取缸筒壁厚最小处的值。

2. 活塞杆直径校核

活塞杆的直径 d 按下式进行校核：

$$d \geqslant \sqrt{\frac{4F}{\pi[\sigma]}} \tag{4-19}$$

式中：F——活塞杆上的作用力；

$[\sigma]$——活塞杆材料的许用应力，$[\sigma] = \sigma_b/1.4$。

3. 液压缸盖固定螺栓直径校核

液压缸盖固定螺栓直径按下式计算：

$$d \geqslant \sqrt{\frac{5.2kF}{\pi z[\sigma]}} \tag{4-20}$$

式中：F——液压缸负载；

z——固定螺栓个数；

k——螺纹拧紧系数，$k=1.2\sim1.5$，$[\sigma] = \sigma_s/(1.2\sim2.5)$，$\sigma_s$ 为材料的屈服强度。

4.3.4 液压杆稳定性校核

活塞杆受轴向压缩负载时，其直径 d 一般不小于长度 L 的 1/15。当 $L/d \geqslant 15$ 时，须进行稳定性校核，应使活塞杆承受的力 F 不超过使它保持稳定工作所允许的临界负载 F_k，以免发生纵向弯曲，破坏液压缸的正常工作。F_k 的值与活塞杆材料性质、截面形状、直径和长度以及缸的安装方式等因素有关，验算可按材料力学有关公式进行。

4.3.5 缓冲计算

液压缸的缓冲计算主要是估计缓冲时缸中出现的最大冲击压力，以便用来校核缸筒强度、制动距离是否符合要求。缓冲计算中如发现工作腔中的液压能和工作部件的动能不能全部被缓冲腔所吸收时，制动中就可能产生活塞和缸盖相碰的现象。

液压缸在缓冲时，缓冲腔内产生的液压能 E_1 和工作部件产生的机械能 E_2 分别为

$$E_1 = p_c A_c l_c \tag{4-21}$$

$$E_2 = p_p A_p l_c + \frac{1}{2} m v^2 - F_f l_c \tag{4-22}$$

式中：p_c——缓冲腔中的平均缓冲压力；

p_p——高压腔中的油液压力；

A_c、A_p——缓冲腔、高压腔的有效工作面积；

l_c——缓冲行程长度；

m——工作部件质量；

v——工作部件运动速度；

F_f——摩擦力。

式(4-22)中等号右边第一项为高压腔中的液压能，第二项为工作部件的动能，第三项为摩擦能。当 $E_1 = E_2$ 时，工作部件的机械能全部被缓冲腔液体所吸收，由式(4-21)、式(4-22)得

$$p_c = \frac{E_2}{A_c l_c} \tag{4-23}$$

如缓冲装置为节流口可调式缓冲装置，在缓冲过程中的缓冲压力逐渐降低，假定缓冲压力线性地降低，则最大缓冲压力即冲击压力为

$$p_{cmax} = p_c + \frac{m v^2}{2 A_c l_c} \tag{4-24}$$

如缓冲装置为节流口变化式缓冲装置，则由于缓冲压力 p_c 始终不变，最大缓冲压力的值如式(4-23)所示。

4.3.6 液压缸设计中应注意的问题

液压缸的设计和使用正确与否，直接影响到它的性能是否易发生故障。在这方面，经常碰到的是液压缸安装不当、活塞杆承受偏载、液压缸或活塞下垂以及活塞杆的压杆失稳等问题。所以，在设计液压缸时，必须注意以下几点。

(1) 尽量使液压缸的活塞杆在受拉状态下承受最大负载，或在受压状态下具有良好的稳定性。

(2) 考虑液压缸行程终了处的制动问题和液压缸的排气问题。缸内如无缓冲装置和排气装置，系统中需有相应的措施，但是并非所有的液压缸都要考虑这些问题。

(3) 正确确定液压缸的安装、固定方式。如承受弯曲的活塞杆不能用螺纹连接，要用止口连接。液压缸不能在两端用键或销定位，只能在一端定位，为的是不致阻碍它在受热时膨胀。如冲击载荷使活塞杆压缩。定位件须设置在活塞杆端，如果为拉伸件则设置在缸盖端。

(4) 液压缸各部分的结构需根据推荐的结构形式和设计标准进行设计，尽可能做到结构简单、紧凑，加工、装配和维修方便。

(5) 在保证能满足运动行程和负载力的条件下，应尽可能地缩小液压缸的轮廓尺寸。

（6）要保证密封可靠，防尘良好。液压缸可靠的密封是其正常工作的重要因素。如泄漏严重，不仅降低液压缸的工作效率，甚至会使其不能正常工作（如满足不了负载力和运动速度要求等）。良好的防尘措施，有助于提高液压缸的工作寿命。

总之，液压缸的设计内容不是一成不变的，根据具体的情况有些设计内容可不做或少做，也可增大一些新的内容。设计步骤可能要经过多次反复修改，才能得到正确、合理的设计结果。在设计液压缸时，正确选择液压缸的类型是所有设计计算的前提。在选择液压缸的类型时，要从机器设备的动作特点、行程长短、运动性能等要求出发，同时还要考虑到主机的结构特征给液压缸提供的安装空间和具体位置。

思考题与习题

4-1　如图所示的增压缸，输入压力 p_1，能得到的增压压力 p_2 等于多少？

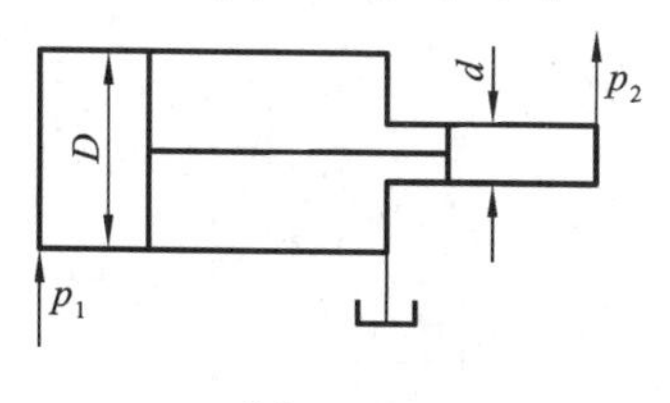

题 4-1 图

4-2　哪种类型的油缸采用怎样的方式可以得到差动油缸，它的推力和速度与什么有关？

4-3　何谓差动连接？差动连接液压缸要求往返速度相等时，活塞和活塞杆直径的关系如何？

4-4　某一差动油缸，要求快进速度 v_1 是快退速度 v_2 的两倍，试求活塞面积 A_1 与活塞杆截面积 A_2 之比应为多少。

4-5　液压缸差动连接的本质是什么？当活塞杆两侧的有效面积 $A_1=2A_2$ 时，主要达到什么目的？

4-6　如图所示液压缸，设缸径 $D=125$ mm，活塞杆直径 $d=63$ mm，最大行程 $s=2\ 000$ mm，当油源压力 $p=16$ MPa、流量 $Q=20$ L/min 时，试计算：

（1）缸的推力、拉力；

（2）压缸最大的往、返时间。

4-7　图示两种结构形式的液压缸，直径分别为 D、d，如进入缸的流量为 Q，压力为 p，分析各缸产生的推力、速度大小，以及运动的方向。

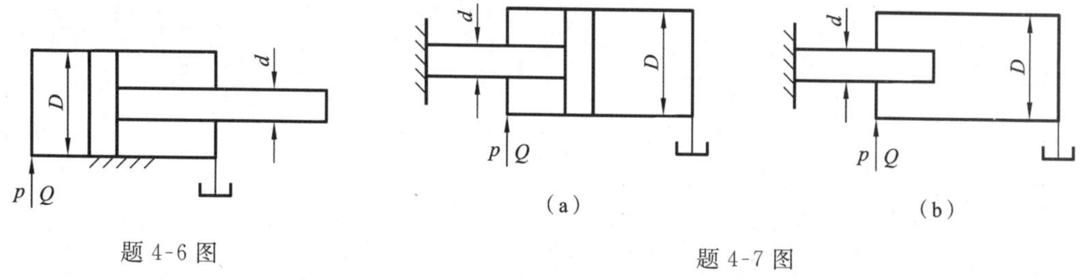

题 4-6 图　　　　题 4-7 图

4-8　某双活塞杆液压缸两侧杆径不等，当两腔同时通入压力油时，活塞能否运动？如果左、右两侧杆径为 d_1、d_2（$d_1>d_2$），且固定，当输入压力油的压力为 p，流量为 Q 时，问活塞向哪个方向运动？速度/推力如何？

4-9　如图所示差动连接液压缸。已知进油流量 $Q=30\ \mathrm{L/min}$，进油压力 $p=40\times10^5\ \mathrm{Pa}$，要求活塞往复运动速度相等，且速度均为 $v=6\ \mathrm{m/min}$，试计算此液压缸筒内径 D 和活塞杆直径 d，并求输出推力 F。

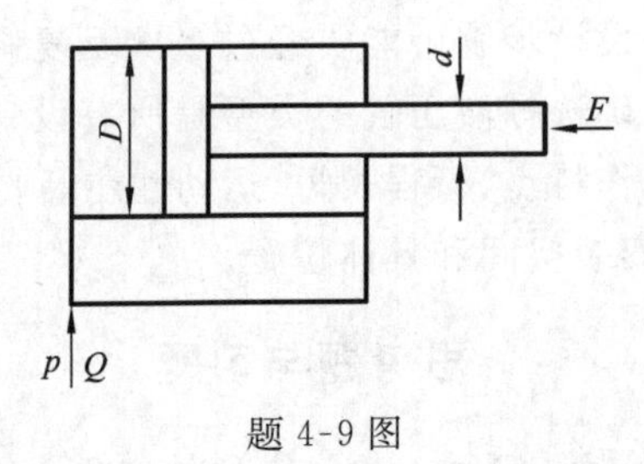

题 4-9 图

第5章　液压控制元件

内容提要

本章主要介绍液压控制元件，在液压传动系统中，液压控制元件主要是用来控制液压执行元件的运动方向、承载力和运动速度，来满足机械设备的工作性能要求。如第1章组合机床工作台的液压原理图中的控制元件（溢流阀、节流阀、换向阀）分别是满足工作台的性能参数（负载大小、速度、方向）要求的。所有的控制阀都是通过阀体和阀芯的相对运动实现的。

基本要求、重点和难点

基本要求：掌握液压控制阀的分类、特点和工作要求；掌握单向阀、换向阀、溢流阀、减压阀、顺序阀、压力继电器、节流阀、调速阀和比例阀的工作原理和应用场合，了解二通插装阀和数字阀。

重点：液压控制阀的功用。

难点：液压控制阀的工作原理。

5.1　液压阀的概述

液压控制阀（简称液压阀）在液压系统中被用来控制执行元件按照负载的要求进行工作。液压阀的种类繁多，即使同一种阀，因应用场合不同，用途也有差异。因此，掌握液压阀工作原理和应用是本章学习的关键。

5.1.1　液压阀的基本结构与原理

液压阀主要包括阀芯、阀体和驱动阀芯在阀体内做相对运动的装置。阀芯的主要形式有滑阀、锥阀和球阀；阀体上除有与阀芯配合的阀体孔外，还有外界油管的进出油口；驱动装置可以是手调机构，也可以是弹簧或电磁铁，有时还作用有液压力。液压阀正是利用阀芯在阀体内的相对运动控制阀口的通断及开口大小，来实现压力、流量和方向控制的。

阀的进出油口一般用符号A、B、P、T、O表示。P是与动力元件相通的油口，T和O是与油箱相通的回油口。A、B表示与执行元件相通的进出油口。

5.1.2　液压阀的分类

1. 根据结构形式分类

（1）滑阀　如图5-1(a)所示，阀芯为圆柱形，阀芯台肩的大小直径分别为D和d，与进出油口对应的阀体上开有沉割槽，一般为全圆周。阀芯在阀体孔内做相对运动，开启或关闭阀口。

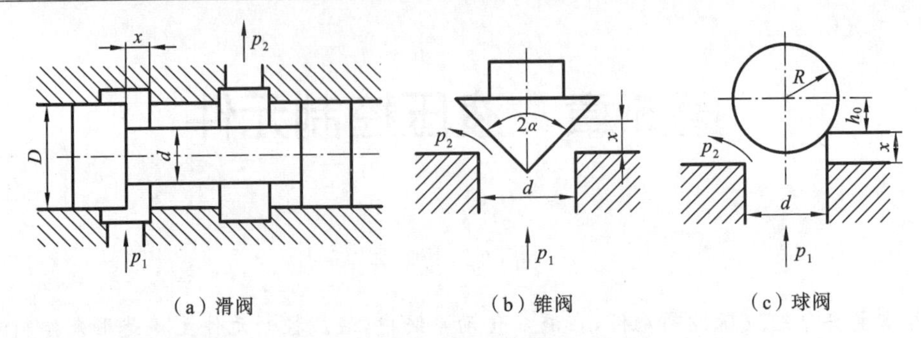

图 5-1　阀的结构形式

(2) 锥阀　如图 5-1(b)所示，锥阀阀芯半锥角 α 一般为 12°～20°，有时为 45°。阀口关闭时为线密封，不仅密封性能好，而且开启阀口时无“死区”，阀芯稍有位移即开启，动作灵敏。

(3) 球阀　如图 5-1(c)所示，球阀的性能与锥阀相同。

2. 根据用途不同分类

(1) 方向控制阀　用来控制和改变液压系统中液流方向的阀类，如单向阀、液控单向阀、换向阀等。

(2) 压力控制阀　用来控制或调节液压系统液流压力以及利用压力实现控制的阀类，如溢流阀、减压阀、顺序阀等。

(3) 流量控制阀　用来控制或调节液压系统液流流量的阀类，如节流阀、调速阀、二通比例流量阀、溢流节流阀、三通比例流量阀等。

本章各阀的结构、原理就是按这种分类方法介绍的。

3. 根据控制方式不同分类

(1) 定值或开关控制阀　被控制量为定值或阀口启闭控制液流通路的阀类，包括普通控制阀、插装阀、叠加阀。

(2) 电液比例控制阀　被控制量与输入电信号成比例连续变化的阀类，包括普通比例阀和带内反馈的电液比例阀。

(3) 伺服控制阀　被控制量与输入信号及反馈量成比例连续变化的阀类，包括机液伺服阀和电液伺服阀。

(4) 数字控制阀　用数字信息直接控制阀口的启闭来控制液流的压力、流量、方向的阀类。

4. 根据安装连接形式不同分类

(1) 管式连接阀　阀体进出油口由螺纹或法兰直接与油管连接，安装方式简单，但元件分散布置，装卸维修不大方便。

(2) 板式连接阀　阀体进出油口通过连接板与油管连接，或安装在集成块侧面由集成块沟通阀与阀之间的油路，并外接液压泵、液压缸、油箱。这种连接形式，元件集中布置，操纵、调整、维修都比较方便。如实验室里的液压实验台一般是板式连接，如图 5-2 所示。

(3) 插装阀(集成连接)　根据不同功能将阀芯和阀套单独做成组件(插入件)，插入专门设计的阀块组成回路，不仅结构紧凑，而且具有一定的互换性，如图 5-3 所示。

(4) 叠加阀　板式连接阀的一种发展形式，阀的上、下面为安装面，阀的进出油口分别

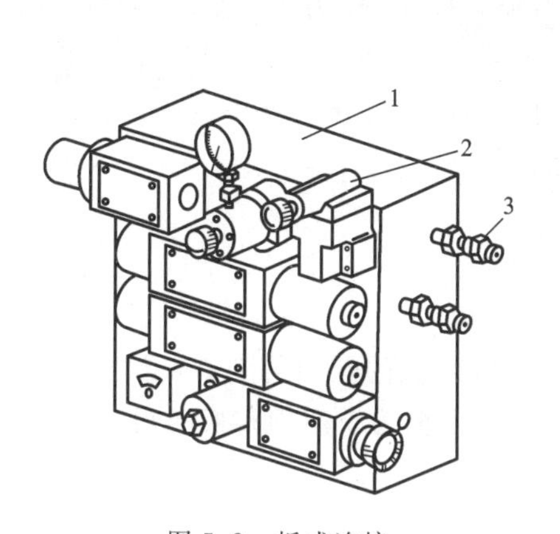

图 5-2　板式连接

1—油路板；2—阀体；3—管接头

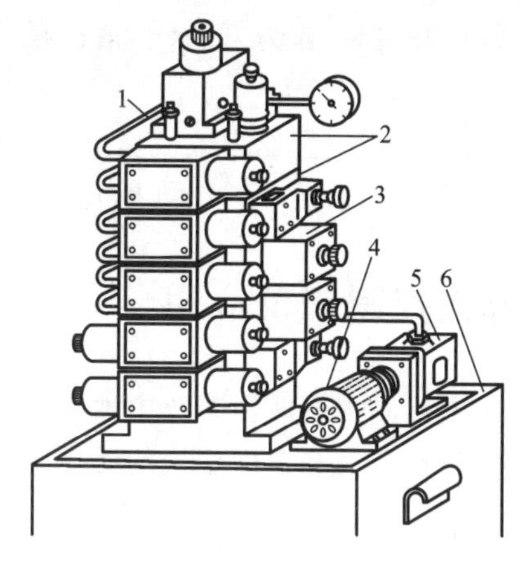

图 5-3　集成连接

1—油管；2—集成块；3—阀；4—电动机；5—液压泵；6—油箱

在这两个面上。使用时，相同通径、功能各异的阀通过螺栓串联叠加安装在底板上，对外连接的进出油口由底板引出，如图 5-4 所示。

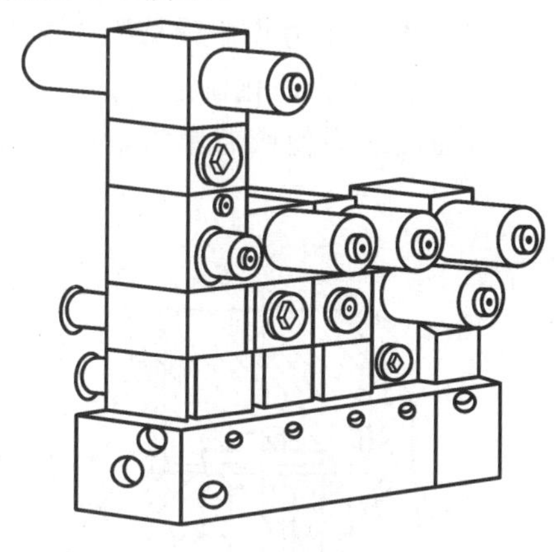

图 5-4　叠加连接

5.1.3　液压阀的性能参数

1. 公称通径

公称通径代表阀的通流能力大小，对应于阀的额定流量。与阀的进出油口连接的油管的规格应与阀的通径一致。阀工作时的实际流量应小于或等于它的额定流量，最大不得大于额定流量的 1.1 倍。

2. 额定压力

额定压力是指液压控制阀长期工作所允许的最高压力。对压力控制阀，实际最高压力有时还与阀的调压范围有关；对换向阀，实际最高压力还可能受其功率极限的限制。

5.1.4　对液压阀的基本要求

(1) 动作灵敏，使用可靠，工作时冲击和振动要小，噪声要低。

(2) 阀口开启时，作为方向阀，液流的压力损失要小；作为压力阀，阀芯工作的稳定性要好。

(3) 所控制的参量（压力或流量）稳定，受外干扰时的变化量要小。

(4) 结构紧凑，安装、调试、维护方便，通用性好。

5.2 方向控制阀及应用

方向控制阀是控制液压系统中油液流动方向或液流的接通与断开，以实现执行元件的启动、停止，进行压力和速度变换的元件。方向控制阀分为单向阀和换向阀两类。

5.2.1 单向阀

单向阀有普通单向阀和液控单向阀两种。

1. 普通单向阀

普通单向阀简称单向阀，是一种只允许油液正向流动，不允许逆向倒流的阀。如图 5-5(a)所示为管式连接单向阀，图 5-5(b)所示为板式连接单向阀，它们由阀体、阀芯和弹簧等组成。当液流从进油口 P_1 流入时，油液压力克服弹簧阻力和阀体 1 与阀芯 2 之间的摩擦力，顶开带有锥端的阀芯（在流量较小时，为简化制造，也可用钢球作为阀芯），从出油口 P_2 流出。当液流反向从 P_2 流入时，油液压力使阀芯紧密地压在阀座上，故不能逆流。图 5-5(c)是单向阀的符号。

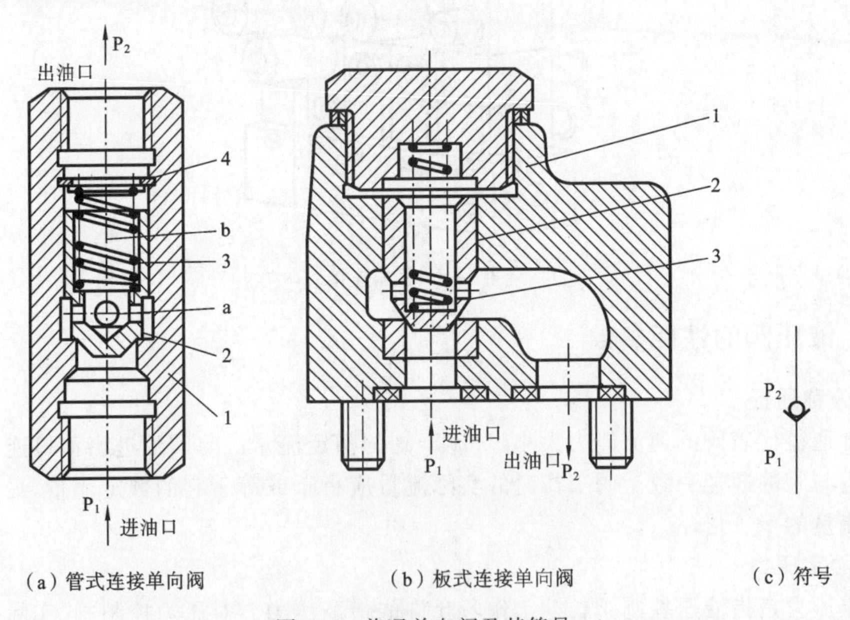

图 5-5 普通单向阀及其符号

1—阀体；2—阀芯；3—弹簧；4—挡圈；a—阀芯的径向孔；b—阀芯的轴向孔

单向阀的开启压力是指正向导通时进油口 P_1 和出油口 P_2 的压力差。为使单向阀灵敏可靠，压力损失较小，并具有可靠的密封性能，开启压力大小要合适，一般在 0.04 MPa 左右。当利用单向阀作背压阀时，应换刚度较大的弹簧，使其正向导通时，开启压力较大，造成一定的背压，一般背压力在0.2～0.6 MPa。

2. 液控单向阀

如图5-6所示为液控单向阀。从该图可知，液控单向阀在结构上比普通单向阀多一个控制油口K、控制活塞1和顶杆2。

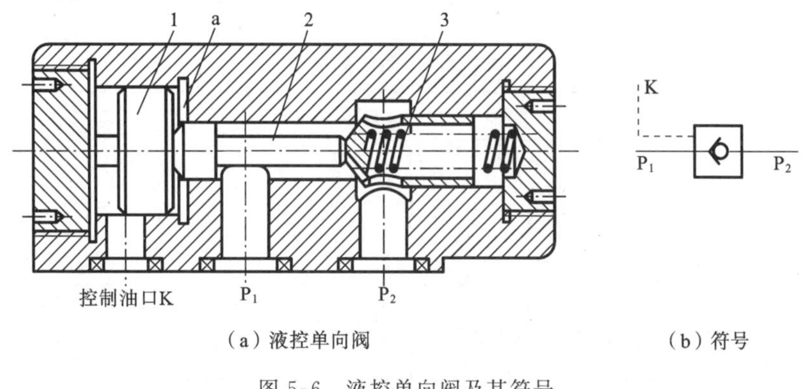

(a) 液控单向阀　(b) 符号

图5-6　液控单向阀及其符号

1—活塞；2—顶杆；3—阀芯

当控制油口K处无压力油作用时，液控单向阀与普通单向阀工作相同，即压力油从P_1口进入时，可以从P_2口流出。反之，压力油从P_2口进入时却不能从P_1口流出。当控制口K处通入压力油时，控制活塞1的左侧受压力作用，右侧a腔和泄油口(图中未示出)相通，活塞右移，通过顶杆2将阀芯3顶开，使油口P_2与P_1相通，油液流动方向可以自由改变。由此可见，液控单向阀比普通单向阀多了一种功能，即反向可控开启。液控单向阀的图形符号如图5-6(b)所示。

5.2.2　换向阀

换向阀是利用阀芯和阀体间相对位置的改变来控制油液的流动方向，接通或关闭油路，从而控制执行元件的启动、停止及换向的。

1. 换向阀的工作原理

如图5-7(a)所示为换向阀的工作原理图，在图示状态下液压缸两腔均不通压力油，活塞

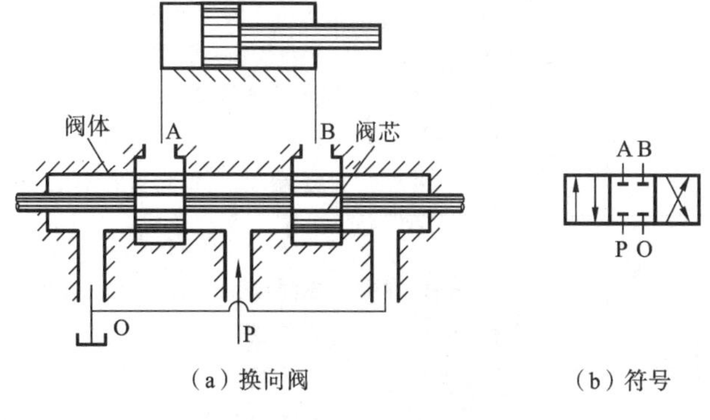

(a) 换向阀　(b) 符号

图5-7　换向阀及其符号

处于停止状态。若使换向阀的阀芯左移，则阀体上的油口 P 和 A 相通，B 与 O 相通，压力油经油口 P、A 进入液压缸左腔，活塞右移，液压缸右腔油液经油口 B 流回油箱。反之，若使阀芯右移，则油口 P 和 B 相通，A 与 O 相通，油液流回油箱，活塞左移。图 5-7(b)是图 5-7(a)的符号。

2. 换向阀的分类

根据换向阀阀芯的运动形式、结构特点和控制方式不同可分成不同的类型，如表 5-1 所示。

表 5-1 换向阀的分类

分类方法	形式
按阀芯运动方式	滑阀、转阀
按阀的工作位置数和通路数	二位三通、二位四通、三位四通
按阀的操纵方式	手动、机动、电动、液动、电液动
按阀的安装方式	管式、板式、法兰式……
按阀的机能	O形、H形、Y形、M形……

3. 换向阀的工作位数、通数及机能

位数是指阀芯在阀体中可停留的位置数目。如图 5-7(a)中，阀芯在阀体中有左、中、右三个停留位置，即是"三位"阀。图形符号上以一个方框表示一个工作位置。

通数是指换向阀上油口的数目。如图 5-7(a)中，有 A、B、P、O(O 是通油箱，只算一个油口)四个油口即称四通阀，图形符号上一个方框内的箭头或堵塞符号"⊥"与方框的相交点数，即为油口的通数。箭头表示两油口连通，但不表示油液的流向，"⊥"表示该油口不通。如图 5-7(b)所示，换向阀的符号就是由位数、通数和驱动装置构成。驱动装置有机动的、电磁的、液压的、手柄的、弹簧的等。

换向阀的机能是换向阀处于中间位置或原始位置时阀中各油口的连通方式。中位机能不同，阀对系统的控制性能也不同。表 5-2 列出了常用三位换向阀的中位机能的作用及特点。

表 5-2 三位换向阀的中位机能

机能形式	中间位置符号		作用、机能特点
	三位四通	三位五通	
O	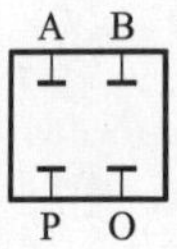 A B P O	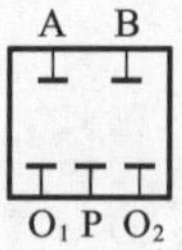 A B O_1 P O_2	在中间位置时，油口全闭，油不流动。液压缸锁紧，液压泵不卸荷，并联的液压缸(或液压马达)运动不受影响。由于液压缸充满油，从静止到启动较平稳；在换向过程中，由于运动惯性引起的冲击较大，换向点重复位置较精确
H	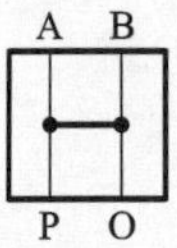 A B P O	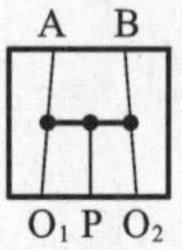 A B O_1 P O_2	在中间位置时，油口全开，液压泵卸荷，液压缸成浮动式。其他执行元件(液压缸或液压马达)不能并联使用。由于液压缸油液流回油箱，从静止到启动有冲击。在换向过程中，由于油口互通，故换向较"O"形平稳，但冲击较大

续表

机能形式	中间位置符号		作用、机能特点
	三位四通	三位五通	
Y	A B P O	A B O_1 P O_2	在中间位置时，进油口关闭，液压缸浮动，液压泵不卸荷。可并联其他执行元件，其运动不受影响。由于液压缸油液流回油箱，从静止到启动有冲击。换向过程的性能处于“O”与“H”形之间
P	A B P O	A B O_1 P O_2	在中间位置时，回油口关闭，泵口和两液压缸口连通，液压泵不卸荷，可并联其他执行元件。从静止到启动较平稳。换向过程中液压缸两腔均通压力油，换向时最平稳，冲出量比“H”形小，应用较广。差动液压缸不能停止
K	A B P O	A B O_1 P O_2	在中间位置时，关闭一个液压缸口，用于液压泵卸荷。不能并联其他执行元件。从静止到启动较平稳。换向过程有冲击(比“O”形好)，换向点重复精度高
J	A B P O	A B O_1 P O_2	在中间位置时，泵口与液压缸相应接口不通，液压缸的一个接口与回油口相通，液压泵不卸荷，可与其他执行元件并联使用。从静止到启动有冲击，换向过程也有冲击
M	A B P O	A B O_1 P O_2	在中间位置时，液压泵卸荷，不能并联其他执行元件，从静止到启动较平稳。换向时，与“O”形性能相同。可用于立式或锁紧的系统中

4. 几种常用的换向阀

1）机动换向阀

机动换向阀又称行程阀。它必须安装在液压缸附近，由运动部件上安装的挡块或凸轮压下阀芯使阀换位。如图5-8所示为二位四通机动换向阀的结构原理及符号。机动换向阀通常是弹簧复位式的二位阀，其结构简单，动作可靠，换向位置精度高，通过改变挡块的迎角α和凸轮外形，可使阀芯获得合适的换位速度，以减少换向冲击。

2）电磁换向阀

电磁换向阀是利用电磁铁吸力操纵阀芯换位的换向阀。如图5-9为三位四通电磁换向阀的结构原理图及其符号。阀的两端各有一个电磁铁和一个对中弹簧，阀芯在常态时处于中位，各个油口都不通。当右端电磁铁通电吸合时，衔铁通过推杆将阀芯推至左端，换向阀就在右位工作，P口和A口通，B口和O口通；反之，左端电磁铁通电吸合时，换向阀就在左位工作，P口和B口通，A口和O口通。

电磁铁操作方便，布局灵活，有利于提高设备的自动化程度，因而应用十分广泛。按使

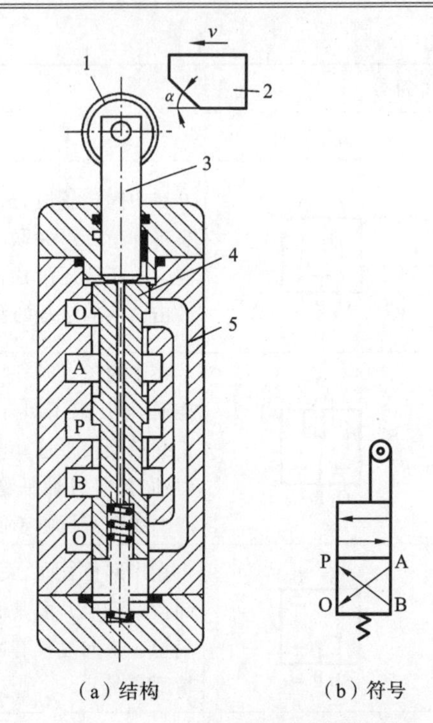

（a）结构　　（b）符号

图 5-8　机动换向阀结构及其符号

1—滚轮；2—挡块；3—顶杆；4—阀芯；5—阀体

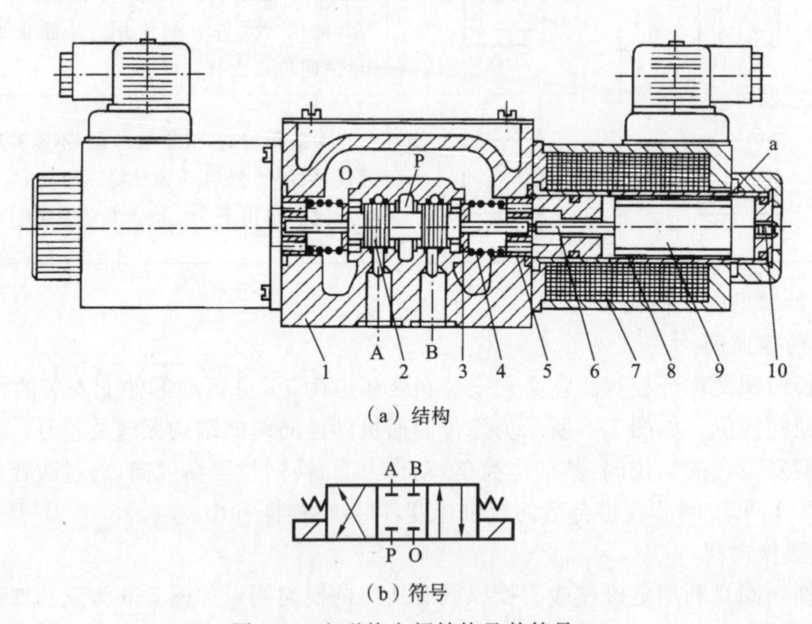

（a）结构

（b）符号

图 5-9　电磁换向阀结构及其符号

1—阀体；2—阀芯；3—弹簧座；4—弹簧；5—挡块；6—推杆；7—线圈；8—密封导磁套；9—衔铁；10—放气螺钉

用电源的不同，可分为交流和直流两种。交流电磁铁使用方便，启动力大，但换向时间短，需 0.01～0.07 s，换向冲击大，噪声大，换向频率低（每分钟约 30 次），而且当阀芯被卡住或电压低等原因吸合不上时，易烧坏线圈。直流电磁铁换向时间长，需 0.1～0.15 s，换向冲击小，换向频率高达每分钟 240 次，工作可靠性高，但需有直流电源，成本较高。此外，另有一种本整型（本机整流型）电磁铁，其上附有二极管整流线路和冲击电压吸收装置，能把接入的交流电整流后自用，因而兼有前述两者的优点。

3）液动换向阀

电磁阀布置灵活，易实现程序控制，但受电磁铁尺寸的限制，难以切换大流量的（63 L/min以上）油路。当阀的通径大于 10 mm 时，常用压力油操纵阀芯换位。这种利用压力油来推动阀芯移动的换向阀就是液动换向阀。液动换向阀的结构原理及符号如图 5-10 所示。当控制压力油从控制口 K_1 输入后，阀芯在压力油的作用下，压缩弹簧产生移动，使阀换位换到左位。其工作原理与电磁阀相似。

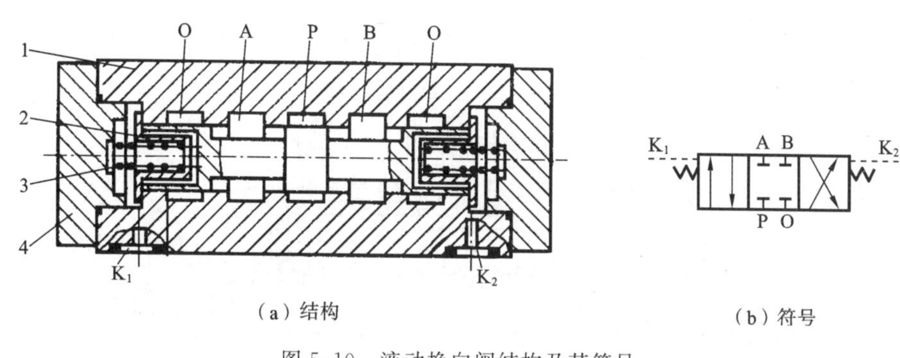

（a）结构　　（b）符号

图 5-10　液动换向阀结构及其符号

1—阀体；2—阀芯；3—弹簧；4—端盖

4）电液换向阀

电磁换向阀布置灵活，易于实现自动化，但电磁铁吸力有限，难以切换大的流量；而液动换向阀一般较少单独使用，需用一个小换向阀来改变控制油的流向，故标准元件通常将电磁阀与液动阀组合在一起组成电液换向阀。电磁阀（称先导阀）用于改变控制油的流动方向，从而导致液动阀（称主阀）换向，改变主油路的通路状态。

如图 5-11 所示为电液换向阀的结构原理及符号。其中图 5-11(a)所示为两端带主阀芯行程调节机构的结构图。工作原理可结合图 5-11(b)所示带双点画线方框的组合阀图形符号加以说明。常态时，先导阀和主阀都处于中位，控制油路和主油路均不进油。当左端电磁铁通电时，先导阀处于左位工作，控制油自 P′经先导阀作用在主阀左腔 K_1，使主阀换向处于左位工作，主阀右端油腔 K_2 经先导阀回油至油箱，此时，主油路 P 与 B 相通，A 与 O 相通。反之，当先导阀左电磁铁断电，右电磁铁通电时，则主油路油口换接，此时，P 与 A 相通，B 与 O 相通，实现了换向。图 5-11(d)所示为电液换向阀的简化符号。在回路中常以简化符号表示。

下面介绍电液换向阀控制油的进油和回油方式及阀的附加装置。

（1）控制油的进油和回油方式　若进入先导阀的压力油（即控制油）来自主阀的 P 腔，这种控制油的进油方式称为内部控制，即电磁阀的进油口与主阀的 P 腔是相通的。其优点是油路简单，但因泵的工作压力通常较高，故控制部分能耗大，只适用于电液换向阀较少的系统。若进入先导电磁阀的压力油引自主阀 P 腔以外的油路，如专用的低压泵或系统的某一部分，这种控制油的进油方式称为外部控制。若先导电磁阀的回油口单独接油箱，这种控制油的回油方式称为外部回油。若先导阀的回油口与主阀的 O 腔相通,则称为内部回油。内回式的优点是无须单设回油管路,但先导阀允许背压较小,主回油路的背压必须小于它才能采用,而外回式不受此限制。由此可见,先导阀的进油和回油可以有外控外回、外控内回、内控外回、内控内回四种方式。图 5-11 所示为外控外回式。

(2) 电液换向阀供选用的附加装置主要有以下几种。

① 换向时间调节器　又称阻尼调节器,是叠加式单向节流阀,可叠放在先导阀与主阀之间。图 5-11(c)所示即为装有双阻尼调节器的电液换向阀的符号。左电磁铁通电后,控制油经左单向阀抵主阀芯左控制腔,右控制腔回油需经右节流阀才能通过先导阀回油箱。调节节流阀开口,即可调节主阀换向时间,从而消除执行元件的换向冲击。

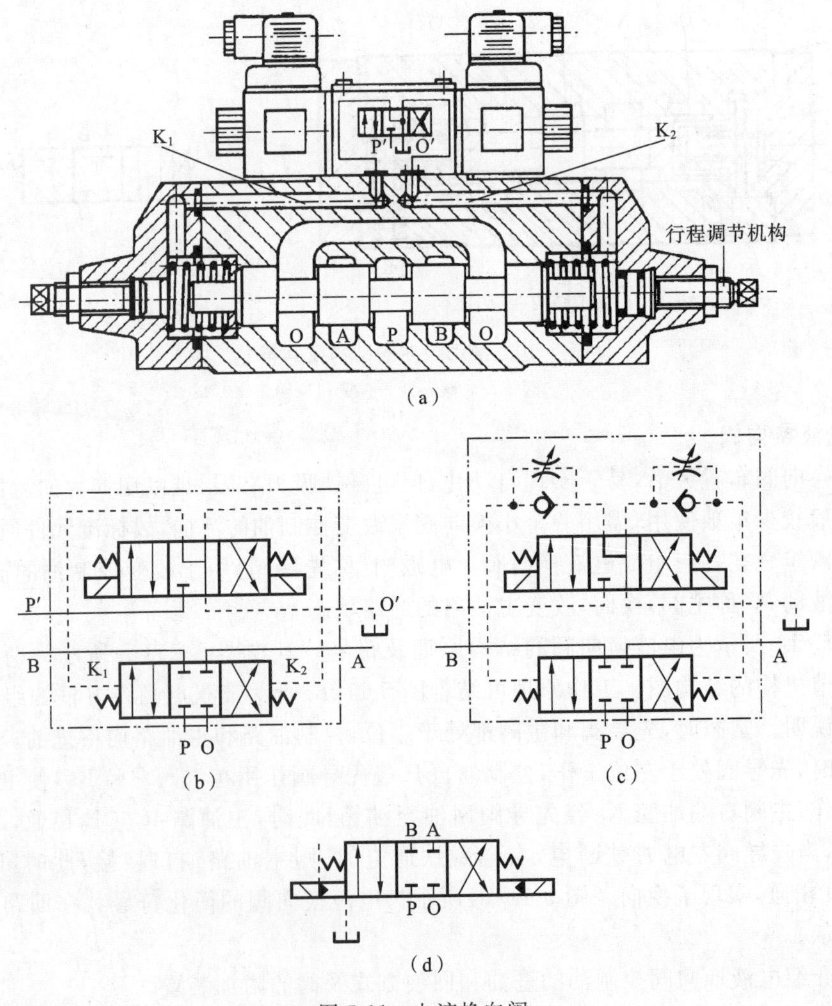

图 5-11　电液换向阀

② 主阀芯行程调节机构　在图 5-11(a)中,调节主阀阀盖两端的螺钉,则主阀芯换位移动的行程和各阀口的开度可调节,通过主阀的流量也随之变化,因而对执行元件有粗略的速度调节作用。

③ 预压阀　以内控方式供油的电液换向阀,若在常态位使泵卸荷,为克服阀在通电后

因无控制油压而使主阀不能动作的缺陷，在主阀进油口中插装一个预压阀（即具有较硬弹簧的单向阀），使其在卸荷状态下仍有一定的控制油压，足以使主阀芯换向。图5-12所示为一具有M型中位机能、装有预压阀f的内控外回式电液换向阀的符号。

④ 插入式阻尼器　即一固定小孔节流器，必要时插入先导阀的进油口，以限制进入先导阀的流量，从而控制主阀的换向速度。

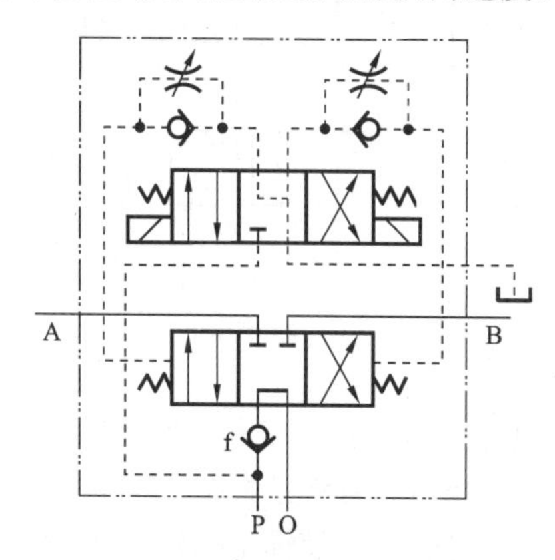

图5-12　装有预压阀的电液换向阀

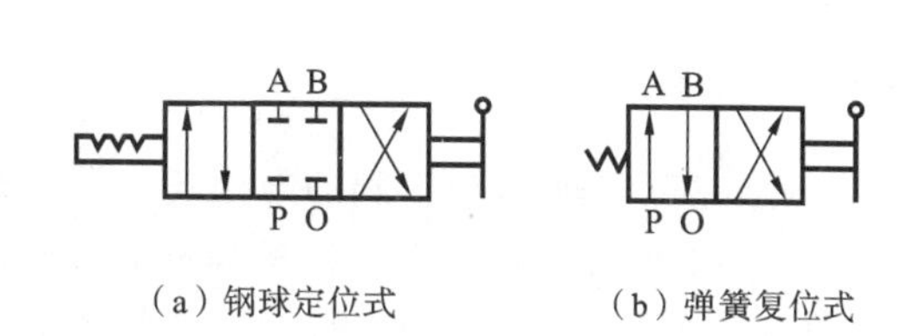

（a）钢球定位式　（b）弹簧复位式

图5-13　手动换向阀的符号

5）手动换向阀

手动换向阀是用手动杠杆操纵阀芯换位的换向阀。如图5-13所示为手动换向阀的符号。按换向定位方式的不同，分为钢球定位式和弹簧复位式两种，分别如图5-13(a)、(b)所示。当操纵手柄的外力取消后，前者因钢球卡在定位沟槽中，可保持阀芯处于换向位置；后者则在弹簧力作用下使阀芯自动回复到初始位置。

手动换向阀结构简单，动作可靠，有的还可以人为地控制阀口的大小，从而控制执行元件的运动速度。但由于需要人工操纵，故只适用于间歇动作而且要求人工控制的场合。在使用时必须将定位装置或弹簧腔的泄漏油排出，否则由于漏油的积聚而产生阻力影响阀的操纵，甚至不能实现换向动作。如推土机、汽车起重机、叉车等油路的控制都采用手动换向。

6）多路换向阀

多路换向阀是一种集中布置的组合式手动换向阀，常用于工程机械等要求集中操纵多个执行元件的设备中。多路换向阀的组合方式有并联式、串联式和顺序单动式三种，符号如图5-14所示。

当多路换向阀为并联式组合（见图5-14(a)）时，泵可以同时对三个或单独对其中任一个执行元件供油。在对三个执行元件同时供油的情况下，由于负载不同，三者将先后动作。当多路换向阀为串联式组合（见图5-14(b)）时，泵依次向各执行元件供油，第一个阀的回油口与第二个阀的压力油口相连。各执行元件可单独动作，也可同时动作。在三个执行元件同时动作的情况下，三个负载压力之和不应超过泵压。当多路换向阀为顺序单动式组合（见图5-14(c)）时，泵按顺序向各执行元件供油。操作前一个阀时，就切断了后面阀的油路，从而可以防止各执行元件之间的动作干扰。

7）转阀式换向阀

转阀式换向阀是指通过手动或机动使阀芯旋转换位，实现改变油路状态的换向阀。图

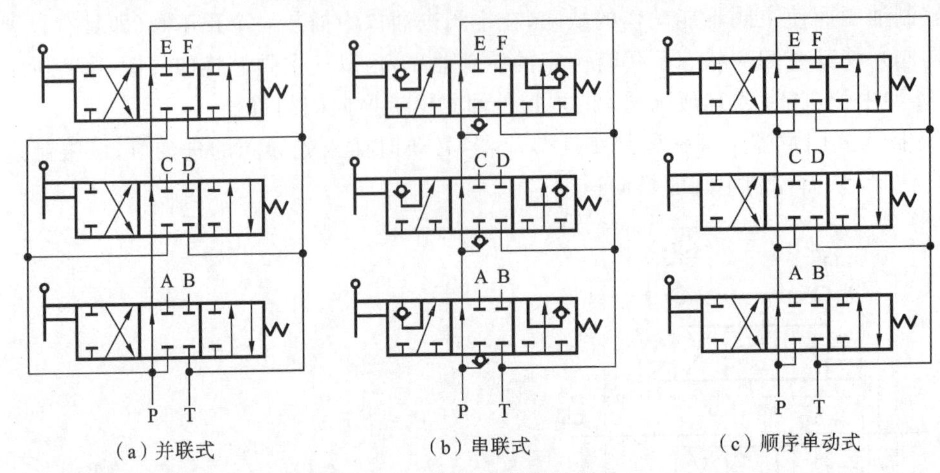

（a）并联式　　（b）串联式　　（c）顺序单动式

图 5-14　多路换向阀的符号

5-15(a)是三位四通O形转阀的结构及符号。在图示位置时，P通过环槽c和阀芯上的轴向槽b与A相通，B通过阀芯上的轴向槽e和环槽a与O相通。若将手柄2顺时针方向转动90°，则P通过槽c和d与B相通，A通过槽e和a与O相通。如果将手柄转动45°至中位，

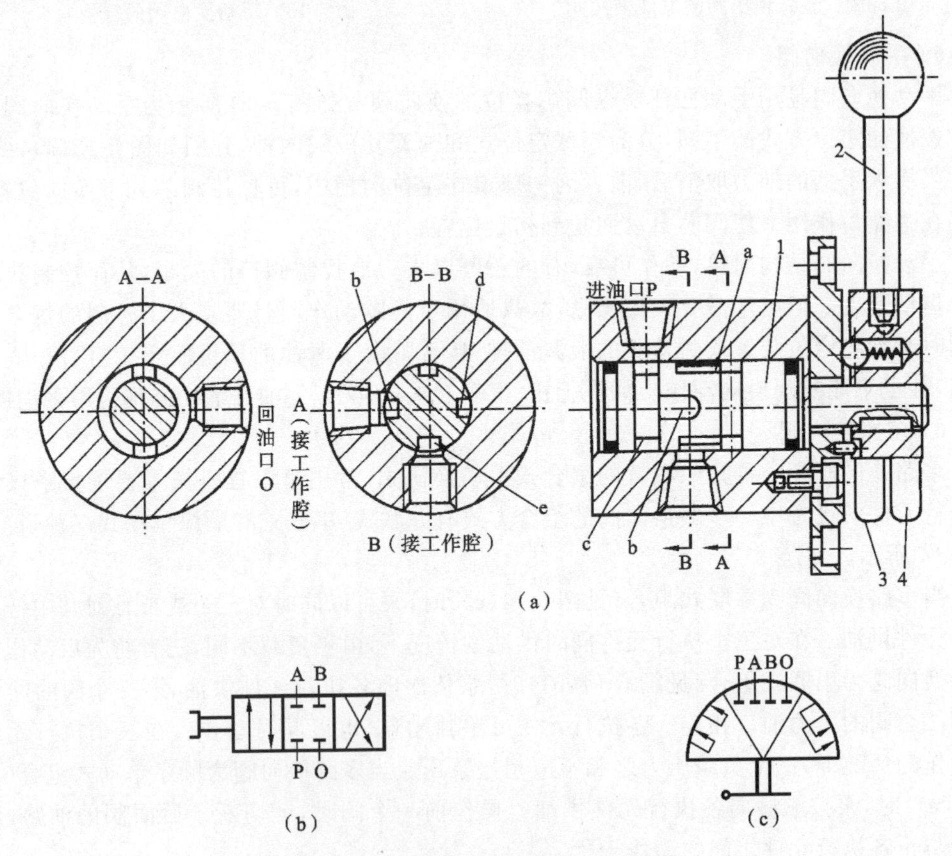

图 5-15　转阀式换向阀的结构及其符号

1—阀芯；2—手柄；3，4—挡块拨动杆

则四个油口全部关闭。通过挡块拨杆 3、4 可使转阀机动换向。由于转阀密封性差，径向力不易平衡及结构尺寸受到限制，一般多用于压力较低、流量较小的场合。转阀式换向阀的图形符号如图 5-15(b)或图 5-15(c)所示。

5.3　压力控制阀及应用

在液压系统中，控制油液压力的阀（如溢流阀、减压阀等）和控制执行元件及电气元件等在某一调定的压力下动作的阀（如顺序阀、压力继电器等）统称为压力控制阀。这类阀的工作原理都是利用作用在阀芯上的液体压力和作用在阀芯另一端上的弹簧力相平衡的原理来工作的。

5.3.1　溢流阀

溢流阀有多种用途，主要是用来溢去系统中多余的油液，使泵的供油压力得到调整，并通过阀的作用保持所需供油压力维持恒定。溢流阀分为直动式和先导式两种，前者用于低压，后者用于中、高压。

1. 直动式溢流阀

如图 5-16 所示为锥阀型（另有球阀型和滑阀型）直动式溢流阀的结构和符号。

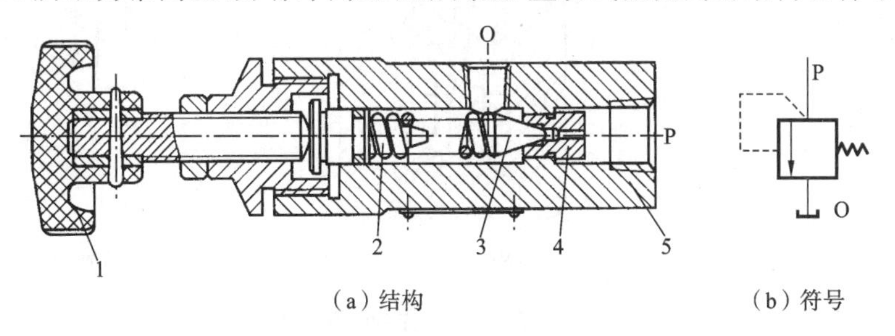

(a) 结构　　(b) 符号

图 5-16　直动式溢流阀的结构及其符号

1—手轮；2—调压弹簧；3—阀芯；4—阀座；5—阀体

当进油口 P 的油液压力不高时，锥阀芯被弹簧紧压在阀座上，阀口关闭。当进油口压力升高，超过系统所要求的油压时，便能克服弹簧阻力而推开锥阀芯，使阀口打开，油液便从 P 口进入，再经回油口 O 流回油箱（称为溢流），使进油压力不会继续升高。虽然随着溢流阀的溢流量的变化，阀口开度即弹簧压缩量也随之改变，但在弹簧压缩量变化很小的情况下，可以认为阀芯在液压力和弹簧力作用下保持平衡，溢流阀进口处的压力基本保持为恒定值。调节手轮，改变弹簧的预压缩量，便可调整阀的溢流压力。图 5-16(b)是直动式溢流阀的符号。

该阀可以远程调压或作为溢流阀、顺序阀、减压阀的导阀，更换弹簧可以改变被调节阀的压力调节范围。

2. 先导式溢流阀

如图 5-17(a)所示为 YF 型先导式溢流阀，它由先导阀和主阀两部分组成。先导阀实质是一个小规格的直动式溢流阀，而主阀阀芯是一个具有阻尼小孔的圆柱筒。油液从进油口

P进入,经阻尼孔到达主阀弹簧腔,然后经先导阀上的小孔作用在先导阀的阀芯上(一般外控口K是堵塞的)。当进油压力不高时,液压力不能克服先导阀的弹簧阻力,先导阀口关闭,阀内无油液流动。这时,主阀芯因上下腔液压力相同,故被主阀弹簧压在阀座上,主阀口也关闭。当进油压力升高到先导阀弹簧的调定压力(也就是超过所要求的工作压力)时,先导阀口打开,主阀弹簧腔的油液流过先导阀口,并经阀体上的通道及回油口O流回油箱。这时,油液流过阻尼小孔产生压力损失,使主阀芯两端形成了压力差。主阀芯在此压力差作用下克服弹簧阻力向上移动,使进、回油口连通,达到了溢流稳压的目的。调节先导阀手轮,便能调节溢流压力。更换不同刚度的调压弹簧,便能得到不同的调压范围。图5-17(b)所示为先导式溢流阀的符号。

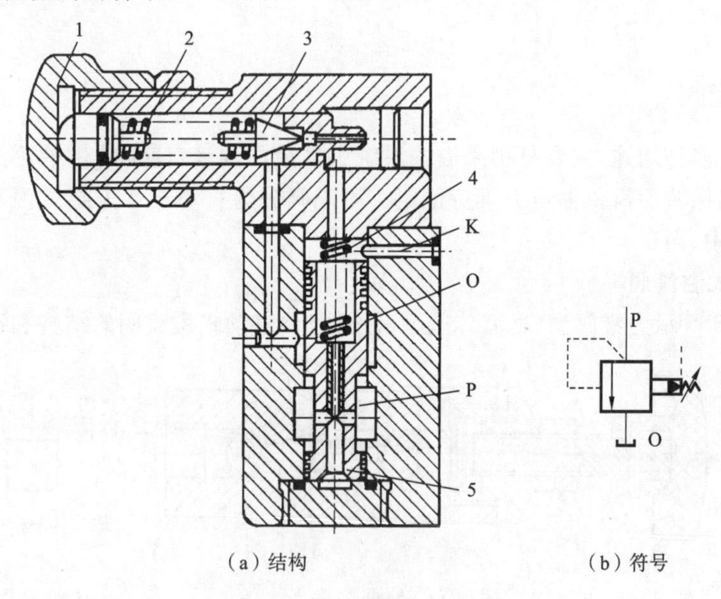

(a) 结构 (b) 符号

图5-17 YF型先导式溢流阀

1—调压手轮;2—弹簧;3—先导阀芯;4—主阀弹簧

根据上述分析可知,通过先导阀的流量(称泄漏量)只占全部流量的极小部分,绝大部分油液经主阀溢回油箱。即通过先导阀控制和调节溢流压力,通过主阀溢流。由于先导阀只通过泄漏油,阀口直径较小,即使压力很高时,作用于锥阀上的推力也不很大。因此,调压弹簧可以刚度小一些,使得调节轻便。同时,因主阀芯两端均受液压作用,主阀弹簧也只需很小的刚度,所以溢流量变化引起弹簧压缩量变化时,进油口的压力变化不大,故先导式溢流阀的稳定性高于直动式溢流阀,但先导式溢流阀属于二级阀,其灵敏度低于直动式溢流阀。

3. 溢流阀在液压系统中的应用

1) 溢流稳压作用

在定量泵供油系统中,溢流阀能起到溢流稳压作用。泵的供油一部分按速度要求由流量阀调节供给执行元件,多余油液经溢流阀流回油箱,而在溢流的同时稳定了泵的供油压力,如图5-18(a)中的阀1。

2) 实现过载保护

如图5-18(b)所示,溢流阀在变量泵供油系统中能实现过载保护作用。执行元件的速

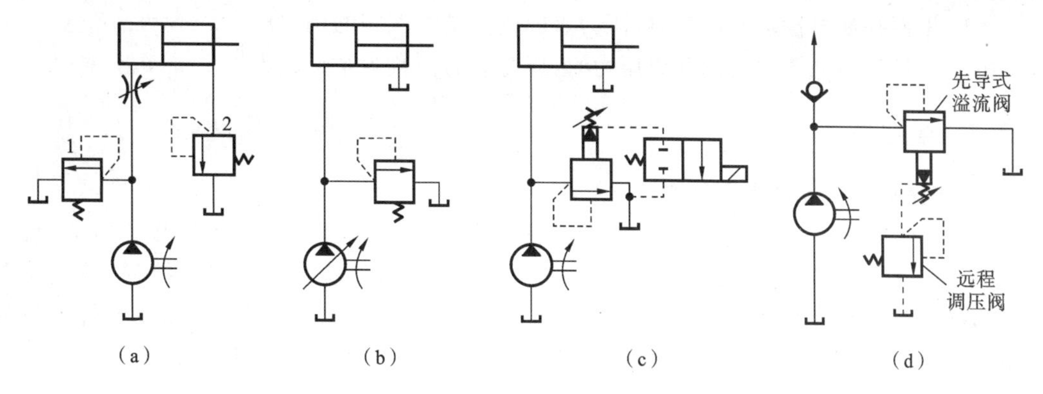

图5-18 溢流阀的应用

度由变量泵调节，不需溢流，油泵的压力可随负载变化，也不需稳压。其调定压力约为最大工作压力的1.1倍。系统一旦过载，溢流阀立即开启，保障系统安全，所以此时的溢流阀也可称为安全阀。

3）造成背压

将溢流阀安装在系统的回油路上，如图5-18(a)中的阀2，可对回油产生阻力，造成背压，从而提高执行元件运动的稳定性。

4）作卸荷阀

在如图5-18(c)中，先导式溢流阀对泵起溢流稳压作用。当二位二通阀的电磁铁通电后，溢流阀的外控口接油箱，此时，主阀芯弹簧腔压力接近于零。由于主阀弹簧刚度很小，进口压力很低，即可使主阀芯移动到最大开口位置，实现溢流。泵接近于空载运转，泵处于卸荷状态。

5）实现远程调压

如图5-18(d)所示，在控制工作台上安装一远程调压阀(即直动式溢流阀)，并将其进油口与安装在液压站上的先导式溢流阀的外控口相连。这相当于溢流阀除自身具有的先导阀外，又加接了一个先导阀。调节远程调压阀便可对溢流阀实现远程调压。显然，远程调压阀所能调节的最高压力不能超过溢流阀中先导阀调定的压力。另外，为获得较好的远程控制效果，还需注意两阀之间油管不宜太长(最好在3 m之内)，并尽量减少管内压力损失及管道振动等。

例5-1 当溢流阀如图5-19所示时，压力表A在下列情况时的读数应为多少(忽略各种损失)？

(1) 电磁铁通电时；

(2) 电磁铁断电溢流阀溢流时；

(3) 系统压力低于溢流阀开启压力时。

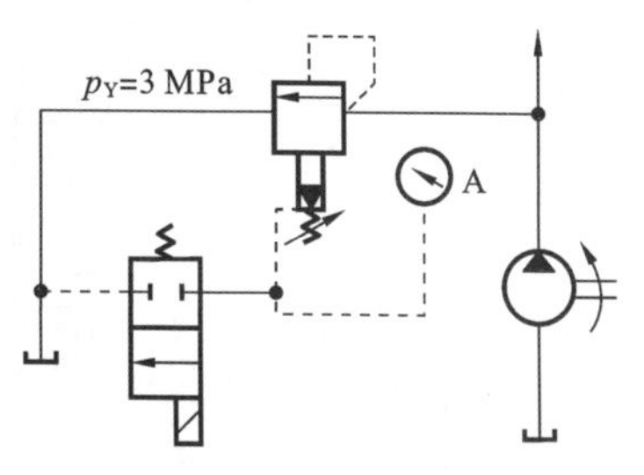

图5-19 例5-1图

解 如果忽略损失，压力表测的压力也是溢流阀进油口的压力。

(1) 电磁铁通电时，溢流阀控制油口和油箱相通，忽略损失的话，压力表的读数为零。

(2) 电磁铁断电溢流阀溢流时,压力表的读数是溢流阀的调定压力。

(3) 系统压力低于溢流阀开启压力时,压力表的读数为系统压力。

5.3.2 顺序阀

1. 顺序阀的工作原理和结构

顺序阀在液压系统中犹如自动开关。它以进口压力油(内控式)或外来压力油(外控式)的压力为信号,当信号压力达到调定值时,阀口开启,使所在油路自动接通,故结构和溢流阀类同,且也有直动式和先导式之分。它和溢流阀的主要区别在于:溢流阀出口通油箱,压力为零;而顺序阀出口通向有压力的油路(作卸荷阀除外),其压力数值由出口负载决定。

如图 5-20(a)所示为直动式顺序阀。外控口 K 用螺塞堵住,外泄油口 L 通油箱。压力油从进油口 P_1(两个)通入,经阀体上的孔道 a 和端盖上的阻尼孔 b 流到控制活塞底部,当其推力能克服阀芯上调压弹簧的阻力时,阀芯上升,使进油口 P_1 和出油口 P_2 连通。经阀芯与阀体间的缝隙进入弹簧腔的泄油从外泄油口 L 泄入油箱。此种油口连通情况称内控外泄顺序阀,其符号如图 5-20(b)所示。如果将图 5-20(a)中的端盖旋转 90°或 180°,切断进油流往控制活塞下腔的通路,并去除外控口的螺塞,引入控制压力油,便成为外控外泄式顺序阀,其符号如图 5-20(c)所示。若将阀盖旋转 90°,可使弹簧腔与出油口 P_2 相连(图中未剖出),并将外泄油口 L 堵塞,便成为外控内泄式顺序阀,其符号如图 5-20(d)所示。它常用于使泵卸荷,故又称卸荷阀。

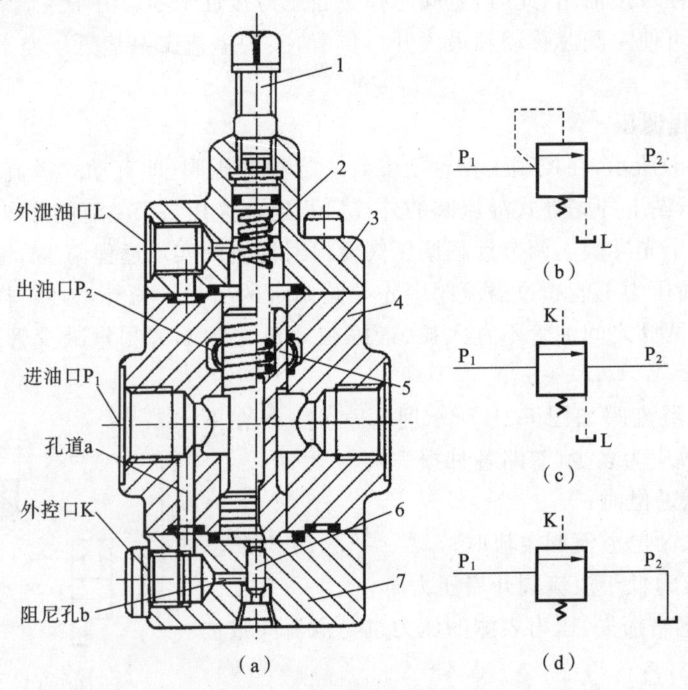

图 5-20 直动式顺序阀的结构及符号

1—调节螺钉;2—弹簧;3—阀盖;4—阀体;5—阀芯;6—控制活塞;7—端盖

直动式顺序阀的最高工作压力可达 14 MPa，最高控制压力为 7 MPa。对性能要求较高的高压大流量系统，应采用先导式顺序阀。先导式顺序阀的结构与先导式溢流阀的大体相似，其工作原理也基本相同，并同样有内控外泄、外控外泄和外控内泄等几种不同的控制泄油方式。

2. 顺序阀的应用

图 5-21 是机床夹具上用顺序阀实现工件先定位后夹紧的顺序动作回路，当换向阀右位工作时，压力油首先进入定位缸下腔，完成定位动作后，系统压力升高，达到顺序阀调定压力(为保证工作可靠，顺序阀的调定压力应比定位缸最高工作压力高 0.5～0.8 MPa)时，顺序阀打开，压力油经顺序阀进入夹紧缸下腔，实现液压夹紧。当换向阀左位工作时，压力油同时进入定位缸和夹紧缸上腔，拔出定位销，松开工件，夹紧缸通过单向阀回油。此外，顺序阀还可用作卸荷阀、平衡阀、背压阀。

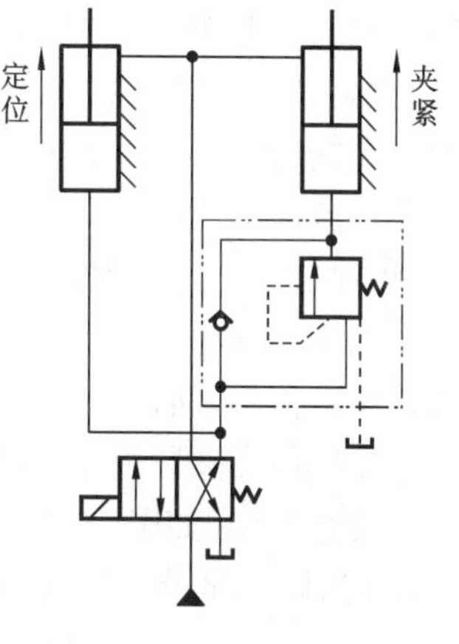

图 5-21 顺序阀的应用

5.3.3 减压阀

减压阀主要用于降低系统某一支路的油液压力，使同一系统能有两个或多个不同压力的分支。例如当系统中的夹紧或润滑支路需稳定的低压时，只需在该支路上串联一个减压阀即可。

减压阀同样有直动式和先导式之分，直动式减压阀较少单独使用，一般仅作为调速阀的组成部分使用。先导式减压阀则应用较多，它的典型结构及符号如图5-22所示。它能使出口压力降低并保持恒定，故称定值输出减压阀，简称减压阀。在图5-22中，压力油由阀的进油口 P_1 流入，经减压口 f 减压后由出油口 P_2 流出。出油口压力油经阀体与端盖上的通道及主阀芯内的阻尼孔 e 引到主阀芯的下腔和上腔，并以出油口压力作用在先导锥阀芯上。

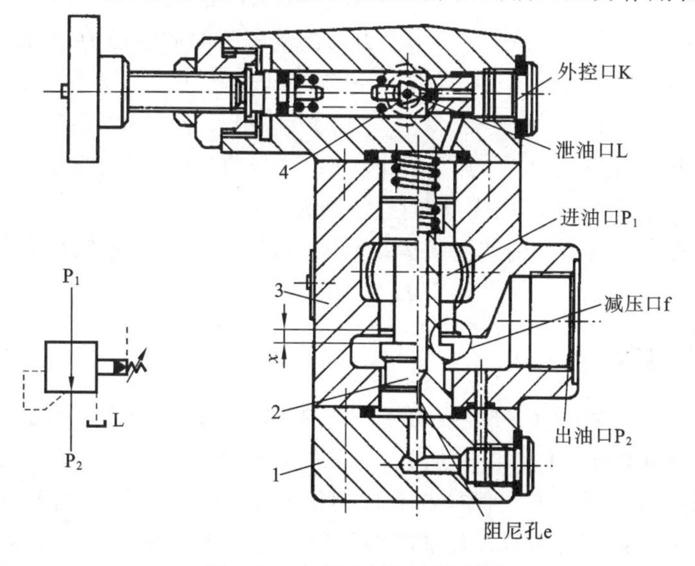

图 5-22 先导式减压阀的结构

1—端盖；2—主阀芯；3—阀体；4—先导阀芯

当出油口压力低于先导阀的调定压力时，先导阀芯关闭，主阀芯上、下两腔压力相等，主阀芯被弹簧压在最下端，减压口 f 的开度为最大，压降最小，阀处于非工作状态，出油口压力由负载决定。当出油口压力达到先导阀的调定压力时，先导阀芯被打开，主阀弹簧腔的泄油便由泄油口 L 流往油箱。由于油液在主阀芯阻尼孔内流动，使主阀芯两端产生压力差，主阀芯便在此压力差作用下，克服弹簧阻力抬起，减压口 f 的开度减小，压降增加，出油口压力降低，直到等于先导阀的调定压力为止。若出油口压力由于外界干扰而变动时，减压阀将会自动调整减压口 f 的开度来保持调定的出油口压力数值基本不变。在减压阀出油口油路的油液不再流动的情况下，由于先导阀泄油仍未停止，减压口仍有油液流动，阀仍然处于工作状态，出油口压力也就保持调定数值不变。

减压阀与溢流阀、顺序阀相比较，主要特点是：控制阀口开闭的油液来自出油口，并使出油口压力恒定，阀口常开，泄油单独接入油箱。

减压阀在夹紧油路、控制油路和润滑油路中应用较多。

例 5-2 在如图 5-23 所示回路中，溢流阀的调定压力 $p_Y=5$ MPa，减压阀的调定压力 $p_j=2.5$ MPa。试分析下列各种情况，并说明减压阀口处于什么状态？（忽略损失）

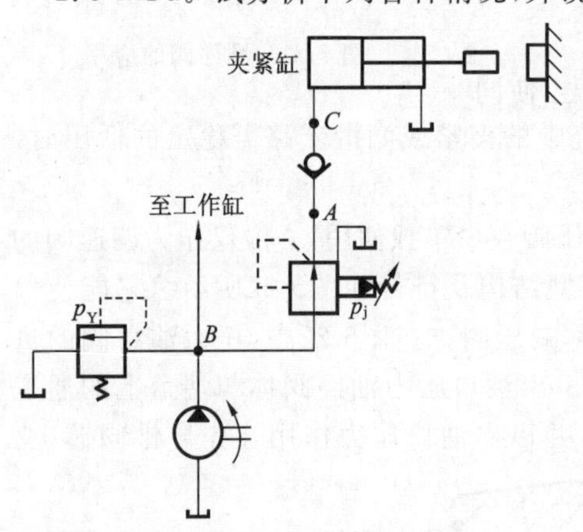

图 5-23 例 5-2 图

(1) 当油泵压力 $p_B=p_Y$ 时，夹紧缸使工件夹紧后，点 A、C 的压力各为多少？

(2) 当油泵压力由于工作缸快进，压力降到 $p_B=1.5$ MPa 时（工件原先处于夹紧状态），点 A、C 的压力各为多少？

(3) 夹紧缸在未夹紧工件前作空载运动时，点 A、B、C 的压力各为多少？

解 (1) $p_B=p_Y$ 时，减压阀的进油口压力是 p_Y，减压阀阀口处于工作状态。减压阀的出油口压力即是减压阀的调定压力，所以 $p_A=2.5$ MPa，$p_C=2.5$ MPa。

(2) $p_B=1.5$ MPa 时，减压阀进油口压力未达到减压阀的调定压力，减压阀口处于不工作状态。出油口 $p_A=1.5$ MPa；由于工件原先处于夹紧状态，点 A 压力降低，单向阀反向截止，所以 $p_C=2.5$ MPa。

(3) 夹紧缸在未夹紧工件前作空载运动时，忽略损失时负载是 0，压力是零，所以点 A、B、C 的压力都是零。

5.3.4 压力继电器

压力继电器是一种液-电信号转换元件。当控制油的压力达到调定值时，便触动电气开关发出电信号，控制电气元件（如电动机、电磁铁、电磁离合器等）动作，实现泵的加载或卸载、执行元件顺序动作、系统安全保护和元件动作连锁等。任何压力继电器都由压力-位移转换装置和微动开关两部分组成。按前者的结构分为柱塞式、弹簧管式、膜片式和波纹管式四类，其中柱塞式最为常用。

图 5-24 为单柱塞式压力继电器的结构原理和符号。压力油从 P 口进入，作用在柱塞底

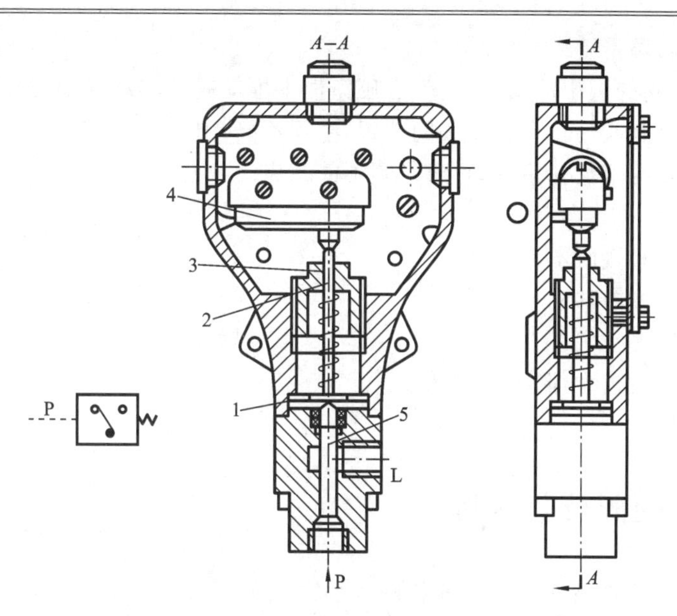

图 5-24　单柱塞式压力继电器

1—限位挡块；2—顶杆；3—调节螺丝；4—微动开关；5—柱塞

部，若其压力已达到弹簧的调定值时，便克服弹簧阻力和柱塞摩擦力，推动柱塞上升，通过顶杆触动微动开关发出电信号。限位挡块可在压力超载时保护微动开关。

压力继电器的性能主要有以下两项。

（1）调压范围　发出电信号的最低和最高工作压力间的范围。拧动调节螺丝，即可调整工作压力。

（2）通断返回区间　压力继电器发出电信号时的压力称为开启压力，切断电信号时的压力称为闭合压力。开启时，柱塞、顶杆移动所受摩擦力方向与压力方向相反，闭合时则相同，故开启压力比闭合压力大。两者之差称为通断返回区间。通断返回区间应有足够的数值，否则压力波动时，压力继电器发出的电信号会时断时续。为此，有的产品在结构上可人为地调整摩擦力的大小，使通断返回区间的数值可调。

鉴于压力继电器的功能，要求压力继电器的灵敏度好，重复精度高。

5.3.5　压力控制阀经常出现的故障

压力控制阀的共性是根据弹簧力与液压力相平衡的原理工作，因此压力控制系统的常见故障及产生原因可归纳为以下几点。

1. 压力调不上去

（1）先导式溢流阀的主阀阻尼孔堵塞，滑阀在下端油压作用下，克服上腔的液压力和主阀弹簧力，使主阀上移，调压弹簧失去对主阀的控制作用，因此主阀在较低的压力下打开溢流口溢流。系统中，正常工作的压力阀，有时突然出现故障往往是这种原因。

（2）溢流阀的调压弹簧太软、装错或漏装。

（3）阀芯被毛刺或其他污物卡死于开口位置。

（4）阀芯和阀座关闭不严，泄漏严重。

2. 压力过高,调不下来

(1) 安装时,阀的进出油口接错,没有压力油去推动阀芯移动,因此阀芯打不开。

(2) 阀芯被毛刺或污物卡死于关闭位置,主阀不能开启。

(3) 先导阀前的阻尼孔堵塞,导致主阀不能开启。

3. 压力振摆大

(1) 阀芯与阀座接触不良。

(2) 阀芯在阀体内移动不灵活。

(3) 油液中混有空气。

(4) 阻尼孔直径过大,阻尼作用弱。

(5) 产生共振。

5.4 流量控制阀及其应用

流量控制阀是靠改变阀口过流面积的大小来调节通过阀口的流量,从而控制执行元件(液压缸或液压马达)的运动速度的。

5.4.1 节流阀

如图 5-25 所示,压力油从进油口 P_1 进入,经节流口从出油口 P_2 流出。节流口所在的阀芯锥部通常开有两个或四个三角槽(节流口还有其他形式)。调节手轮 5,进、出油口之间的通流面积发生变化,即可调节流量。其中的弹簧 1 用于顶紧阀芯保持阀口开度不变。此种结构的节流阀调节范围大,有较低的稳定流量,调节方便省力,但流量受温度影响较大。

1. 节流阀的流量和影响流量稳定的因素

节流阀的输出流量与节流口的结构形式有关,实用的节流口都介于理想薄刃孔和细长孔之间,其流量特性可用小孔流量通用公式 $Q=KA_T\Delta p^m$ 来描述,特性曲线见图 5-26 所示。我们希望节流阀阀口面积 A_T 一经调定,通过的流量 Q 即不变化,以使执行元件速度稳定。但实际上是做不到的,其主要原因如下。

(1) 负载变化的影响　液压系统中的负载一般是变化的,它使执行元件的工作压力随之变化,从而导致节流阀前后压差 Δp 变化,由小孔流量公式可见,流量也会随之变化。一般薄刃孔 m 值最小,负载变化对流量的影响也最小,见图 5-26 中的曲线 1 所示。

(2) 温度变化的影响　油温变化引起油的黏度变化,小孔流量公式中的系数 K 将发生变化,从而使流量变化。显然,细长孔越长影响越大,薄刃孔受温度变化影响最小。

2. 节流阀的阻塞和最小稳定流量

当节流阀开度很小时,流量会出现不稳定甚至断流的现象,称为节流阀的阻塞。这是因为节流口处高速的液流产生局部高温,致使油液氧化,生成胶质沉淀,甚至引起油中碳的燃烧产生灰烬。这些生成物和油中的原有杂质结合,在节流口表面逐渐形成附着层,它不断堆积又不断被高速液流冲掉,流量就不断地发生波动。附着层堵死节流口时,便出现断流。因此,节流阀有一个能正常工作(无断流,且流量变化率不大于 10%)的最小流量限制值,称为节流阀的最小稳定流量。轴向三角槽式节流口的最小稳定流量为 30～50 mL/min,薄刃孔则可达 10～15 mL/min。

在实际应用中，防止节流阀阻塞的措施如下。

(1) 油液要精密过滤 实践证明，为除去铁质污染，采用带磁性的滤油器效果更好。精度可达 5～10 μm，能显著改善阻塞现象。

(2) 节流阀两端压差要适当 压差大，节流口能量损失大、温度高，同流量时过流面积小，易引起阻塞。因此一般取 $\Delta p=0.2\sim0.3$ MPa。

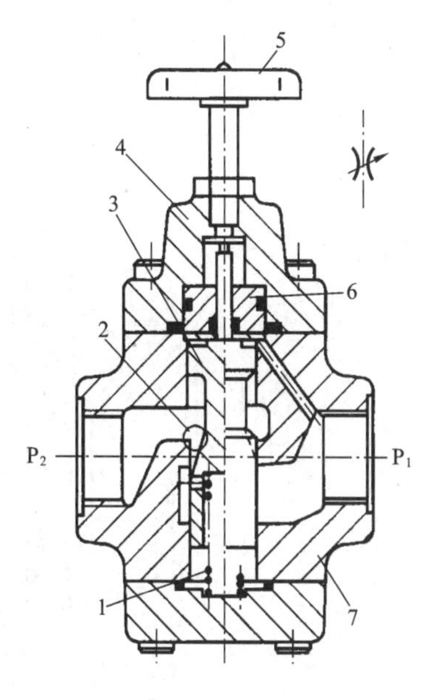

图 5-25 节流阀

1—弹簧；2—节流口；3—阀芯；4—顶盖；5—手轮；6—导套；7—阀体

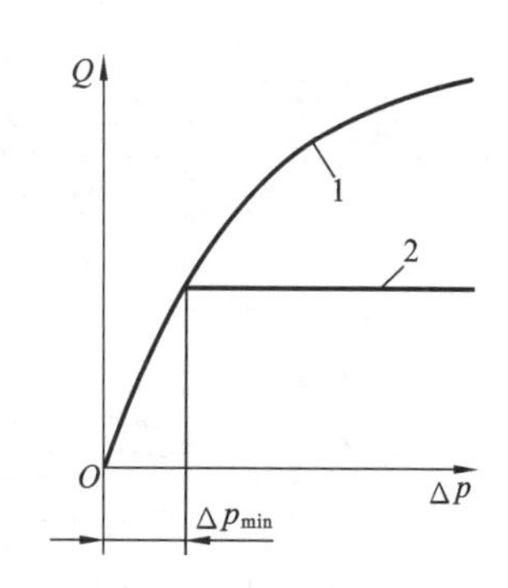

图 5-26 流量阀的流量特性

5.4.2 调速阀

1. 调速阀

调速阀是由定差减压阀 1 与节流阀 2 串联而成的组合阀，如图 5-27 所示。节流阀用来调节通过的流量，定差减压阀则自动补偿负载变化的影响，使节流阀前后的压差为定值，消除了节流阀负载变化对流量的影响。定差减压阀与节流阀串联，并使定差减压阀左右两腔分别与节流阀前后端沟通。设减压阀的进口压力为 p_1，出口压力为 p_2，通过节流阀后降为 p_3，p_3 的大小由液压缸负载 F 决定。当负载 F 变化时，p_3 和调速阀两端压差 p_1-p_3 随之变化，但节流阀两端压差 p_2-p_3 却不变。例如，F 增大使 p_3 增大，减压阀芯弹簧腔液压力增大，阀芯左移，开度 x 加大，减压作用减小，使 p_2 有所增加，结果压差 p_2-p_3 保持不变。反之亦然，从而使通过调速阀的流量保持恒定。

行程限位器 C 用以限制减压口的开度，防止系统重新启动时，由于减压口过大，油液大量通过，使液压缸前冲(称启动前冲现象)，降低加工质量，甚至损坏机件。新开发的产品中有一种预控(或外控)调速阀，它在减压阀左腔中通入控制油，来防止减压口在未工作时开度过大。从调速阀的结构上看，减压阀和节流阀一般垂直安置，节流阀部分有流量调节手轮，而减压阀部分可附有行程限位器。

2. 温度补偿调速阀

调速阀消除了负载变化对流量的影响，但温度变化的影响依然存在。因此为解决温度变化对流量的影响，在对速度稳定性要求高的系统中需采用温度补偿调速阀。温度补偿调速阀与普通调速阀的结构基本相似，所不同的是前者在节流阀的阀芯上连接一根温度补偿杆，如图 5-28 所示。当温度升高时，引起流量增大，但由于补偿杆是由温度膨胀系数很大的聚氯乙烯塑料制成的，也随温度升高而膨胀，使阀口减小；反之则开大，故能维持流量基本不变（在 20～60 ℃范围内流量变化不超过 10%）。

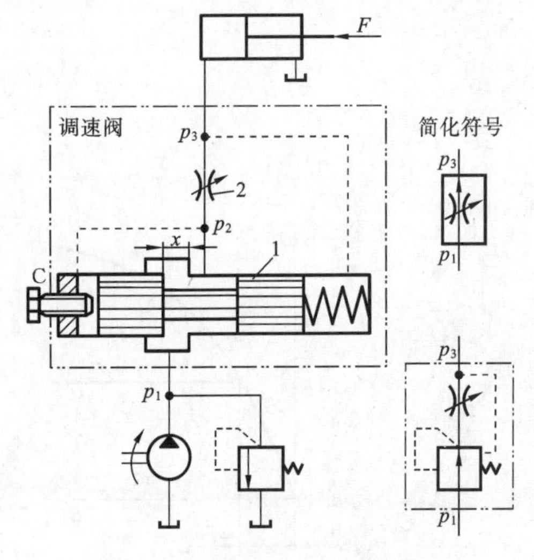

图 5-27　调速阀的工作原理及符号

1—定差减压阀；2—节流阀

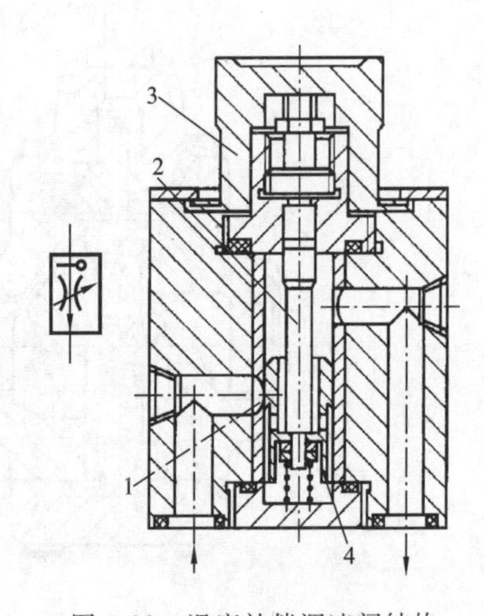

图 5-28　温度补偿调速阀结构

1—节流口；2—温度补偿杆；3—调节手轮；4—阀芯

3. 调速阀的流量特性和最小压差

调速阀的流量特性曲线见图 5-26 中的曲线 2 所示。由图可见，当调速阀前后两端压差超过最小值 Δp_{min} 后，其流量是稳定的。而在 Δp_{min} 以内，流量随压差的变化而变化，其变化规律与节流阀的相同。这是因为在压差较低时，调速阀中的定差减压阀阀口全开，处于非工作状态，只剩下节流阀在起作用，故此段曲线与节流阀曲线相一致。调速阀的最小压差 $\Delta p_{min} \approx$ 1 MPa（中低压阀的最小压差约为 0.5 MPa）。系统设计时应使调速阀的工作压差略大于此值。

5.4.3　流量控制阀的常见故障及排除方法

1. 无流量通过或流量极少

(1) 节流口堵塞，阀芯卡住。检查清洗，更换油液，提高油清洁度，修复阀芯。

(2) 阀芯与阀孔配合间隙过大，泄漏大。检查磨损密封情况，修换阀芯。

2. 流量不稳定

(1) 油中杂质黏附在节流口边缘上，通流截面减小，速度减慢。拆洗节流阀，清除污物，更换滤油器或更换油液。

(2) 节流阀内外泄漏大，流量损失大，不能保证运行速度所需要的流量。检查阀芯与阀体之间的间隙及加工精度,超差零件修复或更换,检查有关部位的密封情况或更换密封件。

5.5 比例阀、插装阀和叠加阀

比例阀、插装阀和叠加阀都是近年来获得迅速发展的液压控制阀,与普通液压阀相比,它们具有许多显著的优点。下面对这三种阀作简要介绍。

5.5.1 比例阀

电液比例阀简称比例阀,它是一种把输入的电信号按比例转换成力或位移,从而对压力、流量等参数进行连续控制的一种液压阀。

比例阀是由直流比例电磁铁与液压阀两部分组成。其液压阀部分与一般液压阀差别不大,而直流比例电磁铁和一般电磁阀所用的电磁铁不同,采用比例电磁铁可得到与给定电流成比例的位移输出和吸力输出。比例阀按其控制参量可分为比例压力阀、比例流量阀、比例方向阀三大类。

1. 比例阀的结构及工作原理

图 5-29 所示为先导式比例溢流阀的结构原理图。当输入电信号(通过线圈 2)时,比例电磁铁 1 便产生一个相应的电磁力,它通过推杆 3 和弹簧作用于先导阀阀芯 4,从而使先导阀的控制压力与电磁力成比例,即与输入信号电流成比例。由溢流阀主阀阀芯 6 上受力分析可知,进油口压力和控制压力、弹簧力等相平衡(其受力情况与普通溢流阀的相似),因此比例溢流阀进油口压力的升降与输入信号电流的大小成比例。若输入信号电流是连续地按比例或按一定程序进行变化,则比例溢流阀所调节的系统压力,也连续地按比例或按一定程序进行变化。图 5-29(b)所示为比例溢流阀的图形符号。

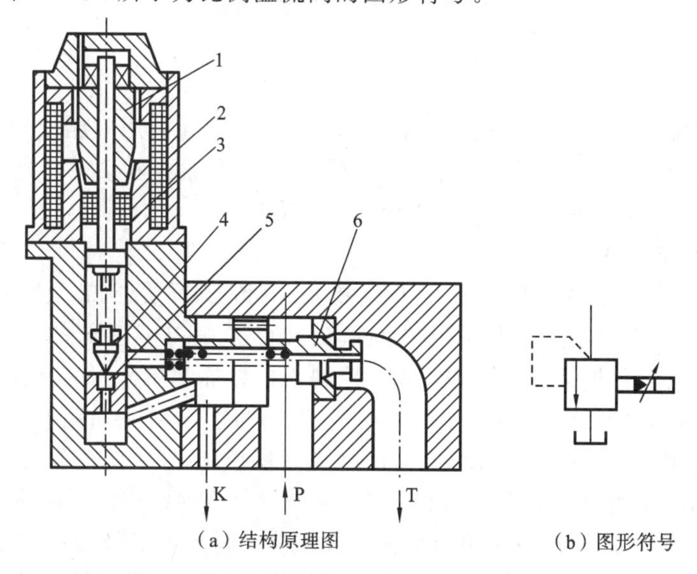

(a) 结构原理图　　(b) 图形符号

图 5-29　先导式比例溢流阀的结构原理及图形符号

1—比例电磁铁;2—线圈;3—推杆;4,6—阀芯;5—阻尼孔

2. 比例阀的应用举例

图 5-30(a)所示为利用比例溢流阀调压的多级调压回路,图中 1 为比例溢流阀,2 为电子放大器。改变输入电流 I,即可控制系统获得多级工作压力。它比利用普通溢流阀多级调压回路所用液压元件数量少,回路简单,且能对系统压力进行连续控制。

图 5-30(b)所示为采用比例调速阀的调速回路。改变比例调速阀输入电流 I,即可使液压缸获得所需要的运动速度。比例调速阀可在多级调速回路中代替多个调速阀,也可用于远距离速度控制。

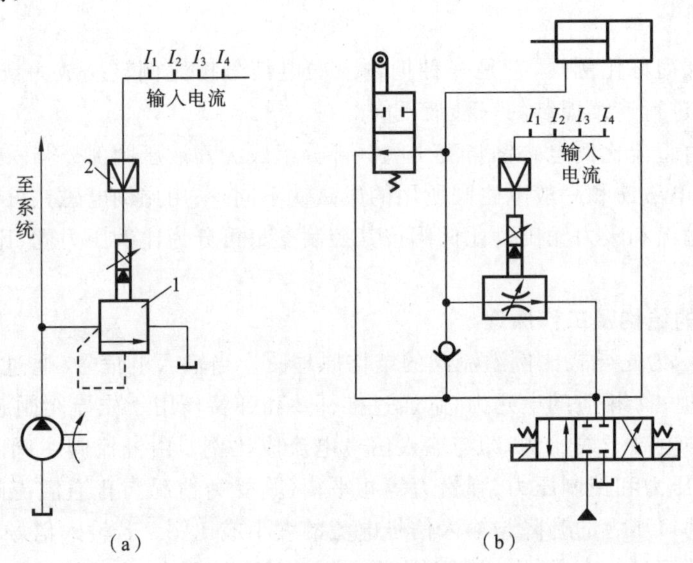

图 5-30 比例阀的应用

1—比例溢流阀;2—电子放大器

5.5.2 插装阀

插装阀不仅能实现常用液压阀的各种功能,而且与普通液压阀相比,具有主阀结构简单、通流能力大(可达 10 000 L/min)、体积小、质量轻、密封性能和动态性能好、易于集成、实现一阀多用等优点,因而在大流量系统中得到广泛应用。

1. 插装阀的结构原理及符号

如图 5-31 所示,插装阀由控制盖板、插装单元(由阀套、弹簧、阀芯及密封件组成)、插装块体和先导元件(置于控制盖板上,图中没有画出)组成。由于这种阀的插装单元在回路中主要起控制通、断作用,故又称二通插装阀。控制盖板将插装单元封装在插装块体内,并沟通先导阀和插装单元(又称主阀)。通过主阀阀芯的启闭,可对主油路的通断起控制作用。使用不同的先导阀,可构成压力控制、方向控制或流量控制,并可组成复合控制。将若干个不同控制功能的二通插装阀组装在一个或多个插装块体内便组成液压回路。

就工作原理而言,二通插装阀相当于一个液控单向阀。A 和 B 为主油路仅有的两个工作油口(所以称二通阀),K 为控制油口。改变控制油口的压力,即可控制 A、B 油口的通断。当控制口无液压作用时,阀芯下部的液压力超过弹簧力,阀芯被顶开,A 与 B 口相通,至于液流的方向,视 A、B 口的压力大小而定。反之,控制口有液压作用,$p_K \geqslant p_A$,$p_K \geqslant p_B$ 时,才

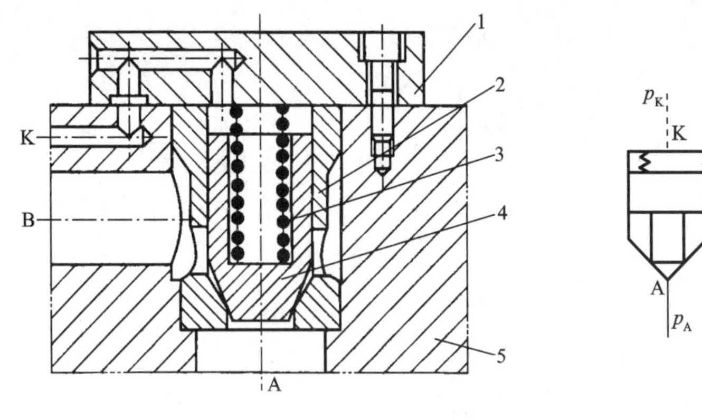

图 5-31　插装阀

1—控制盖板；2—阀盖；3—弹簧；4—阀芯；5—插装块体

能保证 A 与 B 口之间关闭。这样，就起逻辑元件的“非”门作用，故也称逻辑阀。

插装阀按控制油的来源可分为两类：第一类为外控式插装阀，控制油由单独动力源供给，其压力与 A、B 口的压力变化无关，多用于油路的方向控制；第二类为内控式插装阀，控制油引自阀的 A 口或 B 口，并分为阀芯带阻尼孔与不带阻尼孔两种，应用比较广泛。

2. 方向控制插装阀

方向控制插装阀分为单向阀和换向阀两种。

(1) 单向插装阀　如图 5-32 所示，将 K 口与 A 或 B 连通，即成为单向阀。连通方法不同，其导通方向也不同。前者 $p_A > p_B$ 时，锥阀关闭，A 与 B 不通；$p_B > p_A$ 且达到开启压力时，锥阀打开，油从 B 流向 A。后者可通过类似分析得出结论。

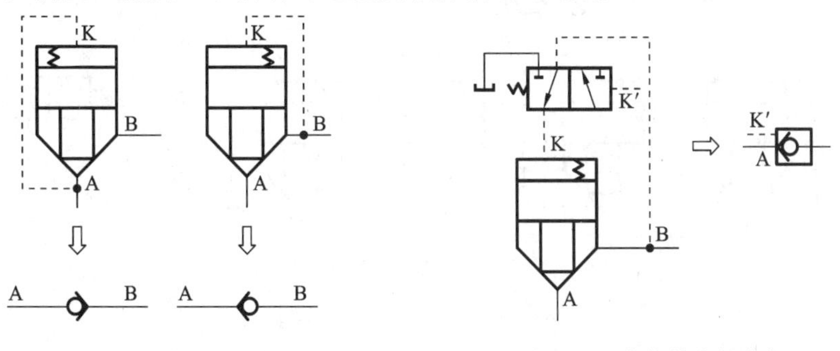

图 5-32　单向插装阀　　　　图 5-33　液控单向插装阀

(2) 液控单向插装阀　如果在控制盖板上接一个二位三通液动换向阀来变换 K 口的压力，即成为液控单向插装阀，如图 5-33 所示。若 K′处无液压作用，则处于图示位置，$p_A > p_B$ 时，A、B 导通，A 流向 B。$p_B > p_A$，A、B 不通。若 K′处有液压作用，则二位三通液控阀换向，使 K 口接油箱，A 与 B 相通，油的流向视 A、B 点的压力大小而定。

(3) 二位二通插装阀　如图 5-34 所示，在图示状态下，锥阀开启，A 与 B 相通。若电磁换向阀通电换向，且 $p_A > p_B$ 时，锥阀关闭，A、B 油路切断，即为二位二通阀。

(4) 二位三通插装阀　如图 5-35 所示，在图示状态下，左面的锥阀打开，右面的锥阀关闭，即 A、O 相通，P、A 不通。电磁阀通电时，P、A 相通，A、O 不通，即为二位三通阀。

(5) 二位四通插装阀　如图 5-36 所示，在图示状态下，左 1 及右 2 锥阀打开，实现 A、O

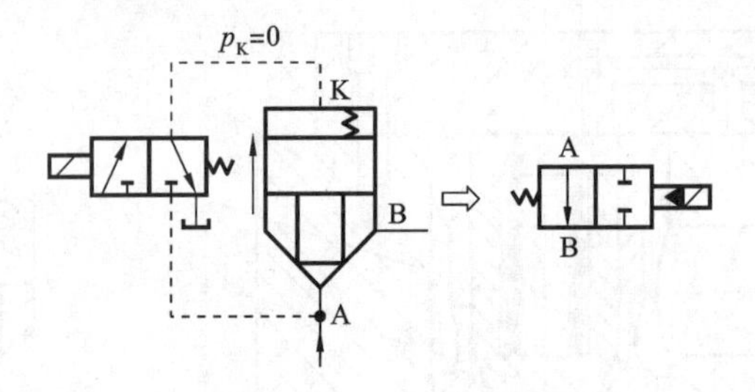

图 5-34　二位二通插装阀

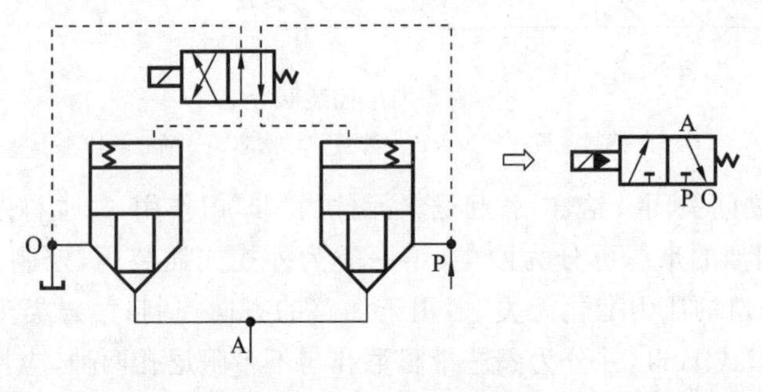

图 5-35　二位三通插装阀

相通，B、P 相通。当电磁阀通电时，左 2 及右 1 锥阀打开，实现 A、P 相通，B、O 相通，即为二位四通阀。

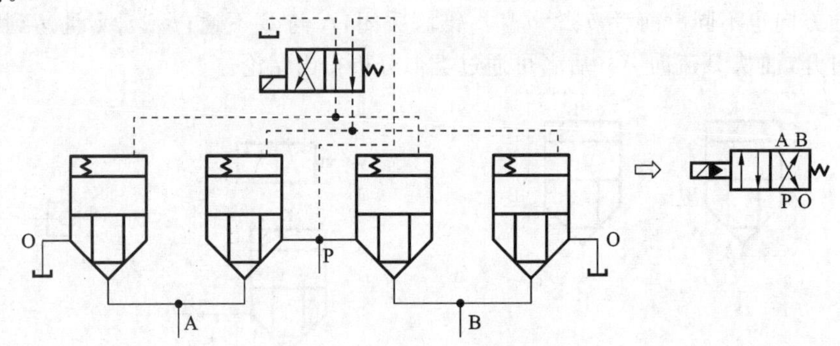

图 5-36　二位四通插装阀

(6) 三位四通插装阀　如图 5-37 所示，在图示状态下，四个锥阀全关闭，A、B、P、O 不相通。当左边电磁铁通电时，左 2 及右 1 锥阀打开，实现 A、P 相通，B、O 相通。当右边电磁铁通电时，左 1 及右 2 锥阀打开，实现 A、O 相通，B、P 相通，即为三位四通阀。如果用多个先导阀和多个主阀相配，可构成复杂位通组合的二通插装换向阀，这是普通换向阀做不到的。

3. 压力控制插装阀

在插装阀的控制口配上不同的先导压力阀，便可得到各种不同类型的压力控制阀。图 5-38(a)所示为用直动式溢流阀作先导阀来控制主阀用作溢流阀的原理图。A 腔压力油经阻尼小孔进入控制腔和先导阀，并将 B 口与油箱相通。这样锥阀的开启压力可由先导阀来调节，其原理与先导式溢流阀相同。如果在图 5-38(a)中，当 B 腔不接油箱而接负载时，即为顺序阀。在图 5-38(b)中，若二位二通电磁换向阀通电，则作为卸荷阀用。图 5-38(c)所示

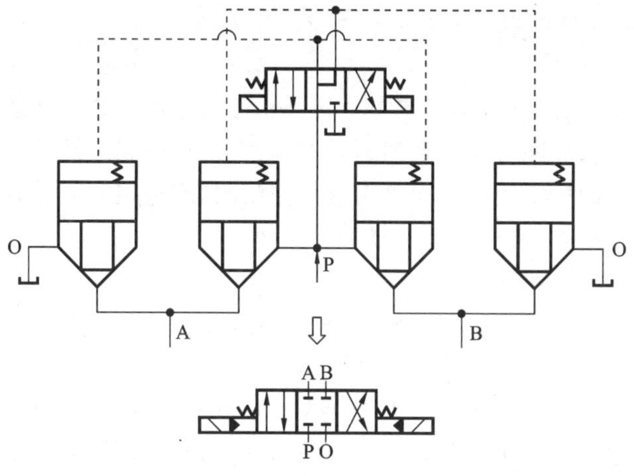

图 5-37　三位四通插装阀

为减压阀原理图，主阀芯采用常开的滑阀式阀芯，B 为进油口，A 为出油口。A 腔压力经阻尼小孔后通控制腔和先导阀，其工作原理和普通先导压力控制插装阀相同。

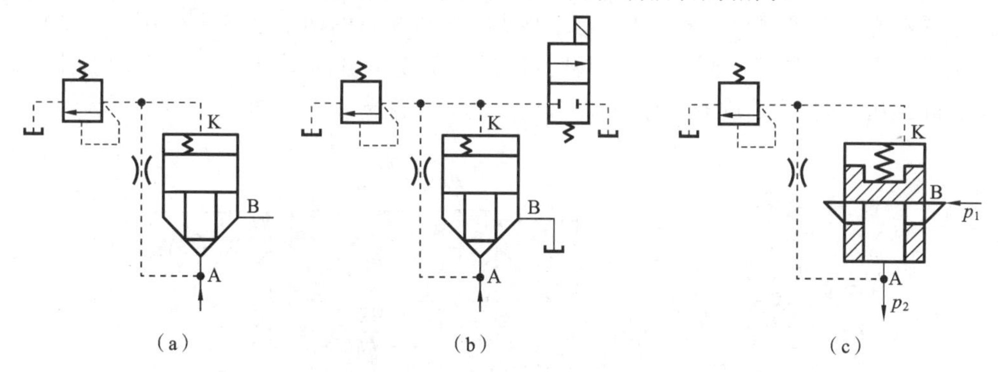

图 5-38　压力控制插装阀

此外，若以比例溢流阀作先导阀，代替图中的直动式溢流阀，则可构成二通插装电液比例溢流阀。

4. 流量控制插装阀

如图 5-39 所示，在插装阀的控制盖板上增加阀芯行程调节器，以调节阀芯开度，则锥阀可起流量控制阀的作用。若在二通插装节流阀前串联一个定差减压阀，就可组成二通插装调速阀。若用比例电磁铁取代节流阀的手调装置，则可组成二通插装电液比例节流阀。

国内生产的插装阀有上海 704 所的 TJ 系列，济南铸造所的 Z 系列，北京液压件厂的力士乐系列等，这些产品除了在结构上有所区别外，压力等级均是 31.5 MPa，通径范围为 $\phi16$～$\phi160$。

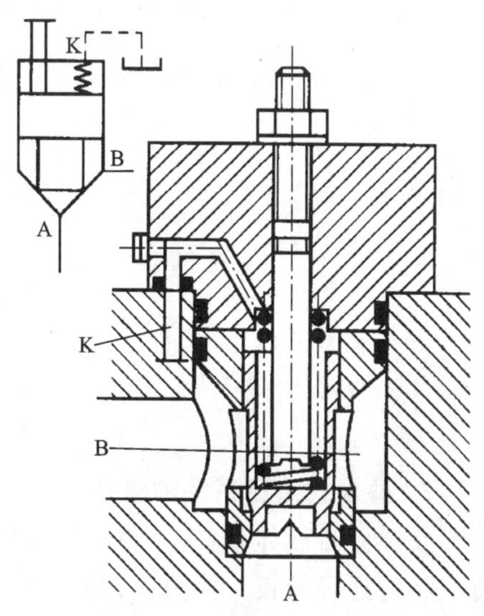

图 5-39　流量控制插装阀

5.5.3 叠加阀

叠加式液压阀简称叠加阀，其阀体本身既是元件又是具有油路通道的连接体，阀体的上、下两面做成连接面。选择同一通径系列的叠加阀，叠合在一起用螺栓紧固，即可组成所需的液压传动系统。叠加阀按功用的不同分为压力控制阀、流量控制阀和方向控制阀三类，其中方向控制阀仅有单向阀类，主换向阀不属于叠加阀。

1. 叠加阀的结构及工作原理

叠加阀的工作原理与一般液压阀相同，只是具体结构有所不同，现以溢流阀为例，说明其结构和工作原理。

如图 5-40(a)所示为 Y1-F10D-P/T 先导型叠加式溢流阀，它由先导阀和主阀两部分组成，先导阀为锥阀，主阀相当于锥阀式的单向阀。其工作原理是：压力油由 P 口进入主阀阀芯 6 右端的 e 腔，并经阀芯上阻尼孔 d 流至阀芯 6 左端 b 腔，再经小孔 a 作用于锥阀阀芯 3 上。当系统压力低于溢流阀调定压力时，锥阀关闭，主阀也关闭，阀不溢流；当系统压力达到溢流阀的调定压力时，锥阀阀芯 3 打开，b 腔的油液经锥阀口及孔 c 由油口 T 流回油箱，主阀阀芯 6 右腔的油经阻尼孔 d 向左流动，于是使主阀阀芯的两端油液产生压力差。此压力差使主阀阀芯克服弹簧 5 而左移，主阀阀口打开，实现了自油口 P 向油口 T 的溢流。调节弹簧 2 的预压缩量便可调节溢流阀的调整压力，即溢流压力。图 5-40(b)所示为其图形符号。

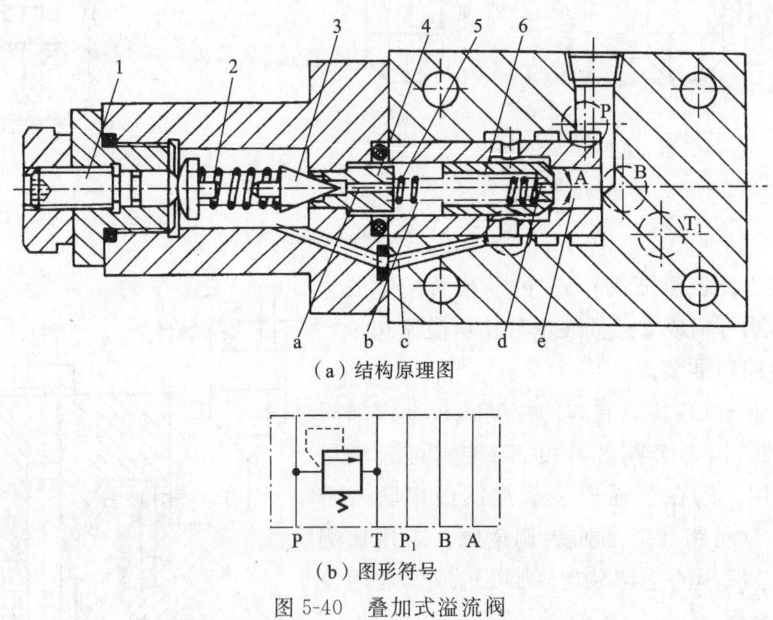

(a) 结构原理图

(b) 图形符号

图 5-40 叠加式溢流阀

1—推杆；2，5—弹簧；3—锥阀阀芯；4—阀座；6—主阀阀芯

2. 叠加式液压系统的组装

叠加阀自成体系，每一种通径系列的叠加阀，其主油路通道和螺钉孔的大小、位置、数量都与相应通径的板式换向阀相同。因此，将同一通径系列的叠加阀互相叠加，可直接连接而组成集成化液压系统。

如图 5-41 所示为叠加式液压装置示意图。最下面的是底板，底板上有进油孔、回油孔和通向液压执行元件的油孔，底板上面第一个元件一般是压力表开关，然后依次向上叠加各压力控制阀和流量控制阀，最上层为换向阀，用螺栓将它们紧固成一个叠加阀组。一般一个叠加阀组控制一个执行元件。如果液压系统有几个需要集中控制的液压元件，则用多联底板，并排在上面组成相应的几个叠加阀组。

常用的叠加阀系列有力士乐系列、油研系列、维克斯系列。

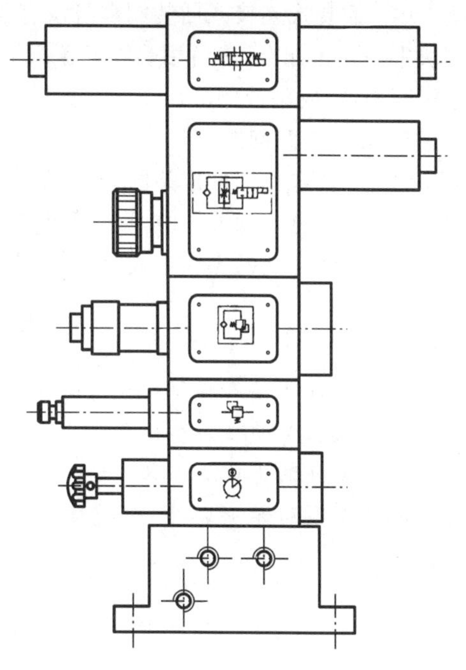

图 5-41　叠加式液压装置示意图

5.6　液压控制阀的选用

选用阀类元件时，首先应根据生产和使用等方面的条件确定系统中阀的类型及结构形式（如位数、通路数、动力源形式等），其次还应考虑额定压力、流量、安装形式、操纵方式、结构特点和经济性等因素。

1. 压力和流量范围

流经阀的最大压力和流量是选择阀规格的两个主要参数。因为阀的压力和流量范围必须满足使用要求，否则将引起阀的工作失常。为此要求阀的额定压力应略大于最大压力，但最多不得超过 10%。阀的额定流量应大于最大流量，必要时允许通过阀的最大流量超过其额定流量的 20%，但也不宜过大，以免引起油液发热、噪声增大、压力损失增大和阀的工作性能变坏。选择流量阀时，不仅要考虑最大流量，而且还要考虑最小稳定流量。

2. 机能

同是一种换向阀，其滑阀机能各异，如三位四通阀有 M、H、O、P 等形式之分。同是减压阀有定压和定差减压阀之分，同是顺序阀又有内控式和外控式之分等。因此，选择阀时应仔细了解其机能，选出符合工作要求的阀。

3. 压力损失

在满足使用性能要求的前提下，应尽量选择压力损失较小的阀，以提高系统效率。

4. 连接形式

阀与管路之间的连接形式有以下四种。

（1）管式连接（也称螺纹连接）　油管与阀体用螺纹接头相连。一般元件少、回路简单，试制性系统以及装卸机械上主要采用这种形式。

（2）法兰式连接　在油管端部焊接法兰盘，通过螺钉与阀体相连。

（3）叠加式连接　将阀体都做成标准尺寸的长方形，使用时将所用的阀在座板上叠积，然后用拉杆紧固。这种连接方式从根本上消除了阀与阀之间的连接管路。

(4) 插装式连接　插装阀本身没有阀体，而是将阀套与阀芯构成的单独组件，靠阀套与阀块中的孔相配合，然后用螺纹或盖板把它固定在阀块中，再通过阀块内的通道把各插装阀连接起来，组成集成的液压系统。此时阀块即是插装阀的阀体，又是系统的连接通道。

5. 其他注意问题

(1) 尽量选择标准定型的产品，除非不得已时才自行设计专用控制阀等元件。

(2) 应注意差动液压缸由于面积差形成不同回油量对控制阀正常工作的影响。

(3) 应注意阀的操纵方式、结构特点、性能及价格等。

思考题与习题

5-1　液压阀按结构形式和用途可分别分为哪些类？

5-2　液压阀的性能参数有哪些？

5-3　减压的出口压力取决于什么？

5-4　如图所示回路中，任意电磁铁通电，液压缸活塞都不运动，这是为什么？如何解决？

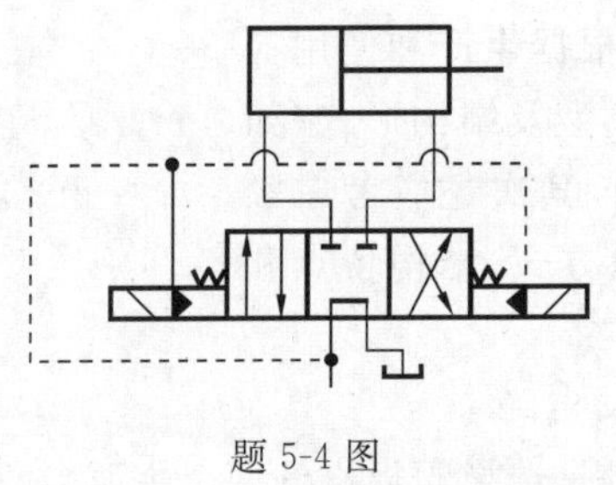

题 5-4 图

5-5　如图所示两阀组中，溢流阀的调定压力 $p_A=4$ MPa，$p_B=3$ MPa，$p_C=5$ MPa，试求压力表读数是多少？

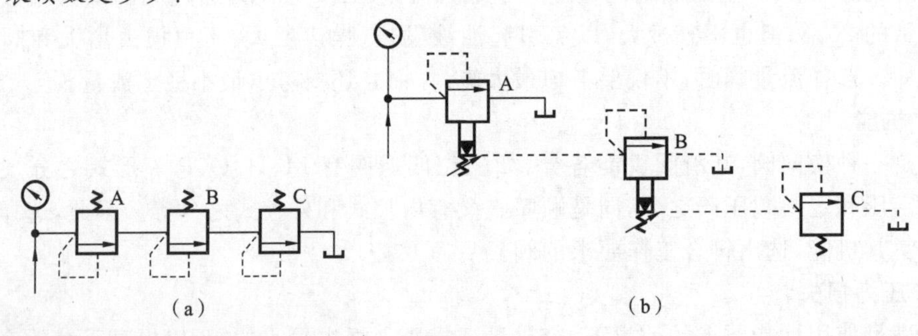

题 5-5 图

5-6　如图所示，当溢流阀的调定压力分别为 $p_A=3$ MPa，$p_B=1.4$ MPa，$p_C=2$ MPa。试求系统的外负载趋于无限大时，泵输出的压力为多少？如果将溢流阀的远程控制口堵塞，泵输出的压力为多少？

5-7　如图所示回路中，溢流阀的调定压力为 5 MPa，减压阀的调定压力为 2.5 MPa。设缸无杆腔的面积是 50 cm^2，液流通过单向阀和非工作状态的减压阀时，压力损失分别是 0.2 MPa 和 0.3 MPa。试问：当负载分别是 0、7.5 kN、30 kN 时，液压缸活塞能否运动？点

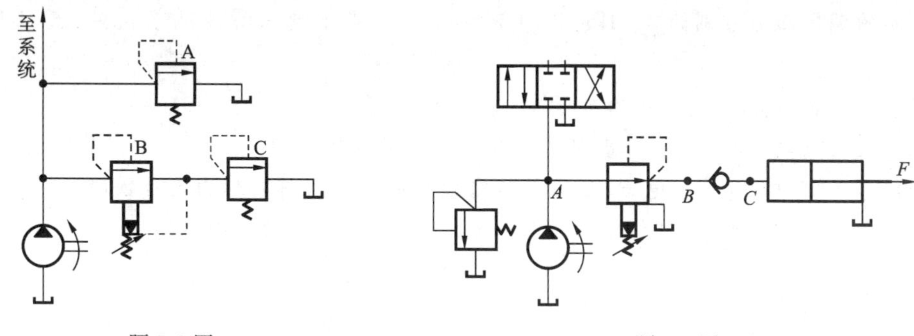

题 5-6 图　　　　　　　　　　　　题 5-7 图

A、B、C 的压力各为多少？

5-8　如图所示，减压阀是否工作？点 A、B 的压力为多少？两个液压缸活塞怎样运动？

5-9　如图所示回路，已知液压缸活塞的有效工作面积分别为 $A_1=A_3=100\ \text{cm}^2$，$A_2=A_4=50\ \text{cm}^2$，当最大负载 $F_1=14\times10^3$ N，$F_2=4250$ N，背压 $p=0.3$ MPa，节流阀的压差 $\Delta p=0.2$ MPa 时，求点 A、B、C 的压力各为多少？

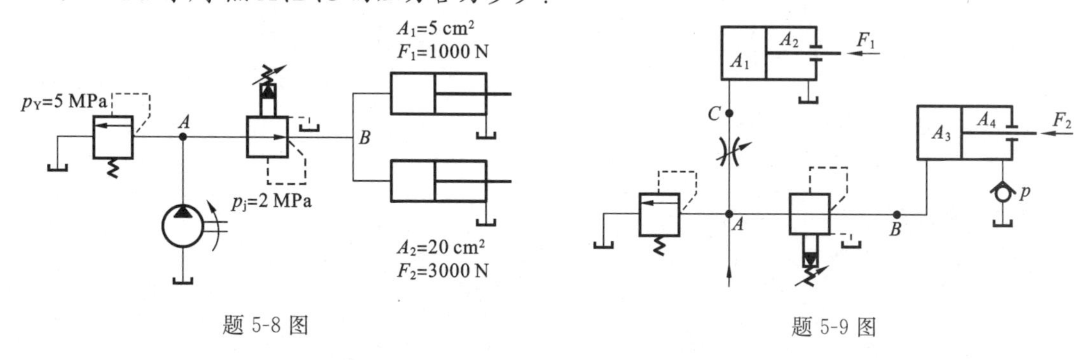

题 5-8 图　　　　　　　　　　　　题 5-9 图

5-10　如图所示液压系统，两液压缸的有效面积为 $A_1=A_2=100\times10^{-4}\ \text{m}^2$，缸Ⅰ的负载 $F_1=35$ kN，缸Ⅱ运动时的负载为零，不计摩擦阻力、惯性力和管路损失。溢流阀、顺序阀

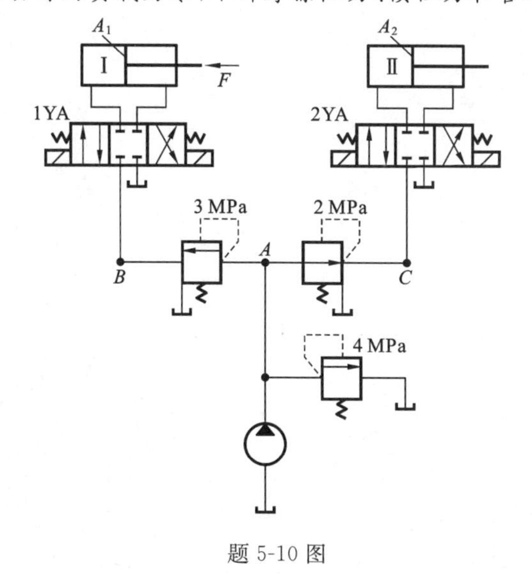

题 5-10 图

和减压阀的调定压力分别为 4 MPa、3 MPa、2 MPa。求下列三种情况下点 A、点 B 和点 C 的压力。

(1) 液压泵启动后,两换向阀处于中位。

(2) 1YA 通电,液压缸Ⅰ活塞移动时及活塞运动到终点时。

(3) 1YA 断电,2YA 通电,液压缸Ⅱ活塞运动时及活塞杆碰到固定挡铁时。

第6章　辅助装置

内容提要

液压系统中的辅助装置，如蓄能器、滤油器、油箱、热交换器、管件等，对系统的动态性能、工作稳定性、工作寿命、噪声和温升等都有直接影响，必须予以重视。其中油箱需根据系统要求自行设计，其他辅助装置则做成标准件，供设计时选用。

基本要求、重点和难点

基本要求：了解液压辅助装置中液压管件、过滤器、油箱、蓄能器和密封件的结构和原理及应用场合。

重点：辅助装置的结构原理和液压符号。

难点：辅助装置的作用。

6.1　蓄能器

6.1.1　功用和分类

1. 功用

蓄能器的功用主要是储存油液多余的压力能，并在需要时释放出来。在液压系统中，蓄能器的用途如下。

(1) 在短时间内供应大量压力油液。实现周期性动作的液压系统(见图6-1)，在系统不需大量油液时，可以把液压泵输出的多余压力油液储存在蓄能器内，到需要时再由蓄能器快速释放给系统。这样就可使系统选用流量等于循环周期内平均流量q_m的液压泵，以减小电动机功率消耗，降低系统温升。

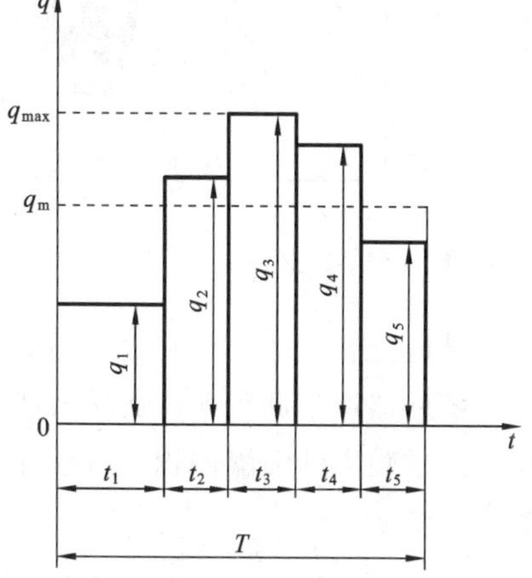

图6-1　液压系统中的流量供应情况

（T为一个循环周期）

(2) 维持系统压力。在液压泵停止向系统提供油液的情况下，蓄能器能把储存的压力油液供给系统，补偿系统泄漏或充当应急能源，使系统在一段时间内维持系统压力，避免停电或系统发生故障时油源突然中断所造成的机件损坏。

(3) 减小液压冲击或压力脉动。蓄能器能吸收能量，大大减小其幅值。

2. 分类

蓄能器主要有弹簧式和充气式两大类，其中充气式又包括气瓶式、活塞式和皮囊式三种，它们的结构简图和特点见表 6-1。过去有一种重力式蓄能器，体积庞大，结构笨重，反应迟钝，现在工业上已很少应用。

表 6-1　蓄能器的种类和特点

名　称		结 构 简 图	特点和说明
弹簧式			(1) 利用弹簧的压缩和伸长来储存、释放压力能； (2) 结构简单，反应灵敏，但容量小； (3) 供小容量、低压(p<1.2 MPa)回路缓冲之用，不适用于高压或高频的工作场合
充气式	气瓶式		(1) 利用气体的压缩和膨胀来储存、释放压力能(气体和油液在蓄能器中直接接触)； (2) 容量大，惯性小，反应灵敏，轮廓尺寸小，但气体容易混入油内，影响系统工作平稳性； (3) 只适用于大流量的中、低压回路
	活塞式		(1) 利用气体的压缩和膨胀来储存、释放压力能(气体和油液在蓄能器中由活塞隔开)； (2) 结构简单，工作可靠，安装容易，维护方便，但活塞惯性大，活塞和缸壁之间有摩擦，反应不够灵敏，密封要求较高； (3) 用来储存能量，或供中、高压系统吸收压力脉动之用
	皮囊式		(1) 利用气体的压缩和膨胀来储存、释放压力能(气体和油液在蓄能器中由皮囊隔开)； (2) 带弹簧的进油阀使油液能进入蓄能器，但防止皮囊自油口被挤出；充气阀只在蓄能器工作前皮囊充气时打开，在蓄能器工作时则关闭； (3) 结构尺寸小，质量小，安装方便，维护容易，皮囊惯性小，反应灵敏，但皮囊和壳体的制造都较难； (4) 折合型皮囊容量较大，可用来储存能量；波纹型皮囊适用于吸收冲击

6.1.2　容量计算

蓄能器容量的大小和它的用途有关。下面以皮囊式蓄能器为例进行说明。

蓄能器用于储存和释放压力能时(见图 6-2)，蓄能器的容积 V_A 是由其充气压力 p_A、工作中要求输出的油液体积 V_w、系统最高工作压力 p_1 和最低工作压力 p_2 决定的。由气体定律有

$$p_A V_A^n = p_1 V_1^n = p_2 V_2^n = \text{常数} \tag{6-1}$$

式中：V_1、V_2——气体在最高和最低压力下的体积；

n——指数，n 值由气体工作条件决定：当蓄能器用来补偿泄漏、保持压力时，它释放能

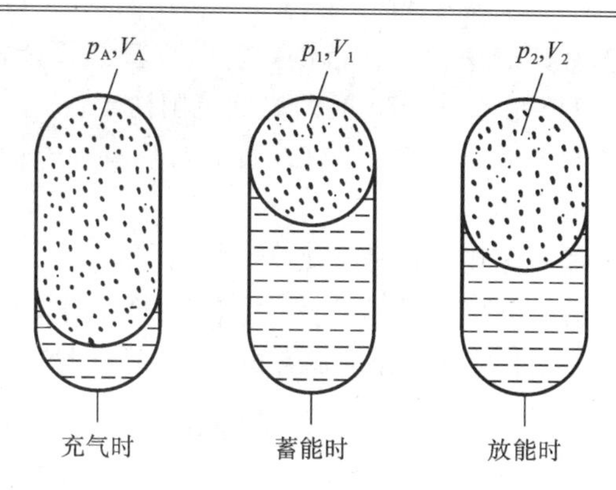

图 6-2　皮囊式蓄能器储存和释放能量的工作过程

量的速度是缓慢的，可以认为气体在等温条件下工作，$n=1$；当蓄能器用来大量提供油液时，它释放能量的速度是很快的，可以认为气体在绝热条件下工作，$n=1.4$。

由于 $V_w=V_1-V_2$，因此由式(6-1)可得

$$V_A=\frac{V_w\left(\frac{1}{p_A}\right)^{\frac{1}{n}}}{\left[\left(\frac{1}{p_2}\right)^{\frac{1}{n}}-\left(\frac{1}{p_1}\right)^{\frac{1}{n}}\right]} \tag{6-2}$$

p_A 值理论上可与 p_2 相等，但为了保证系统压力为 p_2 时蓄能器还有能力补偿泄漏，宜使 $p_A<p_2$，一般对折合型皮囊取 $p_A=(0.8\sim0.85)p_2$，波纹型皮囊取 $p_A=(0.6\sim0.65)p_2$。此外，如能使皮囊工作时的容腔在其充气容腔 1/3～2/3 的区段内变化，就可使它更为经久耐用。

蓄能器用于吸收液压冲击时，蓄能器的容积 V_A 可以近似地由其充气压力 p_A、系统中允许的最高工作压力 p_1 和瞬时吸收的液体动能来确定。例如，当用蓄能器吸收管道突然关闭时的液体动能为 $\rho AlV^2/2$ 时，由于气体在绝热过程中压缩所吸收的能量为

$$\int_{V_A}^{V_1} p\mathrm{d}v=\int_{V_A}^{V_1} p_A(V_A/V)^{1.4}\mathrm{d}V=-\frac{p_AV_A}{0.4}[(p_1/p_A)^{0.268}-1]$$

故得

$$V_A=\frac{\rho AlV^2}{2}\left(\frac{0.4}{p_A}\right)\left[\frac{1}{\left(\frac{p_1}{p_A}\right)^{0.268}-1}\right] \tag{6-3}$$

式(6-3)未考虑油液压缩性和管道弹性，式中 p_A 的值常取系统工作压力的 90%。蓄能器用于吸收液压泵的压力脉动时，它的容积与蓄能器动态性能及相应管路的动态性能有关。

6.1.3　使用和安装

蓄能器在液压回路中的安装位置随其功用的不同而不同：吸收液压冲击或压力脉动时，宜放在冲击源或脉动源近旁；补油保压时，宜放在尽可能接近有关的执行元件处。

使用蓄能器须注意如下几点。

(1) 充气式蓄能器中应使用惰性气体（一般为氮气），允许工作压力视蓄能器的结构形式而定，例如，皮囊式为 3.5～32 MPa。

(2) 不同的蓄能器各有其适用的工作范围,例如,皮囊式蓄能器的皮囊强度不高,不能承受很大的压力波动,且只能在-20～70 ℃的温度范围内工作。

(3) 皮囊式蓄能器原则上应垂直安装(油口向下),只有在空间位置受限制时才允许倾斜或水平安装。

(4) 装在管路上的蓄能器须用支板或支架固定。

(5) 蓄能器与管路系统之间应安装截止阀,供充气、检修时使用。蓄能器与液压泵之间应安装单向阀,防止液压泵停车时蓄能器内储存的压力油液倒流。

6.2 滤油器

6.2.1 功用和类型

1. 功用

滤油器的功用是过滤混在液压油液中的杂质,降低进入系统中油液的污染度,保证系统正常工作。

2. 类型

滤油器按其滤芯材料的过滤机制来分,有表面型滤油器、深度型滤油器和吸附型滤油器三种。

(1) 表面型滤油器:整个过滤作用是由一个几何面来实现的。滤下的污染杂质被截留在滤芯元件靠油液上游的一面。在这里,滤芯材料具有均匀的标定小孔,可以滤除比小孔尺寸大的杂质。由于污染杂质积聚在滤芯表面上,因此滤芯很容易被堵塞。编网式滤芯、线隙式滤芯属于这种类型。

(2) 深度型滤油器:深度型滤油器的滤芯材料为多孔可透性材料,内部具有曲折迂回的通道。大于表面孔径的杂质直接被截留在外表面上,较小的污染杂质进入滤材内部,撞到通道壁上,由于吸附作用而得到滤除,滤材内部曲折的通道也有利于污染杂质的沉积,纸芯、毛毡、烧结金属、陶瓷和各种纤维制品等是属于这种类型的滤芯。

(3) 吸附型滤油器:吸附型滤油器的滤芯材料把油液中的有关杂质吸附在其表面上。磁芯即属于此类型。

常见的滤油器式样及其特点列于表 6-2 中。

表 6-2　常见的滤油器式样及其特点

类型	名称或结构简图	特点说明
表面型	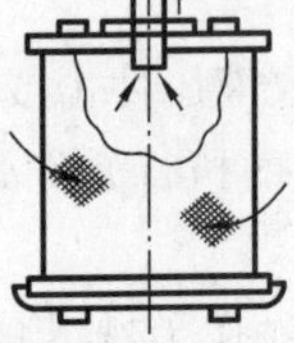 	(1)过滤精度与铜丝网层数及网孔大小有关。在压力管路上常用 100、150、200 目(每英寸长度上的孔数)的铜丝网,在液压泵吸油管路上常用 20～40 目的铜丝网; (2)压力损失不超过 0.004 MPa; (3)结构简单,通流能力大,清洗方便,但过滤精度低

续表

类型	名称或结构简图	特点说明
表面型		(1)滤芯由绕在芯架上的一层金属线组成，依靠线间微小间隙来挡住油液中的杂质通过； (2)压力损失为 0.03～0.06 MPa； (3)结构简单，通流能力大，过滤精度高，但滤芯材料的强度低，且不易清洗； (4)用于低压管道中，当用在液压泵吸油管上时，它的流量规格宜选得比泵的大
深度型		(1)结构与线隙式相同，但滤芯为平纹或波纹的酚醛树脂或木浆微孔滤纸制成的纸芯，为了增大过滤面积，纸芯常制成折叠形； (2)压力损失为 0.01～0.04 MPa； (3)过滤精度高，但堵塞后无法清洗，必须更换纸芯； (4)通常用于精过滤
		(1)滤芯由金属粉末烧结而成，利用金属颗粒间的微孔来挡住油中的杂质通过，改变金属粉末的颗粒大小，就可以制出不同过滤精度的滤芯； (2)压力损失为 0.03～0.2 MPa； (3)过滤精度高，滤芯能承受高压，但金属颗粒易脱落，堵塞后不易清洗； (4)适用于精过滤
吸附型	磁性滤油器	(1)滤芯由永久磁铁制成，能吸住油液中的铁屑、铁粉及可带磁性的磨料； (2)常与其他形式的滤芯合起来制成复合式滤油器； (3)对加工钢铁件的机床液压系统特别适用

6.2.2　滤油器的主要性能指标

1. 过滤精度

过滤精度表示滤油器对各种不同尺寸的污染颗粒的滤除能力，用绝对过滤精度、过滤比和过滤效率等指标来评定。

绝对过滤精度是指通过滤芯的最大坚硬球状颗粒的尺寸(y)，它反映了过滤材料中的最大通孔尺寸，以 μm 表示。它可以用试验的方法进行测定。

过滤比(β_x 值)是指滤油器上游油液单位容积中大于某给定尺寸的颗粒数与下游油液单位容积中大于同一尺寸的颗粒数之比，即对于某一尺寸 x 的颗粒来说，其过滤比 β_x 的表

达式为

$$\beta_x = N_u / N_d \tag{6-4}$$

式中：N_u——上游油液中大于某一尺寸 x 的颗粒浓度；

N_d——下游油液中大于某一尺寸 x 的颗粒浓度。

从式(6-4)可看出，β_x 越大，过滤精度越高。当过滤比的数值达到75时，y 即被认为是滤油器的绝对过滤精度。过滤比能确切地反映滤油器对不同尺寸颗粒污染物的过滤能力，它已被国际标准化组织采纳作为评定滤油器过滤精度的性能指标。一般要求系统的过滤精度要小于运动副间隙的一半。此外，压力越高，对过滤精度要求越高。其推荐值见表6-3。

表6-3 过滤精度推荐值表

系统类别	润滑系统	传动系统			伺服系统
工作压力/MPa	0～2.5	≤14	$14<p<21$	≥21	21
过滤精度/μm	100	25～50	25	10	5

过滤效率 E_c 可以通过式(6-5)由过滤比 β_x 值直接换算得出：

$$E_c = (N_u - N_d)/N_u = 1 - 1/\beta_x \tag{6-5}$$

2. 压降特性

液压回路中的滤油器对油液流动来说是一种阻力，因而油液通过滤芯时必然要出现压力降。一般来说，在滤芯尺寸和流量一定的情况下，滤芯的过滤精度越高，压力降越大；在流量一定的情况下，滤芯的有效过滤面积越大，压力降越小；油液的黏度越大，流经滤芯的压力降也越大。

滤芯所允许的最大压力降，应以不使滤芯元件发生结构性破坏为原则。在高压系统中，滤芯在稳定状态下工作时承受的仅仅是其上的压力降，这就是为什么纸质滤芯亦能在高压系统中使用的道理。油液流经滤芯时的压力降，大部分是通过试验或经验公式来确定的。

3. 纳垢容量

这是指滤油器在压力降达到其规定限值之前可以滤除并容纳的污染物数量，这项性能指标可以用多次通过性试验来确定。滤油器的纳垢容量越大，使用寿命越长，所以它是反映滤油器寿命的重要指标。一般来说，滤芯尺寸越大，即过滤面积越大，纳垢容量就越大。增大过滤面积，可以使纳垢容量至少成比例地增加。

滤油器过滤面积 A 的表达式为

$$A = q\mu / (a\Delta p) \tag{6-6}$$

式中：q——滤油器的额定流量(L/min)；

μ——油液的黏度(Pa·s)；

Δp——压力降(Pa)；

a——滤油器单位面积通过能力(L/cm^2)，由试验确定。在20 ℃时，对特种滤芯，$a=0.003～0.006$；对纸质滤芯，$a=0.035$；对线隙式滤芯，$a=10$；对一般网式滤芯，$a=2$。

式(6-6)清楚地说明了过滤面积与油液的流量、黏度、压降和滤芯形式的关系。

6.2.3　选用和安装

1. 选用

滤油器按其过滤精度(滤去杂质的颗粒大小)的不同,有粗过滤器、普通过滤器、精密过滤器和特精过滤器四种,它们分别能滤去大于100 μm、10～100 μm、5～10 μm和1～5 μm大小的杂质。

选用滤油器时,要考虑下列几点:

① 过滤精度应满足预定要求;

② 能在较长时间内保持足够的通流能力;

③ 滤芯具有足够的强度,不因液压的作用而损坏;

④ 滤芯抗腐蚀性能好,能在规定的温度下持久地工作;

⑤ 滤芯的清洗或更换简便。

因此,滤油器应根据液压系统的技术要求,按过滤精度、通流能力、工作压力、油液黏度、工作温度等条件选定其型号。

2. 安装

滤油器在液压系统中的安装位置通常有以下几种。

(1) 安装在泵的吸油口处。泵的吸油路上一般都安装有表面型滤油器,目的是滤去较大的杂质微粒以保护液压泵,此外滤油器的过滤能力应为泵流量的两倍以上,压力损失小于0.02 MPa。

(2) 安装在泵的出口油路上。此处安装滤油器的目的是用来滤除可能侵入阀类等元件中的污染物。其过滤精度应为10～15 μm,且能承受油路上的工作压力和冲击压力,压力降应小于0.35 MPa。同时应安装安全阀以防滤油器堵塞。

(3) 安装在系统的回油路上。这种安装起间接过滤作用,一般与过滤器并联安装一背压阀,当过滤器堵塞达到一定压力值时,背压阀打开。

(4) 安装在系统分支油路上。

(5) 安装在单独过滤系统之前。大型液压系统可专设一液压泵和滤油器组成独立过滤回路,液压系统中除了整个系统所需的滤油器外,还常常在一些重要元件(如伺服阀、精密节流阀等)的前面单独安装一个专用的精密滤油器来确保它们的正常工作。

6.3　油箱

6.3.1　功用和结构

1. 功用

油箱的功用主要是储存油液,此外还起着散发油液中的热量(在周围环境温度较低的情况下,则是保持油液中的热量)、释放出混在油液中的气体、沉淀油液中的污物等作用。

2. 结构

液压系统中的油箱有整体式和分离式两种。整体式油箱利用主机的内腔作为油箱,这

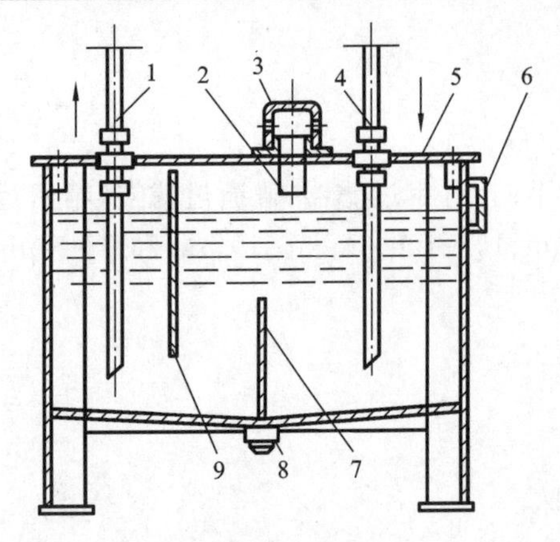

图 6-3　油箱

1—吸油管；2—滤油网；3—盖；4—回油管；5—安装板；6—液位计；7,9—隔板；8—放油阀

种油箱结构紧凑，各处漏油易于回收，但增加了设计和制造的复杂性，维修不便，散热条件不好，且会使主机产生热变形。分离式油箱单独设置，与主机分开，减少了油箱发热和液压源振动对主机工作精度的影响，因此得到了普遍的采用，特别是在精密机械上。

油箱的典型结构如图 6-3 所示。由图可见，油箱内部用隔板 7、9 将吸油管 1 与回油管 4 隔开。顶部、侧部和底部分别装有滤油网 2、液位计 6 和排放污油的放油阀 8。安装液压泵及其驱动电动机的安装板 5 则固定在油箱顶面上。

此外，近年来又出现了充气式的闭式油箱，它不同于图 6-3 开式油箱之处，在于油箱是整个封闭的，顶部有一充气管，可送入 0.05～0.07 MPa 经过滤后的纯净压缩空气。空气或者直接与油液接触，或者被输入到蓄能器式的皮囊内不与油液接触。这种油箱的优点是改善了液压泵的吸油条件，但它要求系统中的回油管、泄油管承受背压。油箱本身还须配置安全阀、电压力表等元件以稳定充气压力，因此它只在特殊场合下使用。

6.3.2　设计时的注意事项

(1) 油箱的有效容积(油面高度为油箱高度 80%时的容积)应根据液压系统发热、散热平衡的原则来计算，这项计算在系统负载较大、长期连续工作时是必不可少的。但对于一般情况来说，油箱的有效容积可以按液压泵的额定流量 q_p(L/min)估算出来。例如，适用于机床或其他一些固定式机械的估算式为

$$V=\xi q_p \tag{6-7}$$

式中：V——油箱的有效容积(L)；

ξ——与系统压力有关的经验数字，低压系统 $\xi=2\sim4$，中压系统 $\xi=5\sim7$，高压系统 $\xi=10\sim12$。

(2) 吸油管和回油管应尽量相距远些，两管之间要用隔板隔开，以增加油液循环距离，使油液有足够的时间分离气泡、沉淀杂质、消散热量。隔板高度最好为箱内油面高度的3/4。吸油管入口处要装粗滤油器。精滤油器与回油管管端在油面最低时仍应没在油中，防止吸油时卷吸空气或回油冲入油箱时搅动油面而混入气泡。回油管管端宜斜切 45°，以增大出油口截面面积，减慢出口处油流速度，此外，应使回油管斜切口面对箱壁，以利于油液散热。当回油管排回的油量很大时，宜使它的出口处高出油面，向一个带孔或不带孔的斜槽(倾角为 5°～15°)排油，使油流散开，一方面减慢流速，另一方面排走油液中的空气。减慢回油流速、减少它的冲击搅拌作用，也可以采取让它通过扩散室的办法来达到。泄油管管端亦可斜切并面壁，但不可没入油中。

管端与箱底、箱壁间的距离均不宜小于管径的 3 倍。粗滤油器到箱底的距离不应小于 20 mm。

(3) 为了防止油液污染，油箱上各盖板、管口处都要妥善密封。注油器上要加滤油网。

防止油箱出现负压而设置的通气孔上须安装空气滤清器。空气滤清器的容量至少应为液压泵额定流量的2倍。油箱内回油集中部分及清污口附近宜装设一些磁块，以去除油液中的铁屑和带磁性颗粒。

(4) 为了易于散热和便于对油箱进行搬移及维护保养，按GB 3766—2001规定，箱底离地至少应在150 mm以上。箱底应适当倾斜，在最低部位处设置堵塞或放油阀，以便排放污油。按照GB 3766—2001规定，箱体上注油口的近旁必须设置液位计。滤油器的安装位置应便于装拆。箱内各处应便于清洗。

(5) 油箱中如要安装热交换器，必须考虑好它的安装位置，以及测温、控制等措施。

(6) 分离式油箱一般采用2.5～4 mm钢板焊成。箱壁越薄，散热越快，有资料建议：100 L容量的油箱箱壁厚度取1.5 mm，400 L以下的取3 mm，400 L以上的取6 mm；箱底厚度大于箱壁，箱盖厚度应为箱壁的4倍。大尺寸油箱要加焊角板、肋条，以增加刚度。当液压泵及其驱动电动机和其他液压件都要装在油箱上时，油箱顶盖要相应地加厚。

(7) 油箱内壁应涂上耐油防锈的涂料。外壁如涂上一层极薄的黑漆（不超过0.025 mm厚度），会有很好的辐射冷却效果。铸造的油箱内壁一般只进行喷砂处理，不涂漆。

6.4 热交换器

液压系统的工作温度一般希望保持在30～50 ℃的范围之内，最高不超过65 ℃，最低不低于15 ℃。液压系统如依靠自然冷却仍不能使油温控制在上述范围内时，就须安装冷却器；反之，如环境温度太低无法使液压泵启动或正常运转时，就须安装加热器。

6.4.1 冷却器

液压系统中的冷却器，最简单的是蛇形管冷却器（见图6-4），它直接装在油箱内，冷却水从蛇形管内部通过，带走油液中的热量。这种冷却器结构简单，但冷却效率低，耗水量大。

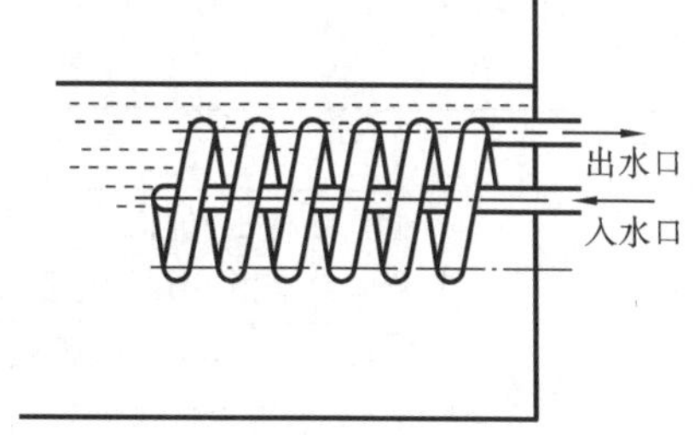

图6-4 蛇形管冷却器

液压系统中用得较多的冷却器是强制对流式多管冷却器（见图6-5）。油液从进油口5流入，从出油口3流出；冷却水从进水口6流入，通过图中多根水管后由出水口1流出。油液在水管外部流动时，它的行进路线因冷却器内设置了隔板而加长，因而增加了热交换效果。近来出现一种翅片管式冷却器，水管外面增加了许多横向或纵向的散热翅片，大大扩大了散热面积和热交换效果。图6-6所示为翅片管式冷却器的一种形式，它是在圆管或椭圆管外嵌套上许多径向翅片，其散热面积可达光滑管的8～10倍。椭圆管的散热效果一般比圆管更好。

液压系统亦可以用汽车上的风冷式散热器来进行冷却。这种用风扇鼓风带走流入散热器内的油液热量的装置不需另设通水管路，结构简单，价格低廉，但冷却效果较水冷式差。

冷却器一般应安放在回油管或低压管路上，如溢流阀的出口、系统的主回流路上或单独的冷却系统中。

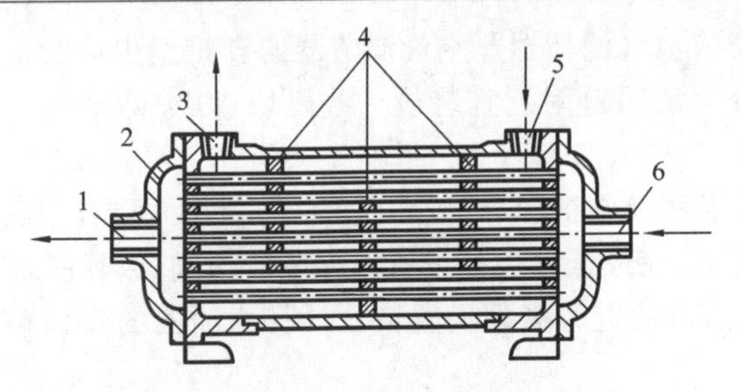

图 6-5　强制对流式多管冷却器

1—出水口；2—端盖；3—出油口；
4—隔板；5—进油口；6—进水口

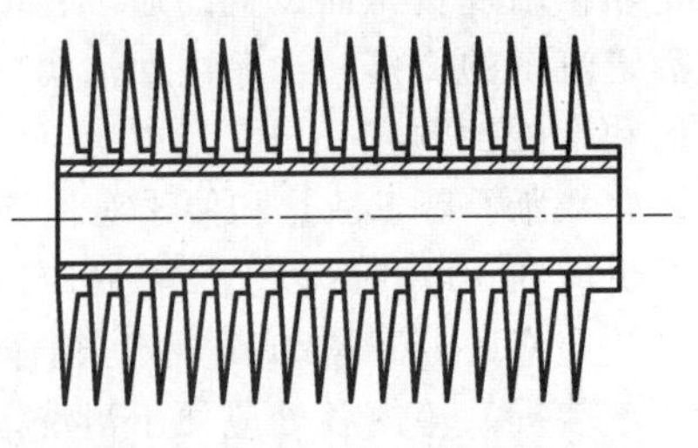

图 6-6　翅片管式冷却器

冷却器所造成的压力损失一般为 0.01～0.1 MPa。

6.4.2　加热器

液压系统的加热一般常采用结构简单、能按需要自动调节最高和最低温度的电加热器。这种加热器的安装方式是用法兰盘横装在箱壁上，发热部分全部浸在油液内。加热器应安装在箱内油液流动处，以利于热量的交换。由于油液是热的不良导体，单个加热器的功率容量不能太大，以免其周围油液过度受热后发生变质现象。

6.5　管件

6.5.1　油管

液压系统中使用的油管种类很多，有钢管、铜管、尼龙管、塑料管、橡胶管等，须按照安装位置、工作环境和工作压力来正确选用。油管的特点及其适用范围如表 6-4 所示。

表 6-4　液压系统中使用的油管

种类		特点和适用场合
硬管	钢管	能承受高压，价格低廉，耐油，抗腐蚀，刚性好，但装配时不能任意弯曲；常在装拆方便处用做压力管道，中、高压用无缝管，低压用焊接管
	紫铜管	易弯曲成各种形状，但承压能力一般不超过 6.5～10 MPa，抗振能力较弱，又易使油液氧化；通常用在液压装置内配接不便之处
软管	尼龙管	乳白色半透明，加热后可以随意弯曲成形或扩口，冷却后又能定形不变，承压能力因材质而异，从 2.5～8 MPa 不等
	塑料管	质轻耐油，价格便宜，装配方便，但承压能力低，长期使用会变质老化，只宜用做压力低于 0.5 MPa 的回油管、泄油管等
	橡胶管	高压管由耐油橡胶夹几层钢丝编织网制成，钢丝网层数越多，耐压越高，价格越高，常用做中、高压系统中两个相对运动件之间的压力管道；低压管由耐油橡胶夹帆布制成，可用做回油管道

油管的规格尺寸（管道内径和壁厚）可由式(6-8)、式(6-9)算出 d、δ 后，再查阅有关的标准来选定。

$$d=2\sqrt{\frac{q}{\pi v}} \tag{6-8}$$

式中：d——油管内径；

q——管内流量；

v——管中油液的流速，吸油管取 0.5～1.5 m/s，高压管取 2.5～5 m/s(压力高的取大值，低的取小值，例如：压力在 6 MPa 以上的取 5 m/s，在 3～6 MPa 之间的取 4 m/s，在 3 MPa 以下的取 2.5～3 m/s；管道较长的取小值，较短的取大值；油液黏度大时取小值)，回油管取 1.5～2.5 m/s，短管及局部收缩处取 5～7 m/s。

$$\delta=\frac{pdn}{2\sigma_b} \tag{6-9}$$

式中：δ——油管壁厚；

p——管内工作压力；

n——安全系数，对钢管来说，$p<7$ MPa 时取 $n=8$，$p=(7\sim17.5)$ MPa 时取 $n=6$，$p>17.5$ MPa 时取 $n=4$；

σ_b——管道材料的抗拉强度。

油管的管径不宜选得过大，以免使液压装置的结构庞大；但也不能选得过小，以免使管内液体流速加大，系统压力损失增加或产生振动和噪声，影响正常工作。

在保证强度的情况下，管壁可尽量选得薄些。薄壁易于弯曲，规格较多，装接较易，采用它可减少管系的接头数目，有助于解决系统泄漏问题。

6.5.2 管接头

管接头是油管与油管、油管与液压件之间的可拆式连接件，它必须具有装拆方便、连接牢固、密封可靠、外形尺寸小、通流能力大、压降小、工艺性好等各项条件。

管接头的种类很多，其规格品种可查阅有关手册。液压系统中油管与管接头的常见连接方式如表 6-5 所示。管路旋入端用的连接螺纹采用国家标准米制锥螺纹(ZM)和普通细牙螺纹(M)。

表 6-5 液压系统中常用的管接头

名　称	结构简图	特点和说明
焊接式管接头	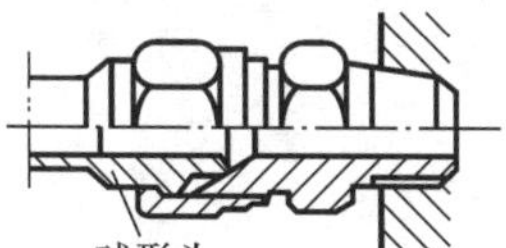 球形头	(1)连接牢固，利用球面进行密封，简单可靠； (2)焊接工艺必须保证质量，必须采用厚壁钢管，装拆不便
卡套式管接头	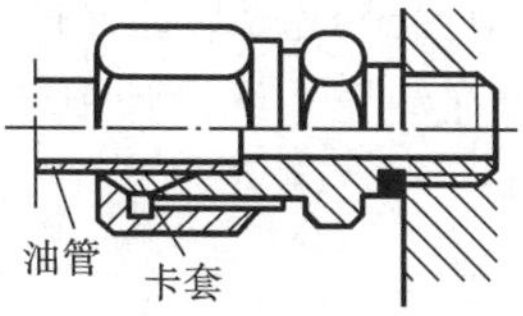 油管 卡套	(1)用卡套卡住油管进行密封，轴向尺寸要求不严，装拆简便； (2)对油管径向尺寸精度要求较高，为此要采用冷拔无缝钢管

续表

名　称	结构简图	特点和说明
扩口式管接头	油管　管套	(1)用油管管端的扩口在管套的压紧下进行密封,结构简单; (2)适用于铜管、薄壁钢管、尼龙管和塑料管等低压管道的连接
扣压式管接头		(1)用来连接高压软管; (2)在中、低压系统中应用
固定铰链管接头	螺钉　组合垫圈　接头体　组合垫圈	(1)是直角接头,优点是可以随意调整布管方向,安装方便,占空间小; (2)接头与管子的连接方法,除本图卡套式外,还可用焊接式; (3)中间有通油孔的固定螺钉把两个组合垫圈压紧在接头体上进行密封

锥螺纹依靠自身的锥体旋紧和采用聚四氟乙烯等进行密封,广泛用于中、低压液压系统;细牙螺纹密封性好,常用于高压系统,但要采用组合垫圈或O形圈进行端面密封,有时也可用紫铜垫圈。

液压系统中的泄漏问题大部分都出现在管系中的接头上,为此对管材的选用、接头形式的确定(包括接头设计、垫圈、密封、箍套、防漏涂料的选用等)、管系的设计(包括弯管设计、管道支承点和支承形式的选取等),以及管道的安装(包括正确的运输、储存、清洗、组装等)都要审慎从事,以免影响整个液压系统的使用质量。

国外对管子材质、接头形式和连接方法上的研究工作从未间断。最近出现一种用特殊的镍钛合金制造的管接头,它能使低温下受力后发生的变形在升温时消除,即把管接头放入液氮中用芯棒扩大其内径,然后取出来迅速套装在管端上,便可使它在常温下得到牢固、紧密的结合。这种"热缩"式的连接已在航空和其他一些加工行业中得到了应用,它能保证在40～55 MPa的工作压力下不出现泄漏。

6.6 密封装置

密封是解决液压系统泄漏问题最重要、最有效的手段。液压系统如果密封不良,可能出现不允许的外泄漏。若密封过度,虽可防止泄漏,但会造成密封部分的剧烈磨损,缩短密封件的使用寿命。因此,合理地选用和设计密封装置在液压系统设计中十分重要。

6.6.1 对密封装置的要求

(1) 在工作压力和一定的温度范围内,应具有良好的密封性能,并随着压力的增加能自动提高密封性能。

(2) 密封装置和运动件之间的摩擦力要小，摩擦系数要稳定。

(3) 抗腐蚀能力强，不易老化，工作寿命长，耐磨性好，磨损后在一定程度上能自动补偿。

(4) 结构简单，使用、维护方便，价格低廉。

6.6.2　密封装置的类型和特点

密封按其工作原理来分可分为非接触式密封和接触式密封。前者主要指间隙密封，后者指密封件密封。

1. 间隙密封

间隙密封是靠相对运动件配合面之间的微小间隙来进行密封的，常用于柱塞、活塞或阀的圆柱配合副中，一般在阀芯的外表面开有几条等距离的均压槽，它的主要作用是使径向压力分布均匀，减少液压卡紧力，同时使阀芯在孔中的对中性好，以减小间隙的方法来减少泄漏。同时槽所形成的阻力，对减少泄漏也有一定的作用。均压槽一般宽 0.3～0.5 mm，深 0.5～1.0 mm。圆柱面配合间隙与直径大小有关，对于阀芯与阀孔一般取 0.005～0.017 mm。

这种密封的优点是摩擦力小，缺点是磨损后不能自动补偿，主要用于直径较小的圆柱面之间，如液压泵内的柱塞与缸体之间，滑阀的阀芯与阀孔之间的配合。

2. O 形密封圈

O 形密封圈一般用耐油橡胶制成，其横截面呈圆形，具有良好的密封性能，内外侧和端面都能起密封作用，结构紧凑，运动件的摩擦阻力小，制造容易，装拆方便，成本低，且高低压均可以用，所以在液压系统中得到广泛的应用。

图 6-7 所示为 O 形密封圈的结构和工作情况。图 6-7(a)为其外形圈；图 6-7(b)为装入密封沟槽的情况，δ_1、δ_2 为 O 形圈装配后的预压缩量，通常用压缩率 W 表示，即 $W=[(d_0-h)/d_0]\times 100\%$，对于固定密封、往复运动密封和回转运动密封，应分别达到 15%～20%、

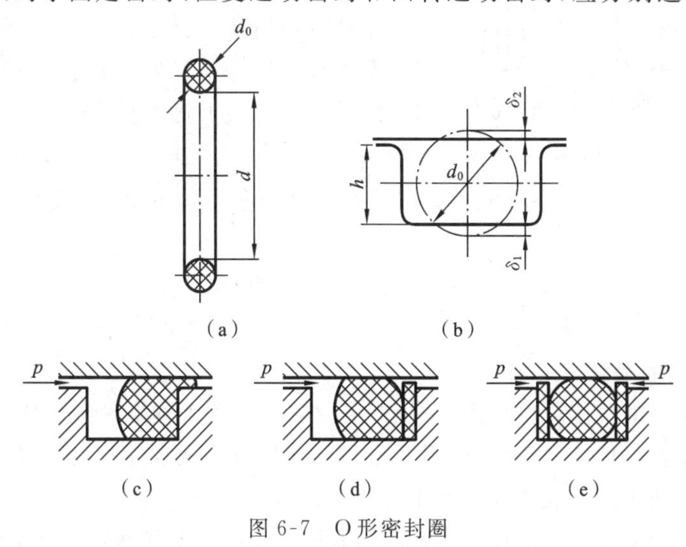

图 6-7　O 形密封圈

10%～20%和5%～10%，才能取得满意的密封效果。当油液工作压力超过10 MPa时，O形圈在往复运动中容易被油液压力挤入间隙而提早损坏，见图6-7(c)，为此，要在它的侧面安放1.2～1.5 mm厚的聚四氟乙烯挡圈，单向受力时在受力侧的对面安放一个挡圈，见图6-7(d)，双向受力时则在两侧各放一个挡圈，见图6-7(e)。

O形密封圈的安装沟槽，除矩形外，也有V形、燕尾形、半圆形、三角形等，实际应用中可查阅有关手册及国家标准。

3. 唇形密封圈

唇形密封圈根据截面的形状可分为Y形、V形、U形、L形等。其工作原理如图6-8所示。液压力将密封圈的两唇边 h_1 压向形成间隙的两个零件的表面。这种密封作用的特点是能随着工作压力的变化自动调整密封性能，压力越高则唇边被压得越紧，密封性越好；当压力降低时唇边压紧程度也随之降低，从而减少了摩擦阻力和功率消耗。除此之外，还能自动补偿唇边的磨损，保持密封性能不降低。

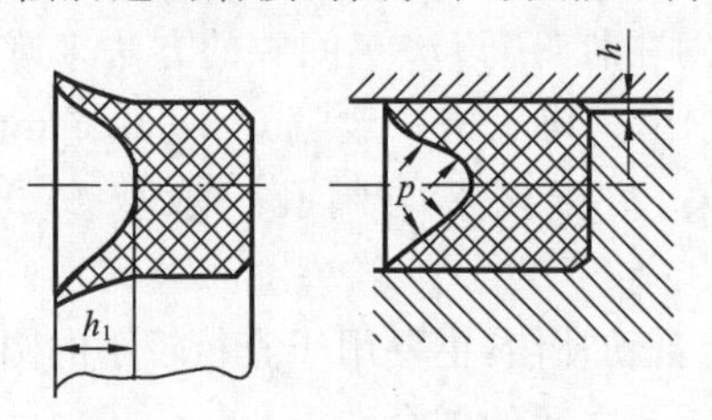

图6-8 唇形密封圈的工作原理

(a) 轴用密封圈 (b) 孔用密封圈

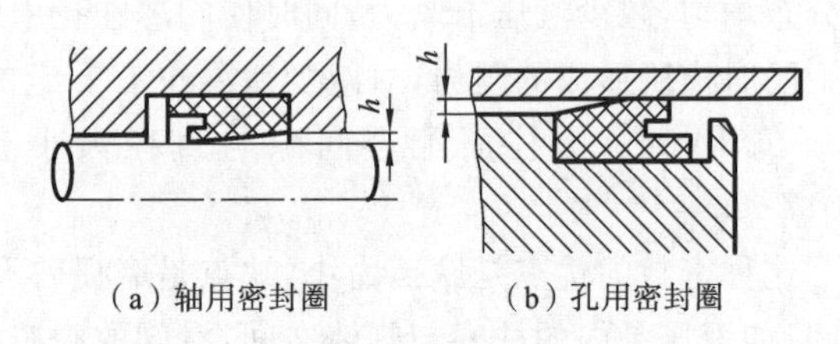

图6-9 小Y形密封圈

目前，液压缸中普遍使用如图6-9所示的小Y形密封圈作为活塞和活塞杆的密封。其中图6-9(a)为轴用密封圈，图6-9(b)所示为孔用密封圈。这种小Y形密封圈的特点是断面宽度和高度的比值大，增加了底部支承宽度，可以避免摩擦力造成的密封圈的翻转和扭曲。

(a) 支承环 (b) 密封环 (c) 压环

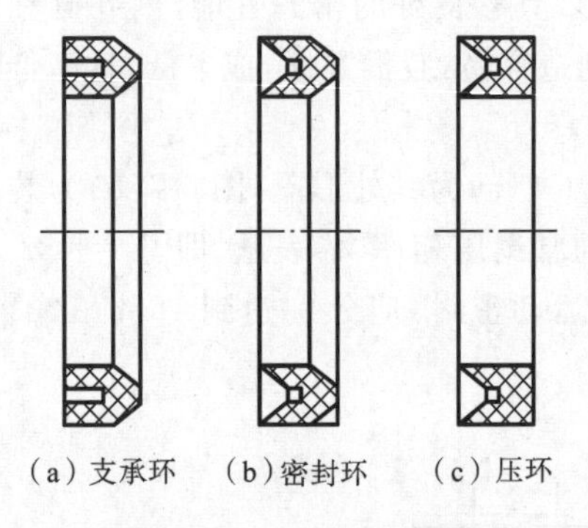

图6-10 V形密封圈

在高压和超高压情况下(压力大于25 MPa)，V形密封圈也有应用，V形密封圈的形状如图6-10所示，它由多层涂胶织物压制而成，通常由支承环、密封环和压环三个圈叠在一起使用，此时已能保证良好的密封性，当压力更高时，可以增加中间密封环的数量，这种密封圈在安装时要预压紧，所以摩擦阻力较大。

唇形密封圈安装时应使其唇边开口面对压力油，使两唇张开，分别贴紧在机件的表面上。

4. 组合式密封装置

随着液压技术的应用日益广泛，系统对密封的要求越来越高，普通的密封圈单独使用已不能很好地满足密封性能，特别是使用寿命和可靠性方面的要求，因此，研究和开发了由包括密封圈在内的两个以上元件组成的组合式密封装置。

图6-11(a)所示为O形密封圈与截面为矩形的聚四氟乙烯塑料滑环组成的组合密封装

置。其中,支持环2紧贴密封面,O形圈1为滑环提供弹性预压力,在介质压力等于零时构成密封,由于密封间隙靠滑环,而不是O形圈,因此摩擦阻力小而且稳定,可以用于40 MPa的高压;往复运动密封时,速度可达15 m/s;往复摆动与螺旋运动密封时,速度可达5 m/s。矩形滑环组合密封的缺点是抗侧倾能力稍差,在高低压交变的场合下工作容易漏油。图6-11(b)为由支持环2和O形圈1组成的轴用组合密封,由于支持环与被密封件之间为线密封,其工作原理类似唇边密封。支持环采用一种经特别处理的化合物,具有极佳的耐磨性、低摩擦和保形性,不存在橡胶密封低速时易产生的"爬行"现象。工作压力可达80 MPa。

组合式密封装置由于充分发挥了橡胶密封圈和滑环(支持环)的长处,因此不仅工作可靠,摩擦力低而稳定,而且使用寿命比普通橡胶密封提高近百倍,在工程上的应用日益广泛。

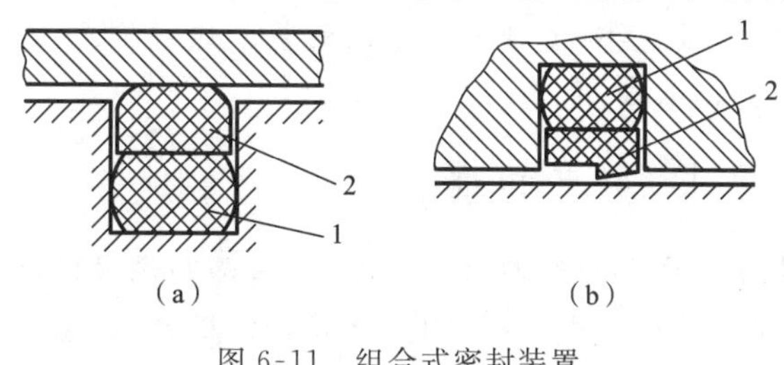

图6-11　组合式密封装置

1—O形圈;2—支持环

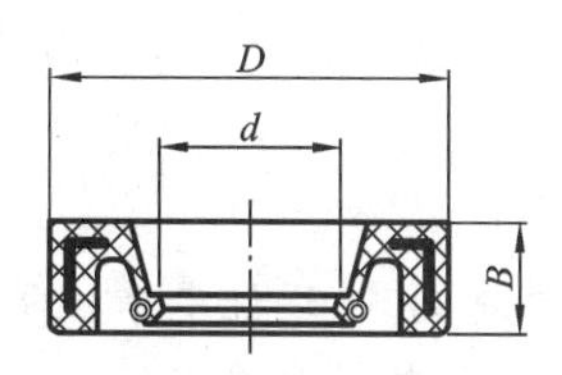

图6-12　回转轴用密封圈

5. 回转轴的密封装置

回转轴的密封装置形式很多,图6-12所示是一种耐油橡胶制成的回转轴用密封圈,它的内部有直角形圆环铁骨架支撑着,密封圈的内边围着一条螺旋弹簧,把内边收紧在轴上来进行密封。这种密封圈主要用做液压泵、液压马达和回转式液压缸的伸出轴的密封,以防止油液漏到壳体外部,它的工作压力一般不超过0.1 MPa,最大允许线速度为4～8 m/s,须在有润滑的情况下工作。

思考题与习题

6-1　比较各种密封装置的密封原理和结构特点,它们各用在什么场合较为合理?

6-2　滤油器有几种类型?它们的滤油效果有什么差别?

6-3　试述滤油器的三种可能的安装位置。怎样考虑各安装位置上滤油器的精度?

6-4　滤油器过滤精度是怎样划分的?分为几种?滤油精度的选择与压力有什么关系?

6-5　油箱的主要作用有哪些?设计油箱时主要应考虑哪些问题?

6-6　油管和管接头有哪几种?各有何特点?它们的使用范围有何不同?

6-7　蓄能器有哪些类型?各有哪些功用?

第7章　液压基本回路

内容提要

本章介绍了液压基本回路的概念、类型和构成。结合一些液压回路实例，分别介绍方向控制回路、压力控制回路、调速回路、多缸工作控制回路以及互不干扰回路等回路的组成、类型、性能特点和应用场合。这些回路是构成完整、复杂液压系统的基本组成单元，本章的学习为液压系统的设计和计算奠定了良好的基础。

基本要求、重点和难点

基本要求：通过本章的学习，要求掌握方向控制回路、压力控制回路和调速回路有关的基本概念、特点和应用场合；在设计和分析液压传动系统时，能够进行压力、流量、速度、负载、转矩、功率、效率等参数的基本计算，并能根据使用要求选用合适的液压回路。

重点：调压回路、调速回路、速度换接回路。

难点：调速回路。

液压基本回路是由相关液压元件组成的用来完成特定功能的典型结构，是组成液压系统的基本单元。任何一个液压传动系统，都是由若干个具有不同功能的基本回路组成的，就像一台机器是由机械部件所组成，而机械部件是由机械零件所组成的一样。本章介绍的液压基本回路是由液压元件所组成，这些基本回路可以组成任意完整的液压系统。

液压基本回路的内容比较丰富，按其在回路中的作用一般可分为方向控制回路、压力控制回路、调速回路、多缸工作控制回路和多缸互不干扰回路等。

7.1　方向控制回路

在液压系统中，执行元件的启动、停止和改变运动方向等都是通过控制进入执行元件的油液的通断或流向来实现的，实现这些控制功能的回路称为方向控制回路。

7.1.1　换向回路

换向回路是用来改变执行元件运动方向的油路，使液压缸和与之相连的运动部件在其行程终端处变换运动方向，要求换向灵敏、稳定可靠、换向精度合适。换向过程一般可分为执行元件的减速制动、短暂停留和反向启动三个阶段，这一过程是通过换向阀的阀芯与阀体之间的位置变换来实现的，因此选用不同换向阀组成的换向回路，其换向性能也不同。换向回路可分为简单换向回路、复杂换向回路。

1. 简单换向回路

简单换向回路可以通过采用各种换向阀或改变双向变量泵的输油方向来实现。其中换向阀有手动换向阀、电磁换向阀和电液换向阀三种。手动换向阀需要人工操作，换向精度和平稳性不高，常用于换向不频繁、自动化要求不高的场合；电磁换向阀又分为直流和交流两种驱动形式，它的特点是换向动作快，能够实现自动化，应用较多；电液阀的换向时间可以调整，换向较平稳，适合大流量的液压系统；双向变量泵的换向回路换向平稳，但是构造复杂，不适于换向频率较高的场合。

图 7-1 所示为使用二位三通阀的换向回路。图 7-1(a)中液压缸为单作用液压缸，当二位三通阀 2 处于右位时，液压源 1 向液压缸 3 大腔供液，活塞伸出，二位三通阀 2 换位，液压缸靠弹簧或自重(竖直放置)退回。图 7-1(b)也是使用二位三通阀的换向回路，同时也是差动回路。

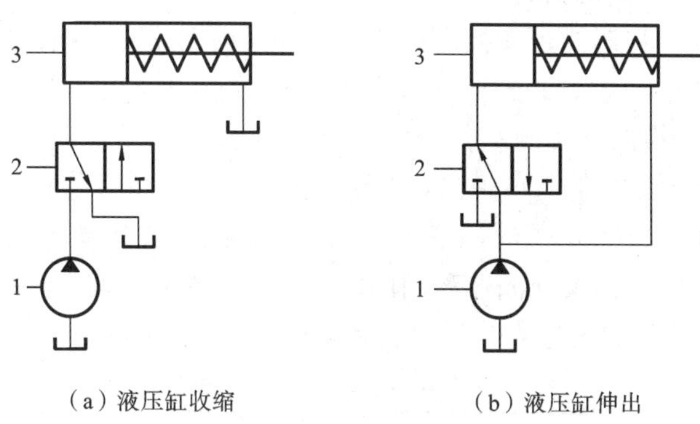

（a）液压缸收缩　　（b）液压缸伸出

图 7-1　换向回路(一)

1—液压源；2—二位三通阀；3—单作用液压缸

图 7-2 所示为使用三位四通电磁换向阀的换向回路，其中三位四通电磁换向阀控制油缸换向，电磁铁 1YA 通电时，液压力推动活塞向右运动；电磁铁 2YA 通电时，液压力推动活塞向左运动；换向阀在中位时，液压缸停止，液压泵卸荷。

图 7-3 所示为使用双向变量泵的换向回路。当液压缸右行时，其进油流量大于排油流

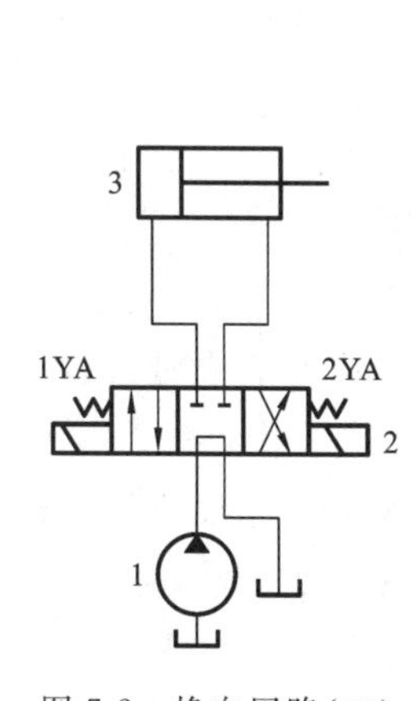

图 7-2　换向回路(二)

1—液压源；2—三位四通电磁换向阀；3—液压缸

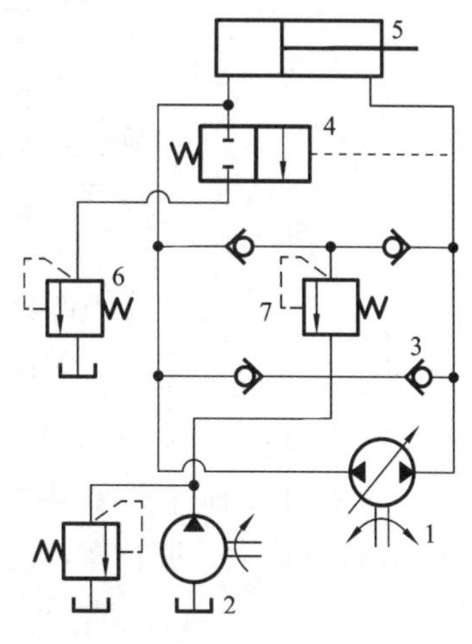

图 7-3　换向回路(三)

1—双向变量泵；2—辅助泵；3—单向阀；

4—二位二通液动阀；5—液压缸；6—背压阀；7—安全阀

量，可用辅助泵 2 通过单向阀 3 向系统补油；而当双向变量泵油流换向，活塞左行时，排油流量大于进油流量，回油路多出的流量通过进油路的压力操纵二位二通液动阀 4 排回油箱。6 为背压阀，可以防止液压缸活塞左行回程时超速。

2. 复杂换向回路

当执行元件需要频繁做连续往复运动或在换向过程中有其他附加要求时，可采用复杂换向回路。例如，在换向过程中因换向速度太快而出现的换向冲击问题，因速度过慢而出现的换向死点问题等。按照换向制动原理不同，可以分为时间控制制动式换向回路和行程控制制动式换向回路。

1）时间控制制动式换向回路

图 7-4 所示为时间控制制动式换向回路。这种换向回路只受换向阀 4 控制。在换向过程中，当活塞杆向左运动，左挡块碰到先导阀拨杆时，先导阀 3 在右端位置，控制油路中的压力油经单向阀 I_1 进入换向阀 4 的左腔，阀 4 右腔的液压油经节流阀 J_2 流入油箱，阀 4 的阀芯向右移动，其制动锥面逐渐关小阀口，并在阀芯移动距离 l 后将由 a 到 b 的回油通道封死，使活塞停止运动，由 c 到 a 进油，d 到 f 回油，液压缸向右运动，实现换向。当节流阀 J_1 和 J_2 的开口大小调定之后，换向阀芯移动的距离 l 所需要的时间（即活塞经历时间）就确定不变。因此，这种制动方式被称为时间控制制动式。

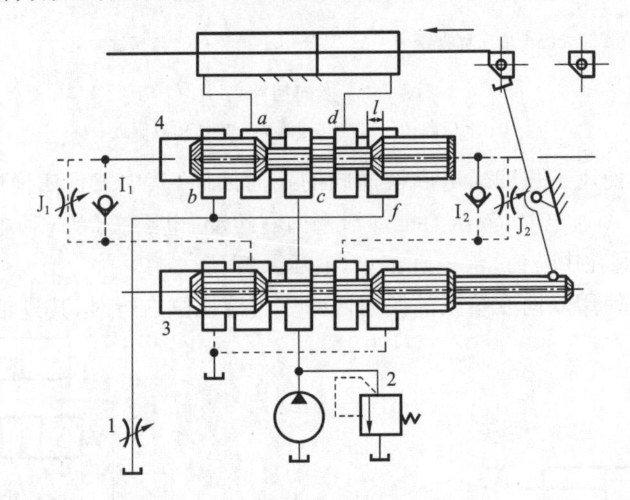

图 7-4 时间控制制动式换向回路

1—节流阀；2—溢流阀；3—先导阀；4—换向阀

这种换向回路的优点是：制动时间可根据主机部件运动速度的快慢、惯性大小，采用节流阀 J_1 和 J_2 的开口量大小进行调节，以便控制制动冲击，提高工作效率。另外，换向阀 4 采用 Y 型机能，可减小换向冲击，提高换向的平稳性，其缺点是换向精度不高。这种换向回路主要用于工作部件运动速度较高，要求换向平稳、无冲击，但换向精度要求不高的场合，如平面磨床等。

2）行程控制制动式换向回路

图 7-5 所示为行程控制制动式换向回路。这种回路与时间控制制动式的主要区别是：主油路除了受换向阀 4 控制外，还要受先导阀 3 控制。在图示位置，油缸活塞向右移

动，拨动先导阀阀芯向左移动，此时先导阀芯的右制动锥将油缸右腔的回油通道逐渐关小，使活塞速度逐渐减慢，对活塞进行预制动。当回油通道被关得很小，活塞速度变得很慢时，换向阀4右端的控制油路才被打开，控制液压油经单向阀I_2进入换向阀右腔，左腔回油。使换向阀4向左移动，当活塞进行到极端位置使先导阀右制动锥完全封闭油缸右腔的回油通道时，活塞完全制动。这里，不论运动部件原来的速度快慢如何，先导阀总是要先移动一段固定行程l将工作部件制动后，再由换向阀来使它换向，所以称为行程控制制动换向回路。

这种控制回路的优点是换向精度高、冲击量小。缺点是制动时间的长短将受到运动部件速度快慢的影响。因此，行程控制制动式换向回路适用于运动速度不高，但换向精度要求较高的场合，如外圆磨床等。

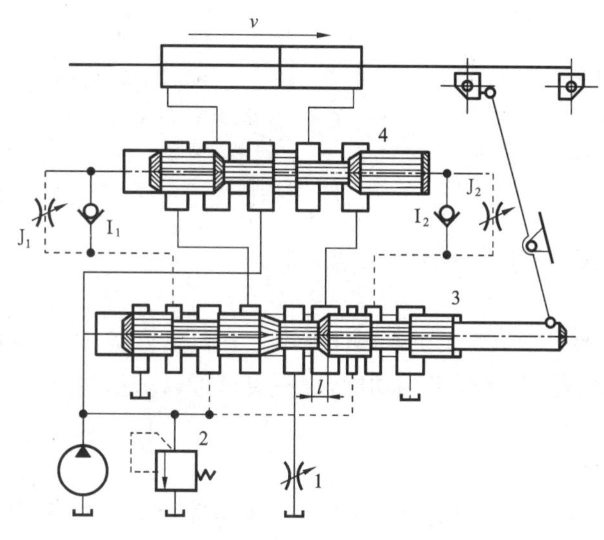

图7-5　行程控制制动式换向回路

1—节流阀；2—溢流阀；3—先导阀；4—换向阀

7.1.2　浮动与锁紧回路

1. 浮动回路

浮动回路是把执行元件的进出油路连通或同时接通油箱，借助自重或负载的惯性力，使其处于无约束的自由浮动状态。实现浮动回路常用的方法有以下两种。

1）利用中位机能的浮动回路

如图7-6(a)所示，当H型的三位四通电磁换向阀3处于中位时，可使液压马达4处于浮动状态，同时使液压泵1卸载。该回路还可采用P型、Y型中位机能的三位四通电磁换向阀。

2）利用二位二通换向阀的浮动回路

如图7-6(b)所示为用二位二通电磁换向阀使液压马达浮动的回路，该回路常用于液压吊车。当二位二通电磁换向阀4通电接通马达5进出油口时，利用吊钩自重，吊钩快速下降实现“抛钩”；当二位二通电磁换向阀4断电将液压马达两侧管路断开，吊钩起吊。当液压马

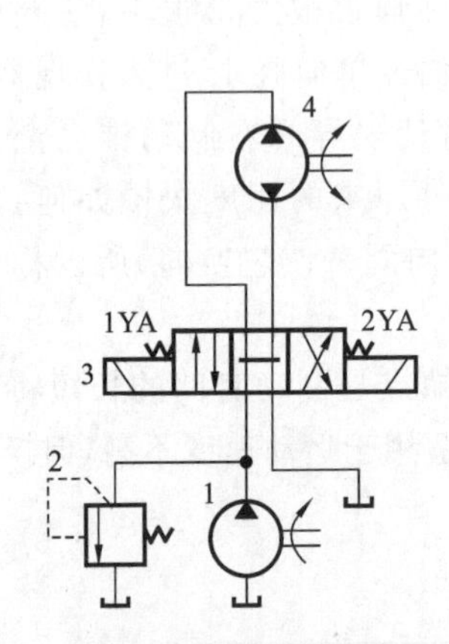

(a) 利用中位机能的浮动回路

1—液压泵；2—溢流阀；

3—电磁换向阀；4—液压马达

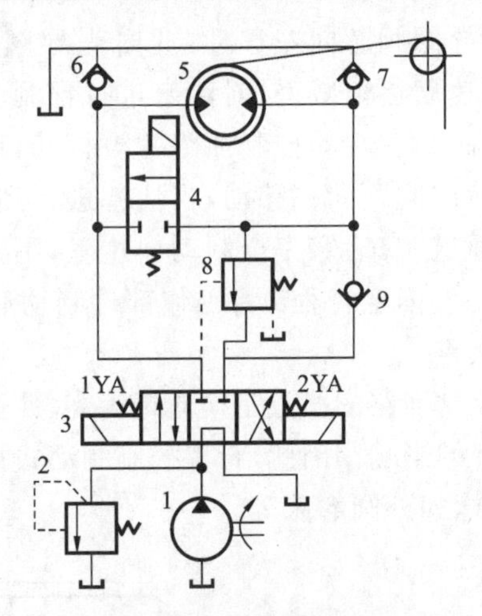

(b) 利用二位二通换向阀的浮动回路

1—液压泵；2—溢流阀；3,4—电磁换向阀；

5—液压马达；6,7,9—单向阀；8—安全阀

图 7-6 浮动回路

达作液压泵运行时，可经单向阀自油箱自吸补油。

2. 锁紧回路

某些液压设备，在工作中要求工作部件能在任意位置停留，以及在此位置停止工作时，具有防止在受力的情况下发生移动的功能，这些要求可以采用锁紧回路实现。常用的锁紧回路有以下几种。

1）单向阀的锁紧回路

图 7-7(a)所示为单向阀的锁紧回路，当液压泵 1 停止工作后，在外力作用下，液压缸 4 活塞只能向右运动，向左则被单向阀 3 锁紧。这种锁紧回路一般只能单向锁紧，锁紧精度受单向阀泄漏量的影响，精度不高。

2）换向阀的锁紧回路

图 7-7(b)所示为换向阀的锁紧回路。在这种回路中，三位四通电磁换向阀 3 电磁铁 1YA 通电，左位工作时，液压油经过其左位进入液压缸 4 无杆腔，有杆腔油液通过电磁换向阀左位流回油箱，活塞向右运动；当电磁换向阀 3 电磁铁 2YA 通电时，液压油经过其右位进入液压缸 4 有杆腔，无杆腔油液通过电磁换向阀右位流回油箱，推动活塞向左运动。在活塞运动过程中，当其达到预定位置时，电磁阀 3 断电回到中位，将液压缸的进、出油口同时封闭，这样，无论外力作用方向向左还是向右，活塞均不会发生位移，从而实现双向锁紧，但由于泄漏，锁紧精度不高。另外，如果利用换向阀将进、出油口之一封闭，可以实现执行元件向某一方向不能运动的单向锁紧。采用换向阀锁紧的回路，其优点是回路简单方便，但是锁紧精度较低。

3）液控单向阀的单向锁紧回路

图 7-8(a)所示为液控单向阀的锁紧回路。在图示位置时，液压泵输出的液压油进入液压缸 5 的无杆腔，有杆腔油液通过液控单向阀流回油箱，活塞下行。当电磁换向阀 3 通电右

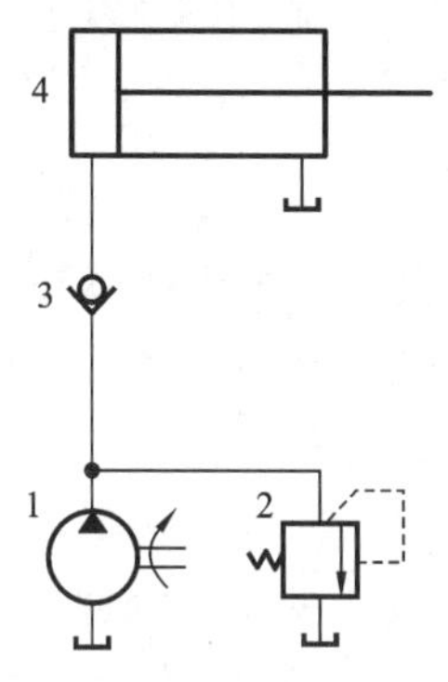

(a) 单向阀的锁紧回路

1—液压泵；2—溢流阀；3—单向阀；4—液压缸

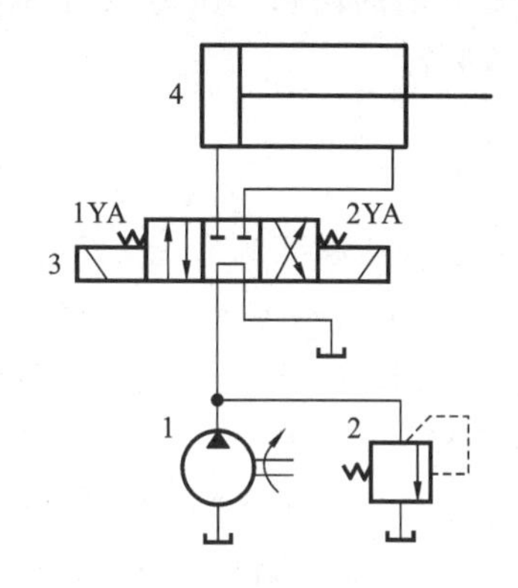

(b) 换向阀的锁紧回路

1—液压泵；2—溢流阀；3—电磁换向阀；4—液压缸

图 7-7　单向阀和换向阀的锁紧回路

位工作时，液压泵1卸荷，液控单向阀4关闭，从而使活塞被锁紧不能下行。该锁紧回路的优点是液控单向阀密封性好，锁紧可靠，不会因工作部件的自重导致活塞下滑。

4）液控单向阀的双向锁紧回路

图7-8(b)所示的是用两个液控单向阀实现的双向锁紧回路。在图示位置时，电磁换向阀3处于中位，液压泵1卸荷，两个液控单向阀4和5均关闭，因此活塞被双向锁住。该回路的优点是活塞可在任意位置被锁紧。在工程机械的液压系统中常用此类锁紧回路对执行元件进行锁紧。在锁紧时，为了使锁紧可靠，两个液控单向阀的控制油口均需通油箱。

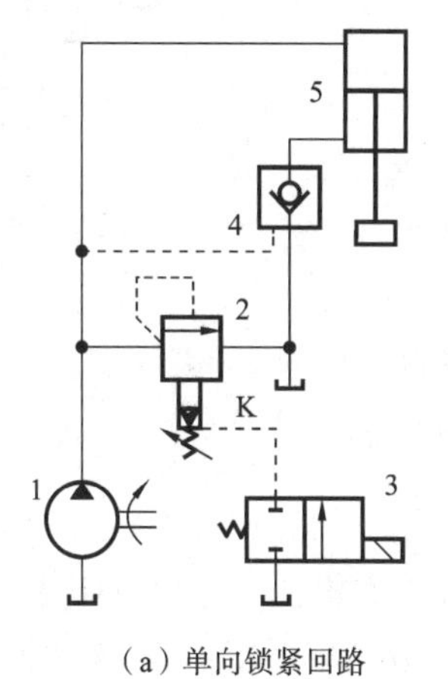

(a) 单向锁紧回路

1—液压泵；2—先导式溢流阀；3—电磁换向阀；
4—单向阀；5—液压缸

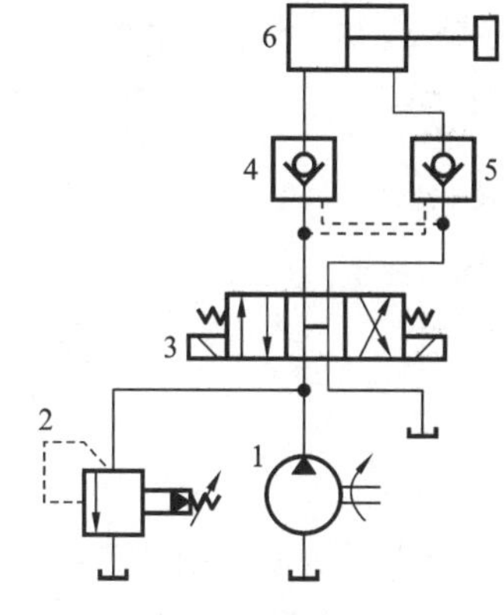

(b) 双向锁紧回路

1—液压泵；2—先导式溢流阀；3—电磁换向阀；
4,5—单向阀；6—液压缸

图 7-8　液控单向阀的锁紧回路

7.2　压力控制回路

压力控制回路是利用压力控制阀来控制和调节液压系统或某一支路的压力，以满足执行机构对力或力矩要求的回路。压力控制回路种类较多，一般可分为调压、增压、减压、平衡、卸荷和保压回路等。

7.2.1 调压回路

调压回路是控制液压系统或某一支路的压力，使其保持恒定或不超过某个预先调定的数值，以满足压力与外负载相匹配并保持稳定的要求或达到防止系统过载的目的。在液压系统中，常用溢流阀来调定供油压力或限制系统的最高压力。

1. 单级调压回路

图 7-9(a)所示为单级调压回路，该回路是在液压泵 1 的出口处并联安装一个溢流阀 2 而成。液压系统工作时，通过调节溢流阀，得到相应的输出压力，使液压泵在溢流阀的调定压力下工作，从而实现了对液压系统进行调压和稳压控制。如果将液压泵 1 改换为变量泵，则当液压泵的工作压力低于溢流阀的调定压力时，没有油液通过溢流阀，溢流阀不工作，起不到调压作用。但当系统负载过大或出现故障，液压泵的工作压力上升并达到溢流阀的调定压力时，溢流阀将开启，并将液压泵的工作压力限制在溢流阀的调定压力下，使液压系统不会因过载而受到破坏，从而保护了液压系统，此时，溢流阀起安全阀的作用，用于限定变量泵的最大供油压力。

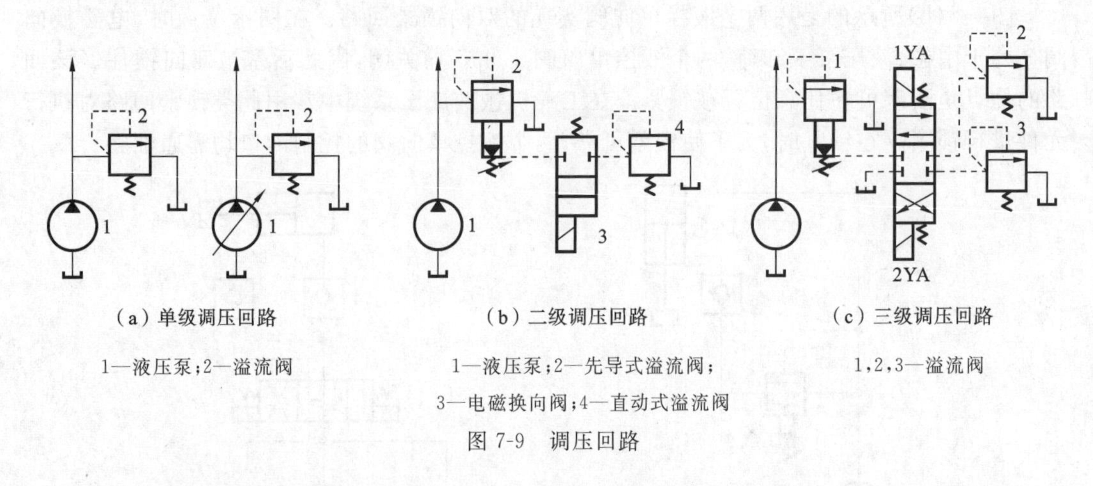

(a) 单级调压回路

1—液压泵；2—溢流阀

(b) 二级调压回路

1—液压泵；2—先导式溢流阀；3—电磁换向阀；4—直动式溢流阀

(c) 三级调压回路

1,2,3—溢流阀

图 7-9 调压回路

2. 二级调压回路

图 7-9(b)所示为二级调压回路。由先导式溢流阀 2 和直动式溢流阀 4 各调一级，当二位二通电磁换向阀 3 处于图示位置时，系统压力由溢流阀 2 调定，当电磁换向阀 3 通电后处于上位时，系统压力由溢流阀 4 调定，该回路可实现两种不同的系统压力控制。但是要注意，溢流阀 4 的调定压力一定要小于溢流阀 2 的调定压力，否则不能实现；当系统压力由溢流阀 4 调定时，溢流阀 2 的先导阀口关闭，但主阀开启，液压泵的溢流流量经主阀流回油箱，这时溢流阀 4 也处于工作状态，并有油液通过。应当指出的是，若将电磁换向阀 3 与直动式溢流阀 4 对换位置，则仍可进行二级调压，并且在二级压力转换点上获得比图 7-9(b)所示回路更为稳定的压力转换。

3. 多级调压回路

图7-9(c)所示为三级调压回路，三级压力分别由溢流阀1、2、3调定。当电磁铁1YA、2YA断电时，系统供油压力由主溢流阀1调定。当电磁铁1YA通电时，系统供油压力由溢流阀2调定。当电磁铁2YA通电时，系统供油压力由溢流阀3调定。这样，就实现了三级调压。如果液压系统需要更多级压力，就可以根据三级调压回路的原理通过外接更多的溢流阀实现。在这种调压回路中，当溢流阀2或溢流阀3工作时，它们相当于溢流阀1上的一个先导阀，它们的调定压力不同，都要低于主溢流阀1的调定压力。

4. 无级调压回路

图7-10所示为无级调压回路，该回路是在液压泵1的出口处并联一个先导式比例电磁溢流阀2。系统工作时，调节先导式比例电磁溢流阀2的电流，即可实现供油压力的无级调节。这种调压回路的优点是结构简单，压力的切换平稳，易于实现远程控制。

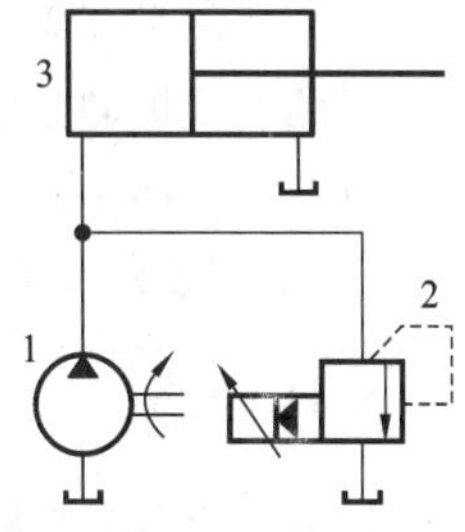

图7-10 无级调压回路

1—液压泵；2—先导式比例电磁溢流阀；3—液压缸

7.2.2 增压回路

当液压系统中的某一支路需要较高压力而流量却很小的压力油时，若采用高压泵则会增加成本，甚至有时采用高压泵也很难达到所要求的压力，这时往往采用增压回路。所谓增压回路就是使系统或者局部某一支路上获得比液压泵的供油压力还高的压力回路，而系统其他部分仍然在较低的压力下工作。采用增压回路可以减少能源耗费，降低成本，提高效率。常用的增压回路有单向增压回路和双向增压回路。

1. 单向增压回路

图7-11(a)所示为单向增压回路。在图示位置时，系统的供油压力 p_1 进入增压缸1的大活塞左腔，此时在小活塞右腔即可得到所需的较高压力 p_2，增压倍数等于增压缸大、小活塞工作面积之比(A_1/A_2)。当二位四通电磁换向阀2处在右工位时，增压缸返回，补油箱4

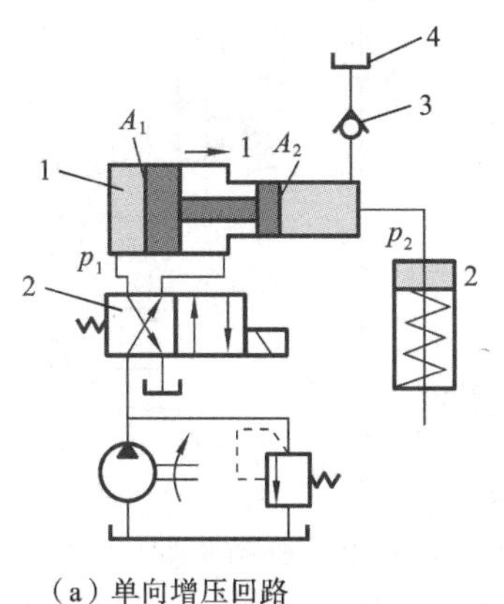

(a) 单向增压回路

1—增压缸；2—电磁换向阀；3—单向阀；4—补油箱

(b) 双向增压回路

1,2,3,4—单向阀；5—电磁换向阀；6—增压缸

图7-11 增压回路

中的油液在大气压的作用下经单向阀 3 补入小活塞右腔。因为这种回路只能间断增压，所以称为单向增压回路。

2. 双向增压回路

图 7-11(b)所示为双向增压回路，能连续输出高压油。在图示位置时，液压泵输出的压力油经电磁换向阀 5 和单向阀 1 进入增压缸左端 a、b 腔，此时大活塞 c 腔的回油通油箱，右端小活塞 d 腔增压后的高压油经单向阀 4 输出，单向阀 2、3 在压力差的作用下关闭。当增压缸活塞移到右端时，电磁换向阀 5 的电磁线圈处在右工位，增压缸活塞向左移动，左端小活塞 a 腔输出的高压油经单向阀 3 输出。这样，增压缸的活塞不断往复运动，两端交替输出高压油，从而实现连续供油。

7.2.3 减压回路

在单泵供油的多个支路的液压系统中，不同的支路需要有不同的、稳定的、可以单独调节的较主油路低的压力，如液压系统中的控制油路、夹紧回路、润滑油路等压力较低，因此要求液压系统中必须设置减压回路。常用的减压方法是在需要减压的液压支路前串联减压阀。

1. 单级减压回路

图 7-12(a)所示为常用的单级减压回路，在回路中，主油路的压力由溢流阀 2 设定，减压支路的压力根据负载由减压阀 3 调定。减压回路设计时要注意避免因负载不同可能造成回路之间的相互干涉问题，例如，当主油路负载减小时，有可能造成主油路的压力低于支路减压阀调定的压力，这时减压阀的开口处于全开状态，失去减压功能，造成油液倒流。为此，可在减压支路上、减压阀的后面加装单向阀 4，以防止油液倒流，起到短时间的保压作用。

2. 二级减压回路

图 7-12(b)所示为常用的二级减压回路。在这种回路中，先导式减压阀的遥控口通过二位二通电磁阀 5 与调压阀 6 相连接，通过调压阀的压力调整获得预定的二次减压。当二位二通电磁阀断开时，减压支路输出减压阀 3 的设定压力；当二位二通电磁阀接通时，减压

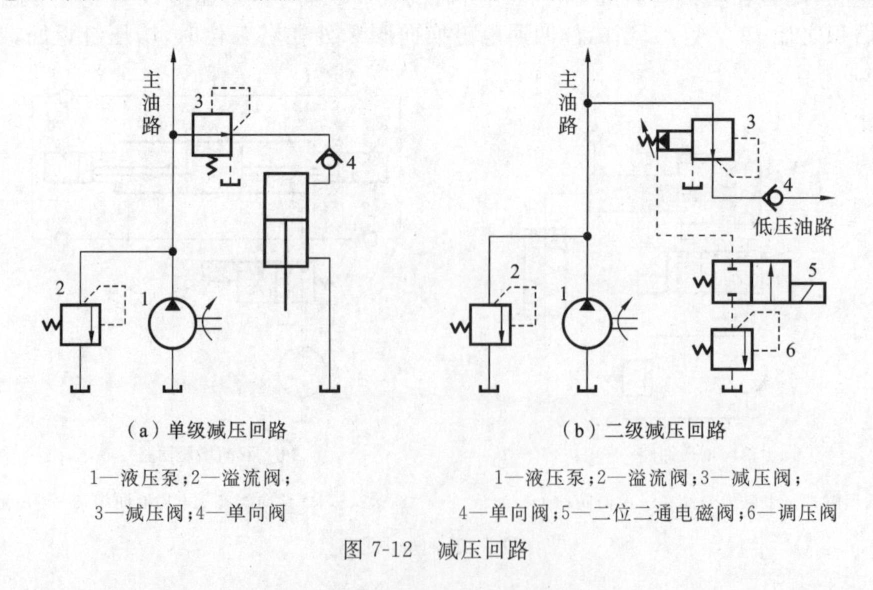

(a) 单级减压回路

1—液压泵；2—溢流阀；
3—减压阀；4—单向阀

(b) 二级减压回路

1—液压泵；2—溢流阀；3—减压阀；
4—单向阀；5—二位二通电磁阀；6—调压阀

图 7-12 减压回路

支路输出调压阀 6 设定的二次压力。调压阀设定的二次压力值必须小于减压阀的设定压力值。

7.2.4 平衡回路

平衡回路的作用是在垂直或倾斜放置的液压缸下行过程中设置适当的阻力,使回油腔产生一定的背压,与工作部件的自重相平衡,以避免其因自重而产生超速现象和由超速现象所引起的液压缸内产生的真空现象,从而提高液压缸或垂直运动工作部件的运动稳定性。

1. 采用单向顺序阀的平衡回路

图 7-13 所示为单向顺序阀平衡回路,顺序阀 4 的调整压力应该稍微大于工作部件的重量在液压缸 5 的下腔形成的压力。当换向阀 3 位于中位时,液压缸 5 停止运动,但由于单向顺序阀 4 的泄漏,运动部件仍然会缓慢下降,所以这种回路适用于工作载荷固定且位置精度要求不高的场合。

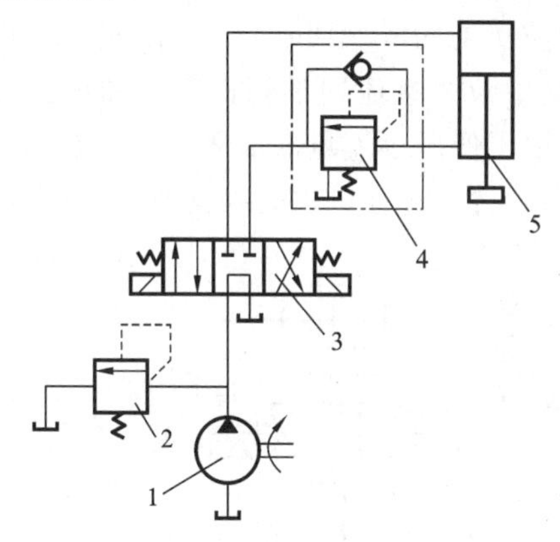

图 7-13 单向顺序阀平衡回路

1—液压泵;2—溢流阀;3—换向阀;4—单向顺序阀;5—液压缸

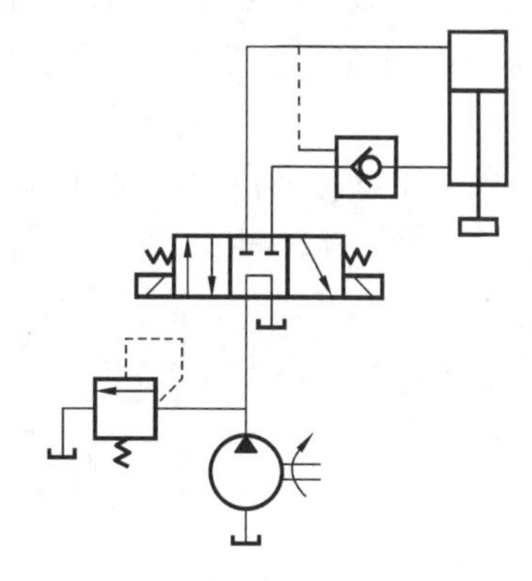
图 7-14 液控单向阀平衡回路

2. 采用液控单向阀的平衡回路

图 7-14 所示为液控单向阀平衡回路,这种回路只需将图 7-13 中的单向顺序阀换成液控单向阀即可。当换向阀左位动作时,压力油进入液压缸上腔,同时打开液控单向阀,活塞和工作部件向下运动;当换向阀处于中位时,液压缸上腔失压,关闭液控单向阀,活塞和工作部件停止运动。液控单向阀的密封性好,可以很好地防止活塞和工作部件因泄漏而造成的缓慢下降。在活塞和工作部件向下运动时,回油油路的背压小,因此功率损耗小。

在图 7-13 中的单向顺序阀 4 的后面再串联一个液控单向阀,可以组成单向顺序阀加液控单向阀平衡回路,如图 7-15 所示。液控单向阀

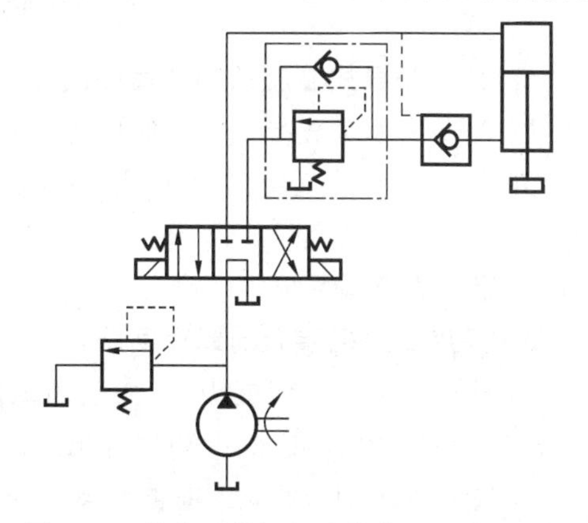
图 7-15 单向顺序阀加液控单向阀平衡回路

可以防止因为单向顺序阀的泄漏而造成的工作部件缓慢下滑，而单向顺序阀可以提高回油腔的背压和油路的工作压力，使液控单向阀在工作部件下行时始终处于开启状态，提高工作部件的运动平稳性。

此外，还有采用单向节流阀和液控单向阀组成的平衡回路。

7.2.5 卸荷回路

卸荷回路是指在不频繁启闭驱动液压泵的电动机，使液压泵在功率输出接近于零的情况下运转，其输出的流量在很低的压力下直接流回油箱，或者以最小的流量排出压力油，以减小功率损耗，降低系统发热，延长泵和电动机使用寿命的液压回路。常见的卸荷回路有如下几种。

1. 采用换向阀的卸荷回路

如图 7-16(a)所示，在液压泵出口旁路接二位二通电磁换向阀实现卸荷。卸荷时，二位二通电磁换向阀通电，液压泵输出的油液通过电磁换向阀直接流回油箱，这种回路适用于小流量的液压系统。如图 7-16(b)所示，利用中位机能为 M 型(或 H、K 型)的三位四通电磁换向阀，泵输出液压油经过三位四通电磁换向阀中位直接流回油箱而实现卸荷。这种卸荷回路进行换向时，会产生较大的液压冲击，仅适用于低压小流量的液压系统。在高压大流量的系统里应用这种卸荷回路时，可采取电液换向阀替代普通的电磁换向阀，设置单向阀等措施缓冲卸荷时产生的冲击。

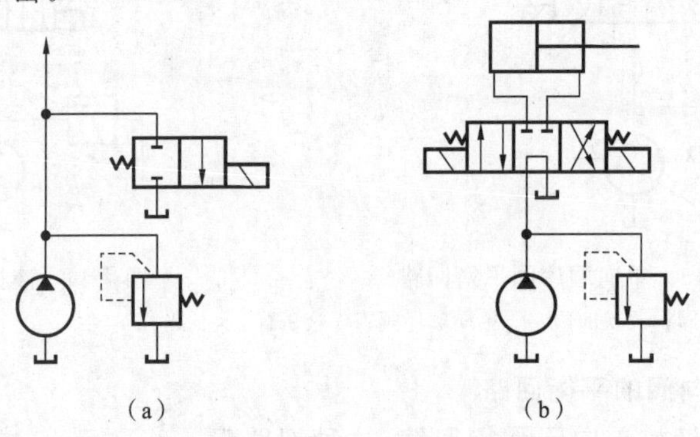

图 7-16 采用换向阀的卸荷回路

2. 采用先导式溢流阀的卸荷回路

图 7-17 所示为先导式溢流阀的远程控制口与二位二通电磁换向阀连接组成的卸荷回路。卸荷时，二位二通电磁换向阀通电，溢流阀的远程控制油口与油箱接通，液压泵输出的油液经溢流阀直接流回油箱。这种卸荷回路的优点是回路简单，切换时液压冲击小，适用于高压大流量的液压系统。

3. 采用二通插装阀的卸荷回路

二通插装阀的通流能力强，由它组成的卸荷回路适用于大流量液压系统。在图 7-18 所示的回路中，系统正常工作时，液压泵 1 的供油压力由先导式溢流阀 2 调定。当二位二通电磁换向阀 3 通电后，二通插装阀 4 的主阀上腔接通油箱，主阀口完全打开，即可实现卸荷。

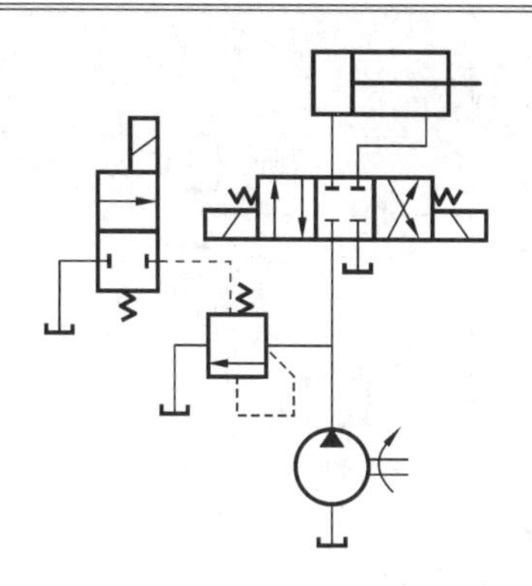

图 7-17 采用先导式溢流阀的卸荷回路

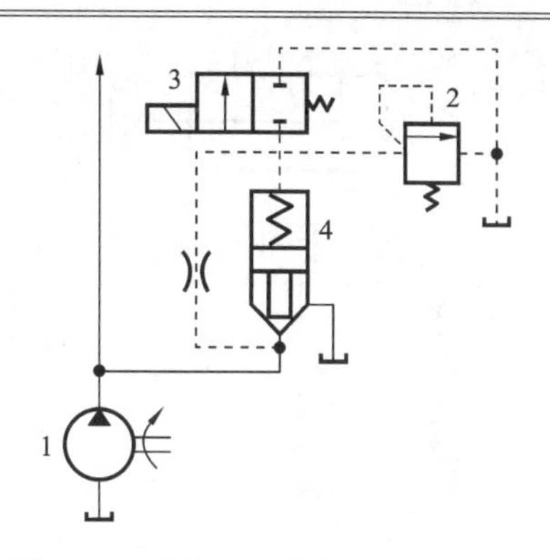

图 7-18 采用二通插装阀的卸荷回路

1—液压泵；2—先导式溢流阀；3—电磁换向阀；4—二通插装阀

7.2.6 保压回路

保压回路是当执行元件停止运动或微动时，使系统稳定地保持一定压力的回路。保压回路需要满足压力稳定、工作可靠、保压时间长短合适和经济性等方面的要求。如果对保压稳定性能要求不高和维持保压时间较短，则可以采用简单、经济的单向阀保压；如果保压性能要求较高，则应该采用补油的办法弥补回路的泄漏，从而维持回路的压力稳定。下面介绍几种常用的保压回路。

1. 自动补油保压回路

图 7-19 所示为自动补油保压回路。这种回路的保压功能主要由液控单向阀 4 和电接点式压力表 5 实现。系统正常工作时，电磁换向阀 3 的电磁铁 1YA 通电左位工作后，液压泵 1 供给的液压油经过电磁换向阀左位进入液压缸 6 无杆腔。当无杆腔压力达到压力表的上限值时，其触点接通，使电磁铁 1YA 断电，换向阀回到中位，液压泵卸荷。当压力下降到压力表的下限值时，压力表发出信号又使电磁铁 1YA 通电，液压泵又开始向液压缸供油，使液压缸无杆腔压力上升，当无杆腔压力达到上限值时，电触点压力表又使电磁铁 1YA 断电。这种回路能够长时间自动地向液压缸补充高压油，使其压力稳定在某一范围内而实现保压作用。它利用了液控单向阀具有一定保压性能的特点，又避免了直接开动液压泵保压消耗功率的缺点。

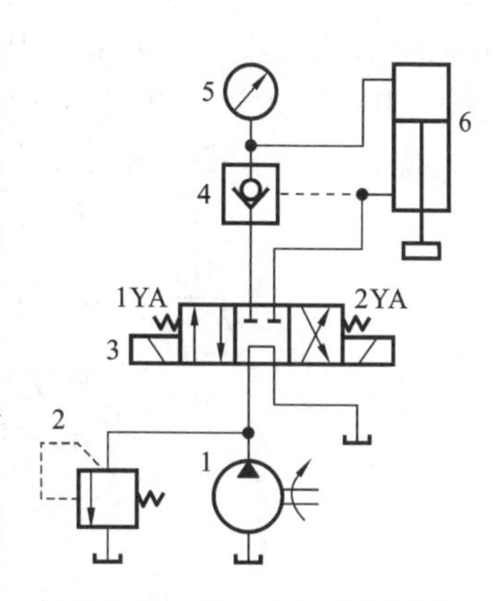

图 7-19 自动补油保压回路

1—液压泵；2—溢流阀；3—换向阀；4—单向阀；5—压力表；6—液压缸

2. 蓄能器保压回路

图 7-20 所示为蓄能器保压回路。在图 7-20(a)所示的回路中，当主换向阀 7 在左位工作时，液压缸向前运动且压紧工件，进油路压力升高至调定值，压力继电器动作使二通电磁阀 3 通电，泵即卸荷，单向阀 4 自动关闭，液压缸则由蓄能器保压。当缸内压力不足时，压力继电器复位使泵重新工作。保压时间的长短取决于蓄能器容量，调节压力继电器的工作区间即可调节缸中压力的最大值和最小值。图 7-20(b)所示为多缸系统中的蓄能器保压回路。这种回路中，当主油路压力降低时，单向阀 3 关闭，支路由蓄能器 4 保压补偿泄漏，压力

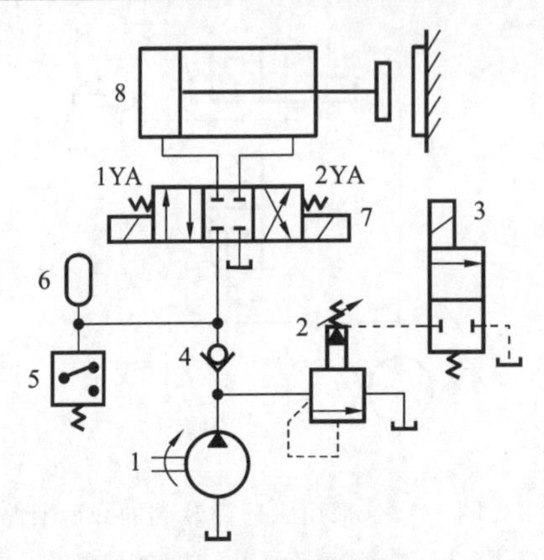

(a) 泵卸荷的保压回路

1—液压泵;2—先导式溢流阀;3—电磁阀;4—单向阀;
5—压力继电器;6—蓄能器;7—电磁换向阀;8—液压缸

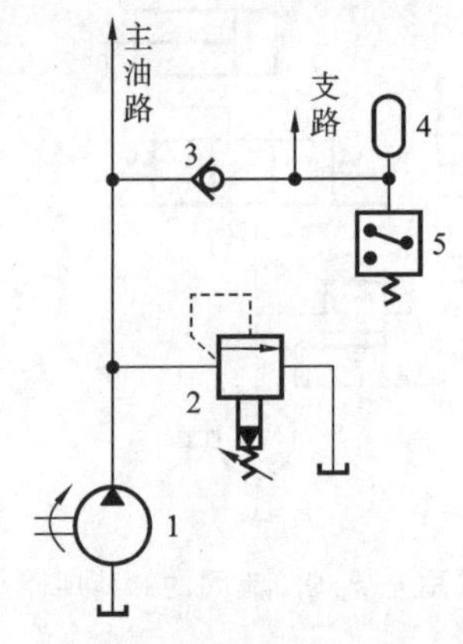

(b) 多缸系统的保压回路

1—液压泵;2—先导式溢流阀;3—单向阀;
4—蓄能器;5—压力继电器

图 7-20 蓄能器保压回路

继电器 5 的作用是当支路压力达到预定值时发出信号,使主油路开始动作。

3. 液压泵保压回路

如图 7-21(a)所示,当系统压力较低时,低压大流量液压泵 1 和高压小流量液压泵 2 同时向系统供油。当系统压力升高到卸荷阀 4 的调定压力时,液压泵 1 卸荷,此时高压小流量液压泵 2 使系统压力保持为溢流阀 3 的调定值;液压泵 2 的流量只需略高于系统的泄漏量,以减少系统发热。也可采用限压式变量泵来保压,如图 7-21(b)所示。当系统进入保压状态时,由限压式变量泵向系统供油,维持系统压力稳定。由于只需补充保压回路的泄漏量,因此配备的限压式变量泵输出的流量很小,功率消耗也非常小。

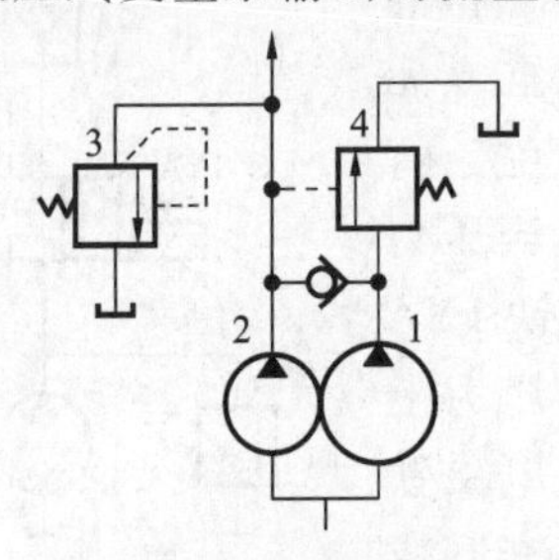

(a) 用液压泵的保压回路

1—低压大流量液压泵;2—高压小流量液压泵;
3—溢流阀;4—卸荷阀

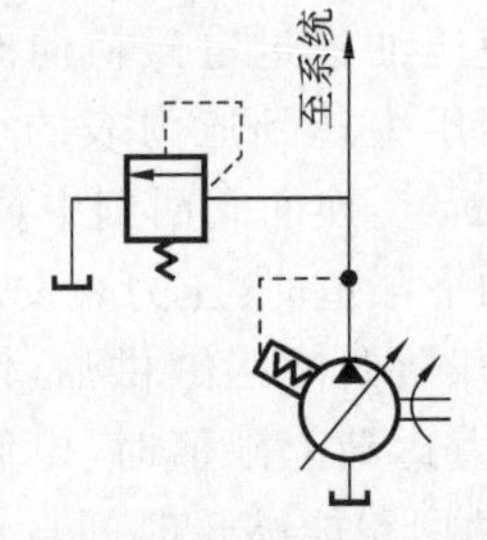

(b) 限压式变量泵的保压回路

图 7-21 液压泵保压回路

7.3 调速回路

7.3.1 概述

在液压系统中,调速回路是液压回路的核心内容。例如在机床液压传动系统中,用于主运动和进给运动的调速回路对机床加工质量有着重要的影响。事实上,几乎所有的液压执行元件都有运动速度的要求，而执行机构运动速度的调节是通过调节输入到执行机构油液的流量来实现的。因此，它对其他液压回路的选择也起着决定性的作用。

若不考虑泄漏情况，缸的运动速度 v 由进入（或流出）缸的流量 q 及其有效工作面积 A 共同决定，即

$$v=\frac{q}{A} \tag{7-1}$$

同样，马达的转速 n_M 由进入马达的流量 q_M 和马达的排量 V_M 共同决定，即

$$n_M=\frac{q_M}{V_M} \tag{7-2}$$

由上述两式可以看出，改变流入（或流出）执行元件的流量 q，或改变缸的有效作用面积 A、马达的排量 V_M，均可调节执行元件的运动速度。一般来说，改变缸的有效作用面积比较困难，所以常常通过改变流量和排量来调节执行元件的速度，并且，以此为基点可构成不同方式的调速回路。改变流量有两种方法：一是在定量泵和流量阀组成的系统中调节流量控制阀，二是在变量泵组成的系统中调节变量泵的排量。

7.3.2 调速回路的分类及基本要求

1. 调速回路的分类

按照不同的分类方法，调速回路可以分为如下几类。

(1) 按执行元件的速度调节方式来分，调速回路可以分为有级调速回路和无级调速回路两种，本节所介绍的调速回路是指无级调速回路。

(2) 按油液在油路中的循环方式分类，可以分为开式调速回路和闭式调速回路两种。

(3) 按工作原理不同，调速回路可以分为节流调速回路、容积调速回路和容积节流调速回路三种。

2. 对调速回路的基本要求

通常调速回路应当满足如下基本要求。

(1) 要有良好的速度稳定性，当负载稳定时速度应当稳定，负载变化时速度变化要小或者速度变化控制在允许的范围内。

(2) 要有较大的调速范围，调速范围是指执行元件的最大稳定速度和最小稳定速度之比，要求调速回路能在规定的速度范围内调节执行元件的速度，满足最大速度比的要求，且调速特性不随负载变化。

(3) 要有较大的输出力或转矩，足以驱动最大负载。

(4) 功率损失小，效率高，结构简单，使用和维护方便等。

7.3.3 节流调速回路

节流调速回路是由定量泵和流量控制阀等组成的调速回路，通过调节回路中流量阀通流面积的大小来控制流入或流出执行元件的油液流量，达到调节执行元件运动速度的目的。节流调速回路结构简单、成本低、使用和维护方便；缺点是功率损失大、发热量大、效率低，多用于 2～5 kW 的小功率液压系统中，如机床液压系统中。

节流调速回路的分类方式有多种：按流量控制阀的类型不同，可以分为普通节流阀式节流调速回路和调速阀式节流调速回路；按定量泵输出的压力是否随负载变化，可以分为定压式节流调速回路和变压式节流调速回路；按流量控制阀在回路中的安装位置不同，又可以分为进油节流调速回路、回油节流调速回路和旁路节流调速回路，其中进油节流调速回路和回油节流调速回路属于定压式节流调速回路，旁路节流调速回路属于变压式节流调速回路。

1. 进油节流调速回路

1）回路结构和工作原理

图 7-22 所示为进油节流调速回路，主要由液压泵、溢流阀、节流阀和液压缸组成。节流阀串联安装在液压泵出口和液压缸入口之间的油路上，液压泵输出的油液一部分经过节流阀流入液压缸的工作腔，推动活塞运动，这部分油液流量的大小取决于节流阀的通流面积 A_T，调整节流阀的通流面积 A_T，即可调节活塞的运动速度。溢流阀并联安装在回路上，液压泵多余的油液通过溢流阀流回油箱，同时溢流阀用来调整并基本恒定系统的压力。

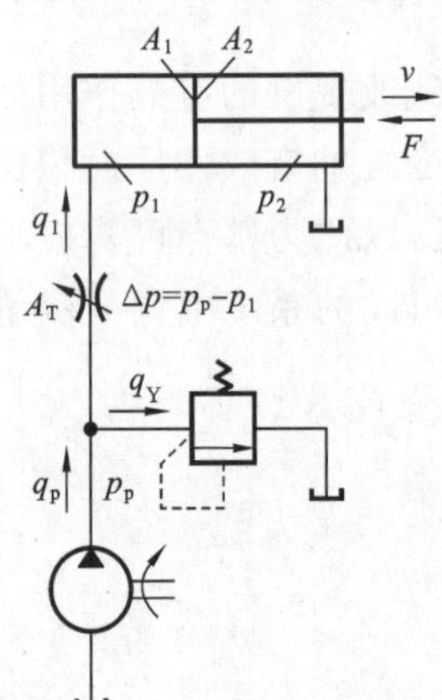

图 7-22 进油节流调速回路

如图 7-22 所示，系统的最大压力经过溢流阀设定后，基本上保持恒定不变，定量泵提供的油液在溢流阀的设定压力 p_p 下，经过节流阀后，流量 q_1 和压力 p_1 进入液压缸，作用在液压缸的有效工作面积 A_1 上，克服负载 F，推动液压缸的活塞以速度 v 运动。

液压缸在稳定工作时，活塞的受力平衡方程为

$$p_1 A_1 = p_2 A_2 + F \tag{7-3}$$

式中：p_1、p_2——液压缸的进油腔压力、回油腔压力；

A_1、A_2——液压缸的无杆腔有效作用面积、有杆腔活塞有效作用面积；

F——加在活塞上的负载。

由于回油腔与油箱连接，可以取 $p_2 \approx 0$，则

$$p_1 = F/A_1 \tag{7-4}$$

因为液压泵的出口压力 p_p 已经由溢流阀调定，所以节流阀两端的压力差为

$$\Delta p = p_p - p_1 = p_p - F/A_1 \tag{7-5}$$

若不考虑油路的泄漏，根据流量连续性方程，进入液压缸的流量 q_1 等于通过节流阀的流量，而通过节流阀的流量可由节流阀的压力-流量方程确定，即

$$q_1 = KA_T \Delta p^m = KA_T \left(p_p - \frac{F}{A_1}\right)^m \tag{7-6}$$

式中：K——与节流阀口形状和油液特性等因素有关的液阻系数。

如果忽略摩擦力、管路损失和回油压力的影响，活塞的运动速度为

$$v = \frac{q_1}{A_1} = \frac{KA_T}{A_1}\left(p_p - \frac{F}{A_1}\right)^m \tag{7-7}$$

在进行分析计算时，一般假定节流口形状都是薄壁小孔，即在节流口的压力-流量方程中取 $m=0.5$，则活塞的运动速度为

$$v=\frac{KA_{T}}{A_{1}}\sqrt{\left(p_{p}-\frac{F}{A_{1}}\right)} \tag{7-8}$$

2）速度-负载特性

调速回路的速度-负载特性是指在回路中调速元件的调定值 A_T 不变的情况下，负载变化所引起速度变化的性能，也称为机械特性。

式(7-8)为进油节流调速回路的速度-负载特性方程，它反映了速度 v 和负载 F 之间的关系。若以负载 F 为横坐标，以活塞的运动速度 v 为纵坐标，以节流阀的通流面积 A_T 为参变量，根据式(7-8)可绘出如图 7-23 所示的速度-负载特性曲线。

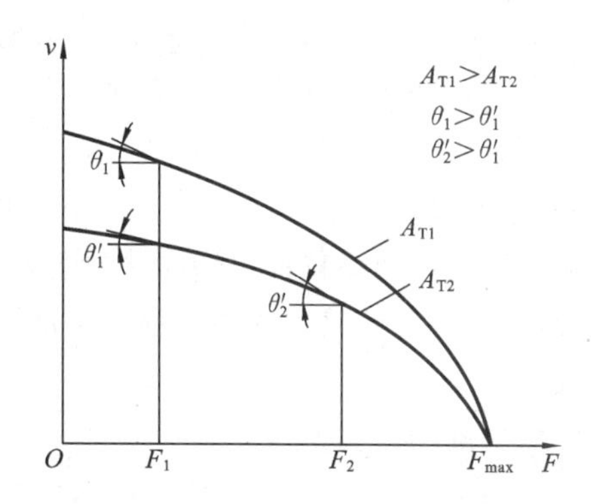

图 7-23　进油节流调速回路速度-负载特性曲线

通常定义负载对速度的变化率为速度刚度，用 k_v 表示，即

$$k_{v}=-\frac{\partial F}{\partial v}=-\frac{1}{\tan\theta} \tag{7-9}$$

速度刚度的物理意义是引起单位速度变化时负载力的变化量，它是速度-负载特性曲线上某点切线斜率的倒数。速度特性曲线上某处的斜率越小，速度刚度就越大，说明液压缸运动速度受负载波动的影响越小，其速度的稳定性也越好。

由式(7-8)和式(7-9)可得进油节流调速回路的速度刚度为

$$k_{v}=-\frac{\partial F}{\partial v}=\frac{2A_{1}^{\frac{3}{2}}}{KA_{T}}(p_{p}A_{1}-F)^{\frac{1}{2}}=\frac{2(p_{p}A_{1}-F)}{v} \tag{7-10}$$

由式(7-8)和图 7-23 可以得到如下结论。

(1) 当节流阀通流面积 A_T 一定时，随着负载 F 的增大，θ 越大($\theta_2'>\theta_1'$)，速度刚度 k_v 越小。

(2) 当负载 F 一定时，随着节流阀通流面积 A_T 的增大(图 7-23 中 $A_{T1}>A_{T2}$)，θ 越大($\theta_1>\theta_1'$)，速度刚度 k_v 越小。

由此可见，进油节流调速回路的速度稳定性，在低速小负载时比高速大负载时好。此外，回路中其他参数也对速度刚度有一定的影响。例如增大液压缸的有效工作面积、提高溢流阀的调定压力、减小节流阀指数等，都可以提高回路的速度刚度。

3）调速特性

调速特性是指被驱动的液压缸在一定负载下可能得到的最大工作速度和最小工作速度之比，即调速范围的大小。由式(7-7)可得进油节流调速回路的调速范围 R_c 为

$$R_{c}=\frac{v_{max}}{v_{min}}=\frac{A_{Tmax}}{A_{Tmin}}=R_{T} \tag{7-11}$$

式中：R_c、R_T——调速回路、节流阀的调速范围；

v_{max}、v_{min}——活塞的最大工作速度、最小工作速度；

A_{Tmax}、A_{Tmin}——节流阀最大通流面积、最小通流面积。

4）最大承载能力

由式(7-7)可知，当液压泵的出口压力确定后，不管节流阀通流面积如何变化，液压缸的最大输出压力是有限的，即 $F_{max}=p_pA_1$ 时，节流阀进出口之间的压力差 $\Delta p=p_p-F/A_1=0$。此时活塞停止运动，由定量泵供给的液压油全部经过溢流阀流回油箱，所以该负载是回路的最大承载能力，即 $F_{max}=p_pA_1$。对于同一节流调速回路来说，不同的特性曲线汇交于一点，即最大承载能力为一定值。

5）功率特性

调速回路的功率特性包括回路的输入功率、输出功率、功率损失和回路效率，不包括液压泵、液压元件和管路中的功率损失。这样，便于对不同调速回路在功率利用方面的情况进行比较。

液压泵的输出功率为

$$P_p=p_pq_p=\text{常量} \tag{7-12}$$

若不考虑摩擦等因素影响，液压缸的输出功率为

$$P_1=p_1A_1v=p_1q_1 \tag{7-13}$$

回路的功率损失为

$$\Delta P=P_p-P_1=p_pq_p-p_1q_1=p_p(q_1+q_Y)-(p_p-\Delta p)q_1=p_pq_Y+\Delta pq_1 \tag{7-14}$$

式中：q_Y——溢流阀的溢流量，$q_Y=q_p-p_1$。

从式(7-14)可以看出，该回路的功率损失由两部分组成：一部分是液压油流经溢流阀时溢流引起的功率损失，即溢流损失功率 $\Delta P_Y=p_pq_Y$；另一部分是液压油流经节流阀时引起的功率损失，即节流损失功率 $\Delta P_j=\Delta pq_1$，这两部分损失都转变成热量使油液温度升高。

回路的输出功率与回路的输入功率之比即为回路效率，则进油节流调速回路的效率为

$$\eta=\frac{P_1}{P_p}=\frac{p_1q_1}{p_pq_p} \tag{7-15}$$

由于存在上述两部分功率损失，所以这种回路效率较低。从功率利用率的角度来看，这种调速回路适用于低速轻载、速度稳定性要求不高的场合。

2. 回油节流调速回路

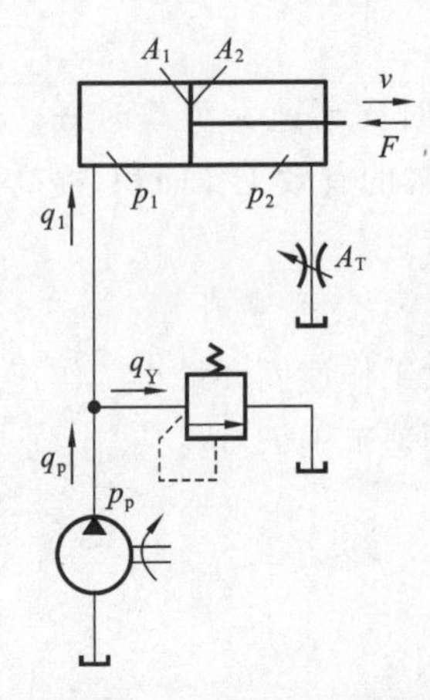

图 7-24 回油节流调速回路

图 7-24 所示为回油节流调速回路的结构，这种回路是将节流阀安装在液压缸的回油路上，通过控制液压缸的回油量实现对液压缸的速度调节。液压泵的出口压力由溢流阀调定，液压油一部分进入液压缸，多余的油液通过溢流阀流回油箱。

与进油调速回路推导过程类似，液压缸在稳定工作时，活塞的受力平衡方程为

$$p_pA_1=p_2A_2+F \tag{7-16}$$

式中：p_p、p_2——液压缸的无杆腔压力、有杆腔压力，其中 $p_p=p_1$，又因回油腔直接与节流阀连接，所以 $p_2\neq0$。

用同样的分析方法，根据液压缸受力平衡方程和节流阀的流量方程，可以得到与进油节流调速回路相似的速度-负载特性与速度刚度，即

$$v=\frac{KA_{\mathrm{T}}}{A_2^{m+1}}(p_{\mathrm{p}}A_1-F)^m \tag{7-17}$$

$$k_{\mathrm{v}}=\frac{2(p_{\mathrm{p}}A_1-F)}{v} \tag{7-18}$$

对比分析式(7-7)和式(7-17)以及式(7-10)和式(7-18)，可以发现回油节流调速回路与进油节流调速回路的速度-负载特性相似、最大承载能力和功率特性等方面存在很多相似之处。但是，它们在以下几个方面存在差别。

(1) 启动性能。若液压系统停车时间较长，液压缸回油腔的油液会流回油箱。当系统重新启动时，对于回油节流调速回路，由于液压油进入液压缸时，没有节流阀控制进入液压缸的液压油，回油腔的背压不能立即建立起来，会引起活塞瞬时前冲现象。对于进油节流调速回路，启动时只要调节节流阀，控制进入液压缸的流量，就可以避免出现前冲现象。

(2) 运动平稳性。在回油节流调速回路中，由于节流阀安装在回油端，因此这种回路中始终存在背压，可以有效地防止从回油路吸入空气，防止发生爬行现象，使运动变得平稳，特别是能获得较低的稳定速度。而进油节流调速回路需要安装背压阀才能达到这种效果，但是在回油路上加背压阀就要提高泵的供油能力，造成功率损耗。

(3) 承受负值负载的能力。所谓负值负载就是作用力的方向和执行元件的运动方向相同的负载。在回油节流调速回路中，节流阀在液压缸的回油腔可以形成一定的背压，可以阻止工作部件前冲，还可以承受一定的负值负载。而进油路节流调速回路在不加背压阀的情况下则不能承受负值负载。

(4) 取压力信号进行控制的方式。在回油节流调速回路中，回油腔压力随负载的变化而变化，当活塞运动到终点或碰到死挡铁停止运动时，压力将会下降至零，此时发出信号。在进油节流调速回路中，进油腔的压力随负载的变化而变化，当活塞运动到终点或者碰到死挡铁停止运动时，液压缸进油腔的压力将升高到溢流阀的调定压力，取此压力作控制顺序动作的指令信号，这种方式控制某一动作的发生较为方便，而且可靠性较高。

(5) 油液发热对系统的影响。在回油节流调速回路中，油液经节流阀温度升高后直接进入油箱，经冷却之后再进入液压缸，对液压系统的影响很小。而在进油节流调速回路中，发热后的油液直接进入液压缸的进油腔，造成泄漏增加，对系统的影响较大。

回油节流调速回路一般适用于功率较小，低压小流量，负载变化不大的场合。

3. 旁路节流调速回路

1）回路结构和工作原理

图 7-25 所示为旁路节流调速回路。这种回路由定量泵、溢流阀、液压缸和节流阀组成，节流阀安装在与液压缸并联的旁油路上。定量泵输出的液压油一部分进入液压缸，多余部分则通过节流阀流回油箱。调节节流阀通流面积，可以控制流回油箱的油量，从而间接控制了进入液压缸的流量，便可达到调速的目的。液压泵的供油压力取决于负载，所以这种回路也称为

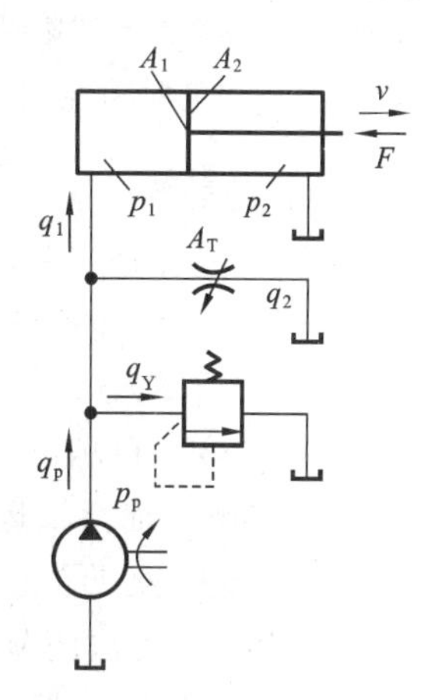

图 7-25 旁路节流调速回路

变压式节流调速回路。溢流阀在回路中作为安全阀使用，其调定压力为最大负载压力的1.1～1.2倍。回路正常工作时，溢流阀处于关闭状态，当供油压力超过正常工作压力时，溢流阀才打开溢流，防止过载。

2）速度-负载特性

在旁路节流调速回路中，由于泵的工作压力随负载而变化，因此在分析速度-负载特性时要考虑负载对油液泄漏的影响。与式(7-7)的推导过程相同，由活塞的受力平衡方程、流量连续方程和节流阀的压力-流量方程，可得活塞的运动速度为

$$v=\frac{q_1}{A_1}=\frac{q_t-k_1\dfrac{F}{A_1}-KA_T\left(\dfrac{F}{A_1}\right)^m}{A_1} \tag{7-19}$$

式中：q_t——泵的理论流量；

k_1——泵的泄漏系数。

取 $m=0.5$ 时，则

$$v=\frac{q_t-k_1\dfrac{F}{A_1}-KA_T\left(\dfrac{F}{A_1}\right)^{\frac{1}{2}}}{A_1} \tag{7-20}$$

回路的速度刚度为

$$k_v=-\frac{\partial F}{\partial v}=\frac{A_1^2}{k_1+\dfrac{1}{2}KA_T\left(\dfrac{F}{A_1}\right)^{-\frac{1}{2}}}=\frac{2FA_1}{q_t+k_1\left(\dfrac{F}{A_1}\right)-A_1v} \tag{7-21}$$

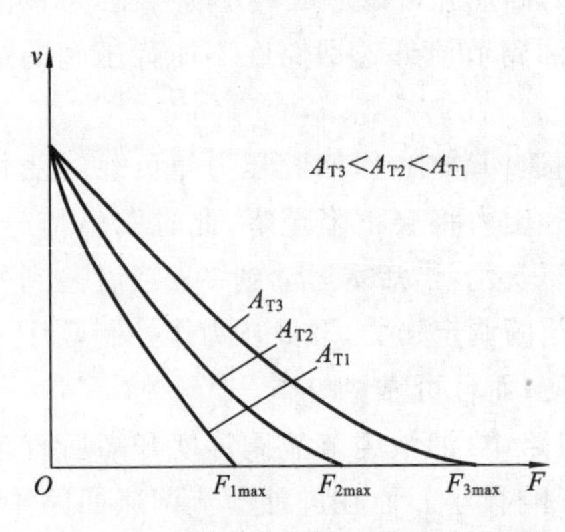

图7-26 旁路节流调速回路速度-负载特性曲线

根据式(7-20)，选取不同的通流面积 A_T 值作图，可以得到一组速度-负载特性曲线，如图7-26所示。由式(7-20)和图7-26可以得到如下结论。

(1) 当节流阀通流面积 A_T 一定时，外负载运动速度随着负载 F 的增大而明显减小，速度刚度增大。

(2) 当负载 F 一定时，外负载运动速度随着节流阀通流面积 A_T 的增大而减小，速度刚度也减小，这与进油、回油节流调速回路正好相反。

3）调速特性

这种调速回路的调速范围不仅与节流阀的调速范围有关，而且还与负载、液压缸的泄漏有关。因此，其调速范围要比进油节流调速回路和回油节流调速回路的调速范围小。

4）最大承载能力

由图7-26可以看出，旁路节流调速回路的承载能力受活塞运动速度 v 和节流阀通流面积 A_T 的影响。而活塞运动速度随着负载的增加而减小，当活塞的运动速度为零时，得到最大负载值，此时液压泵的全部流量已经通过节流阀流回油箱。如果继续增大节流阀的通流面积，此时已经无法调节液压缸的运动速度了。当负载增大到安全阀的设定值时，安全阀就会打开，泵的流量全部通过安全阀流回油箱，液压缸的运动速度为零。所以，回路的最大承载能力受安全阀设定值的限制。

5）功率特性

液压泵的输出功率为

$$P_{p}=p_{p}q_{p} \tag{7-22}$$

液压缸的输出功率为

$$P_{1}=p_{p}q_{1} \tag{7-23}$$

功率损失为

$$\Delta P=P_{p}-P_{1}=p_{p}q_{p}-p_{p}q_{1}=p_{p}\Delta q \tag{7-24}$$

回路效率为

$$\eta=\frac{P_{p}-\Delta P}{P_{p}}=\frac{p_{p}q_{1}}{p_{p}q_{p}}=\frac{q_{1}}{q_{p}} \tag{7-25}$$

在旁路节流调速回路中，由于只有节流损失，没有溢流损失，所以功率损失相对较小，效率比进油节流调速回路和回油节流调速回路的高。这种调速回路一般适用于功率较大且速度稳定性要求不高的场合。

4. 调速阀式节流调速回路

在前述进油节流调速回路、回油节流调速回路和旁路节流调速回路中，当负载发生变化时，节流阀前后的工作压差也随之变化，回路的速度稳定性较差。如果负载变化较大而又要求速度稳定性较高时，以上几种调速回路显然不能满足要求，因为它们均采用节流阀进行调速，当工作压差变化时，会引起通过节流阀的流量变化，导致液压执行元件运动速度的变化。而调速阀两端的压差基本不受负载变化的影响，其流量只取决于调速阀通流面积的大小，如果采用调速阀代替节流阀则能提高回路的速度刚度，改善回路的速度稳定性。

调速阀式节流调速回路也分为进油节流、回油节流和旁路节流调速回路等，它们的回路构成、工作原理与它们各自对应的节流阀式调速回路的基本相同。图7-27所示为调速阀式节流调速回路的速度-负载特性曲线。

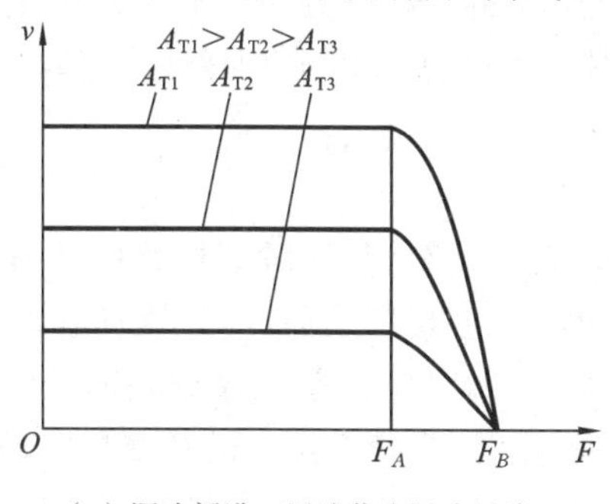

（a）调速阀进、回油节流调速回路

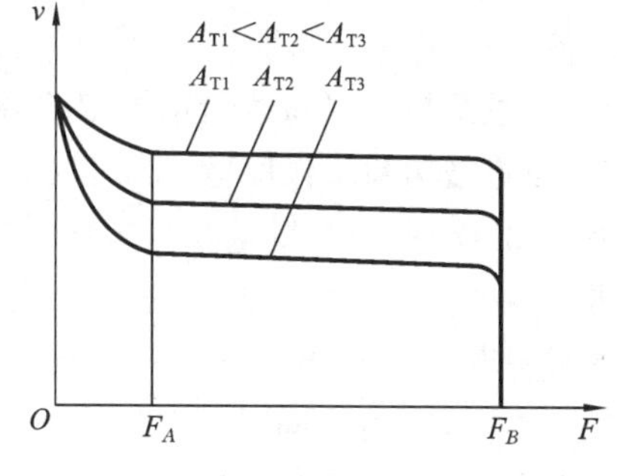

（b）调速阀旁路节流调速回路

图7-27　调速阀式节流调速回路速度-负载特性曲线

图7-27(a)所示为调速阀进油节流调速回路和调速阀回油节流调速回路的速度-负载特性曲线。从图中可以看出：当液压缸的负载在$0\sim F_{A}$之间变化时，速度不发生变化；当负载大于F_{A}时，速度随负载的增大而减小，这是因为调速阀的工作压差小于调速阀正常工作的最小压差后，其速度-负载特性与节流阀节流调速回路相同；当负载增大到$F_{B}=p_{p}A_{1}$时，液压缸停止运动。

图 7-27(b)所示为调速阀旁路节流调速回路的速度-负载特性曲线。从图中可以看出：当负载小于 F_A 时，调速阀的工作压差小于其正常工作的最小压差，此时其速度-负载特性与节流阀式节流调速回路的相同；当液压缸的负载在 $F_A \sim F_B$ 之间变化时，由于液压泵的泄漏，随着负载的增大速度有小幅减小；当负载增大到 F_B 时，达到安全阀的设定值，安全阀就会打开，液压缸停止运动。

调速阀式节流调速回路的其他特性与前述的三种节流阀式调速回路的相似，在计算和分析时可参照相应公式。需要注意的是，为了保证调速阀中减压阀起到压力补偿的作用，调速阀两端的压力差必须大于某一定值，否则调速阀式节流调速回路和节流阀式节流调速回路的负载特性区别不大。一般中、低压调速阀两端的压力差为 0.5 MPa，高压调速阀两端的压力差为 1 MPa。由于调速阀的最小压力差比节流阀大，所以其调速回路的功率损失比节流阀式调速回路的大一些。

7.3.4 容积调速回路

容积调速回路是通过改变液压泵或液压马达的排量来实现调速的。与节流调速回路相比，这种回路从原理上讲没有节流和溢流损失，因而效率高，发热量少，适用于高速、大功率调速系统，但变量泵和变量马达的结构比较复杂，成本较高。

根据油路的循环方式不同，容积调速回路分为开式回路和闭式回路两种。在开式回路中，液压泵从油箱吸油，同时输送给执行元件，执行元件的回油直接流回油箱。这种回路的结构简单，油箱体积也比较大，油液在油箱中能充分散热冷却，也便于沉淀过滤杂质和析出气体；缺点是空气及脏物容易进入回路，影响系统正常工作。在闭式回路中，执行元件的回油口直接与液压泵的吸油口相通，结构紧凑，便于改变执行元件的运动方向，而且只需较小的补油箱；缺点是油液散热条件差，常需设置辅助泵补油、换油等。

按液压泵和液压执行元件的组合方式不同，容积调速回路可以分为变量泵与定量马达、变量泵与液压缸、定量泵与变量马达以及变量泵与变量马达组成的容积调速回路四种基本形式。

1. 变量泵与定量马达组成的容积调速回路

1）回路结构和工作原理

图 7-28(a)所示为变量泵与定量马达组成的容积调速回路。这种调速回路由补油泵 1、溢流阀 2、单向阀 3、变量泵 4、安全阀 5、定量马达 6 组成。主泵启动前，应先启动补油泵 1，向系统管路供油和排出空气。补油泵装在补油油路上，工作时经过单向阀分别向系统处于低压状态的油路补油，同时还可以防止空气渗入和出现孔穴，改善系统内的热交换。马达的正反向旋转可以通过双向变量泵来实现，也可以用单向变量泵再加装换向阀来实现。安全阀用来限定油路中的最高压力，以防止系统过载。溢流阀的作用是设定补油泵的补油压力，并溢出多余油液回油箱。

2）速度-负载特性

若不考虑各种损失，液压马达的转速为

$$n_M = \frac{q_p}{V_M} = \frac{V_p n_p}{V_M} \tag{7-26}$$

式中：n_M、V_M——定量马达的转速和排量；

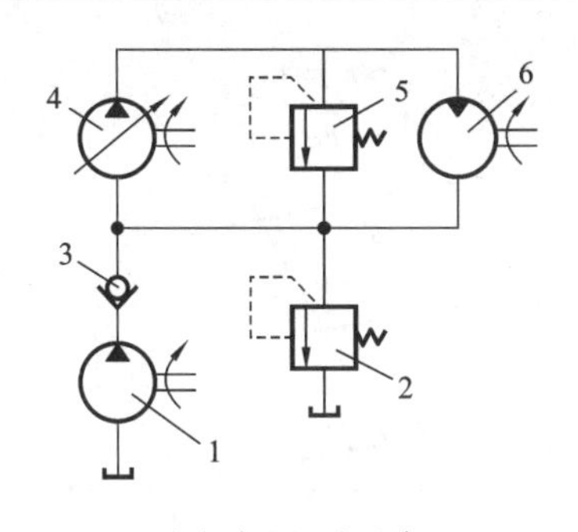

（a）容积调速回路

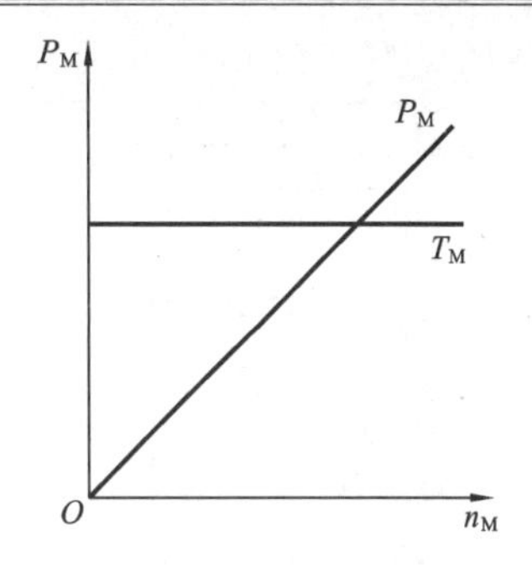

（b）速度-负载特性曲线

1—补油泵；2—溢流阀；3—单向阀；
4—变量泵；5—安全阀；6—定量马达

图 7-28 变量泵与定量马达组成的容积调速回路及速度-负载特性曲线

q_p、V_p、n_p——变量泵的流量、排量和转速。

同样，在不考虑泄漏等各种损失时，定量马达的输出转矩为

$$T_M=\frac{\Delta p V_M}{2\pi} \tag{7-27}$$

式中：Δp——定量马达的进、出口压力差。

由式(7-26)和式(7-27)可以看出，因为液压泵的转速 n_p 和液压马达的排量 V_M 视为常量，所以只需改变变量泵的排量 V_p，就可以调节定量马达的转速 n_M 和输出功率 P_M。这种回路的最大输出转矩不受变量泵排量 V_p 的影响，是恒定不变的，因此这种回路又称为恒转矩调速回路。图 7-28(b)为变量泵与定量马达组成的容积调速回路的速度-负载特性曲线。

3）调速特性

如前所述，调节变量泵的排量就可以实现调速，又因为变量泵的排量 V_p 可以调得很小，所以这种回路有较大的调速范围，可以实现连续的无级调速。采用变量叶片泵时的调速范围为 5～10 倍，采用轴向柱塞泵时，调速范围可达 40 倍左右。当回路中的液压泵改变供油方向时，液压马达能实现平稳换向。

4）功率特性

不考虑各种损失时，液压马达的输出功率为

$$P_M=T_M\omega=\Delta p n_p V_p \tag{7-28}$$

从式(7-28)可以看出，当工作负载一定时，液压马达的输出功率随变量泵的排量线性变化。

变量泵与定量马达组成的容积调速回路具有恒转矩特性，调速范围较大，效率较高，常用于工程机械、起重机械、锻压机械等功率较大的液压系统中。

2. 变量泵与液压缸组成的容积调速回路

图 7-29(a)所示为变量泵与液压缸组成的开式容积调速回路。它由变量泵 1、液压缸 2 和溢流阀 3 组成，其中溢流阀起到安全阀的作用，防止系统过载。工作时，通过改变变量泵的排量，便可调节活塞的运动速度。

在这种调速回路中，其速度稳定性受变量泵、液压缸和油路泄漏的影响，其中变量泵泄漏的影响最大。若忽略其他各种损失，只考虑变量泵的泄漏因素，则活塞的运动速度为

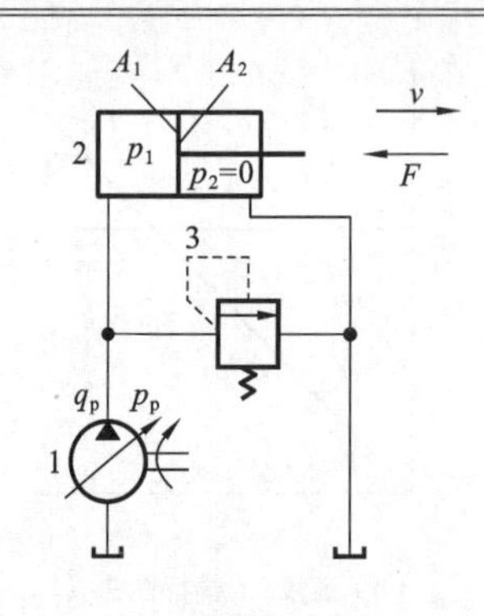

(a) 容积调速回路

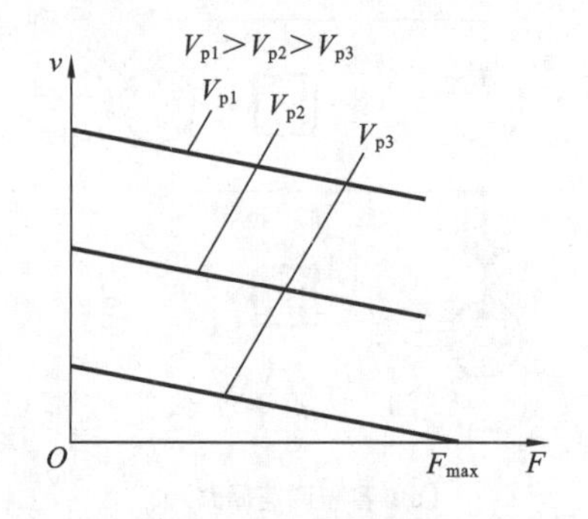

(b) 速度-负载特性曲线

1—变量泵；2—液压缸；3—溢流阀

图 7-29 变量泵与液压缸组成的容积调速回路及速度-负载特性曲线

$$v=\frac{q_p-k_1\left(\frac{F}{A_1}\right)}{A_1}=\frac{n_pV_p-k_1\left(\frac{F}{A_1}\right)}{A_1} \tag{7-29}$$

式中：q_p、V_p、n_p——变量泵的流量、排量和转速；

F、A_1——负载和液压缸的有效工作面积；

k_1——泵的泄漏系数。

由式(7-29)可知，选取不同的排量 V_p，可以得到如图 7-29(b)所示的速度-负载特性曲线。从图中看以看出，由于变量泵的泄漏系数 k_1 较大，工作负载 F 增大时，活塞的运动速度 v 呈线性规律下降。当负载 F 增大到某一值时，活塞停止运动，这是因为泵提供给系统的流量全部用于补偿泵的泄漏了。该值就是设定排量下回路的最大承载能力，即

$$F_{max}=\eta_m p_p A_1 \tag{7-30}$$

式中：η_m——液压缸的机械效率。

该回路的速度刚度为

$$k_v=\frac{A_1^2}{k_1} \tag{7-31}$$

式(7-31)说明该回路的速度刚度只与回路自身参数 A_1 和 k_1 有关，不受负载和速度大小等工作参数的影响。因此，增大液压缸的有效工作面积 A_1 或者选用泄漏系数 k_1 较小的变量泵都能提高回路的速度刚度。

变量泵与液压缸组成的容积调速回路的最大速度由泵的最大流量决定，如果忽略泵的泄漏，最低速度可以调到零，因此这种调速回路的调速范围很大，可以实现无级调速。在调速范围内，液压缸的最大推力保持恒定，最大输出功率随速度的增大而线性增大。这种回路常用于负载功率大，运动速度高的场合。

3. 定量泵与变量马达组成的容积调速回路

1）回路结构和工作原理

图 7-30(a)所示为定量泵与变量马达组成的容积调速回路。这种回路是由调速回路和辅助补油油路组成的，回路中的主油泵为定量泵 3，输出流量为定值，所以调节变量马达的排量即可调节变量马达的转速。

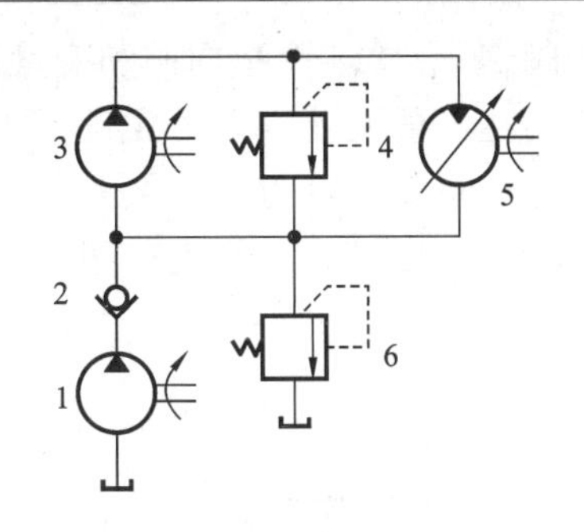

(a) 容积调速回路

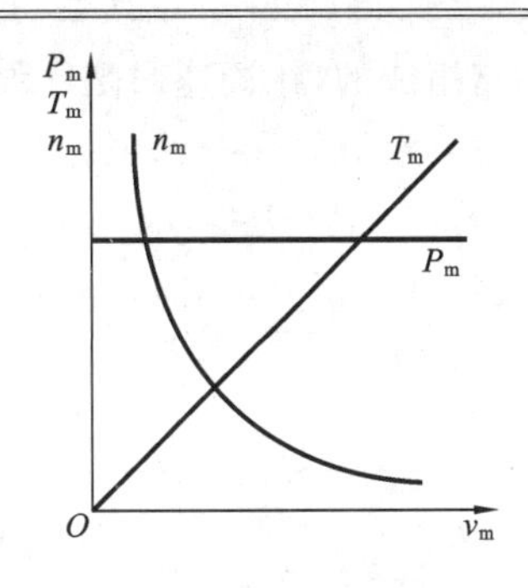

(b) 工作特性曲线

1—补油泵；2—单向阀；3—定量泵；
4—安全阀；5—变量马达；6—溢流阀

图7-30　定量泵与变量马达组成的容积调速回路及工作特性曲线

2）速度-负载特性

若不考虑各种损失，变量马达的转速为

$$n_m=\frac{q_p}{V_m}=\frac{n_pV_p}{V_m} \tag{7-32}$$

由式(7-32)可以看出，变量马达的转速 n_m 与其排量 V_m 成反比关系，因为泵的转速 n_p 和排量 V_p 都是常数，所以减小变量马达的排量 V_m 就能提高马达的转速。但是，不能把 V_m 调得太小，否则输出的转矩就可能会太小，造成马达不能克服负载而停止转动。图7-30(b)所示为定量泵与变量马达组成的容积调速回路的工作特性曲线。

3）功率特性

不考虑各种损失的情况下，变量马达的输出转矩为

$$T_m=\frac{\Delta pV_m}{2\pi} \tag{7-33}$$

由式(7-33)可以看出，在工作负载不变的情况下，变量马达的输出转矩 T_m 与其排量 V_m 成正比，其工作特性曲线如图7-30(b)所示。

当安全阀的设定压力一定时，如果忽略液压马达的泄漏和机械效率的变化，液压马达的输出功率为

$$P_m=T_m\omega=\Delta pq_p \tag{7-34}$$

当工作负载不变时，定量泵的流量 q_p 为常量，所以在调速过程中功率不发生变化，因此该回路具有恒功率的特性，该回路也称为恒功率调速回路。

4）调速特性

如前所述，用调节变量马达排量的方法进行调速的时候，如果把液压马达的排量调得太小，将会使其输出转矩降低，甚至带不动负载而停转，使高速受到限制；而较低的转速又会因为马达及泵的泄漏使其在低转速时的承载能力较差，因此这种回路的调速范围比较小，一般不大于3。

4. 变量泵与变量马达组成的容积调速回路

1）回路结构和工作原理

图7-31(a)所示为变量泵与变量马达组成的容积调速回路。这种回路也是由调速回路

和辅助补油油路组成的，在调速回路中设有安全阀、变量泵、4个单向阀和变量液压马达；辅助补油油路中设有溢流阀和补油泵。其中，变量马达9的旋转方向由变量泵4的供油方向决定，单向阀5和6相背安装，主要是为了保证补油泵2能够为变量泵4双向低压回路补油，溢流阀1设定补油压力，单向阀7和8相向安装，主要是为了使安全阀3双向高压回路都能起过载保护作用。

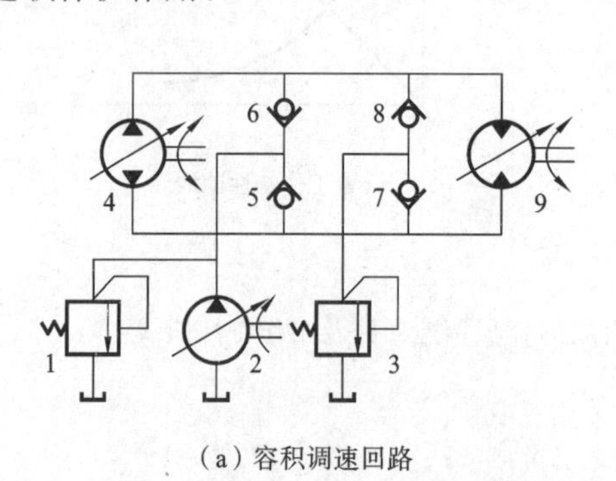

（a）容积调速回路

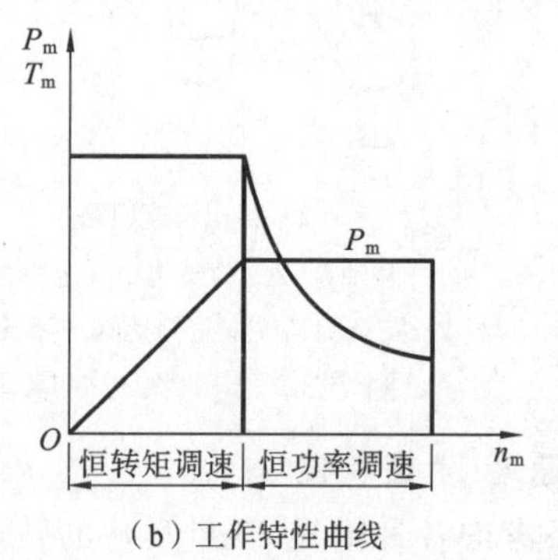

（b）工作特性曲线

1—溢流阀；2—补油泵；3—安全阀；4—变量泵；
5，6，7，8—单向阀；9—变量马达

图7-31 变量泵与变量马达组成的容积调速回路及工作特性曲线

2）调速特性

在这种组合回路中，调节变量泵或者变量马达的排量都可以实现液压马达的调速。为了合理地利用变量泵和变量马达调速中各自的优点，在实际应用中，一般采取分段调速的方法来进行调节，图7-31(b)所示为这种回路的工作特性曲线。

在低速阶段，相当于变量泵与定量马达组成的容积调速回路。其调速方法是先将变量马达的排量 V_m 调到最大值后固定不变，然后调节变量泵的排量 V_p，使之从最小值逐渐增大到最大值，则马达的转速 n_m 逐渐增大到最大值，输出功率 P_m 随之线性增大，而变量马达的输出转矩 T_m 不变，处于恒转矩调速状态。

在高速阶段，相当于定量泵与变量马达组成的容积调速回路。其调速方法是将已调到最大值的变量泵的排量 V_p 固定不变，然后调节变量马达的排量 V_m，使之从最大值逐渐减小到最小值，此时马达的转速 n_m 进一步增大，在这一阶段中，马达的输出转矩 T_m 逐渐减小，而输出功率 P_m 不变，处于恒功率调速状态。

这种回路扩大了液压马达转矩和功率输出的选择余地，调速范围比较大，其调速范围是变量泵排量的调节范围与变量马达排量的调节范围之积，最大可以达到100倍。这种回路适用于要求调速范围大，大转矩、低转速，且工作效率要求高的场合。

7.3.5 容积-节流调速回路

容积调速回路虽然效率高，发热量少，但是由于泄漏比较严重，存在着速度-负载特性差的问题，特别是在低速时，其稳定性更差。因此，在低速稳定性要求较高的场合，常采用容积-节流调速回路。

容积-节流调速回路采用压力补偿型变量泵供油，通过调节流量阀来控制流入或流出液压缸的流量，达到调节液压缸速度的目的，而且液压泵输出的流量自动地与液压缸需要的流量相适应。这种回路存在节流损失，但没有溢流损失，效率较高，其速度稳定性比容积调速回路好。常见的容积-节流调速回路为限压式变量泵与调速阀组成的容积-节流调速回路和差压式变量泵与节流阀组成的容积-节流调速回路两种。

1. 限压式变量泵与调速阀组成的容积-节流调速回路

图7-32(a)所示为限压式变量泵与调速阀组成的容积-节流调速回路。回路由限压式变量泵1供油，其工作原理是通过调节调速阀2的通流面积，控制进入液压缸的流量，从而实现对液压缸运动速度的调节。

图7-32(b)中曲线1和曲线2分别为限压式变量泵和调速阀的工作特性曲线。如果不计变量泵与调速阀之间的管路泄漏损失，变量泵的输出流量应该等于通过调速阀的流量。当回路正常工作时，两条曲线相交于某一点 c。点 c 处的横坐标即为变量泵的出口压力 p_p，也是调速阀的入口压力；点 c 处的纵坐标即为变量泵的输出流量 q_p，也是通过调速阀的流量。如果调节调速阀使其流量 q_1 增大，则调速阀的工作特性曲线上移到2′位置，与变量泵的工作特性曲线相交于新的一点 c'，则点 c' 所对应的压力和流量即为变量泵和调速阀新的工作压力和工作流量。可见，这种调速回路就是通过调速阀来改变变量泵的输出流量，使其与调速阀的控制流量相适应。

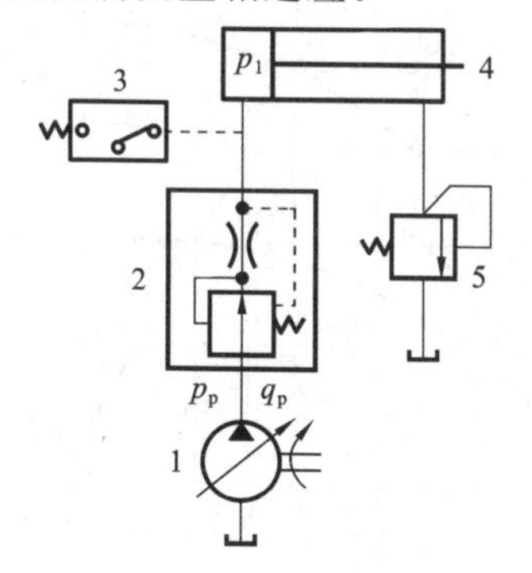

(a) 容积-节流调速回路

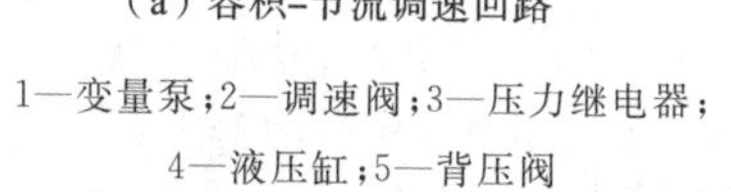
1—变量泵；2—调速阀；3—压力继电器；
4—液压缸；5—背压阀

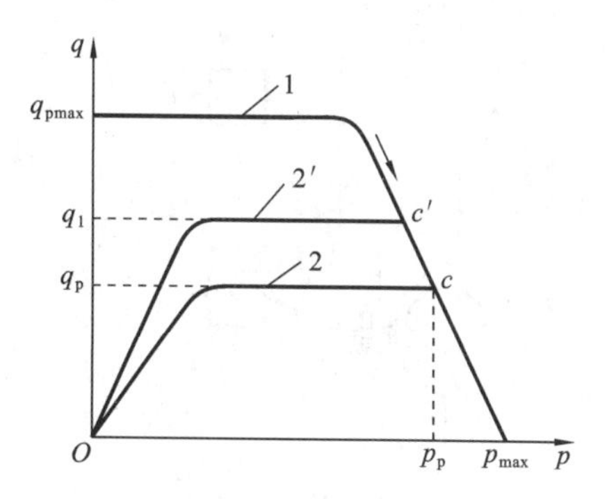

(b) 压力-流量特性曲线

1—限压式变量泵工作特性曲线；
2,2′—调速阀工作特性曲线

图7-32　限压式变量泵与调速阀组成的容积-节流调速回路及压力-流量特性曲线

调速阀可以装在回路中的进油油路上，也可以装在回油油路上。节流损失的大小与液压缸的工作压力 p_1 有关。负载越小，工作压力 p_1 越低，节流损失就越大，回路的效率高于节流调速而低于容积调速回路。

这种回路的主要优点是泵的压力和流量在工作进给和快速运动时能自动切换，发热量小，运动平稳性好，适用于负载变化不大的中、小功率液压系统中。

2. 差压式变量泵与节流阀组成的容积-节流调速回路

图7-33(a)所示为差压式变量泵与节流阀组成的容积-节流调速回路。其中差压式变量泵1的定子左右各有一个缸，柱塞控制缸2和活塞缸3，缸2中的柱塞直径和缸3中的活塞杆直径相等，其面积为 A_1，缸2中活塞的承压面积为 A_2，泵的出口连接一个节流阀。这

种调速回路的工作原理与容积-节流调速回路的原理基本相同。

在图 7-33(b)中，横坐标表示节流阀前后的压差，纵坐标表示通过的流量，曲线 1 和曲线 2 分别表示节流阀和差压式变量泵的工作特性曲线。调整节流阀流量 q_1，当回路正常工作时，系统工作点就是节流阀的工作特性曲线 1 与变量泵的工作特性曲线 2 的交点 c。若不计管路泄漏，调节节流阀使流量 $q_1>q_p$ 时，变量泵的输出阻力减小，压力降低，节流阀两端的压差减小，泵的偏心距加大使泵的供油量 q_p 增加，直到达到新的 $q_p=q_1$ 为止。这时阀与泵的工作点由 c 位置变到 c' 位置。反之，若调节节流阀使流量 $q_1<q_p$ 时，节流阀与变量泵的工作点由 c 位置变到 c'' 位置。

由以上分析可知，在这种回路中，节流阀通流面积调定后，其流量 q_1 便不受负载变化的影响，基本稳定不变。下面来分析流量 q_1 基本不变的原因，结合图 7-33(a)，作用在液压泵定子上的力平衡方程为

$$p_pA_1+p_p(A_2-A_1)=p_1A_2+F_s \tag{7-35}$$

即

$$p_p-p_1=\frac{F_s}{A_2} \tag{7-36}$$

式中：F_s——活塞缸 3 中的弹簧力。

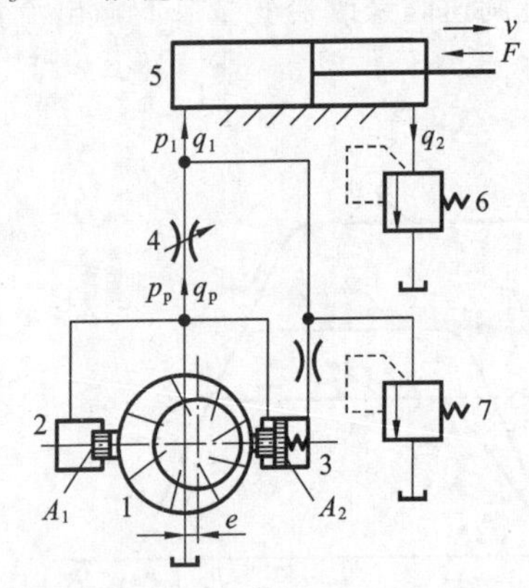

(a) 容积调速回路

1—变量泵；2—柱塞控制缸；3—活塞缸；

4—节流阀；5—液压缸；6—背压阀；7—安全阀

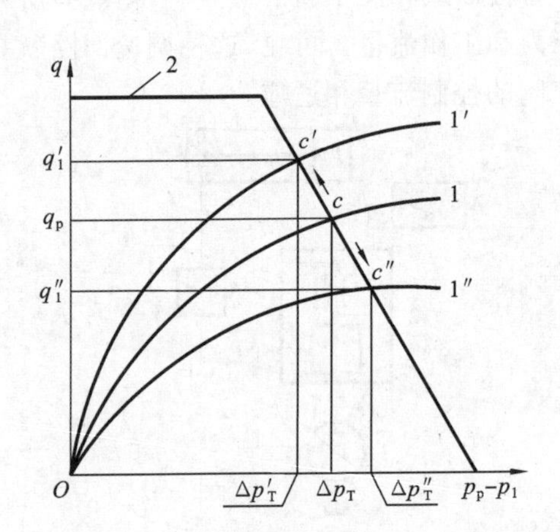

(b) 工作特性曲线

1,1′,1″—节流阀工作特性曲线；

2—差压式变量泵工作特性曲线

图 7-33 差压式变量泵与节流阀组成的容积-节流调速回路及工作特性曲线

由于弹簧的刚度很小，工作时它的伸缩量也很小，所以弹簧力 F_s 基本恒定，则节流阀 4 前后的压力差 $\Delta p=p_p-p_1=F_s/A_2$ 也基本不变，这就是流量 q_1 基本不变的原因。从压差公式还可以看出，当外负载 p_1 变化时，泵的出口压力 p_p 也随之变化，因此这种回路又称为变压式容积调速回路。这种回路适用于外负载变化较大，速度较低的中小功率场合。

7.3.6 其他速度控制回路

1. 快速回路

为了提高生产率，许多液压系统的执行元件都采用了两种运动速度，即空载时的快速运动速度和工作时的正常运动速度，常用的快速回路分述如下。

1）液压缸差动连接快速回路

图 7-34 所示为液压缸差动连接快速回路。它是利用液压缸的差动连接来实现的，当二位二通换向阀处于右位时，液压缸为差动连接。液压泵输出的油液和液压缸有杆腔返回的油液合流，进入液压缸的无杆腔，实现活塞的快速运动。差动与非差动连接时的运动速度的差值与液压缸两腔面积的差值有关，当活塞两端的有效工作面积相差一倍时，差动与非差动连接时的速度相差一倍。

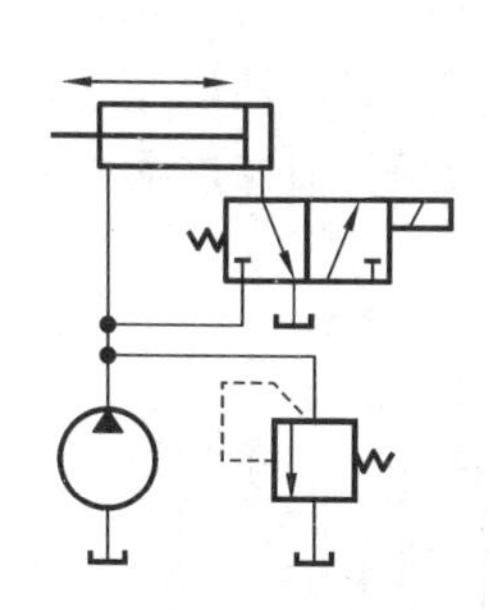

图 7-34　液压缸差动连接快速回路

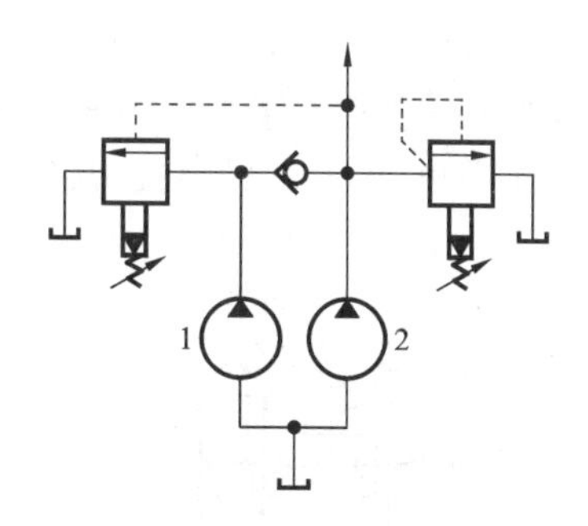

图 7-35　双泵供油快速回路

1—低压大流量液压泵；2—高压小流量液压泵

2）双泵供油快速回路

图 7-35 所示为双泵供油快速回路。图中低压大流量泵 1 和高压小流量泵 2 并联，同时向系统供油；当执行元件开始工作进给时，系统的压力增大，液控顺序阀打开，单向阀关闭，低压大流量泵卸荷，这时只有高压小流量泵独自向系统供油，实现执行元件的工作进给。系统的工作压力由溢流阀设定，液控顺序阀的作用是控制低压大流量泵在系统空载快速运动时向系统供油，在系统正常运动时卸荷。液控顺序阀的调整压力应该是高于快速空载而低于正常工作进给时所需的压力。这种快速运动回路特别适合空载快速运动速度与正常工作进给运动速度差别很大的系统，具有功率损失小，效率高的特点。

3）蓄能器辅助供油快速回路

图 7-36 所示为蓄能器辅助供油快速回路。这种回路中采用一个大容量的液压蓄能器，其目的是可以用较小的液压泵，使液压缸快速运动。当系统短时期需要较大流量时，泵 1 和蓄能器 4 共同向液压缸 6 供油，使液压缸速度加快；当换向阀 5 处于中位，液压缸停止工作时，液压泵经单向阀 3 向蓄能器供油，蓄能器的压力升到卸荷阀 2 的调定压力后，卸荷阀开启，液压泵卸荷。

这种回路适用于短时间内需要大流量的场合，也可用于小流量的液压泵使液压缸获得较大的运动速度。需要注意的是，在液压缸的一个工作循环周期内，必须有足够的停歇时间保证液压泵完成对蓄能器的充液。

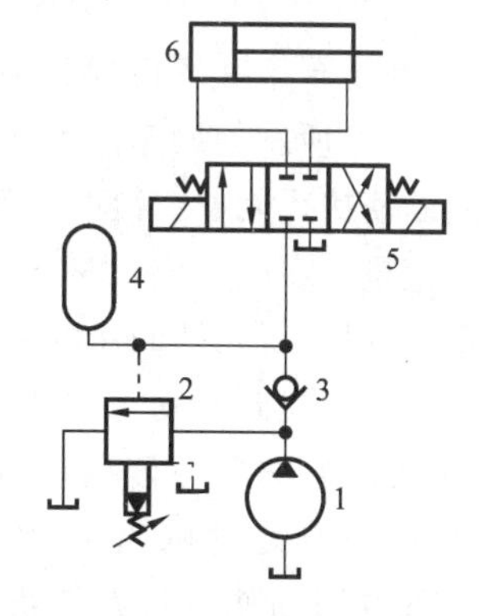

图 7-36　蓄能器辅助供油快速回路

1—液压泵；2—卸荷阀；3—单向阀；4—蓄能器；5—换向阀；6—液压缸

2. 速度换接回路

速度换接回路是实现执行元件在一个工作循环中，从一种速度变换到另一种速度功能的回路。现分述如下。

1）行程阀控制速度换接回路

如图 7-37 所示为行程阀控制速度换接回路。电磁换向阀 3 处在左位，液压缸 7 快进。当活塞所连接的挡块压下行程换向阀 6 时，行程换向阀关闭，液压缸右腔的油液必须通过节流阀 4 才能流回油箱，活塞运动速度转变为慢速工进。当电磁换向阀 3 断电处于右位时，压力油同时经节流阀 4 和单向阀 5 进入液压缸右腔，活塞快速向左返回。这种回路的快速与慢速的换接过程比较平稳，换接点的位置比较准确，缺点是行程换向阀的安装位置不能任意布置，管路连接较为复杂。若将行程换向阀改为电磁换向阀，并通过挡块压下电气行程开关来操纵，也可实现快、慢速度的换接，其优点是安装连接比较方便，但速度换接的平稳性和换向精度都比较差。

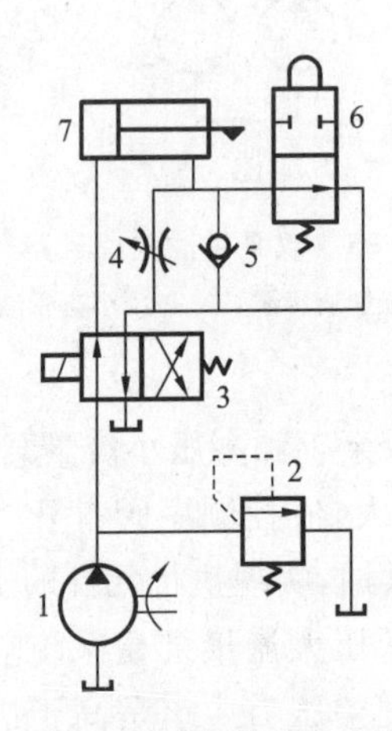

图 7-37　行程阀控制速度换接回路

1—液压泵；2—溢流阀；3—换向阀；4—节流阀；5—单向阀；6—行程换向阀；7—液压缸

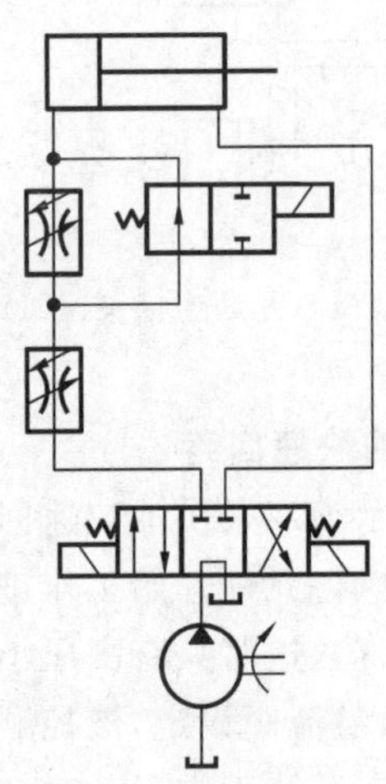

图 7-38　调速阀串联速度换接回路

2）调速阀串联速度换接回路

图 7-38 所示为调速阀串联速度换接回路。在这种回路中两个调速阀串联，通过控制换向阀的通断使执行元件获得两种速度，为使后一个调速阀能够起作用，其流量必须小于前一个调速阀的流量。在图示位置时，液压油经过两个调速阀，由于后一个调速阀流量小于前一个调速阀流量，所以执行元件的速度由后一个调速阀控制。当换向阀切换到右位时，执行元件的速度则由前一个调速阀控制。这种速度换接回路的特点是换接比较平稳，但是节流损失较大。

3）调速阀并联速度换接回路

图 7-39 所示为调速阀并联速度换接回路。在这种回路中两个调速阀并联，也是通过控制换向阀的通断使执行元件获得两种不同速度，但是这两个调速阀的速度可以单独调节，互不影响，一个调速阀工作时，另一个调速阀处于非工作状态。进行速度换接时，由于工作状态发生改变，调速阀流量瞬时过大，导致执行元件出现前冲现象。这种环节回路的速度换接不太平稳，不如串联速度换接回路应用广泛。

4）液压马达串、并联速度换接回路

在液压马达驱动的行走机构中，一般需要马达有两种转速以满足行驶条件的要求。在平地行驶时采用高速，上坡时采用低速以增加转矩。两个液压马达之间的油路采用串、并联连接实现速度的换接。

图7-40所示为液压马达串、并联速度换接回路。这种回路中两个马达油路的串、并联通过使用二位四通电磁换向阀1来实现，三位四通电磁换向阀2实现液压马达的正反转，用变量泵来实现马达的调速。在图示位置时，两个马达并联，此时为低速；若二位四通电磁换向阀通电，两个马达串联，获得高速。若两个马达的排量相等，并联时进入每个马达的流量为油泵流量的一半，则转速为串联时的一半，但输出转矩相应增加。串、并联时，回路的输出功率相同。

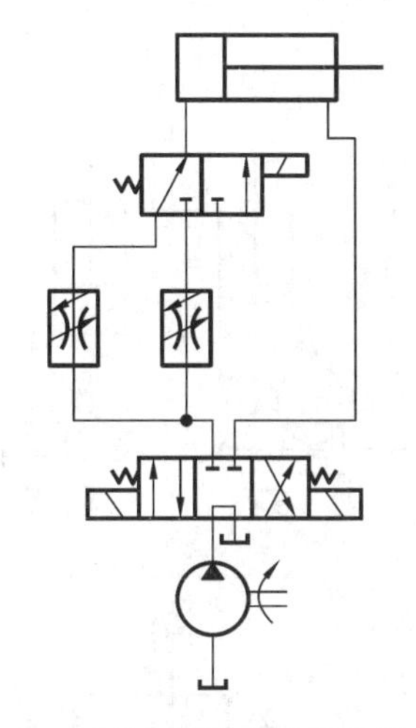

图7-39 调速阀并联速度换接回路

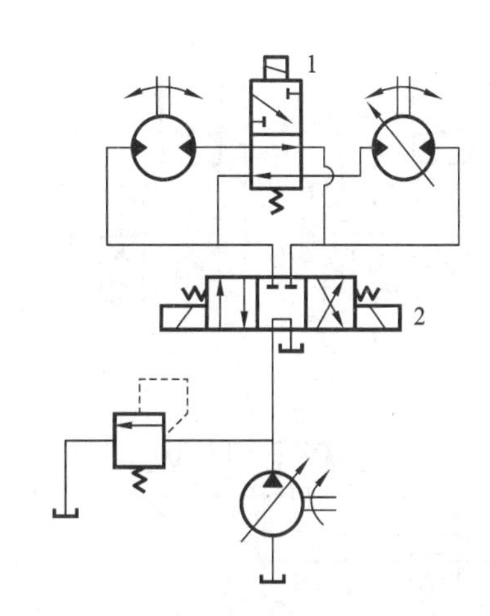

图7-40 液压马达串、并联速度换接回路
1,2—电磁换向阀

7.4 多缸工作控制回路

在一些大型液压设备中，用一台液压泵向两个或多个缸(或马达)提供液压油，按各缸之间的运动关系要求进行控制，而这些执行元件按照一定方式完成动作的回路，称为多缸工作控制回路。多缸工作控制回路分为同步运动回路、顺序运动回路和互不干扰回路。

7.4.1 同步运动回路

同步运动回路是实现多个执行元件以相同的位移或相等的速度运动的液压回路。在液压系统中，由于负载、泄漏、摩擦阻力、制造精度和结构变形等因素的影响，很难保证多个执行元件同步。因此，在回路的设计、制造和安装过程中，通过补偿它们在流量上所造成的变化，来保证运动速度或位移相同。

同步运动回路分为速度同步和位置同步两类。速度同步是指各执行元件的运动速度相等，而位置同步是指各执行元件在运动中或停止时都保持相同的位移量，相对位置保持固定不变。如果液压系统中要求同步的多个执行元件每瞬间速度同步，那么它也能保持位置同步。

1. 流量式同步运动回路

流量式同步运动回路是通过调节流量控制阀，改变流入或流出两个液压缸的流量，使液压缸活塞运动速度相等，实现速度同步。

1）调速阀控制同步运动回路

图 7-41 所示为调速阀控制同步运动回路。这种回路中，调速阀 1 和 2 分别调节两个并联的液压缸 3 和 4 的运动速度，当两缸的有效工作面积相等时，流量也相同；若两缸的有效工作面积不等时，改变调速阀的流量能达到同步运动的效果。

用调速阀控制的同步回路，结构简单，并且可以调速，但是由于受到油温变化以及调速阀性能差异等影响，同步精度较低，一般在 5%～7%。

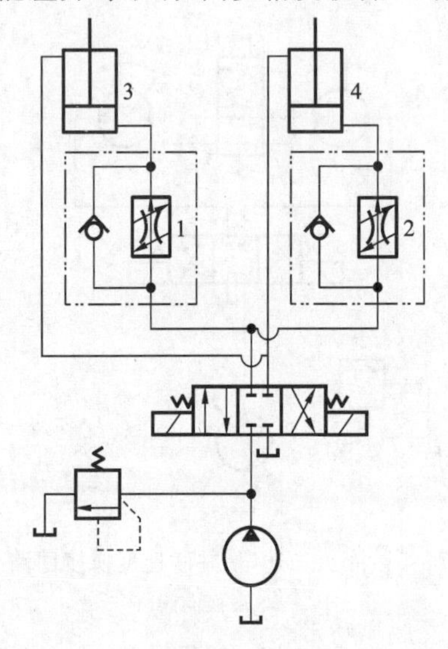

图 7-41 调速阀控制同步运动回路

1，2—调速阀；3，4—液压缸

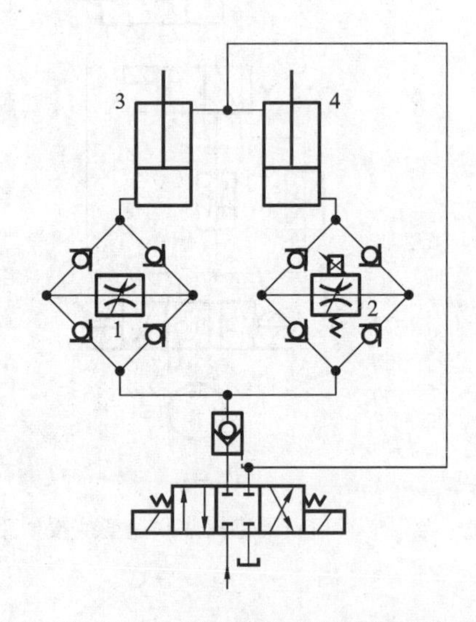

图 7-42 电液比例调速阀控制同步运动回路

1—调速阀；2—比例调速阀；3，4—液压缸

2）电液比例调速阀控制同步运动回路

图 7-42 所示为电液比例调速阀控制同步运动回路。这种回路中使用了一个普通调速阀 1 和一个比例调速阀 2，它们装在由多个单向阀组成的桥式回路中，并分别控制着液压缸 3 和 4 的运动。当两个活塞出现位置误差时，检测装置就会发出信号，调节比例调速阀的开度，使液压缸 4 的活塞跟上液压缸 3 活塞的运动而实现同步。

这种回路的同步精度较高，位置精度可达 0.5 mm，能满足大多数工作部件所要求的同步精度。电液比例阀的费用低，系统对环境适应性强，是实现同步控制的发展新方向。

2. 容积式同步运动回路

容积式同步运动回路主要是用相同的液压泵、执行元件（液压缸或马达）或机械连接的方法来实现的。这种回路可允许较大的偏载，偏载造成的压差不影响流量的改变，只影响油液微量的压缩和泄漏，同步精度较高，系统效率也较高。

1）串联液压缸同步运动回路

图 7-43(a)所示为带补油装置的串联液压缸同步运动回路。若把两个液压缸串联起来，并且两串联油腔的活塞有效面积相等，便可实现两液压缸的同步。但是两串联油腔的泄

漏会使两活塞产生位置误差，长期运行会导致误差不断积累，应采取措施使一个液压缸达到行程端点后，向串联油腔 a 点补油或由此排油来消除误差。其工作原理是在两液压缸活塞同时下降时：如果液压缸 1 的活塞先到达端点，触动行程开关 1S，使电磁换向阀 4 的电磁铁 3YA 通电，压力油经换向阀 4 和液控单向阀 3 进入液压缸 2 的上腔，使液压缸 2 的活塞继续下降到端点；如果液压缸 2 的活塞先到达端点，触动行程开关 2S，使 4YA 通电，压力油接通液控单向阀 3 的控制油路，液压缸 1 下腔的油液经液控单向阀 3 和换向阀 4 流回油箱，使液压缸 1 的活塞也下降到端点，从而消除积累误差。

2）同步缸同步运动回路

图 7-43(b)所示为同步缸的同步运动回路。同步缸 1 是由两个尺寸相同的缸体和两个活塞共用一个活塞杆的液压缸，活塞向左或向右运动时输出或接受两个相等容积的油液，起着配流的作用。同步缸 1 的两个活塞上装有双作用单向阀 2，它可以在行程端点消除两液压缸的同步误差。当同步缸活塞向右运动到达右端点时，顶开右侧单向阀，若某个液压缸(3 或 4)没有到达行程端点，压力油便可通过顶开的单向阀直接进入其上腔，使活塞继续下降到端点。同步缸可隔成多段，实现多液压缸的同步，但需要特制的同步缸，其体积和长度都很大。

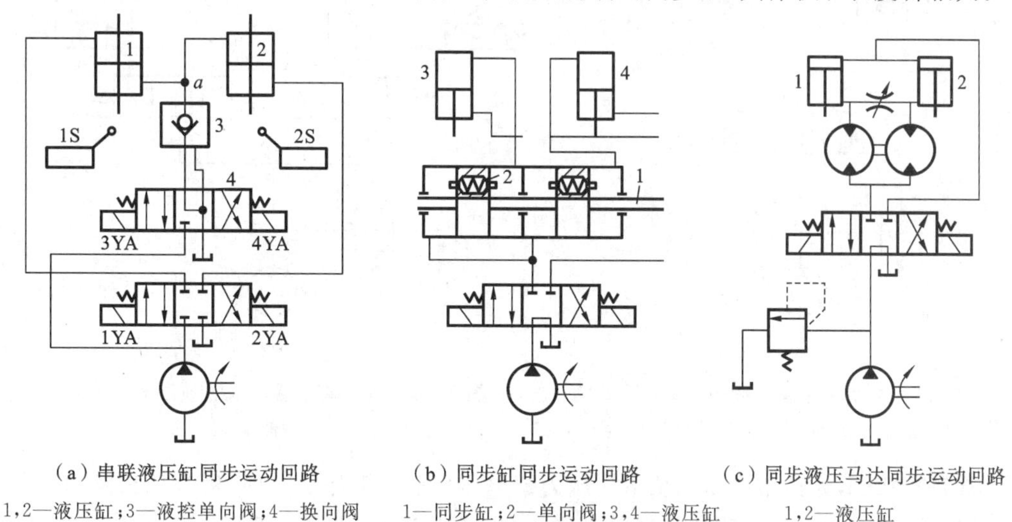

（a）串联液压缸同步运动回路
1，2—液压缸；3—液控单向阀；4—换向阀

（b）同步缸同步运动回路
1—同步缸；2—单向阀；3，4—液压缸

（c）同步液压马达同步运动回路
1，2—液压缸

图 7-43　容积式同步运动回路

3）同步液压马达同步运动回路

图 7-43(c)所示为同步液压马达的同步运动回路。与前述的同步缸一样，这种回路用两个同轴等排量液压马达配油，输出相同流量的油液来实现两个液压缸的同步。

容积同步回路的同步精度比流量同步回路的高，它排除了流量控制阀压差对流量影响的因素，其同步精度主要取决于元件的制造精度、泄漏和两液压缸偏载等因素，如同步液压马达回路中，选用容积效率稳定的柱塞液压马达，可以获得相当高的同步精度。随着同步精度的提高，也使得系统更加复杂，造价较高。

7.4.2　顺序运动回路

顺序运动回路可以实现多个执行元件按预定的次序动作，按照控制方法顺序运动回路一般可以分为压力控制、行程控制和时间控制三种，前两种运用得较多。

1. 压力控制顺序运动回路

图 7-44 所示为钻床液压系统中用顺序阀控制的顺序运动回路，该回路的功能是实现对工件的夹紧和钻孔。系统的一个控制特点是利用液压系统工作过程中压力的变化来使执行元件按顺序先后动作，在这个回路中，1 为夹紧液压缸，2 为钻头进给液压缸。动作顺序为：夹紧工件→钻头进给→钻头退回→松开工件。当换向阀 5 左位接通时，夹紧缸活塞向右运动，夹紧工件后回路压力升高到顺序阀 3 的设定压力，顺序阀 3 开启，液压缸 2 的活塞随即向右运动进行钻孔。钻孔完毕后，换向阀 5 右位接通，钻孔缸 2 的活塞先退到左端点，随后回路压力升高，打开顺序阀 4，再使夹紧缸 1 的活塞退回原位，即完成一个工作循环。

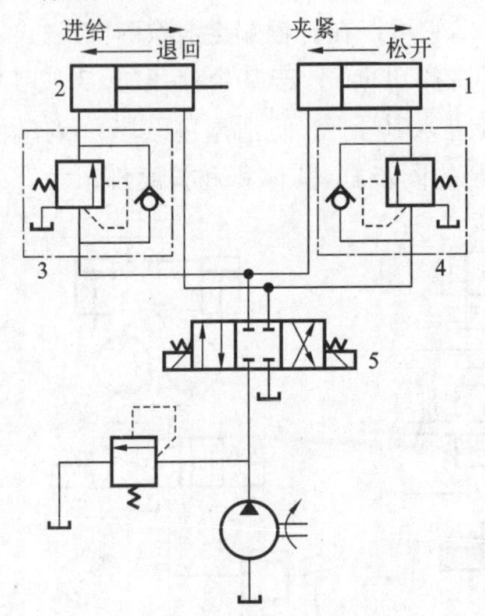

图 7-44 顺序阀控制的顺序运动回路

1，2—液压缸；3，4—顺序阀；5—换向阀

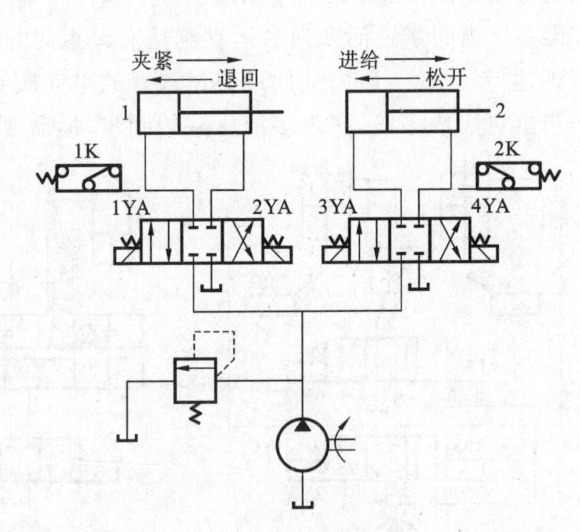

图 7-45 压力继电器控制的顺序运动回路

1，2—液压缸

图 7-45 所示为钻床液压系统中用压力继电器控制的顺序运动回路。系统启动后，电磁铁 1YA 通电，液压缸 1 的活塞前进并夹紧工件；夹紧后，回路压力升高，压力继电器 1K 动作，使电磁铁 3YA 通电，液压缸 2 的活塞前进进行钻孔；钻孔完毕后，按返回按钮，电磁铁 1YA、3YA 断电，4YA 通电，液压缸 2 的活塞带动钻头退回至原位后，回路压力升高，压力继电器 2K 动作，使 2YA 通电，液压缸 1 的活塞后退松开工件。

压力控制的顺序运动回路中，顺序阀或压力继电器的设定压力要高于前一动作执行元件的最高工作压力的 10%～15%，否则由于管路中的压力冲击、波动以及振动的影响，可能会导致液压元件误动作，甚至造成事故。这种回路适用于系统中执行元件数目不多、负载变化不大的场合。

2. 行程控制顺序运动回路

图 7-46 所示为行程阀控制的顺序运动回路。在图示位置时，两个液压缸的活塞均退至左端点，换向阀 3 左位接通，液压缸 1 的活塞先向右运动，同时活塞杆的挡块压下行程阀 4 后，液压缸 2 左腔进油，活塞右运动。当换向阀 3 右位复位后，液压缸 1 的活塞先退回，其挡

块离开行程阀4后，液压缸2的活塞退回。这种回路动作可靠，但要改变动作顺序较难。

图7-47所示为行程开关控制的顺序运动回路。系统启动后，电磁铁1YA通电，液压缸1的活塞先向右运动。当活塞杆上的挡块压下行程开关2S后，电磁铁2YA通电，液压缸2的活塞才向右运动，直至压下行程开关3S后，1YA断电，液压缸1的活塞向左退回，而后压下行程开关1S，使2YA断电，液压缸2的活塞再退回。在这种回路中，调整挡块位置可以调整液压缸的行程，通过电气控制系统可以改变动作顺序，方便灵活，应用较多。

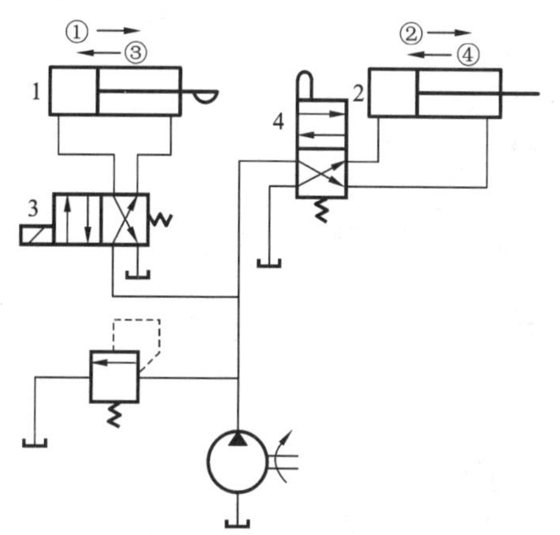

图7-46 行程阀控制的顺序运动回路

1,2—液压缸；3—换向阀；4—行程阀

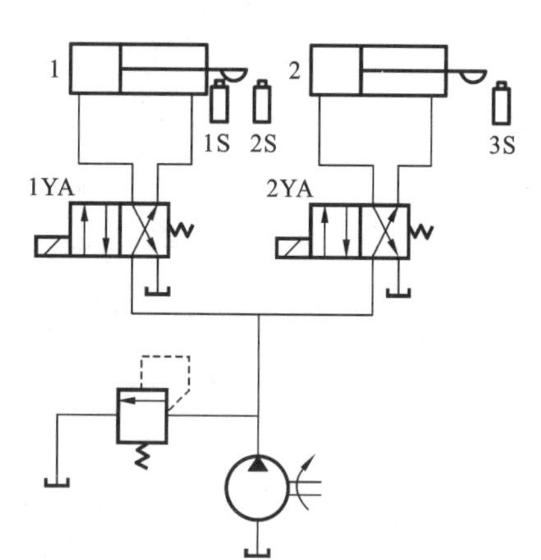

图7-47 行程开关控制的顺序运动回路

1,2—液压缸

7.4.3 互不干扰回路

在多缸的液压系统中，各液压缸运动时的负载力并不是完全相等的。因此，在负载压力小的液压缸运动期间，负载压力大的液压缸就不能运动，出现各缸之间运动相互干扰的现象。为了排除这种干扰的影响，通常采用多缸互不干扰回路。多缸互不干扰回路是使液压系统中几个执行元件在完成各自工作循环时彼此互不影响的回路。

1. 双泵供油互不干扰回路

图7-48所示为双泵供油互不干扰回路。液压缸1和2各自要完成“快进→工进→快退”的自动工作循环。当电磁铁1YA、2YA通电，两缸均由大流量泵10供油，并作差动连接实现快进。如果液压缸1先完成快进动作，挡块和行程开关使电磁铁3YA通电、1YA断电，大流量泵10进入液压缸1的油路被切断，而改为小流量泵9供油，由调速阀7获得慢速工进，不受液压缸2快进的影响。当两缸均转为工进，都由小流量泵9供油后，若液压缸1先完成了工进，挡块和行程开关使电磁铁1YA、3YA都通电，液压缸1改由大流量泵10供油，使活塞快速返回，这时液压缸2仍由小流量泵9供油继续完成工进，不受液压缸1影响。当所有电磁铁都断电时，两缸都停止运动。此回路采用快、慢速运动由大、小流量泵分别供油，并由相应的电磁阀进行控制的方案来保证两缸快慢速运动互不干扰。

2. 流量阀互不干扰回路

图7-49所示为流量阀互不干扰回路。这种回路中，节流阀5和6定量分配液压泵输出

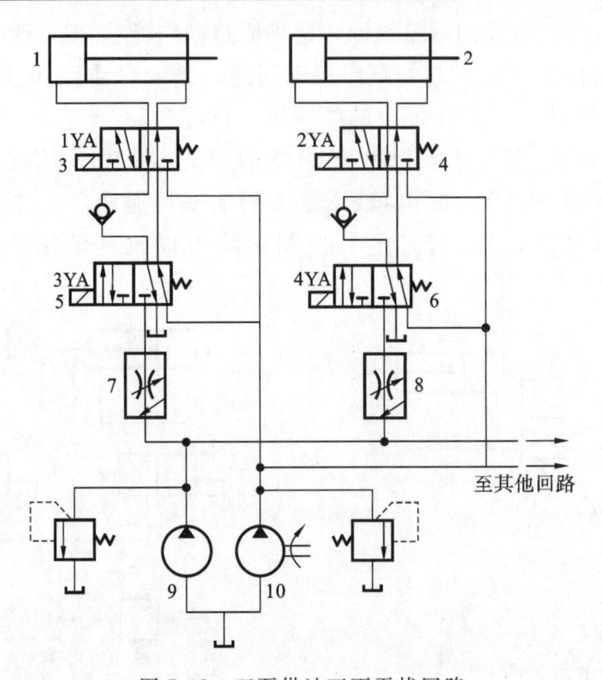

图 7-48 双泵供油互不干扰回路

1,2—液压缸;3,4,5,6—换向阀;7,8—调速阀;9,10—液压泵

的油液,调速阀 3 和 4 分别调节两个液压缸的回油流量,当电磁铁 1YA 和 2YA 通电时,两液压缸的活塞快速右进。若液压缸 1 快进结束,则电磁铁 3YA 通电使其转为工进。这时液压缸 2 仍快进,但由于节流阀 6 的限流作用,使压力油不可能过多地流向仍快进的液压缸 2 而影响液压缸 1 的工进速度。反之,由于节流阀 5 的存在,也不会影响液压缸 2 的工进速度。如果用比例流量阀代替节流阀 5 和 6,会取得更好的效果。

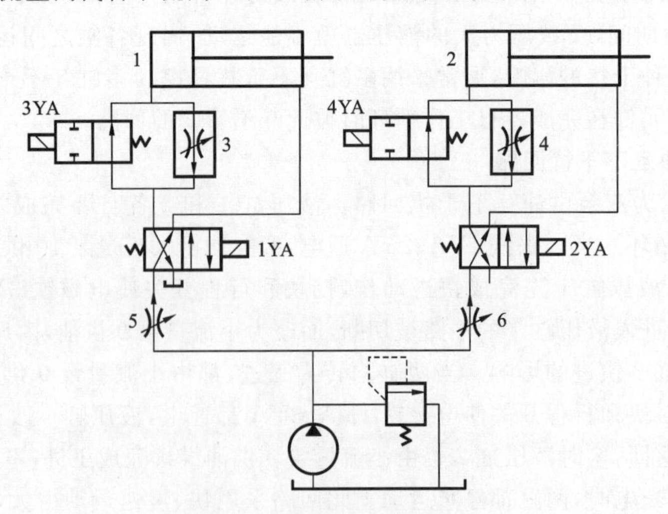

图 7-49 流量阀互不干扰回路

1,2—液压缸;3,4—调速阀;5,6—节流阀

思考题与习题

7-1 如图所示，液压泵输出流量 $q_p=10$ L/min，液压缸无杆腔面积 $A_1=50$ cm^2，液压缸有杆腔面积 $A_2=25$ cm^2。溢流阀的调定压力 $p_Y=2.4$ MPa，负载 $F=10$ kN。将节流阀口视为薄壁孔，流量系数 $C_q=0.62$，油液密度 $\rho=900$ kg/m^3。试求：

(1) 节流阀口通流面积 $A_T=0.01$ cm^2 时的液压缸速度 v、液压泵压力 p_p、溢流阀损失 ΔP_Y 和回路效率 η；

(2) 当 $A_T=0.01$ cm^2 时，若负载 $F=0$，求液压泵的压力 p_p 和液压缸两腔压力 p_1 和 p_2 各为多少？

(3) 当 $F=10$ kN 时，若节流阀最小稳定流量为 $q_{jmin}=50\times10^{-3}$ L/min，液压缸速度 v_{min} 为多少？若将回路改为进油节流调速回路，则 v_{min} 为多少？把两种结果相比较能说明什么问题？

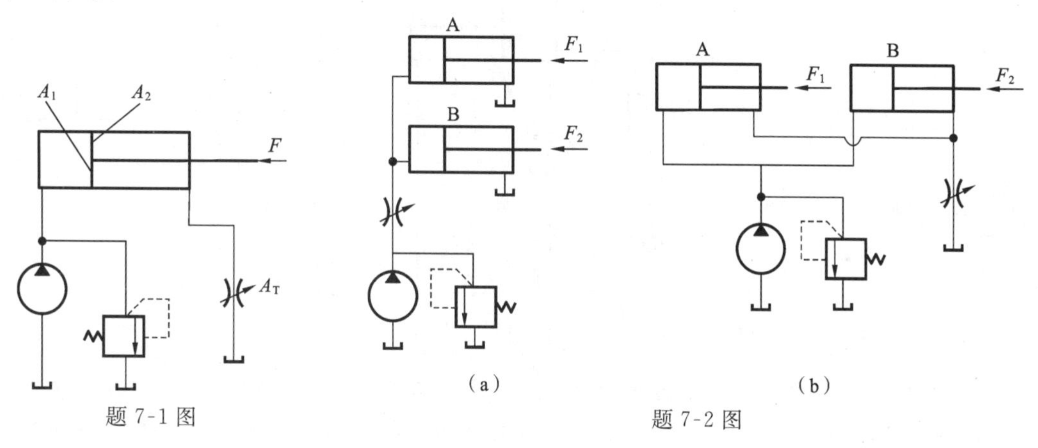

题 7-1 图　　　　题 7-2 图

7-2 如图所示，各液压缸完全相同，负载 $F_2>F_1$。已知节流阀能调节液压缸速度并不计压力损失。试判断在图(a)和图(b)的两个液压回路中，哪个液压缸先动？哪个液压缸速度快？请说明道理。

7-3 如图所示为采用调速阀的进口节流加背压阀的调速回路。负载 $F=9000$ N。液压缸两腔面积 $A_1=50$ cm^2，$A_2=20$ cm^2。背压阀的调定压力 $p_b=0.5$ MPa。液压泵的供油流量 $q=30$ L/min。不计管道和换向阀的压力损失。试问：

(1) 欲使液压缸速度恒定，不计调压偏差，溢流阀最小调定压力 p_Y 多大？

(2) 卸荷时的能量损失有多大？

(3) 若背压阀增加了 Δp_b，溢流阀调定压力的增量 Δp_Y 应为多少？

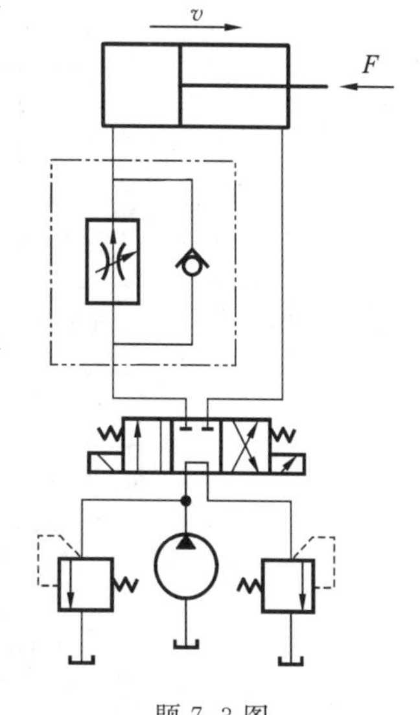

题 7-3 图

7-4 如图所示的调速回路，液压泵的排量 $V_p=105$ mL/r，转速 $n_p=1000$ r/min，容积效率 $\eta_{V_p}=0.95$，溢流阀调定压力 $p_Y=7$ MPa，液压马达排量 $V_M=160$ mL/r，容积效率

$\eta_{V_M}=0.95$，机械效率 $\eta_m=0.8$，负载转矩 $T=16\ \text{N}\cdot\text{m}$。节流阀最大开度 $A_{Tmax}=0.2\ \text{cm}^2$（可视为薄刃孔口），其流量系数 $C_d=0.62$，油液密度 $\rho=900\ \text{kg/m}^3$，不计其他损失。试求：

(1) 通过节流阀的流量和液压马达的最大转速 n_{Mmax}、输出功率 P 和回路效率 η，并解释为何效率很低。

(2) 如果将 p_Y 提高到 8.5 MPa 时 n_{Mmax} 的值。

7-5　试说明图示容积调速回路中单向阀 A 和 B 的功用。在液压缸正反向移动时，为了向系统提供过载保护，安全阀应如何接？试作图表示。

7-6　如图所示的液压回路，它能否实现“夹紧缸Ⅰ先夹紧工件，然后进给缸Ⅱ再移动”的要求（夹紧缸Ⅰ的速度必须能调节）？为什么？应该怎么办？

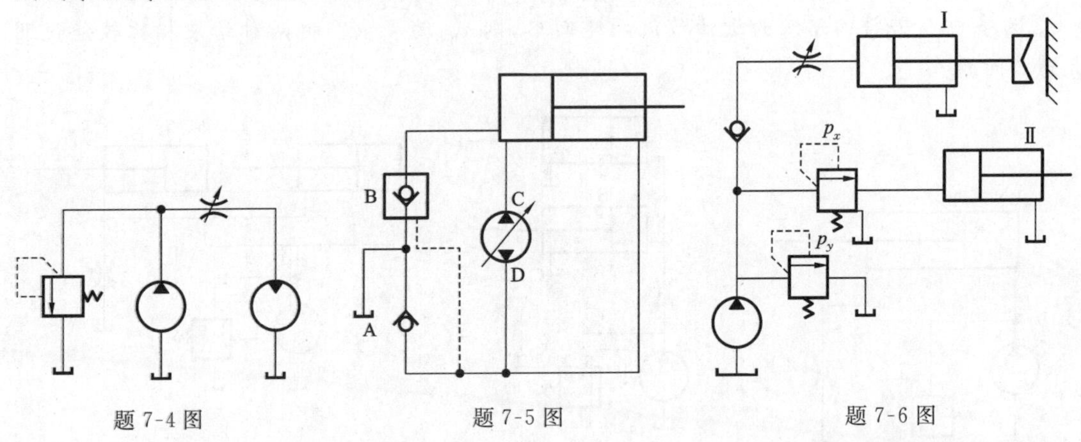

题 7-4 图　　题 7-5 图　　题 7-6 图

7-7　如图所示的液压回路为可以实现“快进→工进→快退”动作的回路（活塞右行为“进”，左行为“退”），如果设置压力继电器的目的是为了控制活塞的换向，试问：图中有哪些错误？为什么是错误的？应该如何改正？

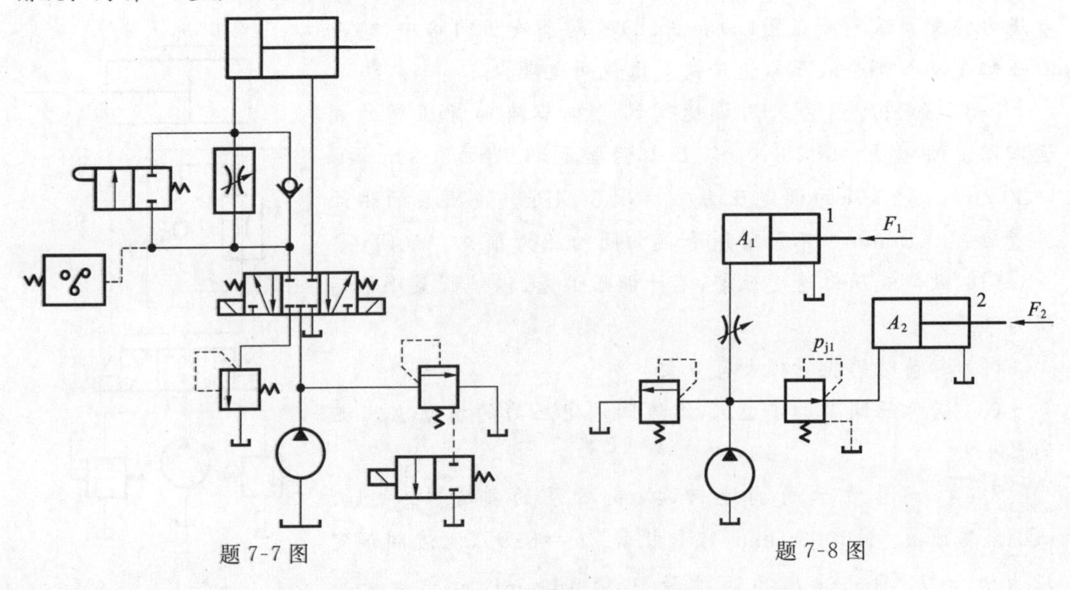

题 7-7 图　　题 7-8 图

7-8 如图所示，两液压缸面积相同，$A_1=A_2=20\times10^{-4}\ m^2$，$F_1=8000\ N$，$F_2=4000\ N$，溢流阀调整压力 $p_Y=4.5\ MPa$，试分析减压阀调整压力分别为1 MPa、2 MPa、4 MPa时，两液压缸的动作情况。

7-9 如图所示回路可以实现两个液压缸的串、并联转换、上缸单动与“快进→慢进→快退→卸荷”工作循环，试列出其电磁铁动作表。

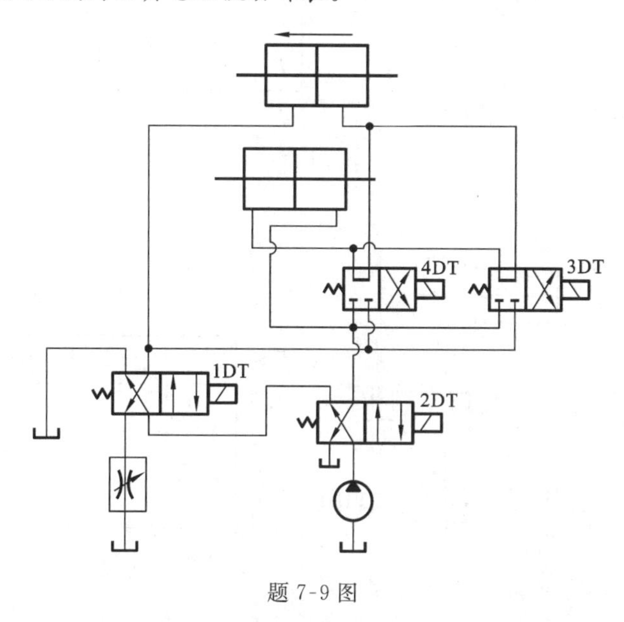

题7-9图

7-10 如图所示为一顺序动作回路，两液压缸有效面积及负载均相同，但在工作中发生不能按规定的A先动、B后动的顺序动作，试分析其原因，并提出改进的方法。

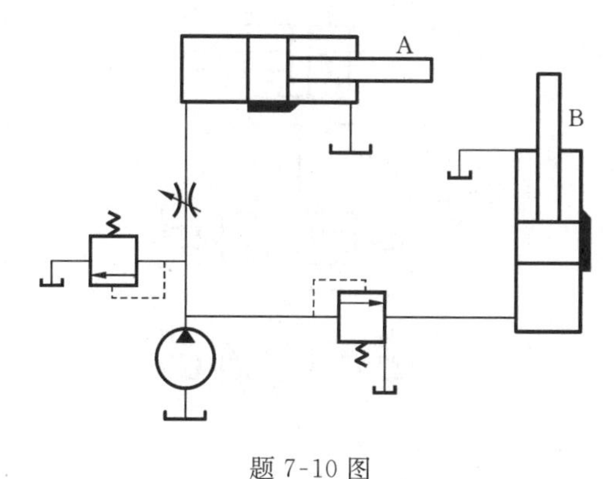

题7-10图

7-11 在图示回路中，如果 $p_{Y1}=2\ MPa$，$p_{Y2}=4\ MPa$，卸荷时的各种压力损失均可忽略不计，试列表表示 A、B 两点处在不同工况下的压力值(单位:MPa)。

7-12 如图所示的液压回路，试列出电磁铁动作顺序表(通电“+”，失电“-”)。

7-13 如图所示的回路可以实现“快进→慢进→快退→卸荷”工作循环，试列出其电磁铁动作表。

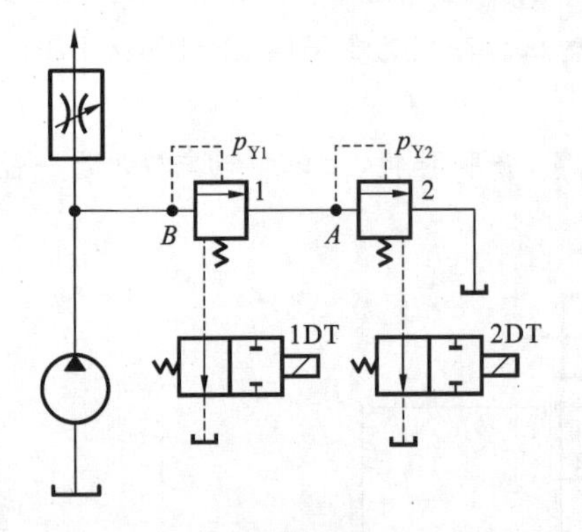

	1DT(+) 2DT(+)	1DT(+) 2DT(−)	1DT(−) 2DT(+)	1DT(−) 2DT(−)
A				
B				

题 7-11 图

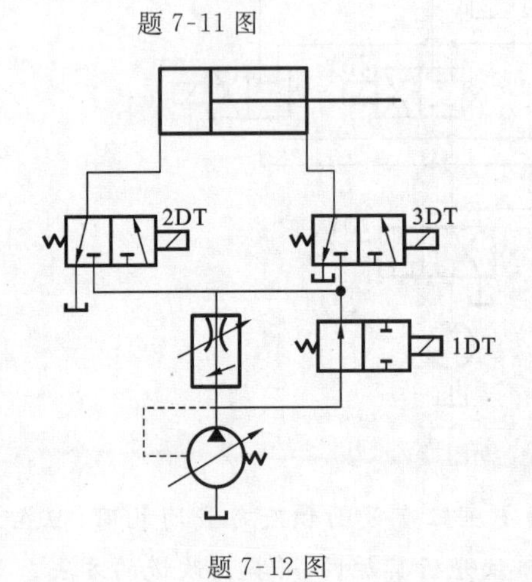

	1DT	2DT	3DT
快进			
工进			
快退			
停止			

题 7-12 图

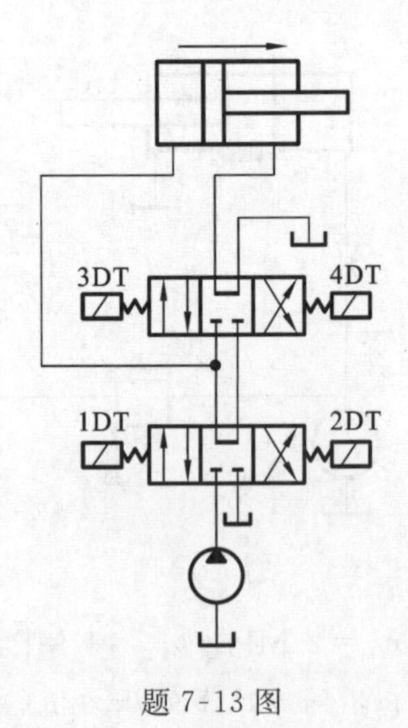

题 7-13 图

7-14　如图所示液压系统的负载为 F，减压阀的调整压力为 p_j，溢流阀的调整压力为 p_Y，$p_Y > p_j$。油缸无杆腔有效面积为 A。试分析泵的工作压力由什么值来确定。

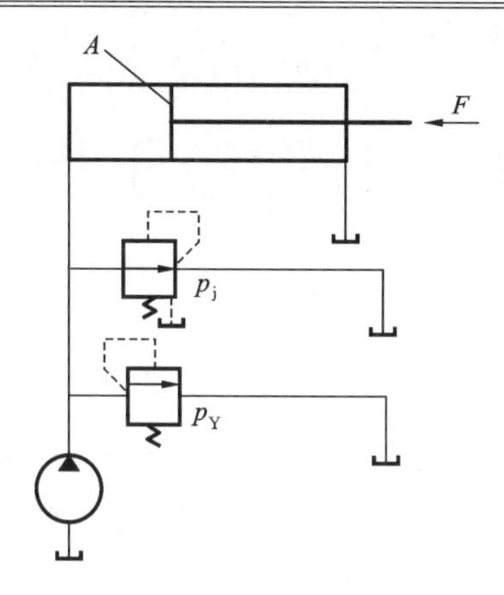

题 7-14 图

7-15　如图所示液压系统，按动作循环表规定的动作顺序进行系统分析，填写完成该液压系统的工作循环表(注：缸固定，电气元件通电为"＋"，断电为"－"；顺序阀和节流阀工作为"＋"，非工作为"－")。

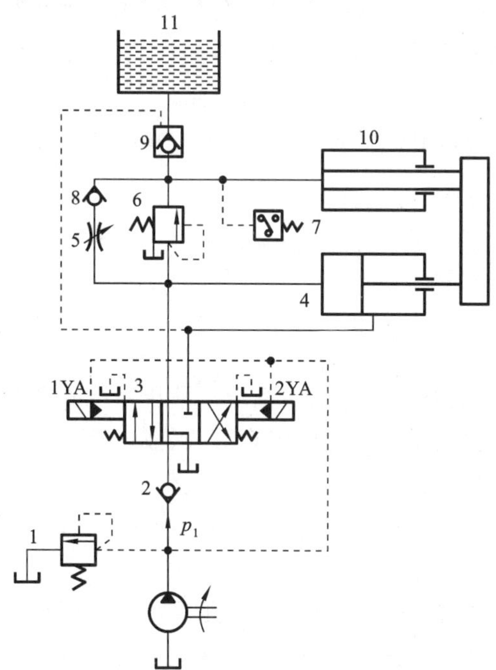

题 7-15 图

动作名称	电器元件		液压元件		
	1YA	2YA	顺序阀 6	压力继电器 7	节流阀 5
快进					
工进					
保压					
快退					
停止					

第8章 典型液压传动系统

内容提要

液压系统是根据液压设备的工作要求，选用适当的基本回路构成的，其原理一般用液压系统图来表示。本章选列了几个典型液压系统实例，通过学习和分析，加深理解液压元件的功用和基本回路的合理组合，熟悉读液压系统图的基本方法，为分析和设计液压传动系统奠定必要的基础。

基本要求、重点和难点

基本要求：分析液压系统，主要是读液压系统图。① 了解液压系统的任务、工作循环及应具备的性能和需要满足的要求；② 查阅系统图中所有的液压元件及其连接关系，分析它们的作用及其所组成的回路功能；③ 分析油路，了解系统的工作原理及特点。

重点：汽车起重机液压传动系统；组合机床动力滑台液压传动系统；加工中心液压传动系统。

难点：加工中心液压传动系统。

8.1 液压系统的类型和分析方法

由若干液压元件和管道组成，以完成一定动作的系统称为液压系统。液压系统种类繁多，为便于掌握，通常按油液循环方式、执行元件类型、系统回路的组合方式、液压泵和执行元件的多少等进行分类。其中前两种分类方法最常见。

8.1.1 按油液循环方式分类

液压泵和执行元件组成的回路是液压系统的主体，称为主回路。液压系统的主回路可以是一个回路，也可以是多个回路。按油液在主回路中的循环方式，液压系统可分为开式系统和闭式系统两大类。

1. 开式系统

液压泵从油箱中吸油、执行元件的回油接回油箱的系统称为开式系统。串联节流调速系统和并联节流调速系统都是开式系统，如图8-1所示的某采煤机牵引机构液压系统是开式系统。

在开式系统中，液压泵是靠吸液腔形成的真空（负压）自油箱吸油的，故要求液压泵自吸性能好，否则应采用正压供油或辅助泵供油。但开式系统需要用容积较大的油箱，空气与油液的接触面积较大，油液中的空气溶入量也多，油液易污染和氧化。因而开式系统适用于工

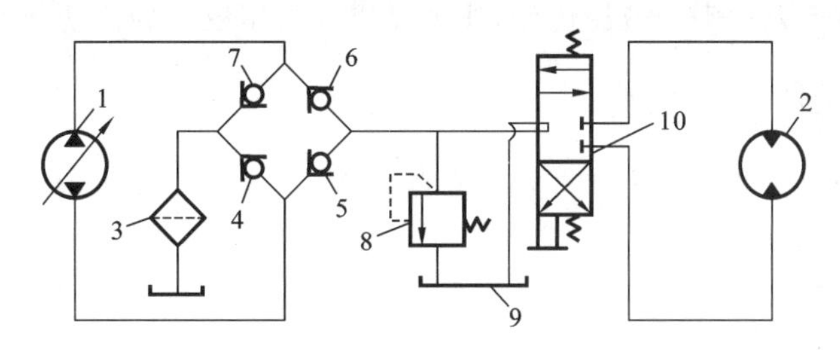

图 8-1 开式系统(某采煤机牵引机构液压系统)

1—主泵(双作用叶片泵);2—液压马达(双作用叶片马达);3—滤油器;
4,5,6,7—单向阀;8—安全阀;9—油箱;10—手动换向阀

作环境比较清洁、空间不受限制或较大的场合,如机床液压系统。

2. 闭式系统

主回路中执行元件的回油管道直接接至主泵吸油口的系统称为闭式系统。图 8-2(a)所示为广泛用于矿山机械的典型闭式系统(简化)。变量(主)泵 1 和定量马达 2 组成的主回路是封闭的,定量马达 2 的回油被导入泵的吸油口,泵的输出油液又输送到定量马达 2 的进油口,油液在系统中封闭循环。

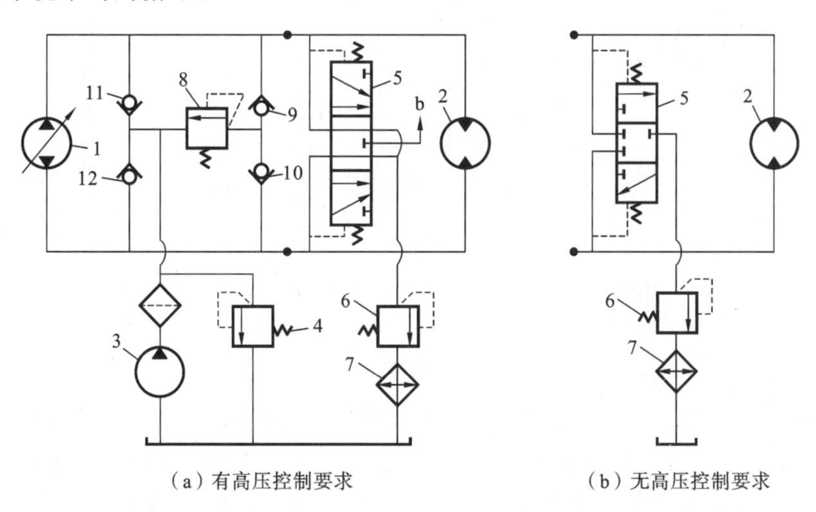

(a) 有高压控制要求　　(b) 无高压控制要求

图 8-2 闭式系统

1—变量(主)泵;2—定量马达;3—辅助泵;4—低压安全阀;5—液压换向阀;6—低压溢流阀;
7—冷却器;8—高压安全阀;9,10,11,12—单向阀

在闭式系统中,为补充泄漏、进行热交换以及进行低压控制,必须设置辅助泵系统。辅助泵的流量视系统的容积损失、热平衡要求和低压控制的需要而定,一般为主泵流量的1/5～1/3。低压回路由低压安全阀 4 进行保护。马达回液侧的一部分热油经液压换向阀 5、低压溢流阀 6 及冷却器 7 进入油箱进行热交换。低压溢流阀 6 的调定压力应小于低压安全阀 4 的调定压力,否则就不能进行冷热油液的交换。图中 8 是高压安全阀,用以高压保护,b 口提供高压控制油液。当不需要高压控制油液时,可采用图 8-2(b)所示的三位三通液控换向阀进行热交换。该系统一般都采用双向变量泵来进行调速和换向。

闭式系统多用于大功率的液压传动,如采煤机及液压绞车的传动装置。

8.1.2 按执行元件类型分类

根据执行元件的类型可分为如下几种液压系统。

1. 液压泵-液压马达系统

主回路由液压泵和液压马达构成的系统称为液压泵-液压马达系统。旋转运动的机械都采用这种系统。

图 8-3 所示为国产某钻装机的液压系统,采用并联多路换向阀以实现液压马达的单独动作或复合动作。

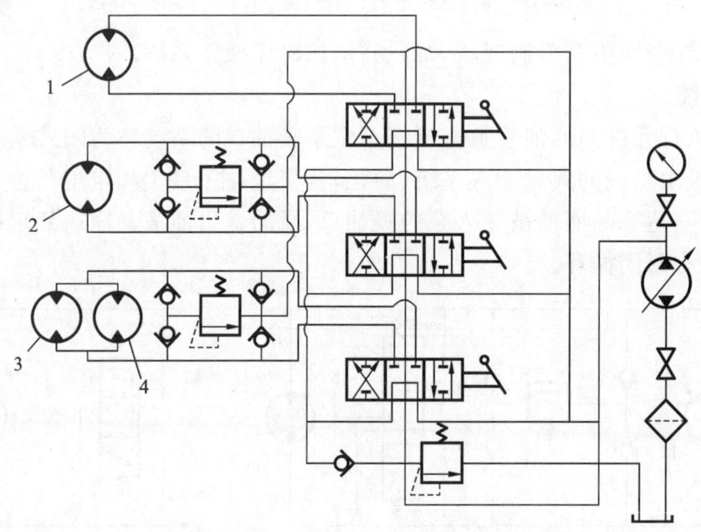

图 8-3 液压泵-液压马达系统(某钻装机液压系统)

1—掏槽钻机驱动马达;2—刮板运输机驱动马达;3,4—行走驱动马达

2. 液压泵-液压缸系统

主回路由液压泵和液压缸组成的系统称为液压泵-液压缸系统。凡是做直线往复运动的机械都采用这种系统。它通常为开式系统,很少为闭式系统。这种系统可以是单液压缸系统(如广泛用于机床的节流调速系统),也可以是多液压缸系统,如图 8-4 所示的 XYZ 型掩护式支架液压系统。

该系统由 6 个并联液压缸(2 个立柱升降液压缸和 4 个千斤顶液压缸)、1 个操纵阀组、3 个控制阀组等组成。利用 a、b、c、d 手把,可控制立柱升降、移架、推溜槽、顶梁上升与下降及侧板伸缩等 4 组 8 个动作。操作时的一般顺序是:降柱→移架→升柱→升顶梁→推溜槽。

3. 混合系统

执行元件既有液压缸又有液压马达的系统称为混合系统。图 8-5 所示为 MKⅡ型采煤机的辅助系统,它是混合系统。液压缸用于调节采煤滚筒高度,液压马达用于翻转挡煤板。

8.1.3 按系统回路的组合方式分类

液压系统按一个主泵向一个或多个执行元件供液的方式不同,可分为独立系统和组合

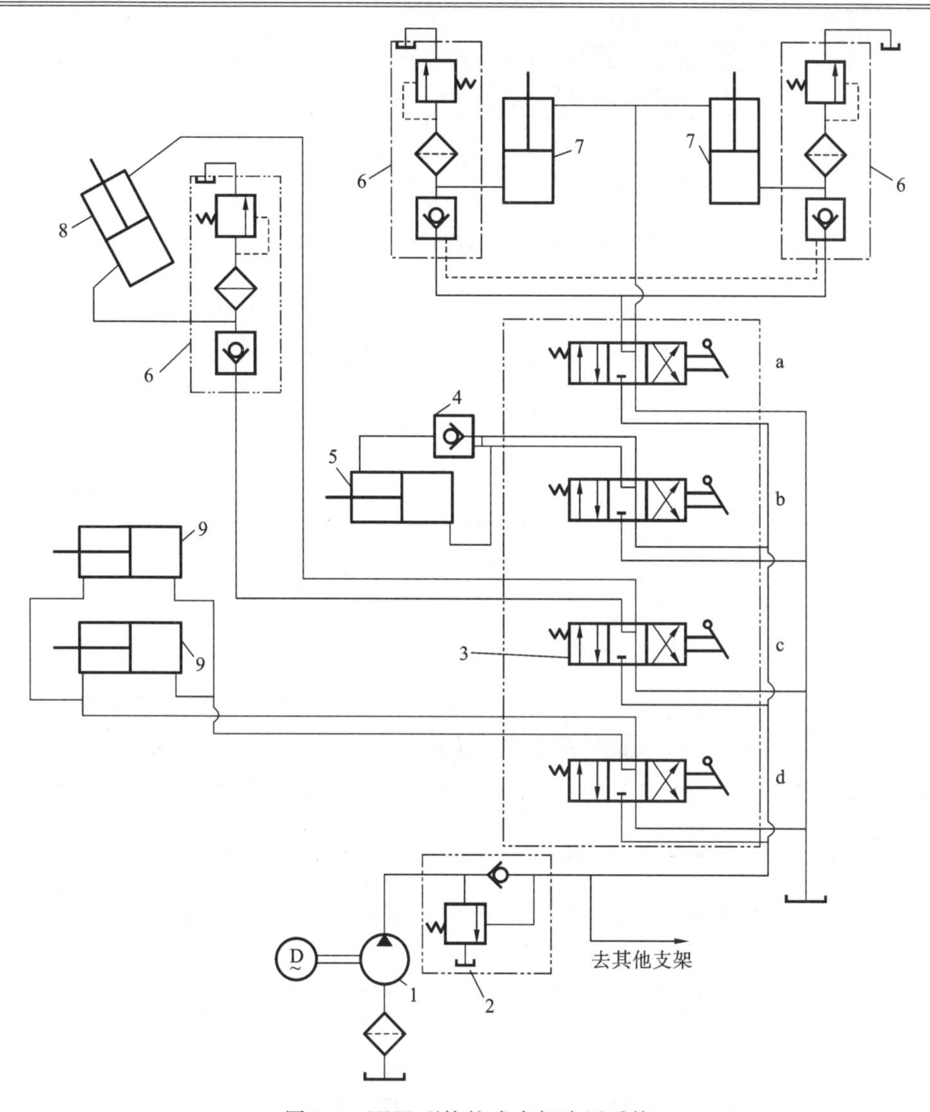

图 8-4 XYZ 型掩护式支架液压系统

1—液压泵(乳化液泵);2—卸载阀;3—操纵阀组(多路换向阀组);4—液控单向阀组;5—推移液压缸;6—控制阀组;7—立柱升降液压缸;8—限位液压缸;9—侧护液压缸

系统。

液压泵驱动两个或两个以上的执行元件的系统称为组合系统。按回路连接不同又可进行如下分类。

1. 并联系统

液压泵排出的高压油液同时进入两个或多个执行元件,而它们的回油同时回油箱的系统称为并联系统。图 8-3～图 8-5 所示的系统都是并联系统。并联系统只宜用于负载变化较小或对机构运动要求不严的场合。在并联系统中,液压泵流量等于各执行元件流量之和,即 $q_B = \sum_{i=1}^{n} q_i$ (q_i 表示第 i 个执行元件的流量),并且任一执行元件负载的变化都会引起系

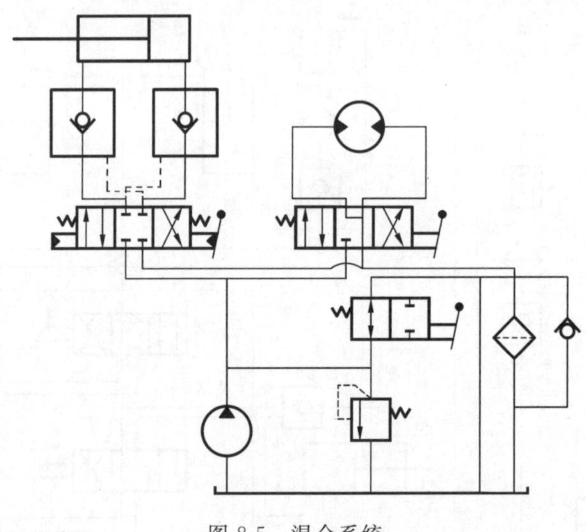

图 8-5 混合系统

统流量的重新分配。

2. 串联系统

除第一个执行元件的进油口和最后一个执行元件的回油口分别与液压泵和油箱相连外，其余执行元件的进、出油口依次相连的系统称为串联系统，如图 8-6(b)中的 2 个液压马达(也可以是液压缸)可以同时动作，也可以单独动作。当执行元件同时动作时，系统的总压力等于各执行元件的压降之和，即 $p_B = \sum_{i=1}^{n} \Delta p_i$；某执行元件的进油量等于前一个执行元件的回油量；如果执行元件结构对称，当不计泄漏时，各执行元件的负载流量相等并且等于液压泵的输出流量。

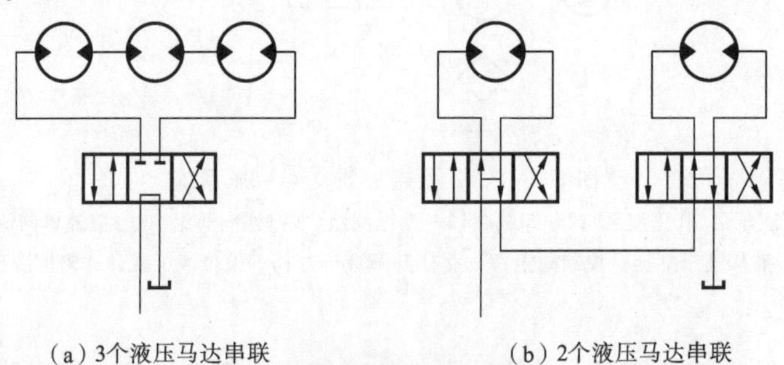

(a) 3个液压马达串联　　(b) 2个液压马达串联

图 8-6 串联系统

综上所述可知：串联系统的液压泵需要较高的工作压力，否则难以驱动多个执行元件；串联系统的执行元件流量不受负载影响，运动较平稳。故串联系统适用于负载较小而要求速度稳定的装置中。另外，液压马达不能与液压缸混合串联，因为液压缸的往复间歇运动会影响液压马达的稳定转动。

3. 串-并联混合系统

多路换向阀之间的进油路串联、回油路并联的系统称为串-并联混合系统。其特点是液压泵在同一时间内只能向一个执行元件供油，如图8-7所示。系统中各执行元件都能以最大能力工作，泵的参数分别由执行元件的最大负载和最大流量来确定。

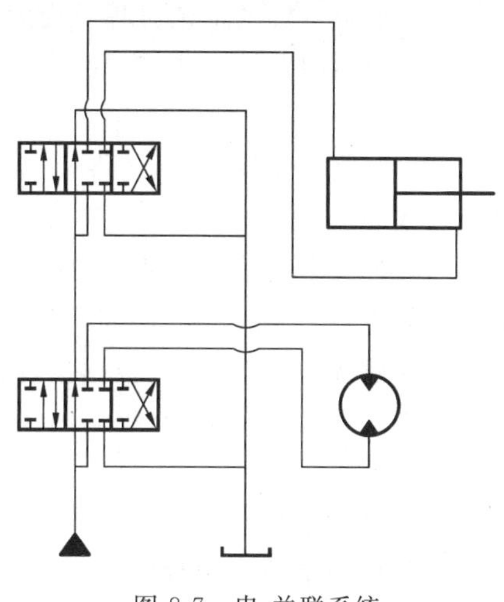

图8-7 串-并联系统

液压系统还有如下分类方法：按液压泵数量多少可分为单泵系统（见图8-1）、多泵系统（见图8-2）；按液压泵和执行元件的多少可分为单液压泵-单执行元件系统、单液压泵-多执行元件系统（见图8-6）、多液压泵-单执行元件系统（见图8-2）、多液压泵-多执行元件系统（见图8-8）。图8-8所示为YYG-80型液压凿岩机液压系统，其工作原理是：转钎马达3转动钎杆，同时推进液压缸4推动钎杆伸出，冲击（钎）液压缸5高频冲击钎杆以提高钻削效果。这里冲击（钎）液压缸5为单独系统，主液压泵2与转钎马达3和推进液压缸4为另一单独系统。

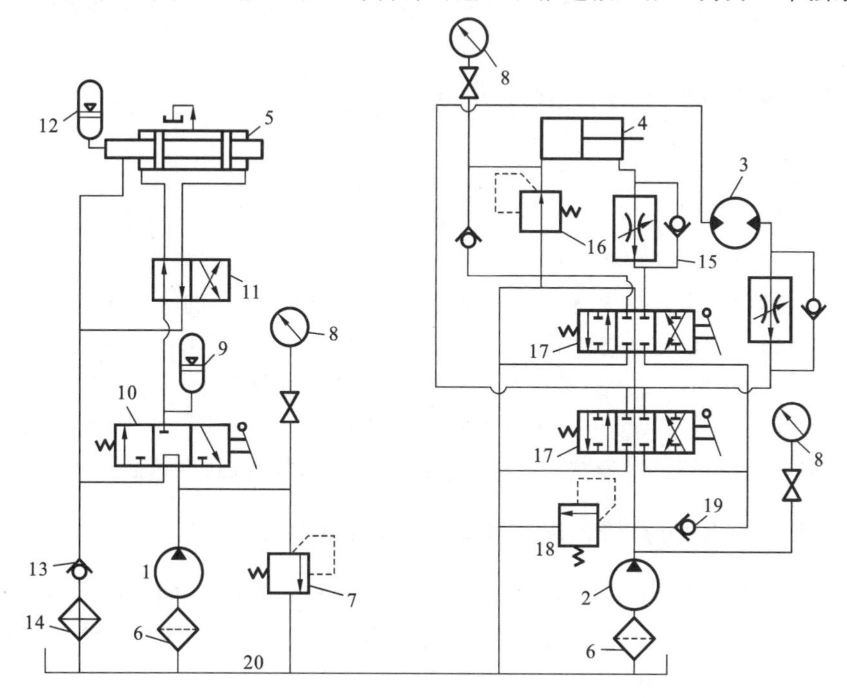

图8-8 YYG-80型液压凿岩机的液压系统

1,2—液压泵；3—转钎马达；4—推进液压缸；5—冲击（钎）液压缸；6—滤油器；7,18—溢流阀；8—压力表；9,12—蓄能器；10—操纵阀；11—菱形阀（自动换向）；13,19—单向阀；14—冷却器；15—单向节流阀；16—单向减压阀；17—操纵阀组；20—油箱

8.1.4 分析液压系统的一般方法

分析比较复杂的液压系统，大致可以按照以下步骤进行。

(1) 了解主机的工艺过程及由此对液压系统的动作要求。

(2) 初步浏览液压系统原理图，了解系统中包含了哪些元件，尤其是用了哪些执行元件。

(3) 以执行元件为中心，将液压系统按主回路分为若干单元。当液压源较复杂时，将它单独划成一个单元。

(4) 对每一个单元的结构和性能进行分析，根据主机对这一执行元件的动作要求，参照液压阀的控制机构动作顺序表(有些系统是电磁铁动作顺序表)读懂这一单元。在阀的控制机构动作顺序表缺乏时，应根据执行元件动作要求，判定进油管路和回油管路，反过来推断相关控制阀是如何动作的，编制出相应的动作顺序表；再根据此表顺序检查执行元件是否实现了预定要求。

(5) 按同样方法阅读其他单元。如果系统比较复杂，可进行等价简化(如交错在一起的回油管路可用单独回油管路代替，控制阀的详细符号用简化符号代替等)；在读懂每一个单元的基础上，根据主机动作要求，分析这些单元之间的联系，进一步弄懂系统是如何实现这些要求的。

(6) 在读懂系统的基础上，归纳总结出整个系统的特点，加深对系统的理解。

8.2 组合机床动力滑台液压系统

8.2.1 概述

组合机床是由一些通用和专用部件组合而成的专用机床，它操作简便、效率高，广泛应用于成批大量的生产中。动力滑台是组合机床上实现进给运动的一种通用部件，配上动力头和主轴箱可以对工件完成各种孔加工、端面加工等工序，即可实现钻、扩、铰、镗、铣、刮端面、倒角及攻螺纹等加工。动力滑台有机械滑台和液压滑台之分。液压动力滑台用液压缸驱动，它在电气和机械装置的配合下可以实现各种自动工作循环。它对液压系统性能的主要要求是：速度换接平稳，进给速度稳定，功率利用合理，效率高，发热低。

8.2.2 YT4543型动力滑台液压系统的工作原理

现以YT4543型动力滑台为例，分析其液压系统的工作原理和特点。该动力滑台要求进给速度范围为6.6～600 mm/min，最大进给力为4.5×10^4 N。图8-9所示为YT4543型动力滑台的液压系统工作原理图，表8-1为系统的动作循环表。由图8-9可见，这个系统在机械和电气的配合下，能够实现“快进→第一次工进→第二次工进→停留→快退→停止”的半自动工作循环。其工作状况如下。

1. 快进

快进时，电磁铁1YA通电，换向阀12左位接入系统，顺序阀2因系统压力不高仍处于关闭状态。这时液压缸7为差动连接，液压泵14输出最大流量。系统中油路连通情况如下。

进油路：液压泵14→单向阀13→换向阀12(左位)→行程阀8(右位)→液压缸7左腔。

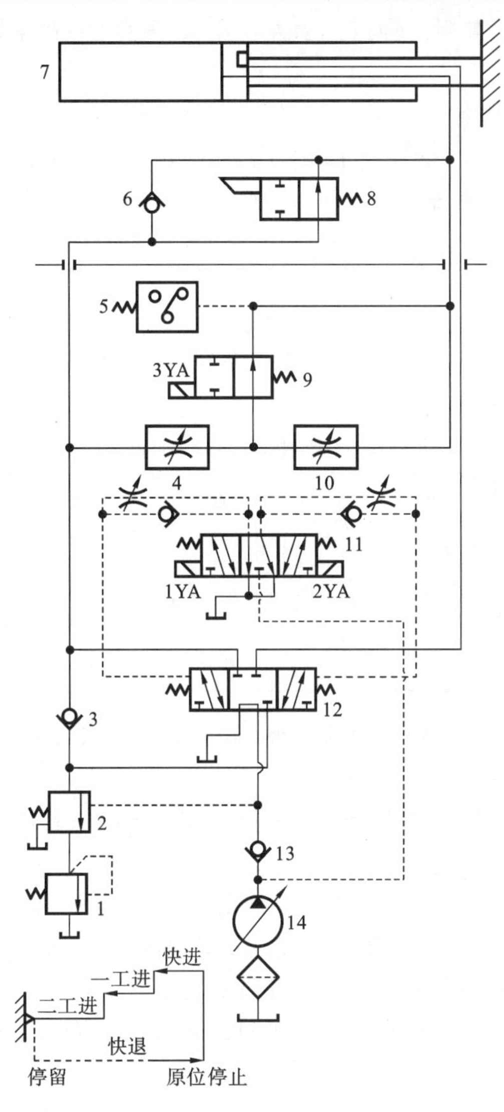

图8-9　YT4543型动力滑台液压系统工作原理图

1—背压阀；2—顺序阀；3，6，13—单向阀；4—一工进调速阀；5—压力继电器；7—液压缸；8—行程阀；9—二位二通换向阀；10—二工进调速阀；11—先导阀；12—换向阀；14—液压泵

回油路：液压缸7右腔→换向阀12（左位）→单向阀3→行程阀8（右位）→液压缸7左腔。

此时由于液压缸差动连接，因而实现快进。

2. 一工进

滑台一次工作进给到预定位置，从挡块压下行程阀8开始，这时，系统压力升高，顺序阀2打开；液压泵14自动减小其输出流量，以便与一工进调速阀4的开口相适应。系统中油路连通情况如下。

进油路：液压泵14→单向阀13→换向阀12（左位）→一工进调速阀4→二位二通换向阀9（右位）→液压缸7（左腔）。

回油路:液压缸 7(右腔)→换向阀 12(左位)→顺序阀 2→背压阀 1→油箱。

3. 二工进

滑台一次工作进给结束,挡块压下行程开关,电磁铁 3YA 开始通电。顺序阀 2 仍打开,液压泵 14 输出流量与二工进调速阀 10 的开口相适应。二工进调速阀 10 的开口调节得比一工进调速阀 4 的要小。系统中油路连通情况如下。

表 8-1 YT4543 型动力滑台液压系统的动作循环表

<table>
<tr><th rowspan="2">动作名称</th><th colspan="3">电磁工作状态</th><th colspan="5">液压元件工作状态</th></tr>
<tr><th>1YA</th><th>2YA</th><th>3YA</th><th>顺序阀 2</th><th>先导阀 11</th><th>换向阀 12</th><th>二位二通换向阀 9</th><th>行程阀 8</th></tr>
<tr><td>快进</td><td>+</td><td>—</td><td>—</td><td>关闭</td><td rowspan="4">左位</td><td rowspan="4">左位</td><td rowspan="2">右位</td><td>右位</td></tr>
<tr><td>一工进</td><td>+</td><td>—</td><td>—</td><td rowspan="3">打开</td><td rowspan="4">左位</td></tr>
<tr><td>二工进</td><td>+</td><td>—</td><td>+</td><td rowspan="3">左位</td></tr>
<tr><td>停留</td><td>+</td><td>—</td><td>+</td></tr>
<tr><td>快退</td><td>—</td><td>+</td><td>±</td><td rowspan="2">关闭</td><td>右位</td><td>右位</td></tr>
<tr><td>停止</td><td>—</td><td>—</td><td>—</td><td>中位</td><td>中位</td><td>右位</td><td>右位</td></tr>
</table>

进油路:液压泵 14→单向阀 13→换向阀 12(左位)→一工进调速阀 4→二工进调速阀 10→液压缸 7(左腔)。

回油路:液压缸 7(右腔)→换向阀 12(左位)→顺序阀 2→背压阀 1→油箱。

4. 死挡铁停留

滑台以第二工进速度运动碰到挡块不再前进,并且系统压力进一步升高,压力继电器 5 发出信号。此时,油路连通情况未变,液压泵 14 继续运转,系统压力不断升高,泵的流量减小到只是补充漏损。同时液压缸左腔压力升高到使压力继电器 5 动作,并发信号给时间继电器,经过时间继电器延时,滑台停留一段时间再退回。停留时间的长短由工件的加工工艺要求决定。

5. 快退

压力继电器发出信号,电磁铁 1YA 断电,2YA 通电。这时系统压力下降,变量泵流量又自动增大。系统中油路连通情况如下。

进油路:液压泵 14→单向阀 13→换向阀 12(右位)→液压缸 7(右腔)。

回油路:液压缸 7(左腔)→单向阀 6→换向阀 12(右位)→油箱。

6. 原位停止

滑台快速退回到原位,挡块压下终点开关,电磁铁 2YA 和 3YA 都断电。

这时换向阀 12 处于中位,液压缸 7 两腔封闭,滑台停止运动。系统中油路连通情况如下。

卸荷油路:液压泵 14→单向阀 13→换向阀 12(中位)→油箱。

8.2.3 组合机床动力滑台液压系统的特点

(1) 系统采用了限压式变量叶片泵-调速阀-背压阀式的调速回路,能保证稳定的低速运动(进给速度最小可达 6.6 mm/min)、较好的速度刚度和较大的调速范围(R=100)。

(2) 系统采用了限压式变量叶片泵和差动连接液压缸来实现快进,能源利用比较合理。

(3) 系统采用了行程阀和顺序阀实现快进与工进的换接,不仅简化了电气线路,而且使动作可靠,换接精度也比电气控制好。至于两个工进之间的换接,由于两者速度都较低,采用电磁阀完全可以保证换接精度。

(4) 系统采用了三位五通电液动换向阀的 M 型中位机能与单向阀 13 串联,在滑台停止时,使液压泵通过 M 型中位机能在低压下卸荷,减少了能量损耗。为保证启动时电液动换向阀有一定的先导控制油压力,控制油路必须从液压泵出口、单向阀 13 之前引出。

8.3 M1432A 型万能外圆磨床液压传动系统

8.3.1 概述

M1432A 型万能外圆磨床液压传动系统(见图 8-10)能实现工作台往复运动、砂轮架快速进退及径向周期切入进给运动、尾架顶尖的伸缩、工作台往复运动的手动与液压驱动的互锁、砂轮架丝杠螺母间隙的消除及导轨的润滑。

8.3.2 工作原理

1. 工作台往复运动

M1432A 型万能外圆磨床工作台由活塞杆固定的双杆活塞缸驱动,采用专用液压操作箱进行控制。该操作箱由开停阀、节流阀、先导阀、换向阀、抖动缸等元件组成。它可以使工作台的运动速度在 0.1～4 m/min 内无级调节;并且对换向过程进行控制,以便获得高的换向位置精度,其同步精度为 0.03 mm;它能使工作台在换向点处停留,以便保证被加工零件的圆柱度;在切入磨削时,它能使工作台“抖动”,以保证切入磨削质量。其工作原理如下。

1) 往复运动时的油路走向及调速

当开停阀处于“开”位(右位)及先导阀和换向阀的阀芯均处于右端位置时,液压缸向右运行。其油路走向如下。

进油路:液压泵→油路 9→换向阀→油路 13→液压缸右腔。

回油路:液压缸左腔→油路 12→换向阀→油路 10→先导阀→油路 2→开停阀右位→节流阀→油箱。

当工作台向右运行到预定位置时,其上的左挡块拨动先导阀操纵杆,使阀芯移到左端位置。这样,换向阀右端腔接通控制压力油,而左端腔与油箱连通,使阀芯处于左端位置。其控制油路走向如下。

进油路:液压泵→精密滤油器→油路 1→油路 4→先导阀→油路 6→单向导阀 I_2→换向阀右端腔。

回油路:换向阀左端腔→油路 8→油路 5→先导阀→油箱。

当换向阀阀芯处于左端位置后,主油路走向如下。

进油路:液压泵→油路 9→换向阀→油路 12→液压缸左腔。

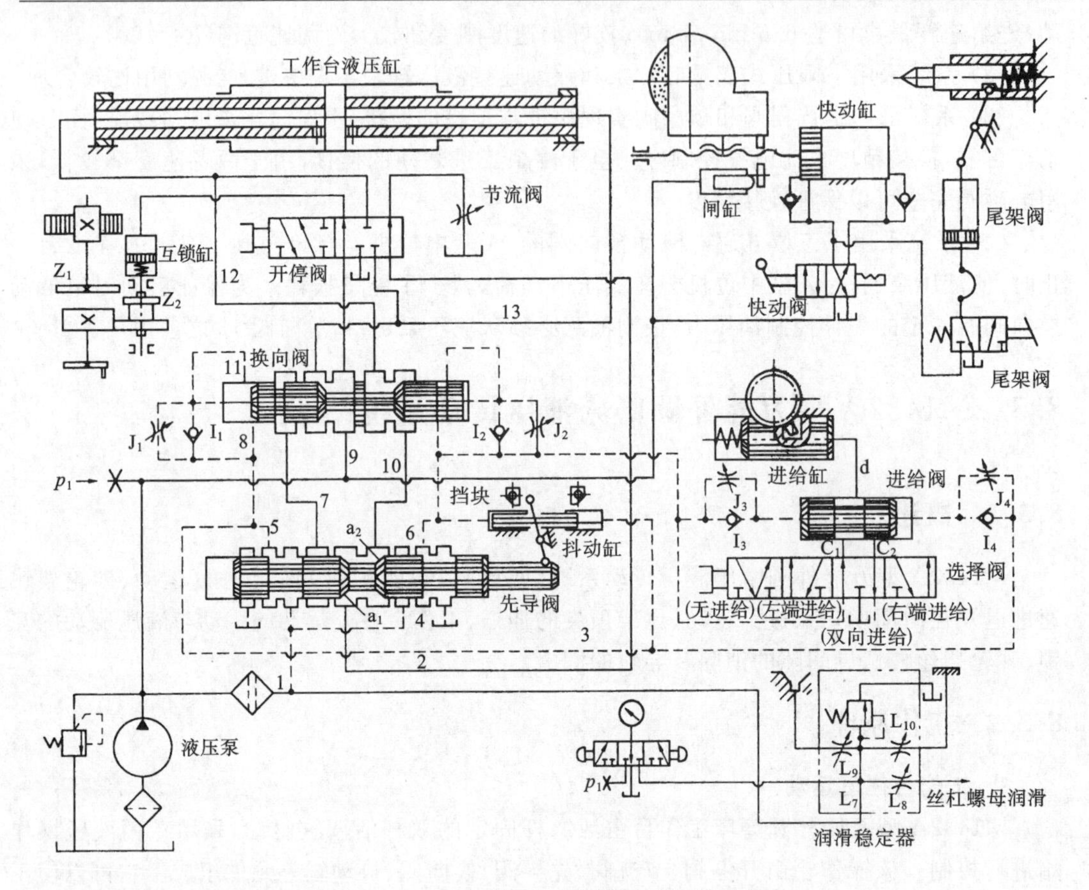

图 8-10 M1432A 型万能外圆磨床液压传动系统

回油路：液压缸右腔→油路 13→换向阀→油路 7→先导阀→油路 2→开停阀右位→节流阀→油箱。

这时，液压缸带动工作台向左运行。当运行到预定位置时，工作台上右挡块拨动先导阀操纵杆，使阀芯又移到右端位置，则控制油路使换向阀切换，工作台又向右运行。这样周而复始，工作台不停地往复运动，直到开停阀转到停位(左位)方可停止。工作台往复运动速度由节流阀调节，速度范围为 0.1～4 m/min。

2）换向过程

液压缸换向时，先导阀阀芯先受到挡块操纵而移动，先导阀换向后，操纵液动换向阀的控制油路，其进油路走向如前述，而其回油走向先后变换三次，使换向阀阀芯依次产生第一次快跳→慢速移动→第二次快跳。这样，就使液压缸的换向在预制动后又经历了迅速制动、停留和迅速反向启动的三个阶段。具体过程如下。

换向阀左端腔至油箱的回油，视阀芯的位置不同，先后有三条路线。

第一条路线是在阀芯开始移动阶段的回油路线为换向阀左端腔→油路 8→油路 5→先导阀→油箱。

在此回油路线中无节流元件，管路通畅无阻，所以，阀芯移动速度高，产生第一次快跳。第一次快跳使阀芯中部台肩移到阀套的沉割槽处，导致液压缸两腔的油路连通(阀套沉割槽宽度大于阀芯台肩宽度)，工作台停止运动。

当换向阀芯左端圆柱部分将油路8覆盖后，第一次快跳结束。其后，左端腔的回油只能经节流阀J_1至油路5，这样，阀芯按节流阀J_1调定的速度慢速移动，这是第二条路线。由于阀套沉割槽宽度大于阀芯中部台肩宽度，使得阀芯在慢速移动期间液压缸两腔油路继续互通，工作台停止状态持续一段时间。这就是工作台反向前的端点停留，停留时间由节流阀J_1调定，调节范围为0～5 s。

第三条路线，当换向阀阀芯移到左部环槽将通道11与8连通时，阀芯左端腔的回油管道又变成畅通无阻，阀芯产生第二次快跳。这样，主油路被切换，工作台迅速反向启动向左运动，至此换向过程结束。

工作台向左运行到预定位置，即在工作右端的换向过程与工作左端的换向过程完全相同，不再赘述。

2. 砂轮架的快速进退运动

砂轮架上丝杠螺母机构的丝杠与液压缸(快动缸)活塞杆连接在一起，它的快进和快退由该快动缸驱动，通过手动换向阀(快动阀)操纵。当快动阀右位接入系统时，快动缸右腔进压力油，左腔接油箱，砂轮架快进。反之，快动阀左位接入系统时，砂轮架快退。

3. 砂轮架的周期进给运动

砂轮架的周期进给是在工作台往复运动到终点停留时自动进行的。它由进给阀操纵，经进给缸柱塞上的棘爪拨动棘轮，再通过齿轮、丝杠螺母等传动副带动砂轮架实现的。图8-14中选择阀的位置是“双向进给”。当工作台向右运行到终点时，由于先导阀已将控制油路切换，其油路走向如下。

进油路：液压泵→精密滤油器→油路1→油路4→先导阀→油路6→选择阀→进给阀C_1口→油路d→进给缸右腔。

这样，进给缸柱塞向左移动，砂轮架产生一次进给。与此同时，控制压力油经节流阀J_3进入进给阀左端腔，而进给阀右端腔液压油经单向阀I_4、油路3、先导阀左部环槽与油箱连通。于是进给阀阀芯移到右端，将C_1口关闭、C_2口打开。这样，进给缸右端腔经油路d、进给阀C_2口、选择阀、油路3、先导阀左端环槽与油箱连通，结果进给缸柱塞在其左端弹簧作用下移动到右端，为下一次进给做好准备。进给量的大小由棘轮棘爪机构调整，进给快慢通过调整节流阀决定。工作台向左运行、砂轮架在工作台右端进给时的过程与上述情况相同。

4. 工作台往复液压驱动与手动互锁

为了调整工作台，工作台往复运动设有手动机构。手动是由手轮经齿轮、齿条等传动副实现的。这样，如果液动与手动驱动没有互锁机构，当工作台在液压驱动下往复运动时，手动用的手轮也会被带动旋转，容易伤人。因此，要采取措施保证两种运动的互锁。这个互锁动作是由互锁缸实现的。当开停阀处于开位(右位接入系统)时，互锁缸通入压力油，推动活塞使齿轮Z_1和Z_2脱开，工作台的运动不会带动手轮转动。当开停阀处于停位(左端接入系统)时，互锁缸接通油箱，活塞在弹簧作用下移动使齿轮Z_1和Z_2啮合，手动传动链被接通。另外，当开停阀处于停位时，液压缸两腔通过开停阀互通而处于浮动状态，这样，转动手轮可以使工作台移动。

5. 尾座顶尖的退回

工作台上尾座内的顶尖起夹持工件的作用。顶尖伸出由弹簧实现，退回由尾架缸实现，通过脚踏式尾架阀操纵。顶尖只在砂轮架快速退离工件后才能退回，以确保安全，故系统中的压力油从进入传动缸小腔的油路上引向尾架阀。

8.3.3 M1432A 型万能外圆磨床液压传动系统的主要特点

该磨床工作台往复运动系统采用了 HYY2/3P-25T 型快跳式液压操作箱，结构紧凑，操作方便，换向精度高，换向平稳，其主要原因如下。

(1) 该操作箱将换向过程分为预制动、终制动、反向和启动四个阶段进行。预制动的主要作用是将工作的速度降低，为工作台准确停止创造条件，因此提高了终制动的同速和异速时的位置精度。

(2) 当预制动结束时，抖动缸使先导阀阀芯快跳，使切换后的控制油路畅通无阻，为换向阀阀芯的快跳提供了条件，先导阀阀芯的快跳与换向阀阀芯的快跳几乎同时完成，这样不仅提高了工作台终制动的位置精度，而且保证了制动平稳无冲击。

工作台往复运动采用结构简单的节流阀调速，不仅为液压缸建立了背压，有助于运动平稳，而且经节流发热的液压油流回油箱冷却，减少了机床热变形的影响。

抖动缸能使工作台在很短行程范围内换向，这样可以提高切入磨削质量。

8.4 液压挖掘机液压系统

8.4.1 主要工作过程

液压挖掘机属于工程和建筑机械，主要用于土石方工程、建筑施工和铺路施工中，可以大大减轻劳动强度、改善劳动条件，以及提高劳动生产率。目前采用电子控制负荷传感系统的最新型的液压挖掘机，将液压系统、电子系统和其他机械系统合并成为一个集成组件，即机电一体化系统。由于具有先进的智能技术，正确地操作液压挖掘机可使其自动进行合适的挖掘作业，因此，液压挖掘机得到了广泛的应用。

液压挖掘机按其传动形式不同可分为机械式和液压式两类挖掘机。目前中小型挖掘机几乎全部采用了液压传动。现以单斗液压挖掘机为例介绍。

1. 单斗液压挖掘机的组成及作业程序

单斗液压挖掘机是工程机械中的主要机械，它广泛应用于建筑、施工筑路、水利工程、国防工事等土石方施工以及矿山采掘作业中。图 8-11 为单斗液压挖掘机示意图。

单斗液压挖掘机工作过程由动臂升降、斗杆收放、平台回转、整机行走等动作组成。为了提高作业效率，在一个循环作业中可以组成以下复合运动：

① 挖掘作业，铲斗和斗杆复合进行工作；

② 回转作业，动臂提升的同时平台回转；

③ 卸料作业，斗杆和铲斗工作的同时，大臂可以调整位置高度；

④ 返回平台回转、动臂和斗杆配合回到挖掘开始位置，进入下一个挖掘循环，在挖掘过程中应避免平台回转。

单斗液压挖掘机作业程序见表 8-2。

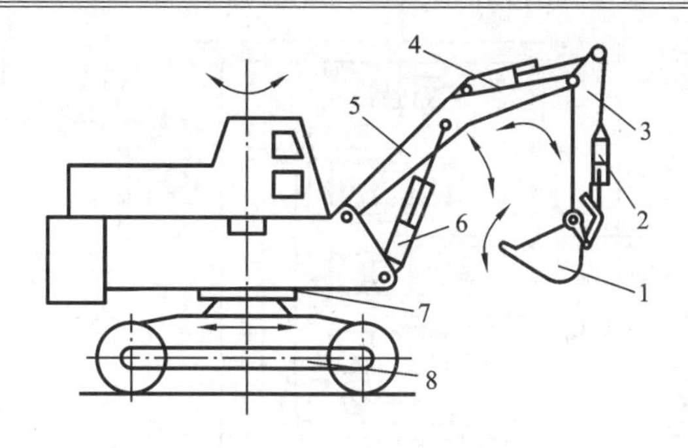

图 8-11　单斗液压挖掘机

1—铲斗；2—铲斗液压缸；3—斗杆；4—斗杆液压缸；5—动臂；6—动臂液压缸；7—回转机械；8—行走机构

表 8-2　单斗液压挖掘机作业程序

作业程序		动作特性
作业顺序	部件动作	
挖掘	铲斗1回转； 铲斗1提升到水平位置	挖掘坚硬土壤以斗杆液压缸4动作为主 挖掘松散土壤，铲斗液压缸2、斗杆液压缸4和动臂液压缸6配合动作，以铲斗液压缸2为主
提升、回转	铲斗1提升； 转台回转卸载状态	铲斗液压缸2推出，动臂5抬起，满斗提升回转，马达使工作位置转至卸载位置
卸载	斗杆3回缩； 铲斗回转卸载	铲斗液压缸2缩回，斗杆液压缸4动作，视卸载高度动臂液压缸6配合动作
复位	转台回转； 斗杆3伸出，工作装置下降	回转机构将工作装置转回到工作挖掘面，动臂5和斗杆液压缸4配合动作将铲斗1降到地面

2. 单斗液压挖掘机的主要参数

单斗液压挖掘机及液压系统的主要参数见表 8-3。

表 8-3　单斗液压挖掘机及液压系统的主要参数

项目		基本参数							
标准斗容量/m^3		0.25	0.4	0.6	1.0	1.6	2.5	4.0	6.0
发动机功率/kW		26～40	44～59	59～74	96～118	132～176	184～235	294～338	441～514
液压系统	液压系统类型	定量型		定量型	变量型	变量型			
	压力/MPa	16～25				25～32			
	液压泵形式	齿轮泵或柱塞泵				柱塞泵			
	液压马达形式	齿轮马达或柱塞马达				柱塞马达			

8.4.2　双泵双回路单斗液压挖掘机液压系统工作原理

如图 8-12 所示为国产 1 m^3 履带式单斗液压挖掘机的定量型双泵双回路系统，其主要性能参数为：铲斗容量 1 m^3，发动机功率 110 kW，系统工作压力 28 MPa。

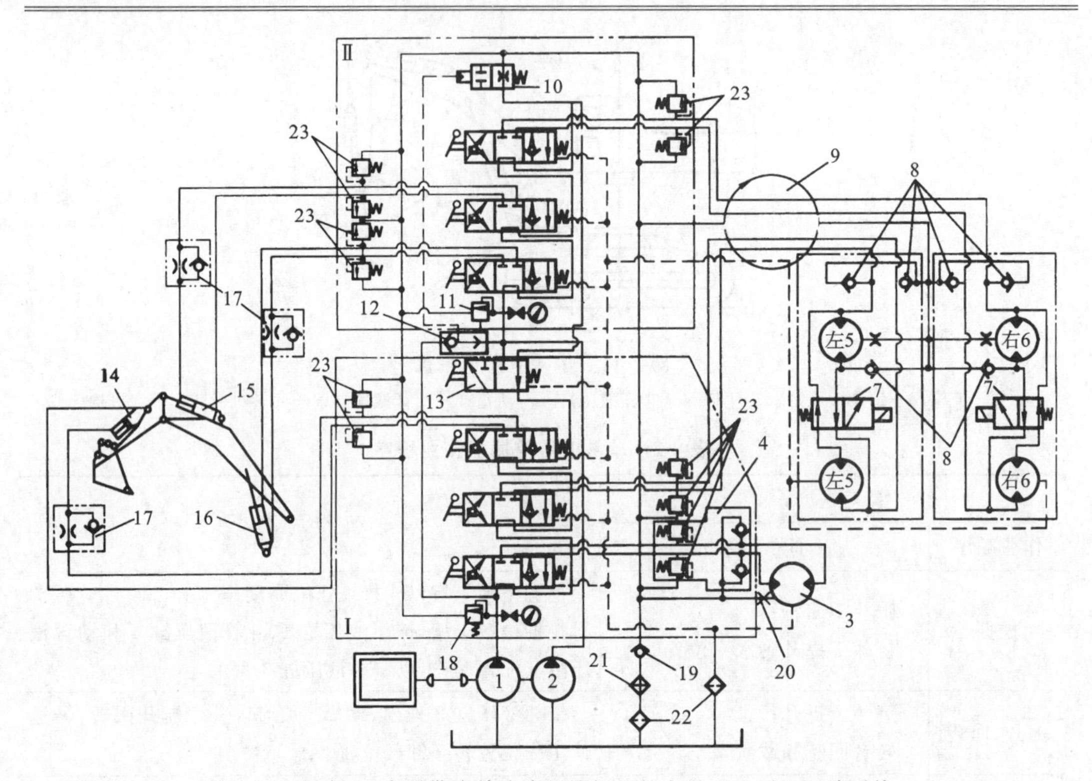

图 8-12　国产 1 m^3 履带式单斗液压挖掘机的定量型双泵双回路系统

1,2—液压泵;3—液压马达;4—缓冲补油阀组;5—左行走马达;6—右行走马达;7—行走马达变速阀;8—补油单向阀;9—中心回转接头;10—限速阀;11,18—溢流阀;12—控阀;13—合流阀;14—铲斗缸;15—斗杆缸;16—动臂缸;17—单向节流阀;19—背压阀;20—节流阀;21—风冷式冷却器;22—滤油器;23—缓冲阀

该系统实现的动作如下。

多路阀Ⅰ、Ⅱ无干扰地同时动作:液压泵 1、2 分别向多路阀Ⅰ、Ⅱ控制的液动机供油,从而使分属于两回路中的任意机构在轻载及重载下都可以实现无干扰的同时动作。多路阀Ⅰ、Ⅱ分别由三个手动换向阀组成串联回路,故轻载时可实现多机构同时动作和动臂、斗杆机构的快速动作,单斗液压挖掘机的液压系统中设置有合流阀 13,当合流阀 13 处左位工作时,液压泵 1、2 并联合流,共同向动臂缸 16、斗杆缸 15 供油,从而实现动臂、斗杆机构的快速动作。动臂、斗杆两机构短时间锁紧可操纵相应换向阀回中位来实现动臂、斗杆两机构的短时间锁紧。行走马达的动作:左行走马达 5 和右行走马达 6 分属于两回路,因此在左、右行走机构的阻力不等时,容易保证挖掘行走的直线性。

左行走马达 5 和右行走马达 6 均为双排柱塞式内曲线马达,行走马达变速阀 7 可使两排柱塞实现串、并联的转换,从而达到快、慢速两挡速度。

此外,该系统在各换向阀与相应液动机之间都装有缓冲阀 23,作为各分支回路的安全制动阀。行走、回转机构的惯性很大,制动时经装在相应液压马达附近的单向阀补油,为保证可靠补油,还装有背压阀 19(其调整压力为 0.7 MPa)。动臂、斗杆和铲斗机构中还装有单向节流阀 17,防止这些机构在自重作用下超速下降。限速阀 10 用以防止挖掘机下坡时超速滑坡。溢流阀 11、18 用以限制液压泵 1、2 的最大工作压力。进入液压马达内部(柱塞腔、配油轴内腔）和液压马达壳体内（渗漏低压油）液压油的温度不同，使液压马达各零件膨胀不等，会造成密封滑动面间隙变小而卡死，称为热冲击现象。为了防止热冲击发生，在液压马达壳体（渗漏腔）上引出两个油口（参见液压马达 3 的油路），一油口通过节流阀 20 与有背压回油路相通，另一油口直接与油箱相通。这样，液压马达壳体内不断形成油循环，使液压马达各零件内外温度和液压油温度保持一致，从而防止液压马达运转时热冲击的发生。由于使用了节流阀 20，系统的背压回路仍能维持一定压力。

履带挖掘机属于移动设备，液压油箱不能做得太大，所以本液压挖掘机设风冷式冷却器 21，以确保油温不超过 80 ℃。

8.4.3　液压挖掘机液压系统的特点

（1）与机械式挖掘机相比，液压挖掘机具有体积小、易于实现过载保护等特点。

（2）采用电子控制的负荷传感系统的最新型的液压挖掘机，将液压系统、电子系统和其他机械系统合并成为机电一体化系统，具有极高的工作可靠性，使机器在满足控制及各种功能的前提下，更加节省能量、提高效率，同时减轻操作人员的劳动强度。

（3）一般液压挖掘机采用合流阀使两液压泵并联合流供油，使系统的生产率及其发动机的功率利用率较高。

（4）液压马达壳体内存在液压油的内循环，可冲洗掉壳体内的磨损物，确保液压马达运转灵活、可靠。

8.5　汽车起重机液压系统

8.5.1　概述

汽车起重机是一种新型工程机械。中国的汽车起重机产业诞生于 20 世纪 70 年代，经过了多年的发展，期间经过三轮主要的技术改进，分别为 20 世纪 70 年代引进苏联技术、80 年代初引进日本技术和 90 年代初引进德国技术。特别在近几年，中国汽车起重机有了迅速发展。按照国家技术标准，有 30 kN、50 kN、80 kN、160 kN、250 kN、400 kN、650 kN 等多种规格。汽车起重机是以汽车底盘为基础的自行式起重设备，具有较高的行驶速度，可以与运输汽车编队行驶，机动性好。广泛用于建筑、货站及野外吊车作业等，可在冲击、振动、温度变化大的环境下工作。

8.5.2　Q2-8 型汽车起重机液压系统工作原理

汽车起重机机动性好，能以较快速度行走。其执行元件需要完成的动作较为简单，位置精度较低，大部分采用手动操纵，液压系统工作压力较高。作为起重机械，保证安全是至关重要的问题。

1. 组成

图 8-13 所示为汽车起重机的工作机构，它由如下五个部分构成。

（1）支腿　起重作业时使汽车轮胎离开地面，架起整车，不使载荷压在轮胎上，并可调

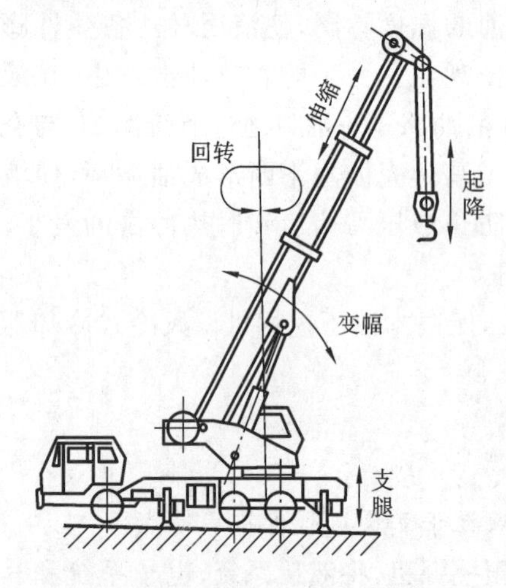

图 8-13 汽车起重机工作机构

节整车的水平。

(2) 回转机构 使吊臂回转。

(3) 伸缩机构 用以改变吊臂的长度。

(4) 变幅机构 用以改变吊臂的倾角。

(5) 起降机构 使重物升降。

2. 工作原理

Q2-8 型汽车起重机是一种中小型起重机，其液压系统如图 8-14 所示。这是一种通过手动操纵来实现多缸各自动作的系统。为简化结构，系统用一个液压泵给各执行元件串联供油。在轻载情况下，各串联的执行元件可任意组合，使几个执行元件同时动作，如伸缩和回转，或伸缩和变幅同时进行等。

该系统液压泵的动力由汽车发动机通过装在底盘变速箱上的取力箱提供。液压泵的额定压力为 21 MPa，排量为 40 mL/r，转速为 1500 r/min，液压泵通过中心回转接头 9、开关 10 和过滤器 11 从油箱吸油；输出的压力油经多路阀 1 和 2 串联地输送到各执行元件。系统工作情况与手动换向阀位置的关系见表 8-4。

表 8-4 Q2-8 型汽车起重机液压系统的工作情况

<table>
<tr><th colspan="6">手动换向阀位置</th><th colspan="7">系统工作情况</th></tr>
<tr><th>阀 A</th><th>阀 B</th><th>阀 C</th><th>阀 D</th><th>阀 E</th><th>阀 F</th><th>前支腿液压缸</th><th>后支腿液压缸</th><th>回转液压马达</th><th>伸缩液压缸</th><th>变幅液压缸</th><th>起升液压马达</th><th>制动液压缸</th></tr>
<tr><td>左位</td><td rowspan="2">中位</td><td rowspan="4">中位</td><td rowspan="6">中位</td><td rowspan="8">中位</td><td rowspan="10">中位</td><td>伸出</td><td rowspan="2">不动</td><td rowspan="4">不动</td><td rowspan="6">不动</td><td rowspan="8">不动</td><td rowspan="10">不动</td><td rowspan="10">制动</td></tr>
<tr><td>右位</td><td>缩回</td></tr>
<tr><td rowspan="10">中位</td><td>左位</td><td rowspan="10">不动</td><td>伸出</td></tr>
<tr><td>右位</td><td>缩回</td></tr>
<tr><td rowspan="8">中位</td><td>左位</td><td rowspan="8">不动</td><td>正转</td></tr>
<tr><td>右位</td><td>反转</td></tr>
<tr><td rowspan="6">中位</td><td>左位</td><td rowspan="6">不动</td><td>缩回</td></tr>
<tr><td>右位</td><td>伸出</td></tr>
<tr><td rowspan="4">中位</td><td>左位</td><td rowspan="4">不动</td><td>减幅</td></tr>
<tr><td>右位</td><td>增幅</td></tr>
<tr><td rowspan="2">中位</td><td>左位</td><td rowspan="2">不动</td><td>正转</td><td rowspan="2">松开</td></tr>
<tr><td>右位</td><td>反转</td></tr>
</table>

下面对各个回路动作进行叙述。

(1) 支腿回路 汽车起重机的底盘前后各有两条支腿，每一条支腿由一个液压缸驱动。两条前支腿和两条后支腿分别由三位四通手动换向阀 A 和 B 控制其伸出或缩回。换向阀

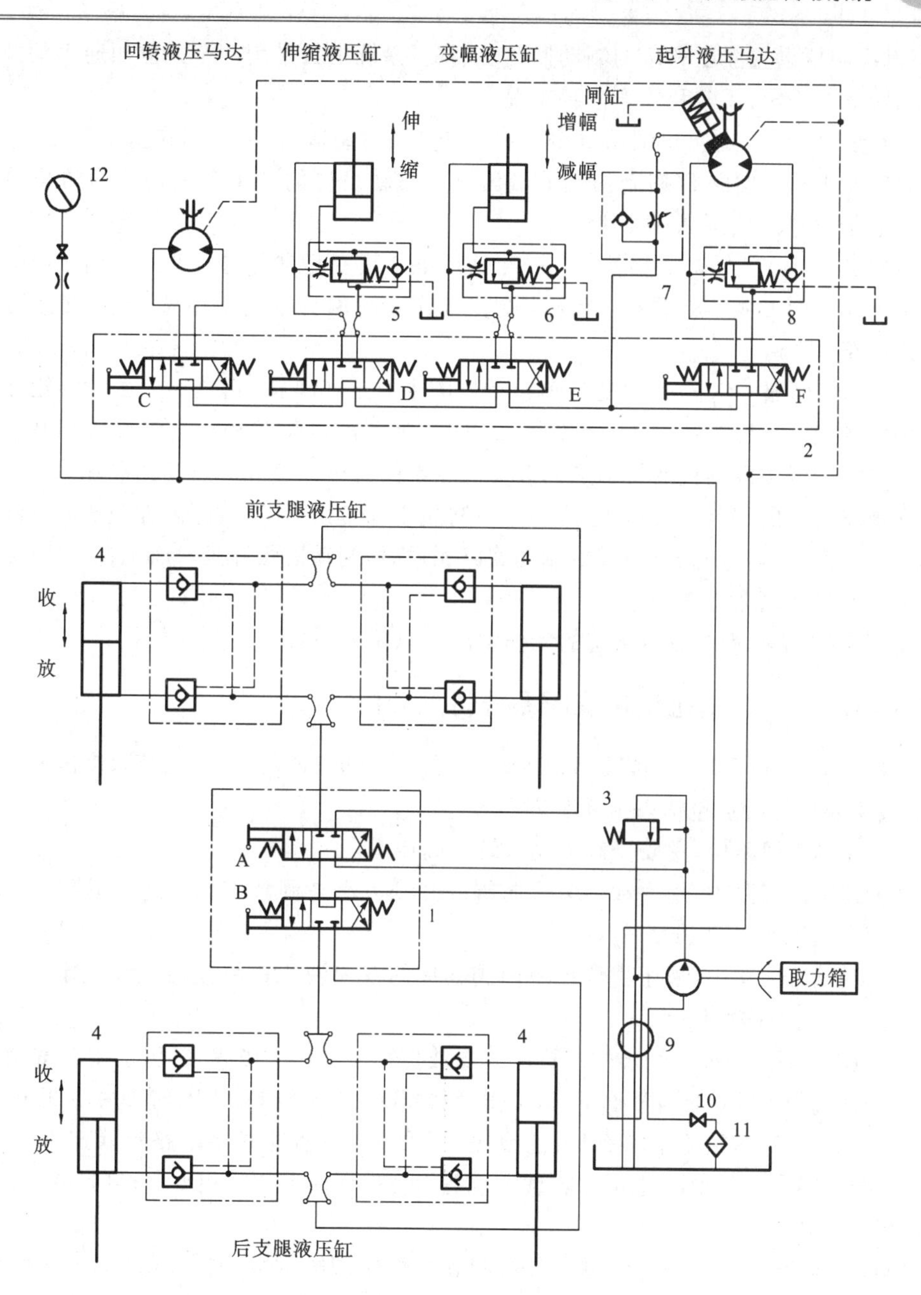

图 8-14　Q2-8 型汽车起重机液压系统图

1,2—多路阀；3—安全阀；4—双向液压锁；5,6,8—平衡阀；
7—单向节流阀；9—中心回转接头；10—开关；11—过滤器；12—压力表
A,B,C,D,E,F—手动换向阀

均采用 M 型中位机能，且油路是串联的。每个液压缸的油路上均设有双向锁紧回路，以保证支腿被可靠地锁住，防止在起重作业时发生“软腿”现象或行车过程中支腿自行滑落。

(2) 回转回路　回转机构采用液压马达作为执行元件。液压马达通过蜗轮蜗杆减速箱和一对内啮合的齿轮来驱动转盘。转盘转速较低，仅为 1～3 r/min，故液压马达的转速不高，就没有必要设置液压马达的制动回路。因此，系统中只采用一个三位四通手动换向阀C来控制转盘的正转、反转和停止三种工况。

(3) 伸缩回路　起重机的吊臂由基本臂和伸缩臂组成，伸缩臂套在基本臂之中，用一个由三位四通手动换向阀D控制的伸缩液压缸来驱动吊臂的伸出和缩回。为防止因自重而使吊臂下落，油路中设有平衡回路。

(4) 变幅回路　吊臂变幅就是用一个液压缸来改变起重臂的角度。变幅液压缸由三位四通手动换向阀E控制。同样，为防止在变幅作业时因自重而使吊臂下落，在油路中也设有平衡回路。

(5) 起降回路　起降机构是汽车起重机的主要工作机构，它是一个由大转矩液压马达带动的卷扬机。液压马达的正、反转由三位四通手动换向阀F控制。起重机起升速度的调节是通过改变汽车发动机的转速从而改变液压泵的输出流量和液压马达的输入流量来实现的。在液压马达的回路上设有平衡回路，以防止重物自由落下。此外，在液压马达还设有的由单向节流阀和单作用阀缸组成的制动回路相通时，制动器张开延时而迅速紧闭，以避免卷扬机启停时发生溜车下滑现象。

Q2-8型汽车起重机液压系统的工作情况汇总见表8-4。

8.5.3　Q2-8型汽车起重机液压系统特点分析

从图8-14可以看出，该液压系统由调压、调速、换向、锁紧、平衡、制动、多缸卸荷等回路组成，其主要性能特点包括以下几个方面。

(1) 在调压回路中，用安全阀限制系统最高压力。

(2) 在调速回路中，用手动调节换向阀的开度大小来调整工作机构(起降机构除外)的速度，方便灵活，但劳动强度较大。

(3) 在锁紧回路中，采用由液控单向阀构成的双向液压锁将前后支腿锁定在一定位置上，工作可靠，且有效时间长。

(4) 在平衡回路中，采用经过改进的单向液控顺序阀作平衡阀，以防止在起吊、吊臂伸缩和变幅作业过程中因重物自重而下降，工作可靠；但在一个方向有背压，造成一定的功率损耗。

(5) 在多缸卸荷回路中，采用三位换向阀M型中位机能并将油路串联起来，使任何一个工作机构既可单独动作，也可在轻载下任意组合地同时动作。但6个换向阀串接，也使液压泵的卸荷压力加大。

(6) 在制动回路中，采用由单向节流阀和单作用阀缸构成的制动器，其工作可靠，且制动动作快，松开动作慢，确保了安全。

8.6　加工中心液压系统

加工中心是机械、电气、液压、气动技术一体化的高效自动化机床。它可在一次装夹中完成铣、钻、扩、镗、锪、铰、螺纹加工、测量等多种工序及轮廓加工。在大多数加工中心中，液压传动主要用于实现下列功能。

(1) 刀库、机械手自动进行刀具交换及选刀的动作。

(2) 加工中心主轴箱、刀库机械手的平衡。

(3) 加工中心主轴箱的齿轮拨叉变速。

(4) 主轴松夹刀动作。

(5) 交换工作台的松开、夹紧及其自动保护。

(6) 丝杠等的液压过载保护等。

下面以卧式镗铣加工中心为例，简要介绍加工中心的液压系统。图 8-15 所示为卧式镗铣加工中心液压系统原理图。

1. 液压系统泵站启动时序

接通机床电源，启动电动机 1，变量叶片泵 2 运转，调节单向节流阀 3，构成容积节流调速系统。溢流阀 4 起安全阀作用，手动阀 5 起卸荷作用。调节变量叶片泵 2，使其输出压力达到 7 MPa，并把安全阀 4 调至 8 MPa。回油滤油器过滤精度 10 μm，滤油器两端压力差超过 0.3 MPa 时系统报警，此时应更换滤芯。

2. 液压平衡装置的调整

加工中心的主轴、垂直拖板、变速箱、主电动机等连成一体，由 Y 轴滚珠丝杠通过伺服电动机带动而上下移动。为了保证零件的加工精度，减少滚珠丝杠的轴向受力，整个垂直运动部分的重量需采用平衡法加以处理。平衡回路有多种，本系统采用平衡阀与液压缸来平衡重量。平衡阀 6、安全阀 7、手动卸荷阀 8、平衡缸 9 组成平衡装置，蓄油器 10 起吸收液压冲击的作用。调节平衡阀 6，使平衡缸 9 处于最佳工作状态，这可通过测量 Y 轴伺服电动机电流的大小来判断。

3. 主轴变速

当主轴变速箱需换挡变速时，主轴处于低转速状态。调节减压阀 11 至所需压力(由测压接头 15 测得)，通过减压阀 11、换向阀 12、换向阀 13 完成高速向低速换挡；直接由系统压力经换向阀 12、换向阀 13 完成低速向高速换挡。换挡液压缸速度由双单向节流阀 14 调整。

4. 换刀时序

加工中心在加工零件的过程中，前道工序完成后需换刀，此时主轴应返回机床 Y 轴、Z 轴设定的换刀点坐标，主轴处于准停状态，所需刀具在刀库上已预选到位。

(1) 机械手抓刀　当系统接收到换刀准备信号后，控制电磁阀 16 处于左位，推动齿轮齿条组合液压缸活塞上移，机械手同时抓住安装在主轴锥孔中的刀具和刀库上预选的刀具。双单向节流阀 17 控制抓刀、回位速度，Z2S 型双液控单向阀 18 保证系统失压时位置不变。

(2) 刀具松开和定位　抓刀动作完成后发出信号，控制电磁阀 19 处于左位，控制电磁阀 20 处于右位，通过增压缸 21 使主轴锥孔中刀具松开，松开压力由减压阀 22 调节。同时，油缸 23 活塞上移，松开刀库刀具；机械手上两定位销在弹簧力作用下伸出，卡住机械手上的刀具。

(3) 机械手伸出　主轴、刀库上的刀具松开后，无触点开关发出信号，控制电磁阀 24 处于右位，机械手由液压缸 25 推动而伸出，使刀具从主轴锥孔和刀库链节上拔出。液压缸 25 带缓冲装置，防止其在行程终点发生撞击，发出噪声，影响精度。

(4) 机械手换刀　机械手伸出后，发出信号控制电磁阀 26 换位，推动齿条传动组合液压缸活塞移动，使机械手旋转 180°，转位速度由双单向节流阀调整，并根据刀具重量由换向阀 27 确定两种转位速度。

(5) 机械手缩回　机械手旋转 180°后发出信号，电磁阀 24 换位，机械手缩回，刀具进入

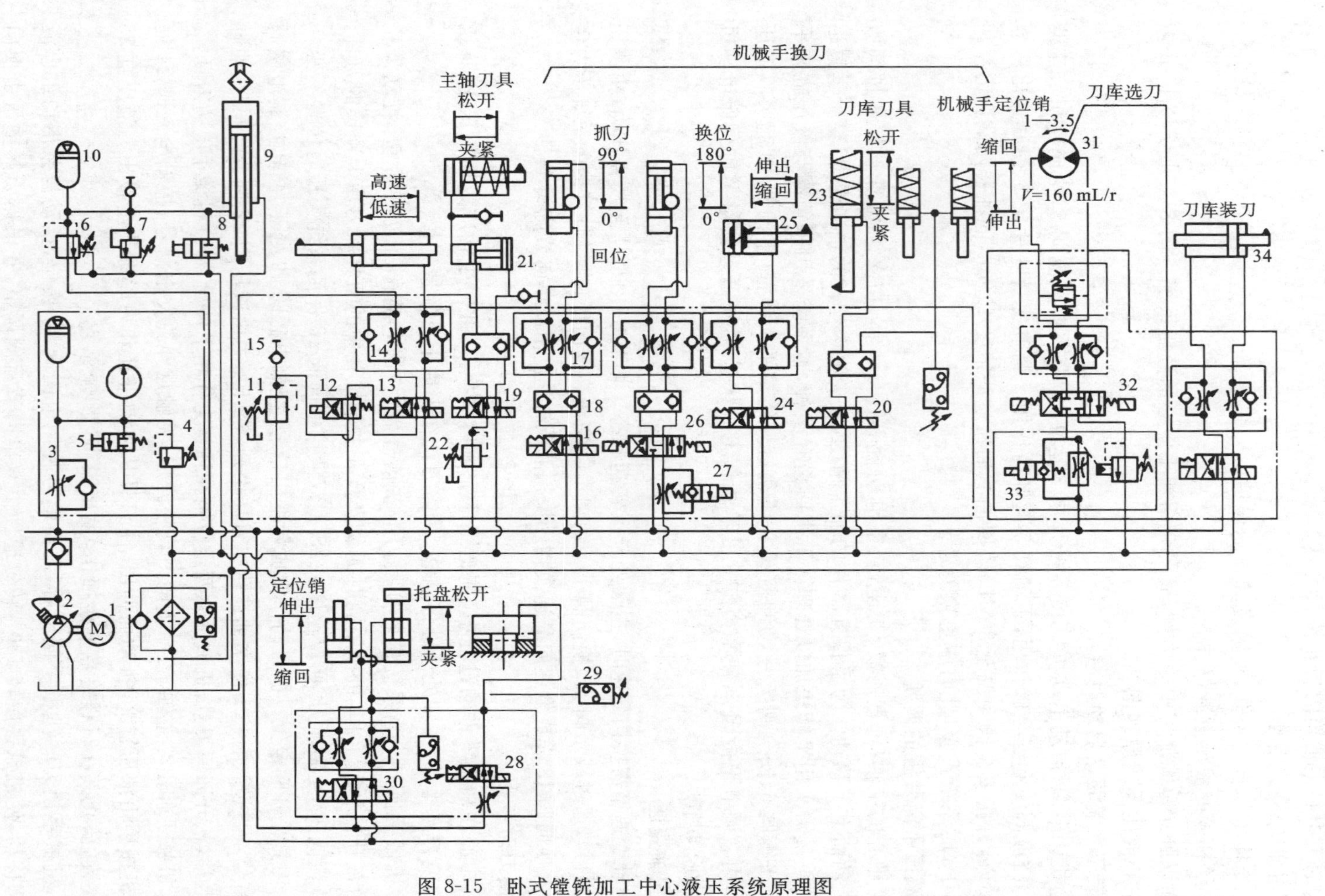

图 8-15　卧式镗铣加工中心液压系统原理图

1—电动机；2—变量叶片泵；3—单向节流阀；4—溢流阀；5—手动阀；6—平衡阀；7—安全阀；8—手动卸荷阀；9—平衡缸；10—蓄油器；11—减压阀；12，13—换向阀；14，17—双单向节流阀；15—测压接头；16，19，20，24，26，28，30—控制电磁阀；18—双液控单向阀；21—增压缸；22—减压阀；23—油缸；25—液压缸；27—换向阀；29—继电器；31—液压马达；32—电磁阀；33—液压马达控制单元；34—液压缸主轴锥孔和刀库链节。

(6) 刀具夹紧和松销　此时电磁阀 19、电磁阀 20 换位，使主轴中的刀具和刀库链上刀具夹紧，机械手上定位销缩回。

(7) 机械手回位　刀具夹紧信号发出后，电磁阀 16 换位，机械手旋转 90°，回到起始位置。至此，整个换刀动作结束，主轴启动进入零件加工状态。

5. NC 旋转工作台液压动作

(1) NC 工作台夹紧　零件连续旋转，进入固定位置加工时，电磁阀 28 换至左位，使工作台夹紧，并由压力继电器 29 发出夹紧信号。

(2) 托盘交换　当交换工件时，电磁阀 30 处于右位，定位销缩回，同时松开托盘，由交换工作台交换工件，结束后电磁阀 30 换位，托盘夹紧，定位销伸出定位，即可进入加工状态。

(3) 刀库选刀、装刀　零件在加工过程中，刀库需将下道工序所需刀具预选到位。首先判断所需刀具所在刀库位置，确定液压马达 31 的旋转方向，使电磁阀 32 换位，液压马达控制单元 33 控制马达启动、中间状态、到位旋转速度，刀具到位由旋转编码器组成的闭环系统控制发出信号。液压缸 34 用于刀库装刀位置处装卸刀具。

思考题与习题

8-1　如图所示，系统可实现“快进→工进→快退→停止(卸荷)”的工作循环。

(1) 指出液压元件 1～4 的名称。

(2) 试列出电磁铁动作表(通电“＋”，断电“－”)。

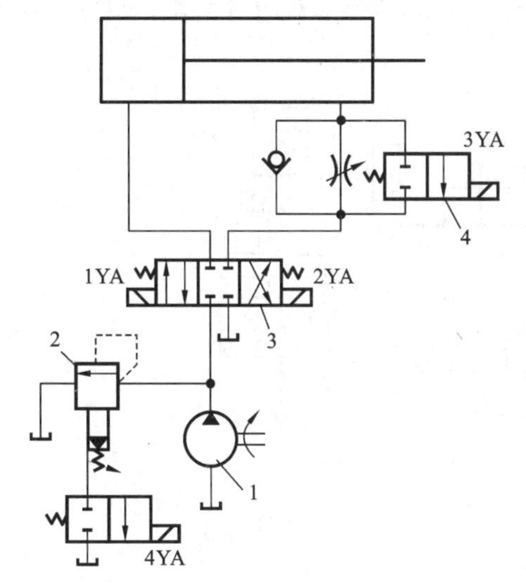

YA / 动作	1YA	2YA	3YA	4YA
快进				
工进				
快退				
停止				

题 8-1 图

8-2　如图所示的液压回路，要求先夹紧，后进给。进给缸需实现“快进→工进→快退→停止”这四个工作循环，而后夹紧缸松开。

(1) 指出标出数字序号的液压元件名称。

(2) 指出液压元件 6 的中位机能。

(3) 列出电磁铁动作顺序表(通电“＋”，断电“－”)。

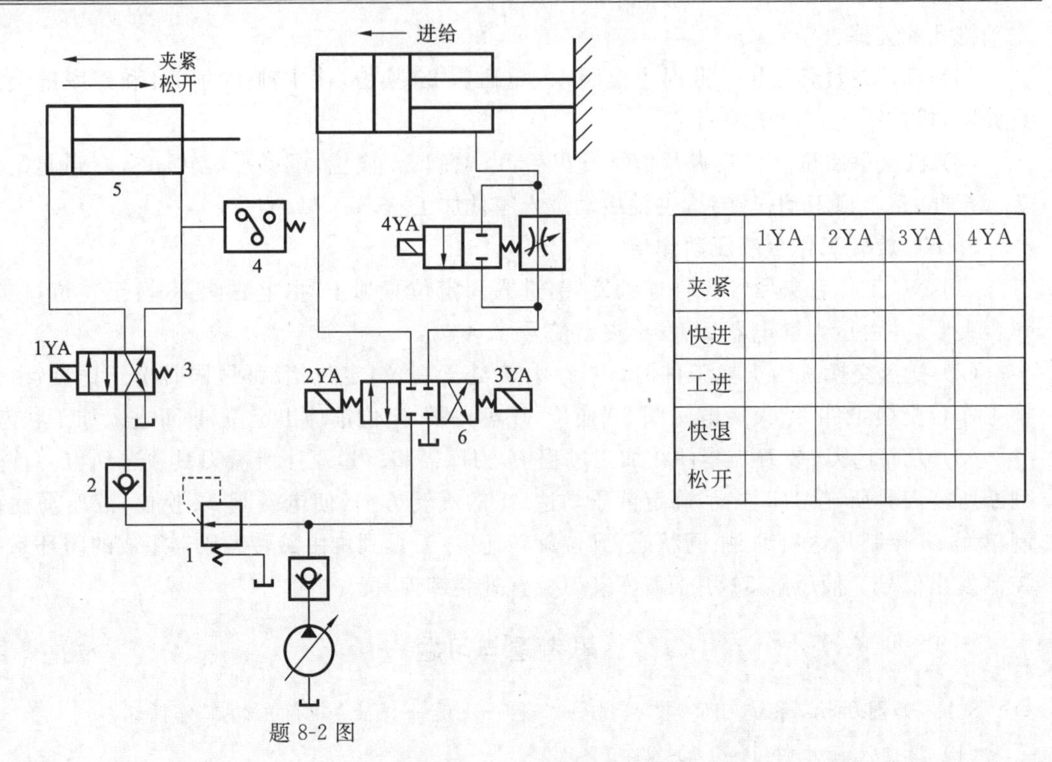

	1YA	2YA	3YA	4YA
夹紧				
快进				
工进				
快退				
松开				

题 8-2 图

8-3　如图所示液压系统，按动作循环表规定的动作顺序进行系统分析，填写完成该液压系统的工作循环表(注：电气元件通电为“＋”，断电为“－”；压力继电器、顺序阀、节流阀和顺序阀工作为“＋”，非工作为“－”)。

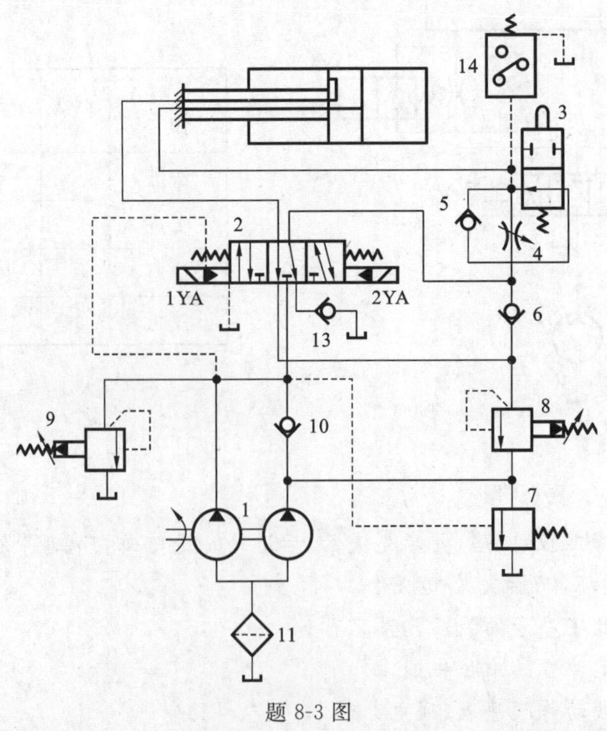

题 8-3 图

动作名称	电磁铁工作状态		液压元件工作状态			
	1YA	2YA	压力继电器 14	行程阀 3	节流阀 4	顺序阀 7
快进						
工进						
快退						
停止						

8-4 如图所示液压系统，按动作循环表规定的动作顺序进行系统分析，填写完成该液压系统的工作循环表(注：电气元件通电为“+”，断电为“-”)。

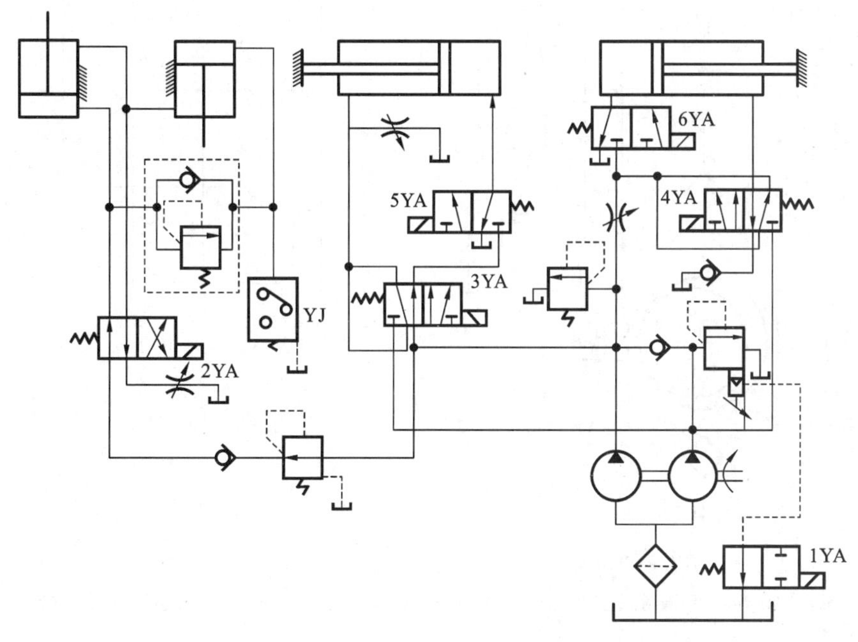

题 8-4 图

动作名称	电气元件						
	1YA	2YA	3YA	4YA	5YA	6YA	YJ
定位夹紧							
快进							
工进(卸荷)							
快退							
松开拔销							
原位(卸荷)							

8-5 认真分析如图所示的液压系统，试按电气元件的工作顺序和工作状态，说明液压缸各动作的运动和工作状态（注：电气元件通电为“＋”，断电为“－”）。

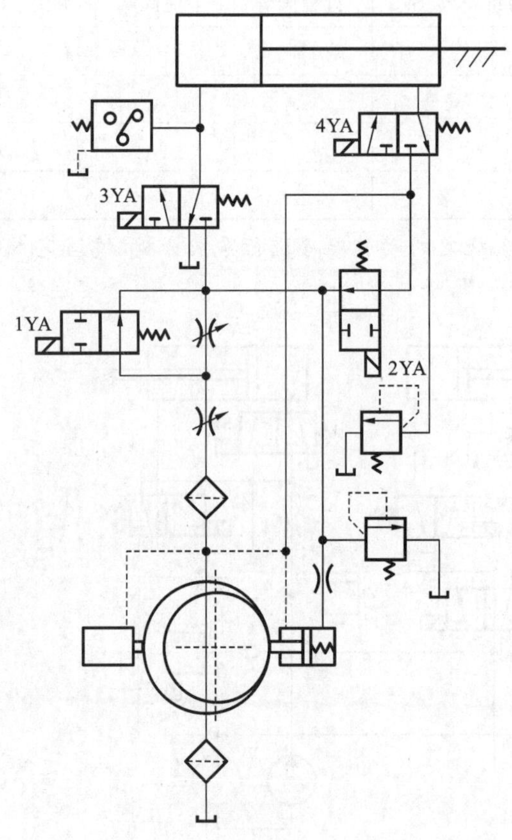

动作名称	电气元件状态			
	1YA	2YA	3YA	4YA
1	－	－	＋	＋
2	－	＋	＋	－
3	＋	＋	＋	－
4	－	－	－	＋
5	－	－	－	－

题 8-5 图

8-6 如图所示，液压系统可实现“快进→工进→快退→原位停止”工作循环，分析并回答以下问题：

(1) 写出元件 2、3、4、7、8 的名称及在系统中的作用；

(2) 列出电磁铁动作顺序表（通电为“＋”，断电为“－”）；

(3) 分析系统由哪些液压基本回路组成；

(4) 写出快进时的油流路线。

8-7 如图所示为专用铣床液压系统，要求机床工作台一次可安装两个工件，并能同时加工。工件的上料、卸料由手工完成，工件的夹紧及工作台由液压系统完成。机床的加工循环为“手工上料→工件自动夹紧→工作台快进→铣削进给→工作台快退→夹具松开→手工卸料”。分析系统回答下列问题：

(1) 填写电磁铁动作顺序表；

(2) 系统由哪些基本回路组成？

(3) 哪些工况由双泵供油，哪些工况由单泵供油？

8-8 试用两个单向顺序阀实现“缸 1 前进→缸 2 前进→缸 1 退回→缸 2 退回”的顺序动作回路，绘出回路图并说明两个顺序阀的压力如何调节。

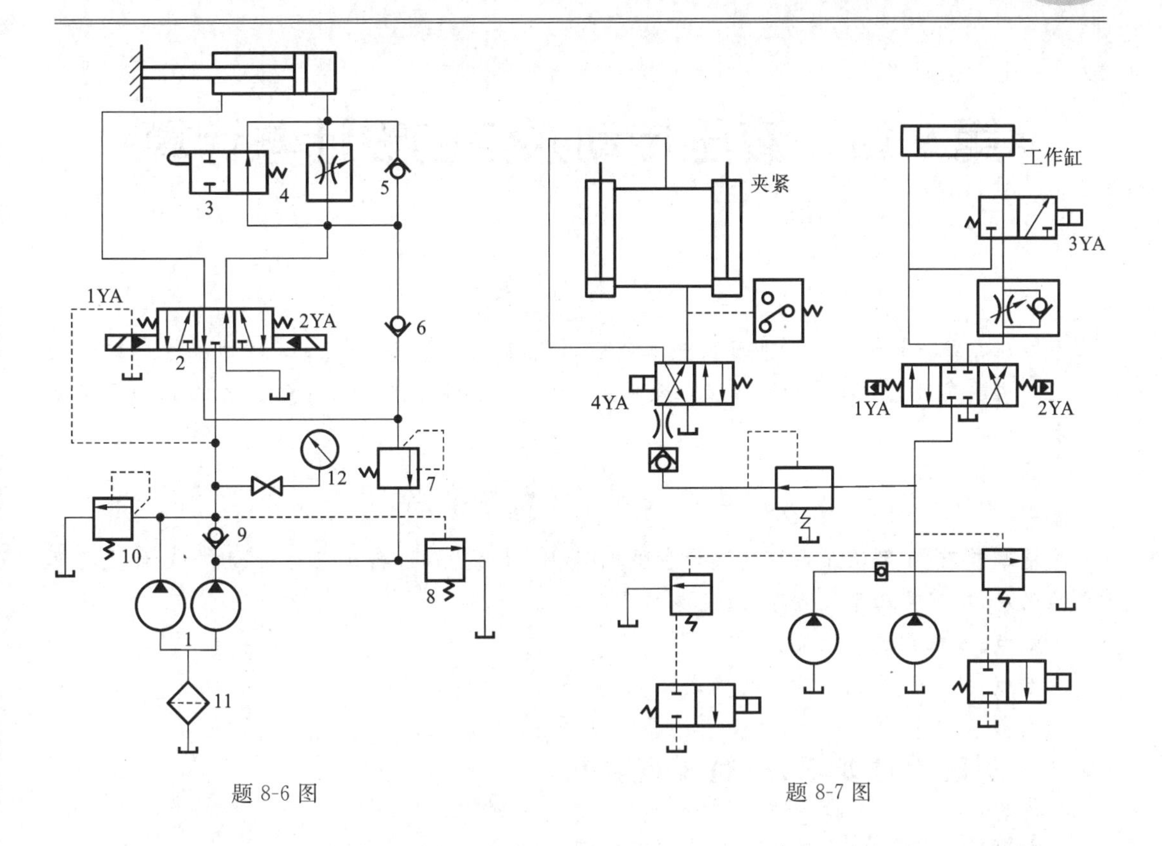

题 8-6 图

题 8-7 图

第9章　液压传动系统的设计与计算

内容提要

液压系统设计和计算的步骤大致如下：① 明确设计要求，进行工况分析；② 确定液压系统的主要参数；③ 计算和选择液压元件；④ 液压系统性能的验算；⑤ 绘制工作图和编写技术文件。

基本要求、重点和难点

基本要求：了解液压系统的设计步骤。明确设计依据，进行工况分析；执行元件主要参数的确定；确定液压系统方案；选定液压元件。

重点：液压系统的设计。

难点：执行元件主要参数的确定。

9.1　明确设计要求，进行工况分析

在设计液压系统时，首先应明确以下问题，并将其作为设计依据。

(1) 主机的用途、工艺过程、总体布局以及对液压传动装置的位置和空间尺寸的要求。

(2) 主机对液压系统的性能要求，如自动化程度、调速范围、运动平稳性、换向定位精度以及对系统的效率、温升等的要求。

(3) 液压系统的工作环境，如温度、湿度、振动冲击以及是否有腐蚀性和易燃物质存在等情况。

在上述工作的基础上，应对主机进行工况分析，工况分析包括运动分析和动力分析，对复杂的系统还需编制负载和动作循环图，由此了解液压缸或液压马达的负载和速度随时间变化的规律，以下对工况分析的内容作具体介绍。

9.1.1　运动分析

主机的执行元件按工艺要求的运动情况，可以用位移循环图（L-t），速度循环图（v-t）或速度与位移循环图来表示，由此对运动规律进行分析。

1. 位移循环图

图 9-1 为液压机的液压缸位移循环图，纵坐标 L 表示活塞位移，横坐标 t 表示从活塞启动到返回原位的时间，曲线斜率表示活塞移动速度。该图清楚地表明液压机的工作循环分别由快速下行、减速下行、压制、保压、泄压慢回和快速回程六个阶段组成。

2. 速度循环图

工程中液压缸的运动特点可归纳为三种类型。图 9-2 为三种类型液压缸的速度循环图，

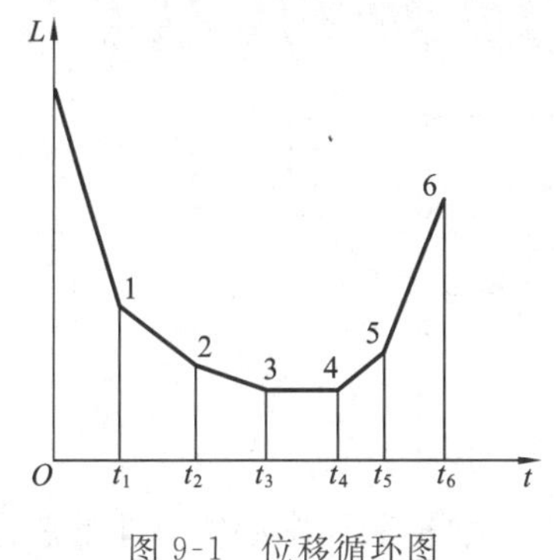

图 9-1　位移循环图

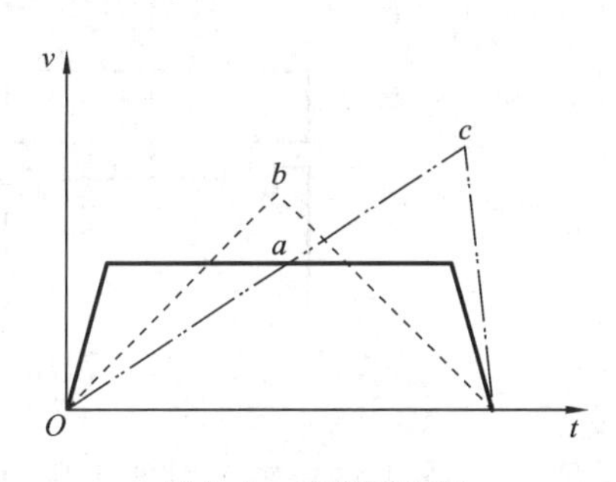

图 9-2　速度循环图

第一种，如图 9-2 中实线 a 所示，液压缸开始做匀加速运动，然后匀速运动，最后匀减速运动到终点；第二种，如图 9-2 中的虚线 b 所示，液压缸在总行程的前一半做匀加速运动，在另一半做匀减速运动，且加速度的数值相等；第三种，如图 9-2 中双点画线 c 所示，液压缸在总行程的一大半以上以较小的加速度做匀加速运动，然后匀减速至行程终点。v-t 图的三条速度曲线，不仅清楚地表明了三种类型液压缸的运动规律，也间接地表明了三种工况的动力特性。

9.1.2　动力分析

动力分析研究机器在工作过程中其执行机构的受力情况，对液压系统而言，就是研究液压缸或液压马达的负载情况。

1. 液压缸的负载及负载循环图

（1）液压缸的负载力计算　工作机构做直线往复运动时，液压缸必须克服的负载由六部分组成，即

$$F=F_c+F_f+F_i+F_G+F_m+F_b \tag{9-1}$$

式中：F_c——切削阻力；

F_f——摩擦阻力；

F_i——惯性阻力；

F_G——重力；

F_m——密封阻力；

F_b——排油阻力。

① 切削阻力 F_c：液压缸运动方向的工作阻力，对于机床来说就是沿工作部件运动方向的切削力，此作用力的方向如果与执行元件运动方向相反为正值，两者同向为负值。该作用力可能是恒定的，也可能是变化的，其值要根据具体情况计算或由实验测定。

② 摩擦阻力 F_f：液压缸带动的运动部件所受的摩擦阻力，它与导轨的形状、放置情况和运动状态有关，其计算方法可查有关的设计手册。图 9-3 所示为最常见的两种导轨形式，其摩擦阻力的值如下：

平导轨
$$F_f=f\sum F_n \tag{9-2}$$

V 形导轨
$$F_f=f\sum F_n\Big/\left[\sin\frac{\alpha}{2}\right] \tag{9-3}$$

式中：f——摩擦因数，参阅表 9-1 选取；

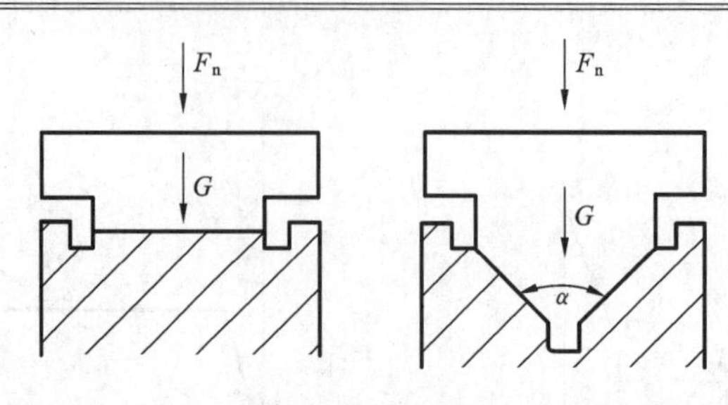

图 9-3 导轨形式

$\sum F_n$——作用在导轨上总的正压力或沿 V 形导轨横截面中心线方向的总作用力；

α——V 形角，一般为 90°。

③ 惯性阻力 F_i：惯性阻力是指运动部件在启动和制动过程中的惯性力，可按下式计算：

$$F_i = ma = \frac{G}{g}\frac{\Delta v}{\Delta t}(\text{N}) \tag{9-4}$$

式中：m——运动部件的质量(kg)；

a——运动部件的加速度(m/s^2)；

G——运动部件的重量(N)；

g——重力加速度，$g=9.81\ m/s^2$；

Δv——速度变化值(m/s)；

Δt——启动或制动时间(s)，一般机床 $\Delta t=0.1\sim0.5$ s，运动部件重量大的取大值。

表 9-1 摩擦因数 f

导轨类型	导轨材料	运动状态	摩擦因数 f
滑动导轨	铸铁对铸铁	启动时	0.15～0.20
		低速($v<0.16$ m/s)	0.1～0.12
		高速($v>0.16$ m/s)	0.05～0.08
滚动导轨	铸铁对滚柱(珠)		0.005～0.02
	淬火钢导轨对滚柱(珠)		0.003～0.006
静压导轨	铸铁		0.005

④ 重力 F_G：垂直放置和倾斜放置的移动部件，其本身的重量也是一种负载，上移时负载为正值，下移时为负值。

⑤ 密封阻力 F_m：密封阻力指装有密封装置的零件在相对移动时的摩擦力，其值与密封装置的类型、液压缸的制造质量和油液的工作压力有关。在初算时，可按缸的机械效率($\eta_m=0.9$)考虑；验算时，按密封装置摩擦力的计算公式计算。

⑥ 排油阻力 F_b：排油阻力为液压缸回油路上的阻力，该值与调速方案、系统所要求的稳定性、执行元件等因素有关，在系统方案未确定时无法计算，可放在液压缸的设计计算中考虑。

(2) 液压缸运动循环各阶段的总负载力　液压缸运动循环各阶段的总负载力计算，一般包括启动加速、快进、工进、快退、减速制动等几个阶段，每个阶段的总负载力是有区别的。

① 启动加速阶段：这时，液压缸或活塞处于由静止到启动并加速到一定速度的状态，其总负载力包括导轨的摩擦力、密封装置的摩擦力(按缸的机械效率 $\eta_m=0.9$ 计算)、重力和惯

性力等项，即

$$F=F_f+F_i\pm F_G+F_m+F_b \tag{9-5}$$

② 快速阶段：
$$F=F_f\pm F_G+F_m+F_b \tag{9-6}$$

③ 工进阶段：
$$F=F_f+F_e\pm F_G+F_m+F_b \tag{9-7}$$

④ 减速：
$$F=F_f\pm F_G-F_i+F_m+F_b \tag{9-8}$$

对简单液压系统，上述计算过程可简化。例如采用单定量泵供油，只需计算工进阶段的总负载力，若简单系统采用限压式变量泵或双联泵供油，则只需计算快速阶段和工进阶段的总负载力。

(3) 液压缸的负载循环图　对较为复杂的液压系统，为了更清楚地了解该系统内各液压缸(或液压马达)的速度和负载的变化规律，应根据各阶段的总负载力和它所经历的工作时间 t 或位移 L，按相同的坐标绘制液压缸的负载时间(F-t)或负载位移(F-L)图，然后将各液压缸在同一时间 t (或位移)的负载力叠加。

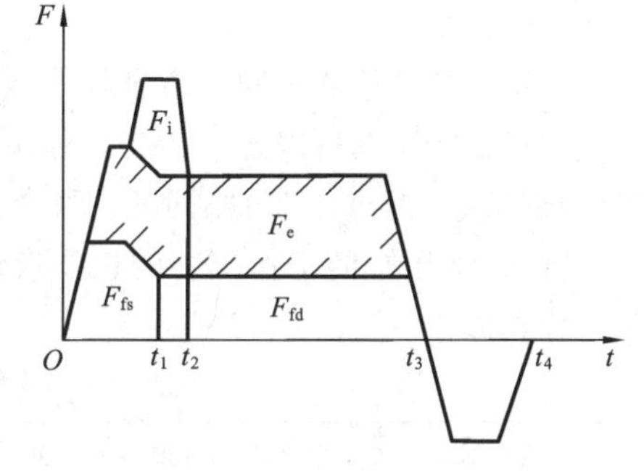

图 9-4　负载循环图

图 9-4 为一部机器的 F-t 图，其中：$0\sim t_1$ 为启动过程；$t_1\sim t_2$ 为加速过程；$t_2\sim t_3$ 为恒速过程；$t_3\sim t_4$ 为制动过程。它清楚地表明了液压缸在动作循环内负载的规律。图中最大负载是初选液压缸工作压力和确定液压缸结构尺寸的依据。

2. 液压马达的负载

工作机构做旋转运动时，液压马达必须克服的外负载为

$$M=M_e+M_f+M_i \tag{9-9}$$

(1) 工作负载力矩 M_e　工作负载力矩可能是定值，也可能随时间变化，应根据机器工作条件进行具体分析。

(2) 摩擦力矩 M_f　摩擦力矩为旋转部件轴颈处的摩擦力矩，其计算公式为

$$M_f=GfR\ (\mathrm{N\cdot m}) \tag{9-10}$$

式中：G——旋转部件的重量(N)；

f——摩擦因数，启动时为静摩擦因数，启动后为动摩擦因数；

R——轴颈半径(m)。

(3) 惯性力矩 M_i　惯性力矩为旋转部件加速或减速时产生的力矩，其计算公式为

$$M_i=J\varepsilon=J\,\frac{\Delta\omega}{\Delta t}\ (\mathrm{N\cdot m}) \tag{9-11}$$

式中：ε——角加速度($\mathrm{r/s^2}$)；

$\Delta\omega$——角速度的变化(r/s)；

Δt——加速或减速时间(s)；

J——旋转部件的转动惯量($\mathrm{kg\cdot m^2}$)，$J=\dfrac{GD^2}{4g}$，其中，GD^2 为回转部件的飞轮效应($\mathrm{N\cdot m^2}$)，可查《机械设计手册》。

根据式(9-9),分别算出液压马达在一个工作循环内各阶段的负载大小,便可绘制液压马达的负载循环图。

9.2 确定液压系统的主要参数

9.2.1 液压缸的设计计算

1. 初定液压缸工作压力

液压缸工作压力主要根据运动循环各阶段中的最大总负载力来确定,此外,还需要考虑以下因素。

(1) 各类设备的不同特点和使用场合。

(2) 经济和重量因素。压力选得低,则元件尺寸大,重量大;压力选得高一些,则元件尺寸小,重量小,但对元件的制造精度、密封性能要求高。

所以,液压缸的工作压力的选择有两种方式:一是根据切削负载选;二是根据机械类型选。分别如表 9-2、表 9-3 所示。

表 9-2 按负载选执行元件的工作压力

负载/N	<5000	500~10 000	10 000~20 000	20 000~30 000	30 000~50 000	>50 000
工作压力/MPa	≤0.8~1	1.5~2	2.5~3	3~4	4~5	>5

表 9-3 按机械类型选执行元件的工作压力

机 械 类 型	机 床				农业机械	工程机械
	磨床	组合机床	龙门刨床	拉床		
工作压力/MPa	≤2	3~5	≤8	8~10	10~16	20~32

2. 液压缸主要尺寸的计算

缸的有效面积和活塞杆直径,可根据缸受力的平衡关系具体计算,详见液压缸的相关章节。

3. 液压缸的流量计算

液压缸的最大流量

$$q_{max}=Av_{max}(m^3/s) \tag{9-12}$$

式中:A——液压缸的有效面积 A_1 或 A_2(m^2);

v_{max}——液压缸的最大速度(m/s)。

液压缸的最小流量

$$q_{min}=Av_{min}(m^3/s) \tag{9-13}$$

式中:v_{min}——液压缸的最小速度。

液压缸的最小流量 q_{min} 应等于或大于流量阀或变量泵的最小稳定流量。若不满足此要求时,则需重新选定液压缸的工作压力,使工作压力低一些,缸的有效工作面积大一些,所需最小流量 q_{min} 也大一些,以满足上述要求。

流量阀和变量泵的最小稳定流量,可从产品样本中查到。

9.2.2　液压马达的设计计算

1. 计算液压马达排量

液压马达排量根据下式确定

$$v_m = \frac{6.28T}{\Delta p_m \eta_{min}} \ (m^3/r) \tag{9-14}$$

式中：T——液压马达的负载力矩（N·m）；

Δp_m——液压马达进出口压力差（N/m^3）；

η_{min}——液压马达的机械效率，一般齿轮和柱塞马达取 0.9～0.95，叶片马达取 0.8～0.9。

2. 计算液压马达所需流量、液压马达的最大流量

$$q_{max} = v_m n_{max} (m^3/s)$$

式中：v_m——液压马达排量（m^3/r）；

n_{max}——液压马达的最高转速（r/s）。

9.3　计算和选择液压元件

9.3.1　液压泵的确定与所需功率的计算

（1）确定液压泵的最大工作压力　液压泵所需工作压力的确定，主要根据液压缸在工作循环各阶段所需最大压力 p_1，再加上液压泵的出油口到缸进油口处总的压力损失 $\sum \Delta p$ 来确定，即

$$p_B = p_1 + \sum \Delta p \tag{9-15}$$

$\sum \Delta p$ 包括油液流经流量阀和其他元件的局部压力损失、管路沿程损失等。在系统管路未设计之前，可根据同类系统经验估计，一般管路简单的节流阀调速系统 $\sum \Delta p$ 为 $(2 \sim 5) \times 10^5$ Pa，用调速阀及管路复杂的系统 $\sum \Delta p$ 为 $(5 \sim 15) \times 10^5$ Pa；也可只考虑流经各控制阀的压力损失，而将管路系统的沿程损失忽略不计，各阀的额定压力损失可从液压元件手册或产品样本中查找，也可参照表 9-4 选取。

表 9-4　常用中、低压各类阀的压力损失（Δp_n）

阀　　名	$\Delta p_n/(\times 10^5$ Pa)	阀　　名	$\Delta p_n/(\times 10^5$ Pa)
单向阀	0.3～0.5	背压阀	3～8
换向阀	1.5～3	节流阀	2～3
行程阀	1.5～2	转阀	1.5～2
顺序阀	1.5～3	调速阀	3～5

（2）确定液压泵的流量 q_B　泵的流量 q_B 根据执行元件动作循环所需最大流量 q_{max} 和系统的泄漏确定。

① 多液压缸同时动作时，液压泵的流量要大于同时动作的几个液压缸（或马达）所需的最大流量，并应考虑系统的泄漏和液压泵磨损后容积效率的下降，即

$$q_B \geqslant K\left(\sum q\right)_{max} (m^3/s) \tag{9-16}$$

式中：K——系统泄漏系数，一般取 1.1～1.3，大流量取小值，小流量取大值；

$\left(\sum q\right)_{max}$—— 同时动作的液压缸（或马达）的最大总流量（$m^3/s$）。

② 采用差动液压缸回路时，液压泵所需流量为

$$q_B \geqslant K(A_1 - A_2) v_{max} (m^3/s) \tag{9-17}$$

式中：A_1、A_2——液压缸无杆腔与有杆腔的有效面积（m^2）；

v_{max}——活塞的最大移动速度（m/s）。

③ 当系统使用蓄能器时，液压泵流量按系统在一个循环周期中的平均流量选取，即

$$q_B = \sum_{i=1}^{z} V_i K / T_i \tag{9-18}$$

式中：V_i——液压缸在工作周期中的总耗油量（m^3）；

T_i——机器的工作周期（s）；

z——液压缸的个数。

(3) 选择液压泵的规格　根据上面所计算的最大压力 p_B 和流量 q_B，查液压元件产品样本，选择与 p_B 和 q_B 相当的液压泵的规格型号。

上面所计算的最大压力 p_B 是系统静态压力，系统工作过程中存在着过渡过程的动态压力，而动态压力往往比静态压力高得多，所以泵的额定压力 p_B 应比系统最高压力大 25%～60%，使液压泵有一定的压力储备。若系统属于高压范围，压力储备取小值；若系统属于中低压范围，压力储备取大值。

(4) 确定驱动液压泵的功率　当液压泵的压力和流量比较恒定时，所需功率为

$$P = p_B q_B / 10^3 \eta_B (kW) \tag{9-19}$$

式中：p_B——液压泵的最大工作压力（N/m^2）；

q_B——液压泵的流量（m^3/s）；

η_B——液压泵的总效率，各种形式液压泵的总效率可参考表 9-5 估取，液压泵规格大，取大值，反之取小值，定量泵取大值，变量泵取小值。

在工作循环中，泵的压力和流量有显著变化时，可分别计算出工作循环中各个阶段所需的驱动功率，然后求其平均值，即

$$p = \sqrt{(t_1 P_1^2 + t_2 P_2^2 + \cdots + t_n P_n^2)/(t_1 + t_2 + \cdots + t_n)} \tag{9-20}$$

式中：$t_1, t_2, \cdots, t_n$——一个工作循环中各阶段所需的时间（s）；

$P_1, P_2, \cdots, P_n$——一个工作循环中各阶段所需的功率（kW）。

表 9-5　液压泵的总效率

液压泵类型	齿轮泵	螺杆泵	叶片泵	柱塞泵
总效率	0.6～0.7	0.65～0.80	0.60～0.75	0.80～0.85

按上述内容，可以从产品样本中选取标准电动机，再进行验算，使电动机发出最大功率时，其超载量在允许范围内。

9.3.2　阀类元件的选择

1. 选择依据

选择依据为额定压力、最大流量、动作方式、安装固定方式、压力损失数值、工作性能参数和工作寿命等。

2. 选择阀类元件应注意的问题

(1) 应尽量选用标准定型产品,不得已时才自行设计专用件。

(2) 阀类元件的规格主要根据流经该阀油液的最大压力和最大流量选取。选择溢流阀时,应按液压泵的最大流量选取;选择节流阀和调速阀时,应考虑其最小稳定流量满足机器低速性能的要求。

(3) 一般选择的控制阀额定流量应比系统管路实际通过的流量大一些,必要时,允许通过阀的最大流量超过其额定流量的20%。

9.3.3　蓄能器的选择

蓄能器用于补充液压泵供油不足时,其有效容积为

$$V=\sum A_i L_i K-q_B t\ (\mathrm{m^3}) \tag{9-21}$$

式中:A_i——液压缸有效面积($\mathrm{m^2}$);

L_i——液压缸行程(m);

K——液压缸损失系数,估算时可取$K=1.2$;

q_B——液压泵供油流量($\mathrm{m^3/s}$);

t——动作时间(s)。

蓄能器用作应急能源时,其有效容积为

$$V=\sum A_i L_i K(\mathrm{m^3}) \tag{9-22}$$

当蓄能器用于吸收脉动缓和液压冲击时,应将其作为系统中的一个环节与其关联部分一起综合考虑其有效容积。

根据求出的有效容积并考虑其他要求,即可选择蓄能器的形式。

9.3.4　管道的选择

1. 油管类型的选择

液压系统中使用的油管分硬管和软管两种,选择的油管应有足够的通流截面和承压能力,同时,应尽量缩短管路,避免急转弯和截面突变。

(1) 钢管　中高压系统选用无缝钢管,低压系统选用焊接钢管,钢管价格低,性能好,使用广泛。

(2) 铜管　紫铜管工作压力在6.5～10 MPa以下,易弯曲,便于装配;黄铜管承受压力较高,达25 MPa,不如紫铜管易弯曲。铜管价格高,抗振能力弱,易使油液氧化,应尽量少用,只用于液压装置配接不方便的部位。

(3) 软管　用于两个相对运动件之间的连接。高压橡胶软管中夹有钢丝编织物,低压橡胶软管中夹有棉线或麻线编织物,尼龙管是乳白色半透明管,承压能力为2.5～8 MPa,多用于低压管道。因软管弹性变形大,容易引起运动部件爬行,所以软管不宜装在液压缸和调速阀之间。

2. 油管尺寸的确定

(1) 油管内径d可表示为

$$d=\sqrt{\frac{4q}{\pi v}}=1.13\times10^{3}\sqrt{\frac{q}{v}} \tag{9-23}$$

式中:q——通过油管的最大流量(m^3/s);

v——管道内允许的流速(m/s),一般吸油管取0.5～5 m/s,压力油管取2.5～5 m/s,回油管取1.5～2 m/s。

(2) 油管壁厚δ可表示为

$$\delta\geqslant pd/(2[\sigma]) \tag{9-24}$$

式中:p——管内最大工作压力;

$[\sigma]$——油管材料的许用压力,$[\sigma]=\sigma_b/n$,σ_b为材料的抗拉强度,n为安全系数,钢管$p<7$ MPa时,取$n=8$,$p=(7\sim17.5)$ MPa时,取$n=6$,$p>17.5$ MPa时,取$n=4$。

根据计算出的油管内径和壁厚,查手册选取标准规格油管。

9.3.5 油箱的设计

油箱的作用是储油,散发油的热量,沉淀油中杂质,逸出油中的气体。其形式有开式和闭式两种:开式油箱油液液面与大气相通,闭式油箱油液液面与大气隔绝。开式油箱应用较多。

1. 油箱设计要点

(1) 油箱应有足够的容积以满足散热要求,同时其容积应保证系统中的油液全部流回油箱时不渗出,油液液面不应超过油箱高度的80%。

(2) 吸油管和回油管的间距应尽量大。

(3) 油箱底部应有适当斜度,泄油口置于最低处,以便排油。

(4) 注油器上应装滤网。

(5) 油箱的箱壁应涂耐油防锈涂料。

2. 油箱容积计算

油箱的有效容积V可近似用液压泵单位时间内排出油液的体积确定。

$$V=K\sum q \tag{9-25}$$

式中:K——系数,低压系统取2～4,中、高压系统取5～7;

$\sum q$——同一油箱供油的各液压泵流量总和。

9.3.6 滤油器的选择

选择滤油器的依据有以下几点。

（1）承载能力按系统管路工作压力确定。

（2）过滤精度按被保护元件的精度要求确定，选择时可参阅表9-6。

（3）通流能力按通过的最大流量确定。

（4）阻力压降应满足过滤材料强度与系数要求。

表9-6　滤油器过滤精度的选择

系　　统	过滤精度/μm	元　　件	过滤精度/μm
低压系统	100～150	滑阀	1/3最小间隙
70×10^5 Pa系统	50	节流孔	1/7孔径（孔径小于1.8 mm）
100×10^5 Pa系统	25	流量控制阀	2.5～30
140×10^5 Pa系统	10～15	安全阀溢流阀	15～25
电液伺服系统	5	—	—
高精度伺服系统	2.5	—	—

9.4　液压系统性能的验算

为了判断液压系统的设计质量，需要对系统的压力损失、发热温升、效率和系统的动态特性等进行验算。由于液压系统的验算较复杂，只能采用一些简化公式近似地验算某些性能指标，如果设计中有经过生产实践考验的同类型系统可供参考或有较可靠的实验结果可以采用时，可以不进行验算。

9.4.1　管路系统压力损失的验算

当液压元件规格型号和管道尺寸确定之后，就可以较准确地计算系统的压力损失，压力损失包括：油液流经管道的沿程压力损失Δp_L、局部压力损失Δp_c和流经阀类元件的压力损失Δp_V，即

$$\Delta p=\Delta p_L+\Delta p_c+\Delta p_V \tag{9-26}$$

计算沿程压力损失时，如果管中为层流流动，可按下面的经验公式计算：

$$\Delta p_L=4.3\upsilon\cdot q\cdot L\times10^6/d^4\ (\mathrm{Pa}) \tag{9-27}$$

式中：υ——油液的运动黏度（m^2/s）；

q——通过管道的流量（m^3/s）；

L——管道长度（m）；

d——管道内径（mm）。

局部压力损失可按下式估算：

$$\Delta p_c=(0.05\sim0.15)\Delta p_L \tag{9-28}$$

阀类元件的Δp_V值可按下式近似计算：

$$\Delta p_V=\Delta p_n(q_V/q_{V_n})^2\ (\mathrm{Pa}) \tag{9-29}$$

式中：Δp_n——阀的额定压力损失（Pa）；

q_V——通过阀的实际流量(m^3/s);

q_{V_n}——阀的额定流量(m^3/s)。

计算系统压力损失的目的,是为了正确确定系统的调整压力和分析系统设计的好坏。系统的调整压力为

$$p_0 \geqslant p_1 + \Delta p \tag{9-30}$$

式中:p_0——液压泵的工作压力或支路的调整压力;

p_1——执行件的工作压力。

如果计算出来的 Δp 比在初选系统工作压力时粗略选定的压力损失大得多,应该重新调整有关元件、辅件的规格,重新确定管道尺寸。

9.4.2 系统发热温升的验算

系统发热来源于系统内部的能量损失,如液压泵和执行元件的功率损失、溢流阀的溢流损失、液压阀及管道的压力损失等。这些能量损失转换为热能,使油液温度升高。油液的温升使黏度下降,泄漏增加,同时,使油分子裂化或聚合,产生树脂状物质,堵塞液压元件小孔,影响系统正常工作,因此必须使系统中的油温保持在允许范围内。一般机床液压系统正常工作油温为 30~50 ℃,矿山机械正常工作油温为 50~70 ℃,最高允许油温为 70~90 ℃。

1. 系统发热功率 P 的计算

$$P = P_B(1-\eta)\ (W) \tag{9-31}$$

式中:P_B——液压泵的输入功率(W);

η——液压泵的总效率。

若一个工作循环中有几个工序,则可根据各个工序的发热量,求出系统单位时间的平均发热量

$$P = \frac{1}{T}\sum_{i=1}^{n} P_i(1-\eta)t_i\ (W) \tag{9-32}$$

式中:T——工作循环周期(s);

t_i——第 i 个工序的工作时间(s);

P_i——循环中第 i 个工序的输入功率(W)。

2. 系统的散热和温升系统的散热量

系统的散热和温升系统的散热量可按下式计算:

$$P' = \sum_{j=1}^{m} K_j A_j \Delta t_s\ (W) \tag{9-33}$$

式中:K_j——散热系数($W/m^2 \cdot ℃$),当周围通风很差时,$K_j \approx 8 \sim 9$,周围通风良好时,$K_j \approx 15$,用风扇冷却时,$K_j \approx 23$,用循环水强制冷却时,冷却器表面 $K_j \approx 110 \sim 175$;

A_j——散热面积(m^2),当油箱长、宽、高比例为 1∶1∶1 或 1∶2∶3,油面高度为油箱高度的 80%时,油箱散热面积可近似看成 $A_j = 0.065\sqrt[3]{V^2}$ (m^2),其中的 V 为油箱体积(L);

Δt_s——液压系统的温升(℃),即液压系统比周围环境温度的升高值。

当液压系统工作一段时间后,达到热平衡状态,则

$$P=P'$$

所以液压系统的温升为

$$\Delta t_s=\frac{P}{\sum_{j=1}^{m}K_jA_j}\ (℃) \tag{9-34}$$

计算所得的温升 Δt_s 加上环境温度，不应超过油液的最高允许温度。

当系统允许的温升确定后，也能利用上述公式来计算油箱的容量。

9.4.3 系统效率验算

液压系统的效率是由液压泵、执行元件和液压回路效率来确定的。

液压回路效率 η_c 一般可用下式计算：

$$\eta_c=\frac{p_1q_1+p_2q_2+\cdots+p_nq_n}{p_{b1}q_{b1}+p_{b2}q_{b2}+\cdots+p_{bn}q_{bn}} \tag{9-35}$$

式中：$p_1,q_1;p_2,q_2;\cdots;p_n,q_n$——每个执行元件的工作压力和流量；

$p_{b1},q_{b1};p_{b2},q_{b2};\cdots;p_{bn},q_{bn}$——每个液压泵的供油压力和流量。

液压系统总效率：

$$\eta=\eta_b\eta_m\eta_c \tag{9-36}$$

式中：η_b——液压泵总效率；

η_m——执行元件总效率；

η_c——回路效率。

9.5 绘制工作图和编写技术文件

经过对液压系统性能的验算和必要的修改之后，便可绘制正式工作图，它包括绘制液压系统原理图、系统管路装配图和各种非标准元件设计图。

正式液压系统原理图上要标明各液压元件的型号规格。对于自动化程度较高的机床，还应包括运动部件的运动循环图和电磁铁、压力继电器的工作状态。

系统管路装配图是正式施工图，各种液压部件和元件在机器中的位置、固定方式、尺寸等应标示清楚。

自行设计的非标准件，应绘出装配图和零件图。

编写的技术文件包括：设计计算书，使用维护说明书，专用件、通用件、标准件、外购件明细表，以及试验大纲等。

9.6 液压系统的设计计算实例

设计一卧式单面多轴钻孔组合机床动力滑台的液压系统，要求实现的动作顺序为：启动→加速→快进→减速→工进→快退→停止。液压系统的主要参数与性能要求如下：轴向切削力总和 $F_t=20$ kN，运动部件的总重为 $G=10$ kN；行程长度为 $l_1=0.15$ m，其中工进长度

为 $l_2=0.05\ \text{m}$，快进、快退的速度为 $v_{快}=5\ \text{m/min}$，工进速度为 $v_{工}=0.1\ \text{m/min}$，加速、减速时间 $\Delta t=0.15\ \text{s}$，静摩擦因数为 $f_s=0.2$，动摩擦因数 $f_d=0.1$。

9.6.1 液压缸的载荷组成与计算

在负载分析中，先不考虑回油腔的背压力。因工作部件是水平放置的，重力的水平分力为零，在运动过程中的力有切削力、导轨摩擦力、惯性力三种。导轨的正压力等于动力部件的重力。

导轨的静摩擦力为

$$F_{fs}=f_s f_N=f_s G=0.2\times 10000\ \text{N}=2000\ \text{N}$$

导轨的动摩擦力为

$$F_{fd}=f_d f_N=f_d G=0.1\times 10000\ \text{N}=1000\ \text{N}$$

惯性力为

$$F_m=m\frac{\Delta v}{\Delta t}=\frac{G}{g}\frac{\Delta v}{\Delta t}=\frac{10000\times 5/60}{9.8\times 0.15}\ \text{N}=567\ \text{N}$$

设计中不考虑切削力引起的倾覆力矩的作用，并设液压缸的机械效率 $\eta_m=0.95$，则液压缸在各工作阶段的总负载如表 9-7 所示。

表 9-7 液压缸在各工作阶段的负载值

运动阶段	计算公式	负载值 F/N	推力 $F'=F/\eta_m$/N
启动	$F=F_{fs}$	2000	2105
加速	$F=F_{fd}+F_m$	1567	1649
快进	$F=F_{fd}$	1000	1053
工进	$F=F_d+F_t$	21000	22105
快退	$F=F_{fd}$	1000	1053

9.6.2 绘制负载图和速度图

根据计算出的各阶段的负载和已知的各阶段的速度，可绘制出负载图（F-l 图）和速度图（v-l 图），分别如图 9-5(a)和(b)所示，横坐标以上为液压缸活塞前进时的曲线，以下为液压缸活塞退回时的曲线。

9.6.3 计算主要参数（液压缸主要结构尺寸）

1. 初定液压缸的工作压力

根据切削力计算液压缸的工作面积 A，参考同类型组合机床，查表初定液压缸的工作压力为 4 MPa。

2. 确定液压缸的主要结构尺寸

本设计中动力滑台的快进、快退速度相等，可选用单出杆活塞缸，快进时采用差动连接，在这种情况下可算得液压缸无杆腔的工作面积 A_1 应为有杆腔工作面积 A_2 的两倍，即 $A_1=$

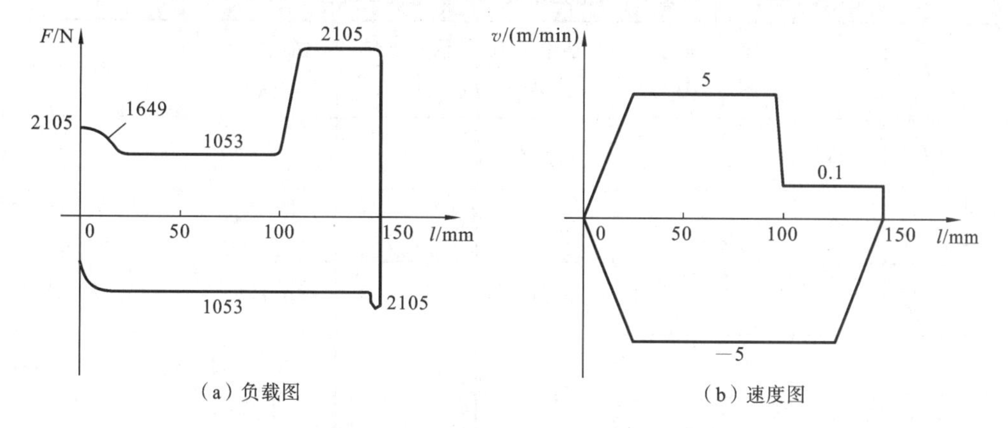

图 9-5　负载图与速度图

$2A_2$，即活塞杆直径 d 与缸筒内径 D 的关系为 $d=0.707D$。为了防止在钻孔钻通时滑台突然前冲，查表可取背压 $p_2=0.6$ MPa。

由表 9-7 可知最大负载为工进阶段 $F=22105$ N，由工进时的负载计算液压缸面积

$$A_2=\frac{F}{2P_1-P_2}=\frac{22105}{2\times40\times10^5-6\times10^5}\ \text{m}^2=29.87\times10^{-4}\ \text{m}^2=29.87\ \text{cm}^2$$

$$A_1=2A_2=59.74\ \text{cm}^2$$

缸筒内径
$$D=\sqrt{\frac{4A_1}{\pi}}=\sqrt{\frac{4\times59.74}{\pi}}\ \text{cm}=8.72\ \text{cm}$$

$$d=0.707D=6.17\ \text{cm}$$

这些直径按 GB/T 2348—1993 圆整成就近标准值，以便采用标准的密封装置。圆整后得

$$D=9\ \text{cm},\quad d=6\ \text{cm}$$

按标准直径可算出液压缸两腔的实际有效面积

$$A_1=\frac{\pi D^2}{4}=\frac{\pi\times9^2}{4}\ \text{cm}^2=63.6\ \text{cm}^2$$

$$A_2=\frac{\pi(D^2-d^2)}{4}=\frac{\pi\times(9^2-6^2)}{4}\ \text{cm}^2=35.3\ \text{cm}^2$$

按最低工进速度验算液压缸尺寸，假如进油腔用调速阀调速，查产品的样本，调速阀最小稳定流量 $q_{\min}=50\ \text{cm}^3/\text{min}$，因工进速度 $v=0.1$ m/min，为最小速度，则

$$A\geqslant\frac{q_{\min}}{v_{\min}}=\frac{0.05\times10^3}{10}\ \text{cm}^2=5\ \text{cm}^2$$

本例中 $A_1=63.6\ \text{cm}^2>5\ \text{cm}^2$，满足最低速度要求。

3. 绘制工况图

根据液压缸的负载图和速度图以及液压缸的有效工作面积，可以得出液压缸工作过程各阶段的压力、流量和功率，如表 9-8 所示，画出工况图如图 9-6 所示。在计算工进时背压 $p_2=0.6$ MPa，快进时液压缸工作差动连接，管路中有压力损失，有杆腔的压力应大于无杆腔，但差值较小，取 $\Delta p=0.3$ MPa 考虑，快退时回油路有背压，也可取 $\Delta p=0.6$ MPa。

表 9-8 液压缸在不同阶段的工况图

工况		负载	回油腔压力 p_2/MPa	进油腔压力 p_1/MPa	输入流量 $q/\mathrm{L\cdot min^{-1}}$	输入功率 P/kW	计算公式
快进（差动）	启动	2105	0	0.712	—	—	$q=(A_1-A_2)v_1$ $P=p_1q$
	加速	1649	$p_2=p_1+\Delta p$ ($\Delta p=0.3$ MPa)	0.957	—	—	
	匀速	1053		0.746	14.15	0.176	
工进		22105	0.6	3.8	0.636	0.04	$p_1=(F'+p_2A_2)/A_1$ $q=A_1v_2$ $P=p_1q$
快退	启动	2105	0	0.57	—	—	$p_1=(F'+p_2A_1)/A_2$ $q=A_2v_3$ $P=p_1q$
	加速	1649	0.6	1.55	—	—	
	匀速	1053		1.38	17.65	0.406	

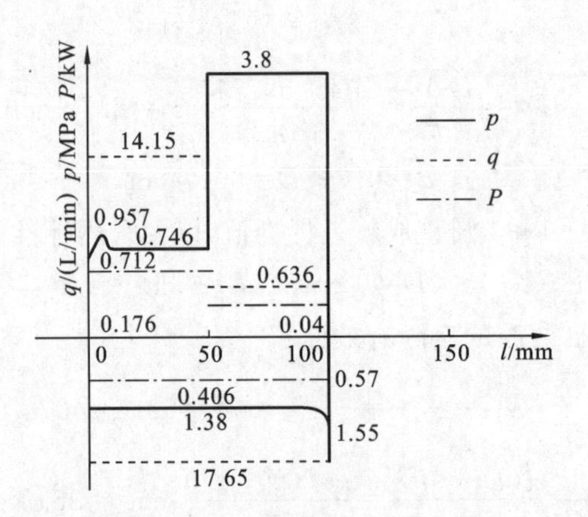

图 9-6 组合机床液压缸工况图

9.6.4 液压系统方案的设计

由于系统的功率较小，运动部件速度也较低，工作负载变化不大，因此采用调速阀的进口节流调速回路。由于液压系统采用了调速阀调速方式，所以系统的液压油循环是开式的。

从工况图中可以看出，快进、快退和工进的流量相差较大，要求交替地供应低压大流量和高压小流量的液压油，而且快进、工进的速度变化较大，所以宜采用双泵供油和差动连接两种快进运动回路来实现。即快进时，由大、小泵同时供油，液压缸实现差动连接。本例采用二位二通电磁阀来控制液压缸由快进转为工进，采用外控顺序阀与单向阀来切断差动油路，所以速度换接回路是行程和压力联合控制，换向阀须选用三位三通电磁换向阀，为提高换向的位置精度，采用死挡铁和压力继电器的行程终点返程控制。最后组成如图 9-7 所示

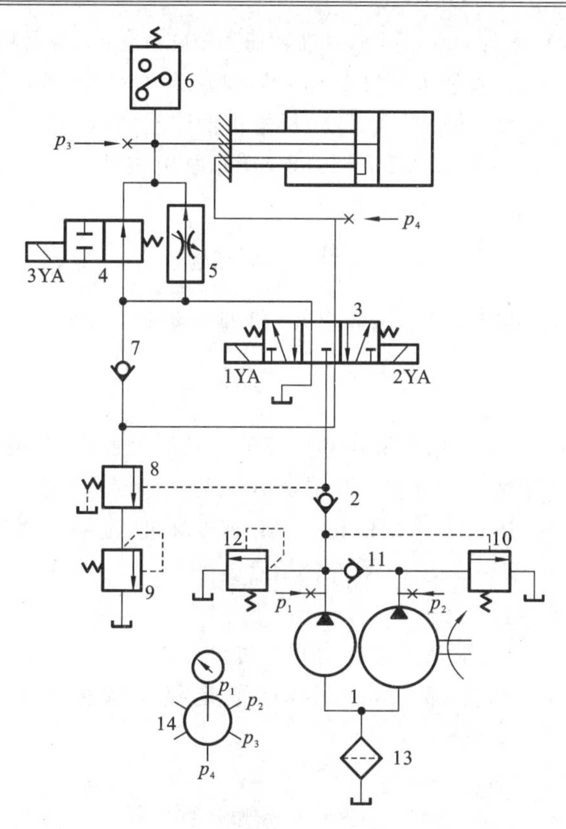

图 9-7　组合机床动力滑台液压系统原理图

的液压系统原理图。

9.6.5　选择液压元件

1. 液压泵及驱动电动机的选择

由表 9-8 可知，工进阶段液压缸工作压力最大，取进油路总压力损失为 0.8 MPa，为了使压力继电器能可靠地工作，取其调速压力高出系统最高工作压力为 0.5 MPa，则小流量液压泵的最大工作压力应为

$$p_{p1}=(3.8+0.8+0.5)\ \text{MPa}=5.1\ \text{MPa}$$

大流量液压泵在快进、快退运动时才向液压缸输油，由表 9-8 可知，快退时液压缸的工作压力比快进时大，如取进油路上的压力损失为 0.5 MPa，则大流量液压泵的最高工作压力为

$$p_{p2}=(1.38+0.5)\ \text{MPa}=1.88\ \text{MPa}$$

由表 9-8 可知，两个液压泵向液压缸提供的最大流量为 17.65 L/min，因系统较简单，取泄漏系数为 1.05，则两个液压泵的实际流量为

$$q_p=1.05\times 17.65\ \text{L/min}=18.53\ \text{L/min}$$

由表可知，工进时所需的流量最小是 0.636 L/min，设溢流阀的最小溢流量为 3 L/min，则小流量泵的流量规格最小应为 $q_{p1}=(1.1\times 0.636+3)\ \text{L/min}=3.7\ \text{L/min}$，所以大流量泵的流量为 $q_{p2}=q_p-q_{p1}=(18.53-3.7)\ \text{L/min}=14.83\ \text{L/min}$。

根据上面计算的压力和流量，查产品样本，选用 YYB-AA9/6B 型的双联叶片泵，该泵的额定压力为 7 MPa，最低转速为 800 r/min，最高转速为 2000 r/min，小泵功率为 1.08 kW，排量为 6 mL/r，流量为 4.8 L/min，大泵功率为 1.35 kW，排量为 9 mL/r，流量为 18 L/min。

因为液压泵在快退阶段功率最大，取液压缸进油路上的压力损失为 0.5 MPa，则液压泵的输出压力为 $p_p=(1.38+0.5)$ MPa=1.88 MPa，取液压泵的总效率为 $\eta_p=0.75$，则液压泵驱动电动机所需的功率为

$$P=\frac{p_p q_p}{\eta}=\frac{1.88\times 46.7}{0.75}\ \text{kW}=1.95\ \text{kW}$$

由此数值查阅电动机产品样本选取 Y90L-2 型电动机，其功率为 2.2 kW，转速为 1000 r/min。

2. 油管选择

各液压阀间连接管道的规格按液压阀连接油口处的尺寸决定，液压缸进、出油管则按输入、输出的最大流量来计算。本例中系统液压缸差动连接时，油管内通油量最大，实际流量为泵的额定流量的 2 倍，达 22.8×2 L/min。则液压缸进、出油管直径 d 按产品样本，选用内径为 20 mm，外径为 25 mm 的 10 号冷拔钢管。

3. 液压阀的选择

根据液压阀在系统中的最高工作压力和通过该阀的最大流量，可选出这些元件的型号及规格。所有阀的额定压力都为 6.3 MPa，额定流量根据各阀通过的流量，确定为 10 L/min、25 L/min、63 L/min。

所选元件如表 9-9 所示。

表 9-9 所选元件

序号	元件名称	通过最大实际流量/L/min	型号
1	双联叶片泵	22.8	YYB-AA9/6B
2	单向阀	22.8	I-25B
3	三位五通电磁阀	45.6	35D1-63BY
4	二位二通电磁阀	45.6	22D1-63BH
5	调速阀	0.04	Q-10B
6	压力继电器	—	DP1-63B
7	单向阀	45.6	I-63B
8	液控顺序阀	0.02	XY-25B
9	背压阀	0.02	B-10B
10	液控顺序阀(卸荷)	22.8	XY-25B
11	单向阀	22.8	I-25B
12	溢流阀	4.8	Y-10B
13	过滤器	22.8	XU-B32×100
14	压力表开关	—	K-6B

9.6.6　验算液压系统性能

1. 压力损失计算

因为系统的具体布局尚未最后确定，管路长短等无法估算，所以整个回路的压力损失还无法计算，只能对某些具体的阀类元件进行估算，这里略去压力损失的具体计算。

2. 系统发热和温升计算

在本例中，把加速、减速的时间算到快进、快退时间中去，可以得到快进、快退时间为

$$t_1=\frac{0.1+0.15}{\frac{5}{60}}\ \text{s}=3\ \text{s}$$

工进时间为

$$t_2=\frac{0.05}{\frac{0.1}{60}}\ \text{s}=30\ \text{s}$$

工进时间占其循环周期时间的比例为$\frac{30}{30+3}=91\%$。

从计算可知，在整个工作循环中，工进阶段所占用的时间最长，所以系统的发热主要是工进阶段造成的，按工进工况验算系统温升。

在工进时液压泵的输入功率（取工进时小泵的出口压力为 $p_{p1}=5.1$ MPa，大泵的卸荷压力为 $p_{p2}=0.2$ MPa，小泵的总效率 $\eta_1=0.6$，大泵的总效率 $\eta_2=0.3$）为

$$P=\frac{p_{p1}q_1}{\eta_1}+\frac{p_{p2}q_2}{\eta_2}=\left(\frac{5.1\times10^6\times4.8/60\times10^{-3}}{0.6}+\frac{2\times10^5\times18/60\times10^{-3}}{0.3}\right)\ \text{W}=880\ \text{W}$$

工进时液压缸的输出功率为

$$P_2=Fv=(22105\times0.05/60)\ \text{W}=18.4\ \text{W}$$

系统总的发热功率为

$$\Phi=P_1-P_2=(880-18.4)\ \text{W}=861.6\ \text{W}$$

选取油箱容积为 $V=150$ L，则通过查有关手册得出油箱近似散热面积 A 为

$$A=0.065\sqrt[3]{V^2}=0.065\sqrt[3]{160^2}\ \text{m}^2=1.92\ \text{m}^2$$

假设通风良好，取油箱散热系数 $C_T=15\times10^{-3}$ kW/(m^2 · ℃)，则利用查到的公式可得油箱温升为

$$\Delta T=\frac{\Phi}{C_TA}=\frac{861.6\times10^{-3}}{15\times10^{-3}\times1.92}\ ℃\approx29.9\ ℃$$

设环境温度 $T_2=25$ ℃，则热平衡温度为

$$T_1=T_2+\Delta T=25\ ℃+29.9\ ℃=54.9\ ℃\leqslant[T_1]=55\ ℃$$

所以油箱散热基本可到达要求。

思考题与习题

9-1　设计一个液压系统一般应有哪些步骤？要明确哪些要求？

9-2　设计液压系统要进行哪些方面的计算？

9-3　液压系统的结构设计一般包括哪些内容？

第10章　气压传动

内容提要

气压传动是以压缩空气为工作介质进行能量传递和信号传递的一门技术。气压传动的工作原理是：利用空压机把电动机或其他原动机输出的机械能转换为空气的压力能，然后在控制元件的作用下，通过执行元件把压力能转换为直线运动或回转运动形式的机械能，从而完成各种动作，并对外做功。

基本要求、重点和难点

基本要求：了解气压传动的组成及特点，气动元件，含气源装置、气马达、汽缸、气压控制方向阀、气压控制压力阀、气压控制流量阀和附件。要掌握这些元件的工作原理、图形符号、结构形式等，了解气动回路实例分析。

重点：气动元件的工作原理、图形符号和结构特点。

难点：气动回路实例分析。

10.1　气压传动概述

10.1.1　气动技术的特点

气动技术被广泛应用于机械、电子、轻工、纺织、食品、医药、包装、冶金、石化、航空、交通运输等各个部门。气压传动与机械、电气、液压传动相比有以下特点。

1. 优点

(1) 机器结构简单、轻便，易于安装维护，压力等级低，使用安全。

(2) 工作介质是在地表随处可取的空气，不污染环境。

(3) 空气的特性受温度影响小。

(4) 空气的黏度很小(约为液压油的万分之一)，所以流动阻力小，便于集中供应和远距离输送。

(5) 能容易地得到直线往复运动，并具有相当功率，速度变化范围广，一般汽缸的平均速度为50～500 mm/s，最低可到0.5～1 mm/s，用于高压气动中最高可达100 m/s。

(6) 工作环境适应性好，特别是在易燃、易爆、多尘埃、强磁场、强辐射、强振动等恶劣环境中，比液压、电子、电气的传动和控制更优越。

2. 缺点

(1) 由于空气的可压缩性较大，气动装置的动作稳定性较差，外载变化时，对工作速度的影响较大。

(2) 由于工作压力低，气动装置的输出力或力矩受到限制。气压传动装置的输出力不宜大于40 kN。

(3) 气动装置中的信号传递速度比光、电控制速度慢，所以不宜用于信号传递速度要求十分高的复杂线路中。同时实现生产过程的遥控也比较困难。

(4) 噪声较大，尤其是在超音速排气时要加消声器。

气压传动与其他传动的性能比较见表10-1。

表10-1　气压传动与其他传动的性能比较

传动方式		操作力	动作快慢	环境要求	构造	负载变化影响	操作距离	无级调速	工作寿命	维护	价格
气压传动		中等	较快	适应性好	简单	较大	中距离	较好	长	一般	便宜
液压传动		最大	较慢	不怕振动	复杂	有一些	短距离	良好	一般	要求高	稍贵
电传动	电气	中等	快	要求高	稍复杂	几乎没有	远距离	良好	较短	要求较高	稍贵
	电子	最小	最快	要求特高	最复杂	没有	远距离	良好	短	要求更高	最贵
机械传动		较大	一般	一般	一般	没有	短距离	较困难	一般	简单	一般

10.1.2　气动系统的组成

典型的气压传动系统由气源装置、控制元件、执行元件和辅助元件四部分组成，如图10-1所示。

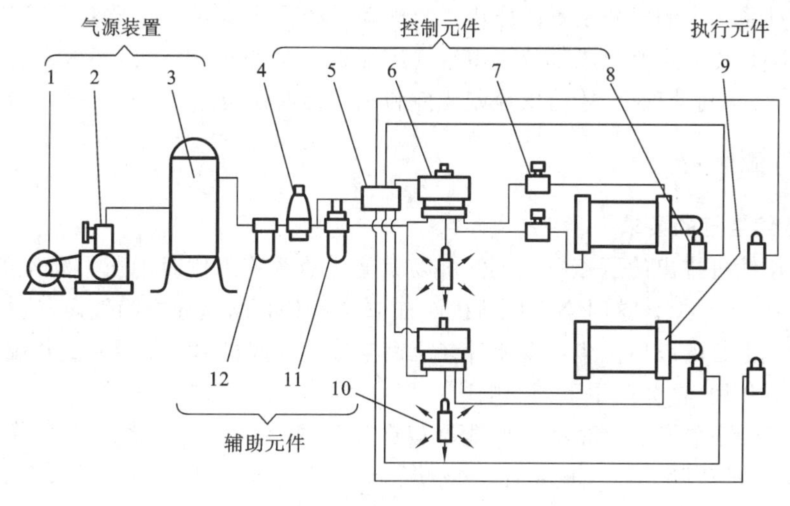

图10-1　气压传动系统的组成

1—电动机；2—空气压缩机；3—气罐；4—压力控制阀；5—逻辑元件；6—方向控制阀；
7—流量控制阀；8—行程阀；9—汽缸；10—消声器；11—油雾器；12—分水滤气器

(1) 气源装置　气源装置是获得压缩空气的装置，其主体部分是空气压缩机，它将原动机供给的机械能转变为气体的压力能。使用气动设备较多的厂矿常将气源装置集中于压气站(俗称空压站)内，再由压气站统一向各用气点分配压缩空气。

(2) 控制元件　控制元件是用来控制压缩空气的压力、流量和流动方向的，以便使执行机构完成预定的工作循环。它包括各种压力阀、流量阀、方向阀和射流元件、逻辑元件、传感器等。

(3) 执行元件　执行元件是将气体的压力能转换成机械能的一种能量转换装置。它包括实现直线往复运动的汽缸和实现连续回转运动或摆动的气马达或摆动马达等。

(4) 辅助元件　辅助元件是保证压缩空气的净化、元件的润滑、元件间的连接及消声等所必需的装置,它包括过滤器、油雾器、管接头及消声器等。

10.1.3　气动技术的应用和发展

目前,气动技术已广泛应用于国民经济的各个部门,而且应用范围越来越广,下面介绍气动技术的应用。

(1) 在食品加工和包装工业中,气动技术因其卫生、可靠和经济,从而得到广泛应用。

(2) 绝大多数具有管道生产流程的各生产部门都可以采用气动技术,如有色金属冶炼工业,在冶炼工业中,温度高、灰尘多的场合往往不宜采用电动机驱动或液压传动的场合。

(3) 在轻工业中,电气控制和气动控制的功能大致相等。对于食品工业、制药工业、卷烟工业等领域,气动技术由于其无污染性而具有更强的优势,有广泛的应用前景。

(4) 在军事工业中,气动技术也得到广泛应用。

10.2　气源装置及辅助元件

气压传动系统中的气源装置的作用是为气动系统提供满足一定质量要求的压缩空气,它是气压传动系统的重要组成部分。由空气压缩机产生的压缩空气,必须经过降温、净化、减压、稳压等一系列处理后,才能供控制元件和执行元件使用。

10.2.1　气源装置

1. 对压缩空气的要求

由空气压缩机排出的压缩空气虽然可以满足气动系统工作时的压力和流量要求,但其温度高达 140～180 ℃。这时空气压缩机汽缸中的润滑油也部分成为气态,这样油分、水分及灰尘便形成混合的胶体微尘与杂质混在压缩空气中一同排出。如果将此压缩空气直接输送给气动装置使用,将会产生下列影响。

(1) 混在压缩空气中的油蒸气可能聚集在储气罐、管道、气动系统的容器中形成易燃物,有引起爆炸的危险;另外,润滑油被汽化后,会形成一种有机酸,对金属设备、气动装置有腐蚀作用,影响设备的寿命。

(2) 混在压缩空气中的杂质能沉积在管道和气动元件的通道内,减少了通道面积,增加了管道阻力。特别是对内径只有 0.2～0.5 mm 的某些气动元件会造成堵塞,使压力信号不能正确传递,整个气动系统不能稳定工作甚至失效。

(3) 压缩空气中含有的饱和水分,在一定的条件下会凝结成水,并聚集在个别管道中。特别是在寒冷的冬季,凝结的水会使管道及附件结冰而损坏,影响气动装置的正常工作。

(4) 压缩空气中的灰尘等杂质,对气动系统中做往复运动或转动的气动元件(如汽缸、气马达、气动换向阀等)的运动副会产生研磨作用,使这些元件因漏气而降低效率,影响它们的使用寿命。

因此,对气源装置必须设置一些除油、除水、除尘,并使压缩空气干燥,提高压缩空气质量的辅助设备。

2. 气源装置的组成

压缩空气站的设备一般包括产生压缩空气的空气压缩机和使气源净化的辅助设备。图10-2是压缩空气站设备的组成及布置示意图。

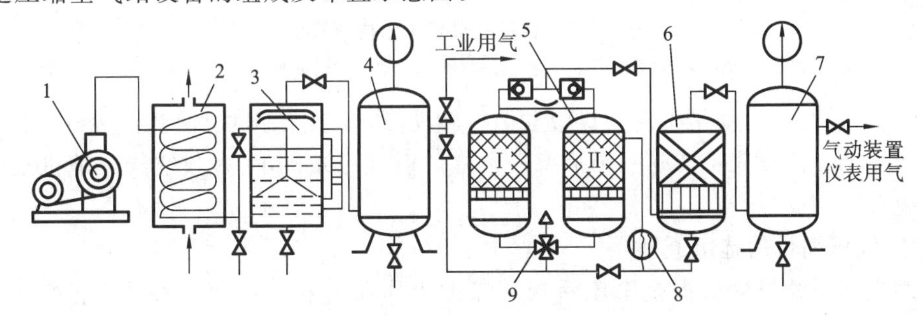

图10-2 压缩空气站设备的组成及布置示意图

1—空气压缩机;2—后冷却器;3—油水分离器;4,7—储气罐;5—干燥器;6—过滤器;8—加热器;9—四通阀

在图10-2中,空气压缩机1用以产生压缩空气,一般由电动机带动。其吸气口装有空气过滤器以减少进入空气压缩机的杂质。后冷却器2用以降温冷却压缩空气,使汽化的水、油凝结出来。油水分离器3用以分离并排出降温冷却后的水滴、油滴、杂质等。储气罐4、7用以储存压缩空气,稳定压缩空气的压力并除去部分油分和水分。干燥器5用以进一步吸收或排除压缩空气中的水分和油分,使之成为干燥空气。过滤器6用以进一步过滤压缩空气中的灰尘、杂质颗粒。储气罐4输出的压缩空气可用于一般要求的气压传动系统,储气罐7输出的压缩空气可用于要求较高的气动系统(如气动仪表及射流元件组成的控制回路等)。

3. 压缩空气发生装置

1)空气压缩机的分类

空气压缩机是一种压缩空气发生装置,它是将机械能转化成气体压力能的能量转换装置。其种类很多,如按工作原理可分为容积型压缩机和速度型压缩机。容积型压缩机的工作原理是压缩气体的体积,使单位体积内气体分子的密度增大以提高压缩空气的压力。速度型压缩机的工作原理是提高气体分子的运动速度,然后使气体的动能转化为压力能以提高压缩空气的压力。

2)空气压缩机的工作原理

气压传动系统中最常用的空气压缩机是往复活塞式,其工作原理是通过曲柄连杆机构使活塞做往复运动而实现吸、压气,并达到提高气体压力的目的,如图10-3所示。当活塞3向右运动时,汽缸2内活塞左腔的压力低于大气压力,吸气阀9被打开,空气在大气压力作用下进入汽缸2内,这个过程称为“吸气过程”。当活塞向左移动时,吸气阀9在缸内压缩气体的作用下而关闭,缸内气体被压缩,这个过程称为“压缩过程”。当汽缸内空气压力增高到略高于输气管内的压力后,排气阀1被打开,压缩空气进入输气管道,这个过程称为“排气过

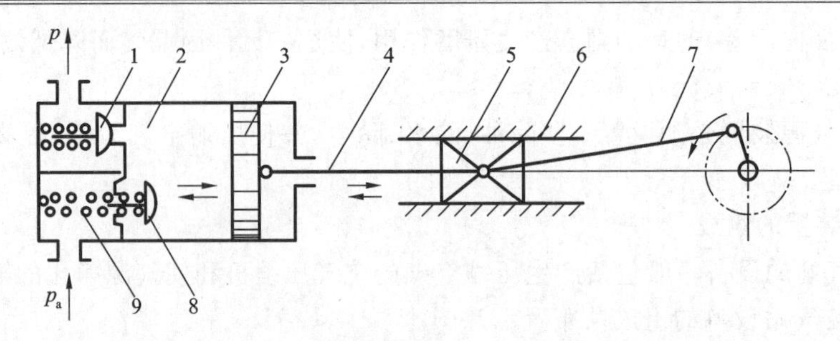

图 10-3 活塞式空气压缩机原理图

1—排气阀；2—汽缸；3—活塞；4—活塞杆；5—滑块；6—滑道；7—曲柄连杆；8—吸气阀；9—弹簧

程"。活塞 3 的往复运动是由电动机带动曲柄转动，通过连杆、滑块、活塞杆转换为直线往复运动而产生的。图中表示的是一个活塞一个缸的空气压缩机，大多数空气压缩机是多缸多活塞的组合。

3）空气压缩机的选用原则

选用空气压缩机的依据是气压系统所需的工作压力和流量两个参数。排气压力 0.2 MPa 为低压空气压缩机，排气压力 1.0 MPa 为中压空气压缩机，排气压力 10 MPa 为高压空气压缩机，排气压力 100 MPa 为超高压空气压缩机。低压空气压缩机为单级式，中压、高压和超高压空气压缩机为多级式，最多级数可达 8 级，目前国外已制造出压力达 343 MPa 聚乙烯用的超高压空气压缩机。

输出流量的选择，要根据整个气动系统对压缩空气的需要再加一定的备用余量，作为选择空气压缩机的流量依据。空气压缩机铭牌上的流量是自由空气流量。

4. 压缩空气净化和储存设备

压缩空气净化和储存装置一般包括：后冷却器、油水分离器、储气罐、干燥器、过滤器等。

1）后冷却器

后冷却器安装在空气压缩机出口处的管道上。它的作用是将空气压缩机排出的压缩空气温度由 140～170 ℃降至 40～50 ℃。这样就可使压缩空气中的油雾和水汽迅速达到饱和，使其大部分析出并凝结成油滴和水滴，以便经油水分离器排出。后冷却器的结构形式有蛇形管式、列管式、散热片式、管套式等几种。冷却方式有水冷和气冷两种，蛇形管式和列管式后冷却器的结构见图 10-4。

2）油水分离器

油水分离器安装在后冷却器的出口管道上，它的作用是分离并排出压缩空气中凝聚的油分、水分和灰尘杂质等，使压缩空气得到初步净化。图 10-5 所示为油水分离器的示意图。压缩空气由进口进入分离器壳体后，气流先受到隔板阻挡而被撞击折回向下（见图中箭头所示流向）；之后又上升产生环形回转，这样凝聚在压缩空气中的油滴、水滴等杂质受惯性力作用而分离析出，沉降于壳体底部，由放水阀定期排出。

3）储气罐

储气罐的主要作用是储存一定数量的压缩空气，以备发生故障或临时需要应急使用；消除由于空气压缩机断续排气而对系统引起的压力脉动，保证输出气流的连续性和平稳性；进一步分离压缩空气中的油、水等杂质。储气罐一般采用焊接结构。

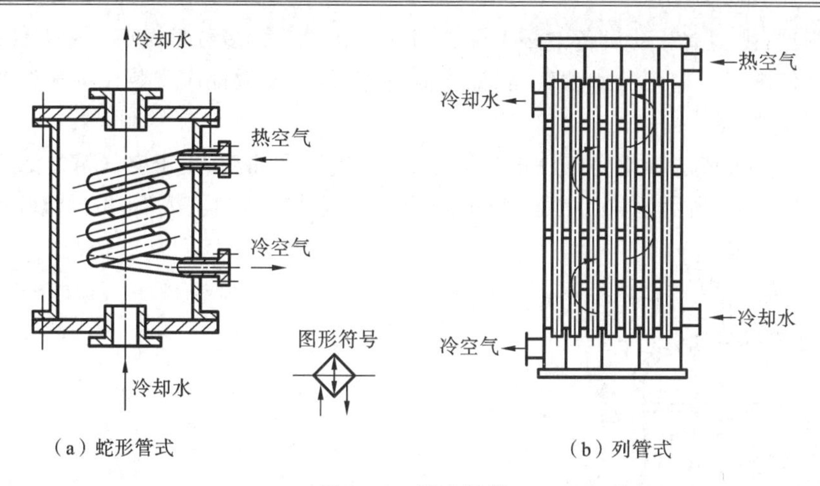

（a）蛇形管式

（b）列管式

图 10-4 后冷却器

4）干燥器

经过后冷却器、油水分离器和储气罐后得到初步净化的压缩空气，已满足一般气压传动的需要。但压缩空气中仍含一定量的油、水以及少量的粉尘。如果用于精密的气动装置、气动仪表等，上述压缩空气还必须进行干燥处理。压缩空气干燥方法主要有用吸附法、离心法、机械降水法及冷却法等方法。

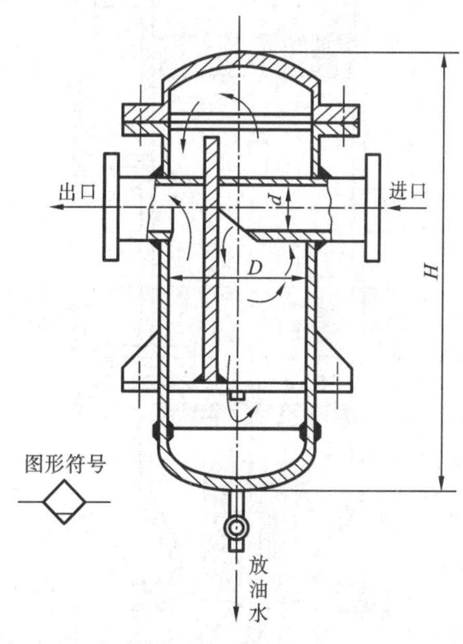

图 10-5 油水分离器

吸附法是利用具有吸附性能的吸附剂（如硅胶、铝胶或分子筛等）来吸附压缩空气中含有的水分，而使其干燥；冷却法是利用制冷设备使空气冷却到一定的露点温度，析出空气中超过饱和水蒸气部分的多余水分，从而达到所需的干燥度。吸附法是干燥处理方法中应用最为普遍的一种方法。吸附式干燥器的结构如图 10-6 所示。它的外壳呈筒形，其中分层设置栅板、吸附剂层、滤网等。湿空气从管 1 进入干燥器，通过吸附剂层 21、过滤网 12、上栅板 19 和下部吸附层 16 后，因其中的水分被吸附剂吸收而变得很干燥。然后，再经过钢丝网 15、下栅板 14、毛毡 13 和铜丝过滤网 12，干燥、洁净的压缩空气便从干燥空气输出管 8 排出。

5）过滤器

过滤空气是气压传动系统中的重要环节。不同的场合，对压缩空气的要求也不同。过滤器的作用是进一步滤除压缩空气中的杂质。常用的过滤器有一次过滤器（也称简易过滤器，滤灰效率为 50%～70%）；二次过滤器（滤灰效率为 70%～99%）。在要求高的特殊场合，还可使用高效率的过滤器（滤灰效率大于 99%）。

10.2.2 辅助元件

分水滤气器、消声器和油雾器一起称为气动三大件，由三大件依次无管化连接而成的组件称为三联件，是多数气动设备中必不可少的气源装置。大多数情况下，三大件组合使用，其安装次序依进气方向为分水滤气器、油雾器、消声器。三大件应安装在进气设备的附近。

1. 分水滤气器

分水滤气器能除去压缩空气中的冷凝水、固态杂质和油滴，用于空气精过滤。分水滤气器的结构如图 10-7 所示。其工作原理是：当压缩空气从输入口流入后，由导流叶片 1 引入滤

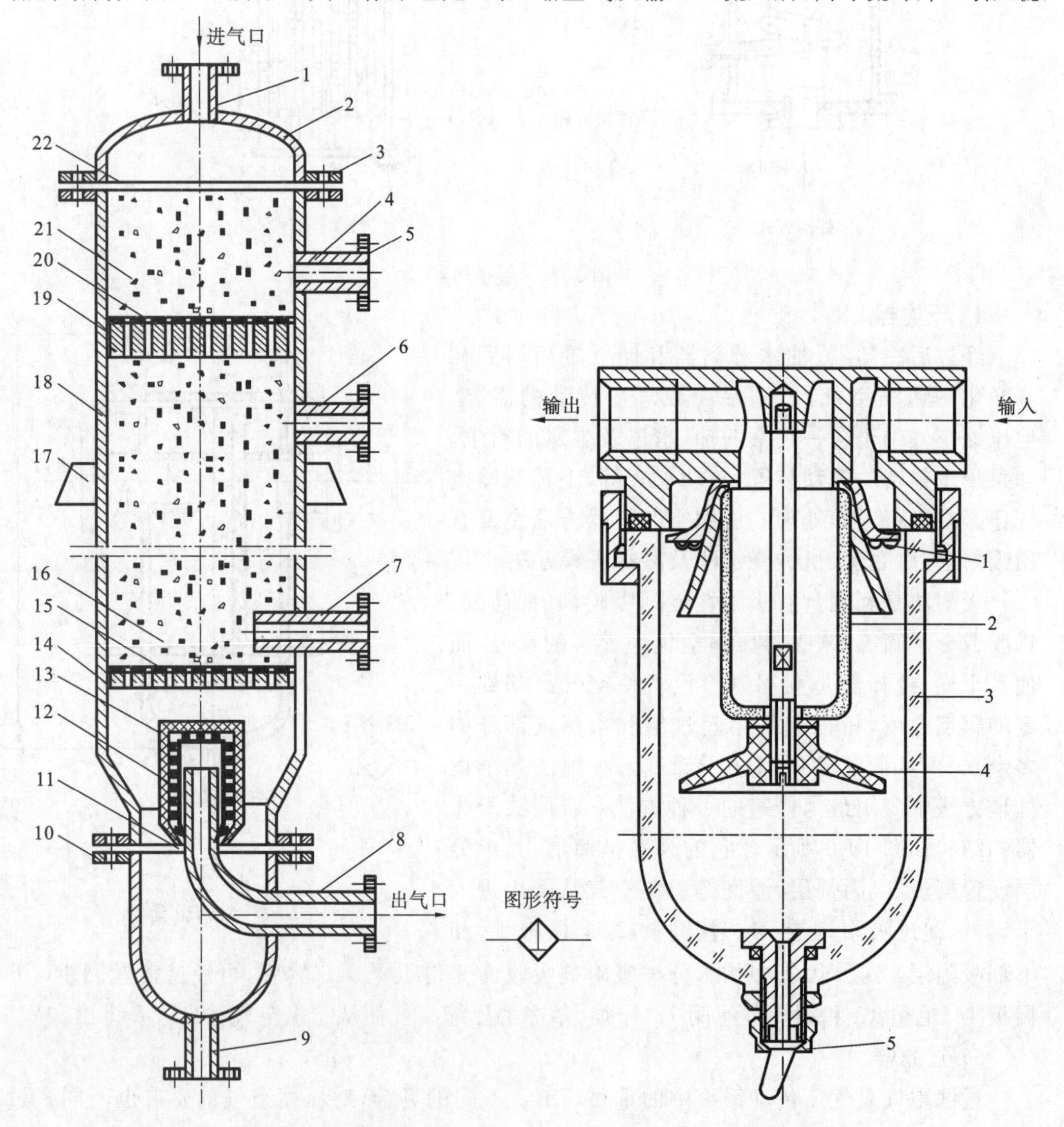

图 10-6 吸附式干燥器结构图

1—湿空气进气管；2—顶盖；3,5,10—法兰；
4,6—再生空气排气管；7—再生空气进气管；
8—干燥空气输出管；9—排水管；
11,22—密封座；12,15,20—钢丝过滤网；13—毛毡；
14—下栅板；16,21—吸附剂层；
17—支撑板；18—筒体；19—上栅板

图 10-7 分水滤气器结构图

1—导流叶片；2—滤芯；3—储水杯；
4—挡水板；5—手动排水阀

杯中,导流叶片使空气沿切线方向旋转形成旋转气流,夹杂在气体中的较大水滴、油滴和杂质被甩到滤杯的内壁上,并沿杯壁流到底部。然后气体通过中间的滤芯2,部分灰尘、雾状水被滤芯2拦截而滤去,洁净的空气便从输出口流出。挡水板4是防止气体旋涡将杯中积存的污水卷起而破坏过滤作用。为保证分水滤气器正常工作,必须及时将储水杯3中的污水通过排水阀5放掉。在某些人工排水不方便的场合,可采用自动排水式分水滤气器。

2. 油雾器

油雾器是一种特殊的注油装置。它以空气为动力,使润滑油雾化后,注入空气流中,并随空气进入需要润滑的部件,达到润滑的目的。

图10-8是普通油雾器(也称一次油雾器)的结构图。当压缩空气由输入口进入后,通过喷嘴1下端的小孔进入阀座4的腔室内,在截止阀的钢球2上下表面形成压差,由于泄漏和弹簧3的作用,而使钢球处于中间位置,压缩空气进入存油杯5的上腔使油面受压,压力油经吸油管6将单向阀7的钢球顶起,钢球上部管道有一个方形小孔,钢球不能将上部管道封死,压力油不断流入视油器9内,再滴入喷嘴1中,被主管气流从上面小孔引射出来,雾化后从输出口流出。节流阀8可以调节流量,使滴油量在每分钟0～120滴内变化。

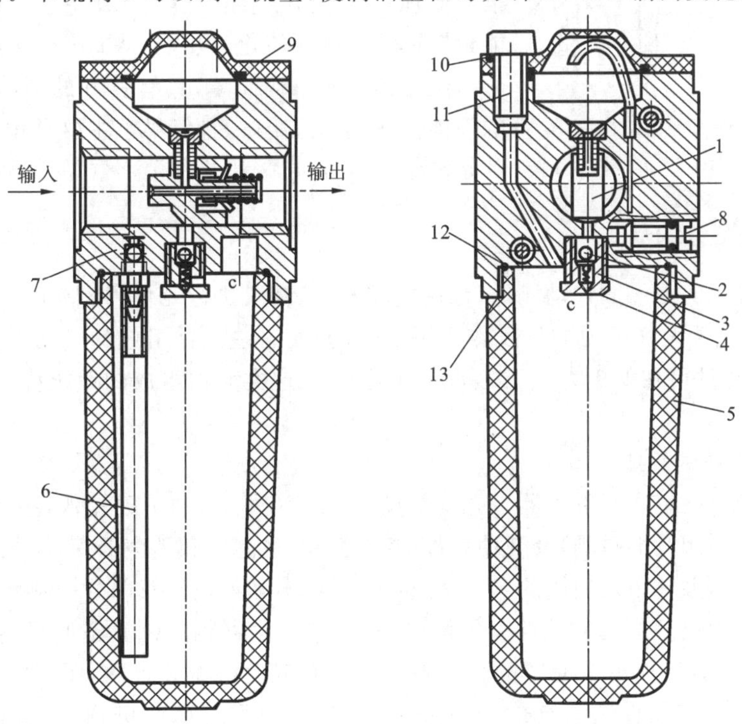

图10-8　普通油雾器结构图

1—喷嘴;2—钢球;3—弹簧;4—阀座;5—存油杯;6—吸油管;7—单向阀;
8—节流阀;9—视油器;10,12—密封垫;11—油塞;13—螺母、螺钉

二次油雾器能使油滴在雾化器内进行两次雾化,使油雾粒度更小、更均匀,输送距离更远。二次雾化粒径可达5 μm。

油雾器的选择主要是根据气压传动系统所需额定流量及油雾粒径大小来进行的。所需油雾粒径在50 μm左右时可选用一次油雾器。若需油雾粒径很小可选用二次油雾器。油雾器一般应配置在滤气器和减压阀之后，用气设备之前较近处。

3. 消声器

在气压传动系统中，汽缸、气阀等元件工作时，排气速度较高，气体体积急剧膨胀，会产生刺耳的噪声。噪声的强弱随排气的速度、排量和空气通道的形状而变化。排气的速度和功率越大，噪声也越大，一般可达 100～120 dB，为了降低噪声，可以在排气口装消声器。

消声器就是通过阻尼或增加排气面积来降低排气速度和功率，从而降低噪声的。根据消声原理不同，消声器可分为三种类型：阻性消声器、抗性消声器和阻抗复合式消声器。常用的是阻性消声器。

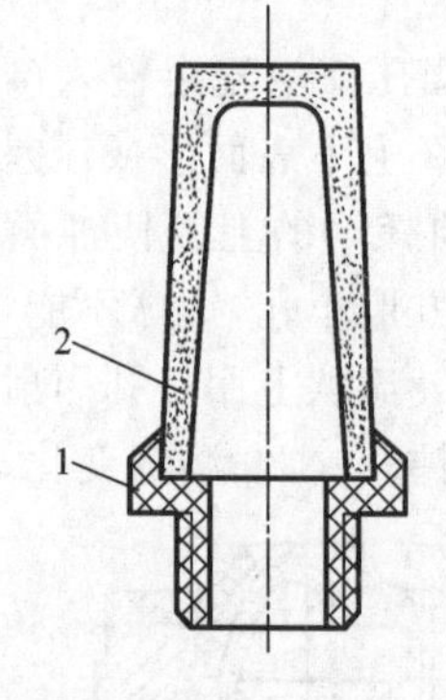

图 10-9　阻性消声器结构简图

1—连接螺钉；2—消声罩

图 10-9 是阻性消声器的结构简图。这种消声器主要依靠吸音材料消声。消声罩 2 为多孔的吸声材料，一般用聚苯乙烯或铜珠烧结而成。当消声器的通径小于 20 mm 时，多用聚苯乙烯作消声材料制成消声罩，当消声器的通径大于 20 mm 时，消声罩多用铜珠烧结，以增加强度。其消声原理是：当有压气体通过消声罩时，气流受到阻力，声能量被部分吸收而转化为热能，从而降低了噪声强度。

阻性消声器结构简单，具有良好的消除中、高频噪声的性能。在气动系统中，排气噪声主要是中、高频噪声，尤其是高频噪声，所以采用这种消声器是合适的。

10.2.3　真空元件

气动系统中的大多数气动元件，包括气源发生装置、执行元件、控制元件以及各种辅助元件，都是在高于大气压力的气压作用下工作的，用这些元件组成的气动系统称为正压系统；另有一类元件可在低于大气压力的环境下工作，这类元件组成的系统称为负压系统（或称真空系统）。

1. 真空系统的组成

真空系统一般由真空发生器（真空压力源）、吸盘（执行元件）、真空阀（控制元件，有手动阀、机控阀、气控阀及电磁阀）及辅助元件（管件接头、过滤器和消声器等）组成。有些元件在正压系统和负压系统中是通用的，如管件接头、过滤器和消声器及部分控制元件。

图 10-10 为典型的真空回路。实际上，用真空发生器构成的真空回路，往往是正压系统的一部分，同时组成一个完整的气动系统。如在气动机械装置中，图 10-10 所示的吸盘真空回路仅是其气动控制系统的一部分，吸盘是机械手的抓取机构，随着机械手臂的运动而运动。

以真空发生器为核心构成的真空系统，适合于任何具有光滑表面的工件，特别是对于非金属制品且不适合夹紧的工件，如易碎的玻璃制品，柔软而薄的纸张、塑料及各种电子精密零件。真空系统已广泛用于轻工、食品、印刷、医疗、塑料制品以及自动搬运和机械手等各种机械，如玻璃的搬运、装箱，机械手抓取工件，印刷机械中的纸张检测、运输，真空包装机械中包装纸的吸附、送标、贴标、包装袋的开启，精密零件的输送，塑料制品的成形，以及电子产品的加工、运输、装配等各种工序作业。

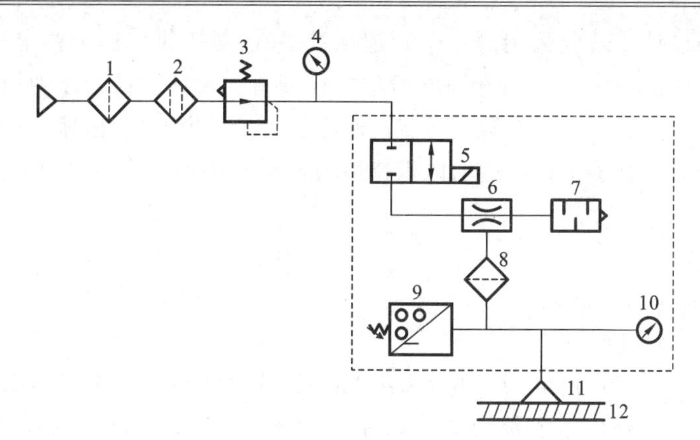

图 10-10　典型的真空回路

1—过滤器；2—精过滤器；3—减压阀；4—压力表；5—电磁阀；6—真空发生器；
7—消声器；8—真空过滤器；9—真空压力开关；10—真空压力表；11—吸盘；12—工件

2. 真空发生器

用真空发生器产生负压的特点有：结构简单，体积小，使用寿命长；产生的真空度可达 88 kPa，抽吸流量不大，但可控、可调，稳定可靠；瞬时开关特性好，无残余负压；同一输出口可使用负压或交替使用正负压。

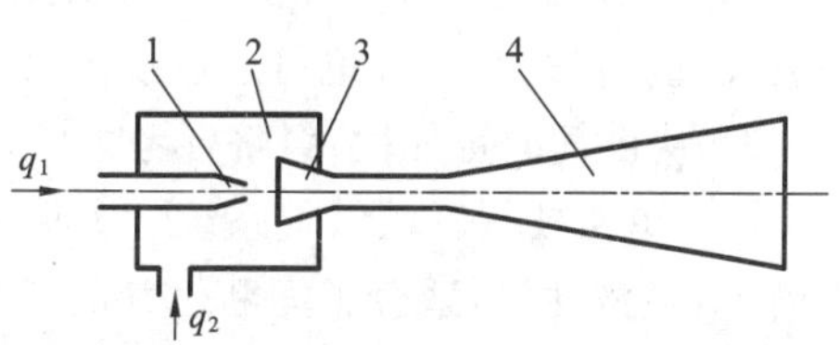

图 10-11　真空发生器的工作原理图

1—喷嘴；2—接收室；3—混合室；4—扩散室

图 10-11 所示为真空发生器的工作原理图，它由喷嘴 1、接收室 2、混合室 3 和扩散室 4 组成。压缩空气通过收缩的喷嘴射出的一束流体的流动称为射流。射流能卷吸周围的静止流体和它一起向前流动，这称为射流的卷吸作用。而自由射流在接收室内的流动，限制了射流与外界的接触，但从喷嘴流出的主射流还是要卷吸一部分周围的流体向前运动，于是在射流的周围形成一个低压区，接收室内的流体便被吸进来，与主射流混合后，经接收室另一端流出。这种利用一束高速流体将另一束流体（静止或低速流）吸进来，相互混合后一起流出的现象称为引射现象。当在喷嘴两端的压差达到一定值时，气流以声速或亚声速流动，于是在喷嘴出口处，即接收室内可获得一定负压。

10.2.4　管路系统设计

1. 供气系统管道

（1）压缩空气站内气源管道：包括压缩机的排气口至后冷却器、油水分离器、储气罐、干燥器等设备的压缩空气管道。

（2）厂区压缩空气管道：包括从压缩空气站至各用气车间的压缩空气输送管道。

（3）用气车间压缩空气管道：包括从车间入口到气动设备和气动装置的压缩空气输送管道。

2. 供气管道设计的原则

1）从供气的压力和流量考虑

若工厂中的气动设备对压缩空气源的压力有多种要求，则气源系统管道必须按满足最高压力的要求来设计。若仅采用同一个管道系统供气，对于供气压力要求较低时，可通过减压阀来实现。供气的最大流量和允许压缩空气在管道内流动的最大压力损失决定气源供气系统管道的管径大小。为避免在管道内流动时有较大的压力损失，压缩空气在管道中的流速一般应小于 25 m/s。当管道内气体的体积流量为 q，管道中的允许流速为 v 时，管道的内径为

$$d=\sqrt{\frac{4q}{3600\pi v}} \tag{10-1}$$

式中：q——流量($\mathrm{m^3/h}$)；

v——流速(m/s)。

由式(10-1)计算求得的管道内径 d，结合流量(或流速)，再验算空气通过某段管道的压力损失是否在允许范围内。一般对较大的空气压缩站，在厂区范围内，从管道的起点到终点，压缩空气的压力降不能超过气源初始压力的 8%；在车间范围内不能超过供气压力的 5%。若超过了，可增大管道直径。

2）从供气的质量要求考虑

若气动装置对供气质量(含水、油及干燥程度等)有不同要求时，如果用一个气源管道供气，则必须考虑其中对气源供气质量要求较高的气动装置，采取就地设置小型干燥过滤装置或空气过滤器来解决。也可通过技术、经济方面的比较，设置两套气源管道供气系统。

3）从供气的可靠性、经济性考虑

(1) 单树枝状管网供气系统　如图 10-12 所示为单树枝状管网供气系统，这种供气系统简单，经济性好，适合于间断供气的工厂采用。但该系统中的阀门等附件容易损坏，尤其开关频繁的阀门更易损坏。解决方法是：对开关频繁的阀门，用两个串联起来，其中一个用于经常动作，另一个一般情况下总开启。当经常动作的阀门需要更换检修时，另一个阀门才关闭，使之与系统切断，不至于影响整个系统工作。

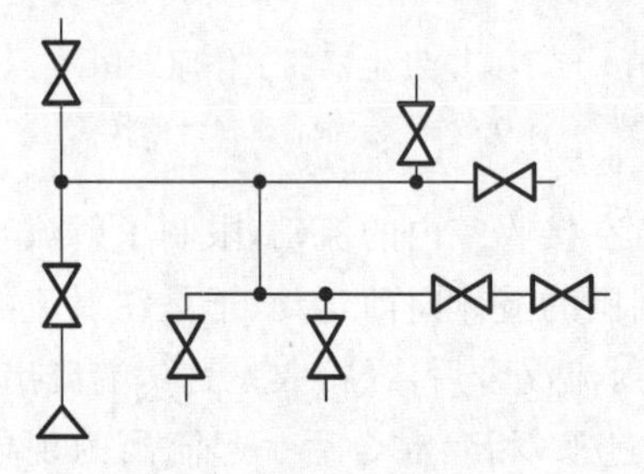

图 10-12　单树枝状管网供气系统

(2) 环状管网供气系统　如图 10-13 所示为环状管网供气系统，这种系统供气可靠性比单树枝状管网要高，而且压力较稳定，末端压力损失较小，当支管上有一个阀门损坏需要检修时，可将环形管道上两侧的阀门关闭，以保证更换、维修支管上的阀门时，整个系统能正常工作。但此系统成本较高。

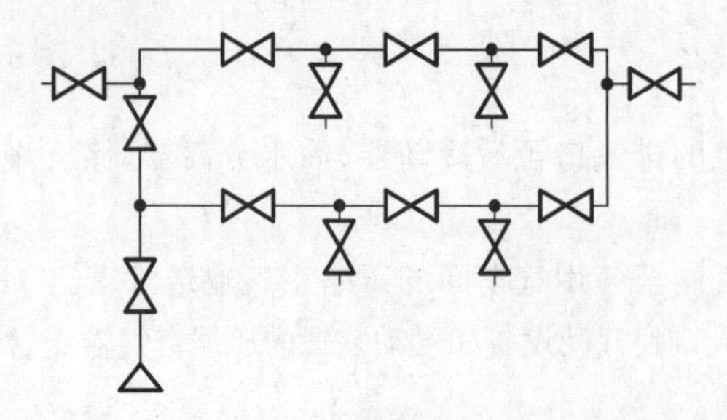

图 10-13　环状管网供气系统

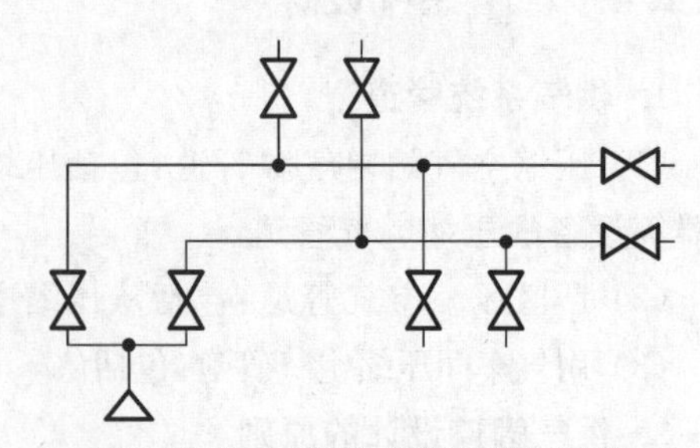

图 10-14　双树枝状管网供气系统

(3) 双树枝状管网供气系统　如图 10-14 所示为双树枝状管网供气系统，这种供气系

统能保证对所有的用户不间断供气，正常状态下，两套管网同时工作。当其中任何一个管道附件损坏时，可关闭其所在的那套系统进行检修，而另一套系统照常工作。这种双树枝状管网供气系统，实际上是配备了一套备用系统，相当于两套单树枝状管网供气系统，适用于有不允许停止供气等特殊要求的用户。

10.3　气动执行元件

气动执行元件是将压缩空气的压力能转换为机械能的装置。它包括汽缸和气马达。汽缸用于实现往复运动或摆动，气马达用于实现连续回转运动。

10.3.1　汽缸

汽缸按结构形式分为两大类：活塞式和膜片式。其中活塞式又分为单活塞式和双活塞式，单活塞式又分为有活塞杆和无活塞杆两种，除几种特殊汽缸外，普通汽缸的种类及结构形式与液压缸基本相同。目前常用的标准汽缸，其结构和参数都已系列化、标准化、通用化，如 QGA 系列为无缓冲普通汽缸，QGB 系列为有缓冲普通汽缸。其他几种较为典型的特殊汽缸有气液阻尼缸、薄膜式汽缸和冲击式汽缸等。

1. 汽缸的基本构造(以单杆双作用汽缸为例)

虽然汽缸构造多种多样，但使用最多的是单杆双作用汽缸。下面就以单杆双作用汽缸为例，说明汽缸的基本构造。

图 10-15 所示为单杆双作用汽缸的结构图，它由缸筒、端盖、活塞、活塞杆和密封件等组成。缸筒内径的大小代表了汽缸输出力的大小，活塞要在缸筒内做平稳的往复滑动，缸筒内表面的粗糙度 Ra 值应达 0.8 μm。对于钢管缸筒，内表面还应镀硬铬，以减小摩擦阻力和磨损，并能防止锈蚀。缸筒材质除使用高碳钢外，还使用高强度铝合金和黄铜。小型汽缸可使用不锈钢。对于带磁性环或在腐蚀环境中使用的汽缸，缸筒应使用不锈钢、铝合金或黄铜等材质。

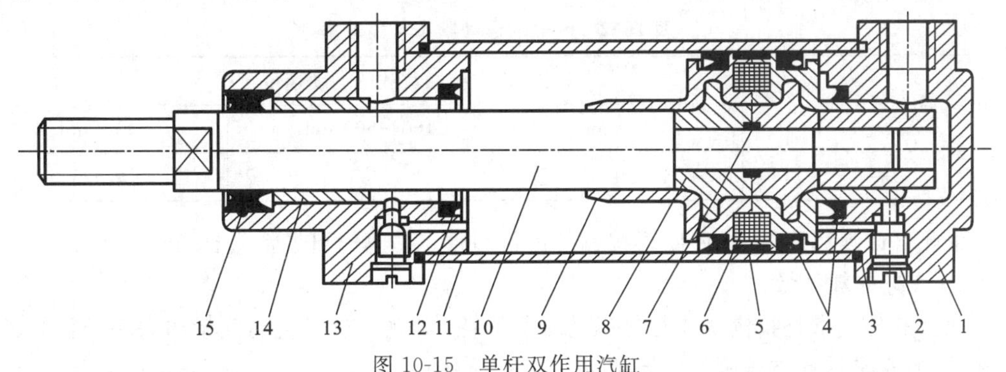

图 10-15　单杆双作用汽缸

1—后端盖；2—缓冲节流阀；3，7—密封圈；4—活塞密封圈；5—导向环；6—磁性环；8—活塞；9—缓冲柱塞；10—活塞杆；11—缸筒；12—缓冲密封圈；13—前端盖；14—导向套；15—防尘组合密封圈

端盖上设有进排气通口，有的还在端盖内设有缓冲装置。前端盖设有防尘组合密封圈，以防止从活塞杆处向外漏气和防止外部灰尘混入缸内。前端盖设有导向套，以提高汽缸的导向精度，承受活塞杆上的少量径向载荷，减少活塞杆伸出时的下弯量，延长汽缸的使用寿

命。导向套通常使用烧结含油合金、铅青铜铸件。端盖常采用可锻铸铁,现在为了减小质量并防锈,常使用铝合金压铸件,有的微型汽缸使用黄铜材料。

活塞是汽缸中的受力零件,为防止活塞左右两腔相互窜气,设有活塞密封圈。活塞上的耐磨环可提高汽缸的导向性。耐磨环常使用聚氨酯、聚四氟乙烯、夹布合成树脂等材料。活塞的材质常采用铝合金和铸铁,有的小型缸的活塞用黄铜制成。

活塞杆是汽缸中最重要的受力零件,通常使用高碳钢,其表面经镀硬铬处理,或使用不锈钢以防腐蚀,并能提高密封圈的耐磨性。

2. 汽缸的工作特性

1)汽缸的速度

汽缸活塞的运动速度在运动过程中是变化的,通常说的汽缸速度是指汽缸活塞的平均速度,如普通汽缸的速度范围为50～500 mm/s,就是汽缸活塞在全行程范围内的平均速度。目前普通汽缸的最低速度为5 mm/s,高速可达17 m/s。

2)汽缸的理论输出力

汽缸的理论输出力的计算公式和液压缸的相同。

3)汽缸的效率和负载率

汽缸未加载时实际所能输出的力,受汽缸活塞和缸筒之间的摩擦力、活塞杆与前缸盖之间的摩擦力的影响。摩擦力影响程度用汽缸效率 η 表示,η 与汽缸缸径 D 和工作压力 p 有关,缸径增大,工作压力提高,汽缸效率 η 增加。一般汽缸效率为0.7～0.95。

与液压缸不同,要精确确定汽缸的实际输出力是困难的。于是在研究汽缸性能和确定汽缸缸径时,常用到负载率 β 的概念。汽缸负载率为

$$\beta=(\text{汽缸的实际负载 } F/\text{汽缸的理论输出力 } F_0)\times 100\%$$

汽缸的实际负载(轴向负载)由工况决定,若确定了汽缸负载率 β,则由定义就可确定汽缸的理论输出力 F_0,从而可以计算汽缸的缸径。汽缸负载率 β 的选取与汽缸的负载性质及汽缸的运动速度有关,详见表10-2。

表10-2 汽缸的运动状态与负载率

静负载	惯性负载的运动速度 v		
	<100 mm/s	100～500 mm/s	>500 mm/s
$\beta=0$	≤0.65	≤0.5	≤0.3

由此可以计算汽缸的缸径,再按标准进行圆整。估算时可取活塞杆直径 $d=0.3D$。

4)汽缸的耗气量

汽缸的耗气量是指汽缸在往复运动时所消耗的压缩空气量,耗气量的大小与汽缸的性能无关,但它是选择空压机的重要依据。

最大耗气量 q_{max} 是指汽缸活塞完成依次行程所需的自由空气消耗量。

$$q_{max}=\frac{As(p+p_0)}{t\eta_V p_a} \tag{10-2}$$

式中:A——汽缸的有效作用面积;

s——汽缸行程;

t——汽缸活塞完成一次行程所需时间；

p——工作压力；

p_a——大气压；

η_V——汽缸容积效率，一般取 $\eta_V=0.9\sim0.95$。

3. 其他常用汽缸简介

1）气液阻尼缸

普通汽缸工作时，由于气体的压缩性，当外部载荷变化较大时，会产生“爬行”或“自走”现象，使汽缸的工作不稳定。为了使汽缸运动平稳，普遍采用气液阻尼缸。

气液阻尼缸是由汽缸和油缸组合而成的，它的工作原理见图10-16。它是以压缩空气为能源，并利用油液的不可压缩性和控制油液排量来获得活塞的平稳运动和调节活塞的运动速度。它将油缸和汽缸串联成一个整体，两个活塞固定在一根活塞杆上。当汽缸右端供气时，汽缸克服外负载并带动油缸同时向左运动，此时油缸左腔排油、单向阀关闭。油液只能经节流阀缓慢流入油缸右腔，对整个活塞的运动起阻尼作用。调节节流阀的阀口大小，就能达到调节活塞运动速度的目的。当压缩空气经换向阀从汽缸左腔进入时，油缸右腔排油，此时因单向阀开启，活塞能快速返回到原来的位置。

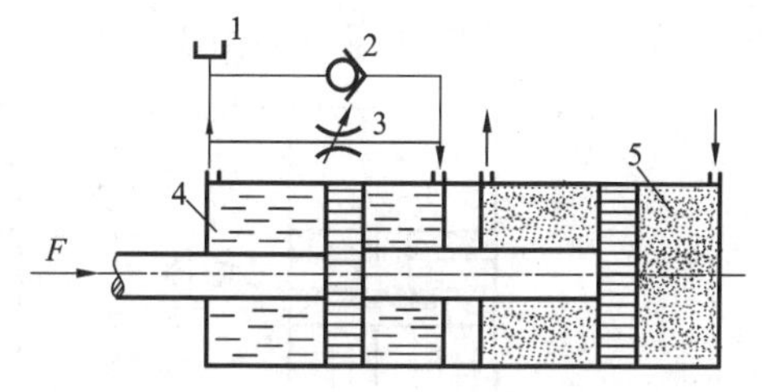

图10-16　气液阻尼缸的工作原理图

1—油杯；2—单向阀；3—节流阀；4—油液；5—气体

这种气液阻尼缸的结构一般是将双活塞杆缸作为油缸。因为这样可使油缸两腔的排油量相等，此时油箱内的油液只用来补充因油缸泄漏而减少的油量，一般用油杯就行了。

2）薄膜式汽缸

薄膜式汽缸是一种利用压缩空气通过膜片推动活塞杆做往复直线运动的汽缸。它由缸体、膜片、膜盘和活塞杆等主要零件组成。其功能类似于活塞式汽缸，它分单作用式和双作用式两种，如图10-17所示。

薄膜式汽缸的膜片可以做成盘形膜片和平膜片两种形式。膜片材料为夹织物橡胶、钢

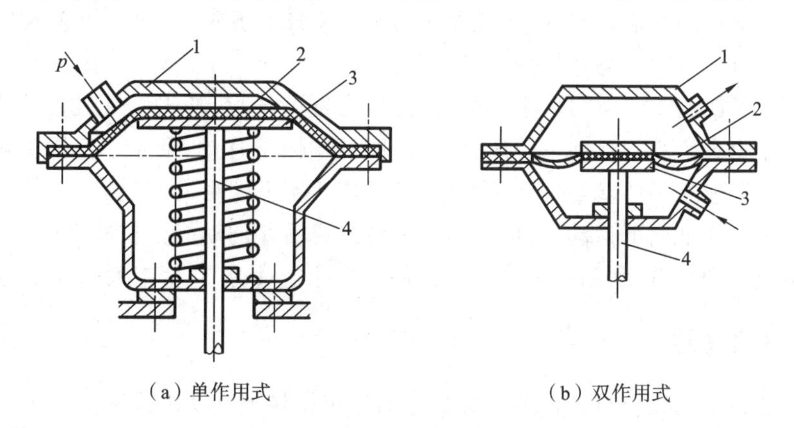

（a）单作用式　　（b）双作用式

图10-17　薄膜式汽缸结构简图

1—缸体；2—膜片；3—膜盘；4—活塞杆

片或磷青铜片。常用的是夹织物橡胶,橡胶的厚度为 5～6 mm,有时也只有 1～3 mm。金属式膜片只用于行程较小的薄膜式汽缸中。

薄膜式汽缸和活塞式汽缸相比较,具有结构简单、紧凑、制造容易、成本低、维修方便、寿命长、泄漏小、效率高等优点。但是膜片的变形量有限,故其行程短(一般不超过 40～50 mm),且汽缸活塞杆上的输出力随着行程的加大而减小。

3）冲击汽缸

冲击汽缸是一种体积小、结构简单、易于制造、耗气功率小但能产生相当大的冲击力的一种特殊汽缸。与普通汽缸相比,冲击汽缸的结构特点是增加了一个具有一定容积的蓄能腔和喷嘴。它的工作原理如图 10-18 所示。

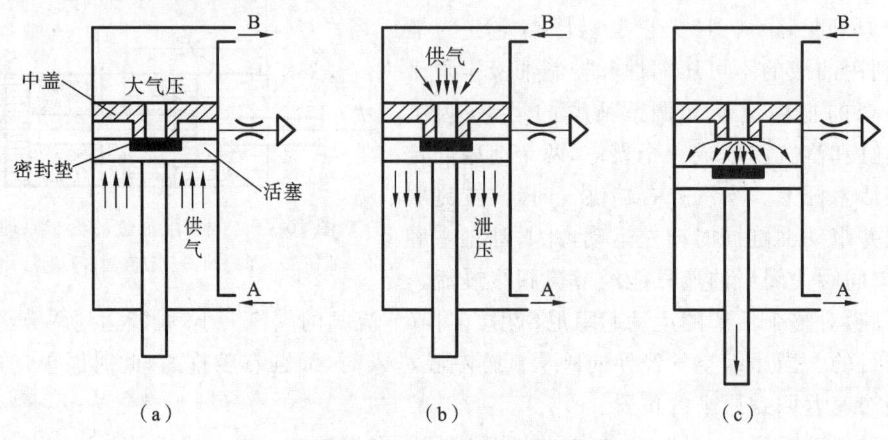

图 10-18　冲击汽缸工作原理图

冲击汽缸的整个工作过程可简单地分为三个阶段。

第一个阶段如图 10-18(a)所示,压缩空气由孔 A 输入冲击缸的下腔,从蓄气缸经孔 B 排气,活塞上升并用密封垫封住喷嘴,从中盖和活塞间的环形空间经排气孔与大气相通。

第二个阶段如图 10-18(b)所示,压缩空气改由孔 B 进气,输入蓄气缸中,从冲击缸下腔经孔 A 排气。由于活塞上端气压作用在面积较小的喷嘴上,而活塞下端受力面积较大,一般设计成喷嘴面积的 9 倍,冲击缸下腔的压力虽因排气而下降,但此时活塞下端向上的作用力仍然大于活塞上端向下的作用力。

第三个阶段如图 10-18(c)所示,蓄气缸的压力继续增大,冲击缸下腔的压力继续降低,当蓄气缸内压力高于 9 倍活塞下腔压力时,活塞开始向下移动,活塞一旦离开喷嘴,蓄气缸内的高压气体迅速充到活塞与中间盖间的空间,使活塞上端受力面积突然增加 9 倍,于是活塞将以极大的加速度向下运动,气体的压力能转换成活塞的动能。在冲程达到一定时,可获得最大冲击速度和能量,利用这个能量对工件进行冲击做功,产生很大的冲击力。

10.3.2　气动马达

气动马达也是气动执行元件的一种。它的作用相当于电动机或液压马达,即输出力矩,拖动机构做旋转运动。

由于气动马达具有一些比较突出的优点,在某些场合,它比电动机和液压马达更适用,这些优点如下：

① 具有防爆性能，工作安全；

② 马达的软特性使之能长时间满载工作而温升较小，且有过载保护的性能；

③ 可以无级调速，控制进气流量，就能调节马达的转速和功率；

④ 具有较高的启动力矩，可以直接带负载运动；

⑤ 与电动机相比，单位功率下尺寸小、重量小，适于安装在位置狭小的场合及手工工具上。

但气动马达也具有输出功率小、耗气量大、效率低、噪声大和易产生振动等缺点。

1. 工作原理

图10-19是叶片式气马达的工作原理图。它的主要结构和工作原理与液压叶片马达相似，主要包括一个径向装有3～10个叶片的转子，偏心安装在定子内，转子两侧有前后盖板（图中未画出），叶片在转子的槽内可径向滑动，叶片底部通有压缩空气，转子转动是靠离心力和叶片底部气压将叶片紧压在定子内表面上。定子内有半圆形的切沟，提供压缩空气及排出废气。

当压缩空气从A口进入定子内，会使叶片带动转子逆时针方向旋转，产生转矩。废气从排气口C排出；而定子腔内的残留气体则从B口排出。如需改变气马达的旋转方向，只需改变进、排气口即可。

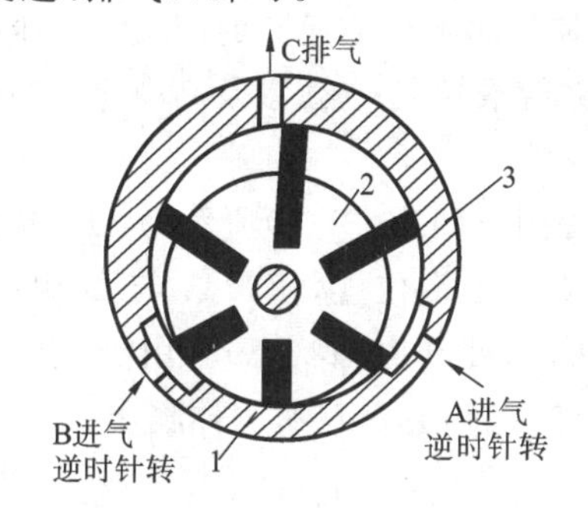

图10-19　叶片式气马达工作原理图

1—叶片；2—定子；3—转子

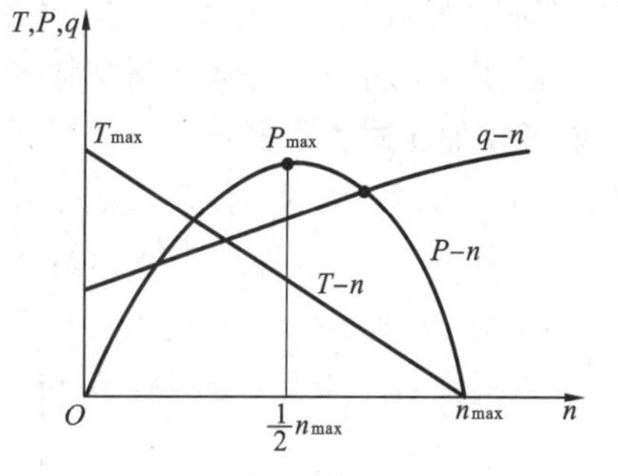

图10-20　气动马达特性曲线

2. 特性曲线

图10-20是在一定工作压力下作出的叶片式气动马达的特性曲线。由图可知，气动马达具有软特性的特点。当外加转矩T等于零时，即为空转，此时转速最大值为n_{max}，气动输出的功率等于零；当外加转矩等于气动马达的最大转矩T_{max}时，马达停止转动，此时输出功率等于零；当外加转矩等于最大转矩的一半时，马达的转速也为最大转速的1/2，此时马达的输出功率P最大，以P_{max}表示。

10.4　气动控制元件

在气压传动系统中，气动控制元件是控制和调节压缩空气的压力、流量和方向的种类控制阀，其作用是保证气动执行元件（如汽缸、气马达等）按设计的程序正常地进行工作。

10.4.1 方向控制阀

1. 方向控制阀的分类

方向控制阀是气压传动系统中通过改变压缩空气的流动方向和气流的通断，来控制执行元件启动、停止及运动方向的气动元件。

根据方向控制阀的功能、控制方式、结构方式、阀内气流的方向及密封形式等，可将方向控制阀分为如表 10-3 所示的类别。

表 10-3 方向控制阀的分类

分类方式	形式
按阀内气体的流动方向	单向阀、换向阀
按阀芯的结构形式	截止阀、滑阀
按阀的密封形式	硬质密封、软质密封
按阀的工作位数及通路数	二位三通、二位五通、三位五通等
按阀的控制操纵方式	气压控制、电磁控制、机械控制、手动控制

下面介绍几种典型的方向控制阀。

2. 气压控制换向阀

气压控制换向阀是以压缩空气为动力切换气阀，使气路换向或通断的阀类。气压控制换向阀的用途很广，多用于组成全气阀控制的气压传动系统或易燃、易爆以及高净化等场合。

1）单气控加压式换向阀

图 10-21 所示为单气控加压式换向阀的工作原理图。即 10-21(a)所示为无气控信号 K 时的状态(即常态)，此时，阀芯 1 在弹簧 2 的作用下处于上端位置，使阀 A 与 O 相通，A 口排气。图 10-21(b)所示为在有气控信号 K 时阀的状态(即动力阀状态)。由于气压力的作用，阀芯 1 压缩弹簧 2 下移，使阀口 A 与 O 断开，P 与 A 接通，A 口有气体输出。

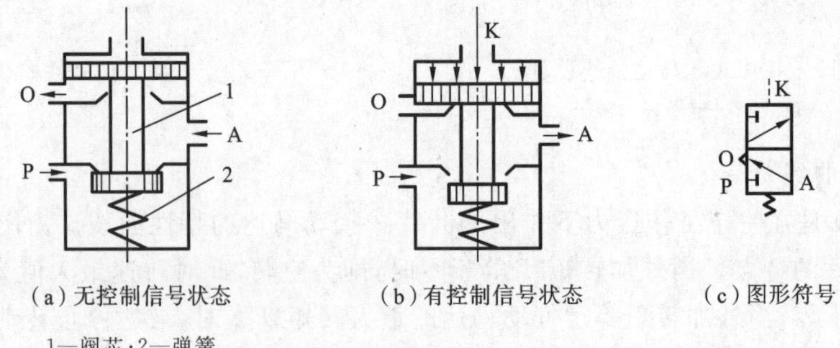

(a) 无控制信号状态 (b) 有控制信号状态 (c) 图形符号

1—阀芯；2—弹簧

图 10-21 单气控加压截止式换向阀的工作原理及图形符号

图 10-22 所示为二位三通单气控截止式换向阀的结构图。这种结构简单、紧凑、密封可靠、换向行程短，但换向力大。若将气控接头换成电磁头(即电磁先导阀)，可变气控阀为先导式电磁换向阀。

2）双气控加压式换向阀

图 10-23 所示为双气控滑阀式换向阀的工作原理图。图 10-23(a)所示为有气控信号

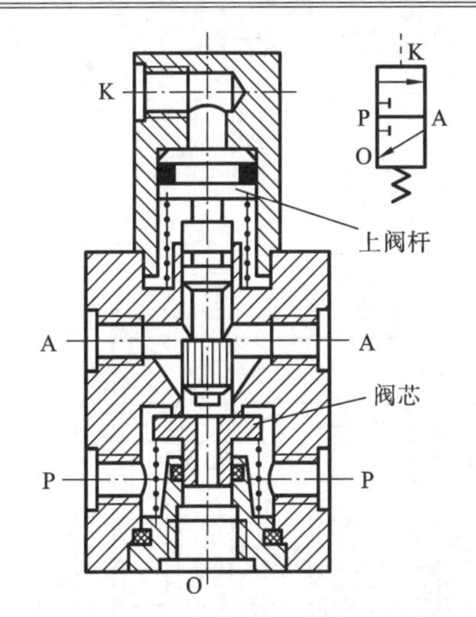

图 10-22 单气控截止式换向阀的结构图

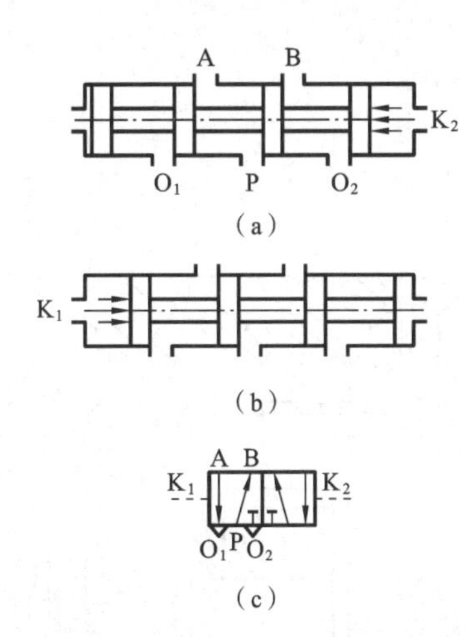

图10-23 双气控滑阀式换向阀的工作原理及图形符号

K_2 时阀的状态，此时阀停在左边，其通路状态是 P 与 A、B 与 O_2 相通。图 10-23(b)为有气控信号 K_1 时阀的状态(此时信号 K_2 已不存在)，阀芯换位，其通路状态变为 P 与 B、A 与 O_1 相通。双气控滑阀具有记忆功能，即气控信号消失后，阀仍能保持在有信号时的工作状态。

3）差动控制换向阀

差动控制换向阀是利用控制气压作用在阀芯两端不同面积上所产生的压力差来使阀换向的一种控制方式。

图 10-24 所示为二位五通差压控制换向阀的结构原理图。阀的右腔始终与进气口 P 相通。在没有进气信号 K 时，控制活塞 13 上的气压力将推动阀芯 9 左移，其通路状态为 P 与 A、B 与 O 相通。A 口进气、B 口排气。当有气控信号 K 时，由于控制活塞 3 的端面积大于控制活塞 13 的端面积，作用在控制活塞 3 上的气压力将克服控制活塞 13 上的压力及摩擦力，推动阀芯 9 右移，气路换向，其通路状态为 P 与 B、A 与 O 相通，B 口进气、A 口排气。当气控信号 K 消失时，阀芯 9 借右腔内的气压作用复位。采用气压复位可提高阀的可靠性。

3. 电磁控制换向阀

电磁换向阀是利用电磁力的作用来实现阀的切换以控制气流的流动方向。常用的电磁换向阀有直动式和先导式两种。

1）直动式电磁换向阀

图 10-25 所示为直动式单电控电磁阀的工作原理图。它只有一个电磁铁。图 10-25(a)所示为常态情况，即激励线圈不通电，此时阀在复位弹簧的作用下处于上端位置。其通路状态为 A 与 T 相通，A 口排气。当通电时，电磁铁 1 推动阀芯向下移动，气路换向，其通路为 P 与 A 相通，A 口进气，见图 10-25(b)。

图 10-26 所示为直动式双电控电磁阀的工作原理图。它有两个电磁铁，当电磁铁 1 通电、电磁铁 2 断电，如图 10-26(a)所示，阀芯被推向右端，其通路状态是 P 与 A、B 与 O_2 相通，A 口进气、B 口排气。当电磁铁 1 断电时，阀芯仍处于原有状态，即具有记忆性。当电磁铁 2 通电、电磁铁 1 断电，如图 10-26(b)所示，阀芯被推向左端，其通路状态是 P 与 B、A 与 O_1 相通，B 口进气、A 口排气。若电磁铁断电，气流通路仍保持原状态。

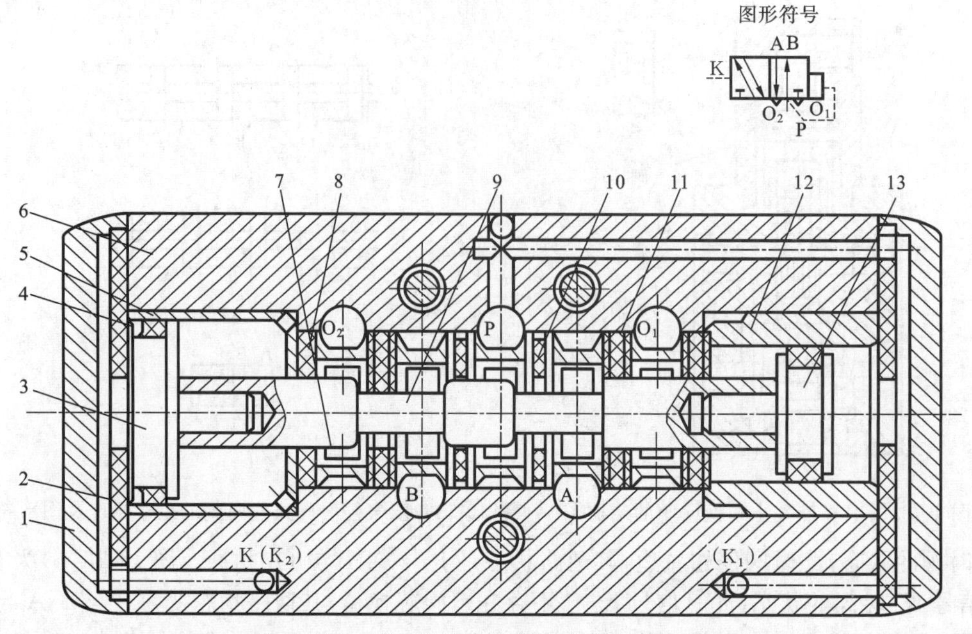

图 10-24　二位五通差压控制换向阀结构原理图

1—端盖;2—缓冲垫片;3,13—控制活塞;4,10,11—密封垫;

5,12—衬套;6—阀体;7—隔套;8—挡片;9—阀芯

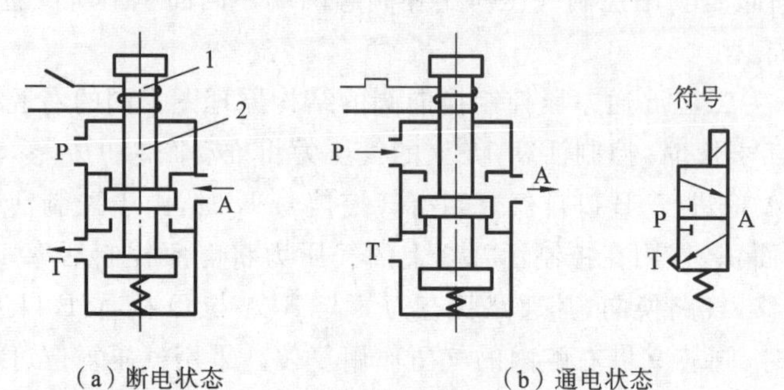

(a) 断电状态　　(b) 通电状态

图 10-25　直动式单电控电磁阀原理图

1—电磁铁;2—阀芯

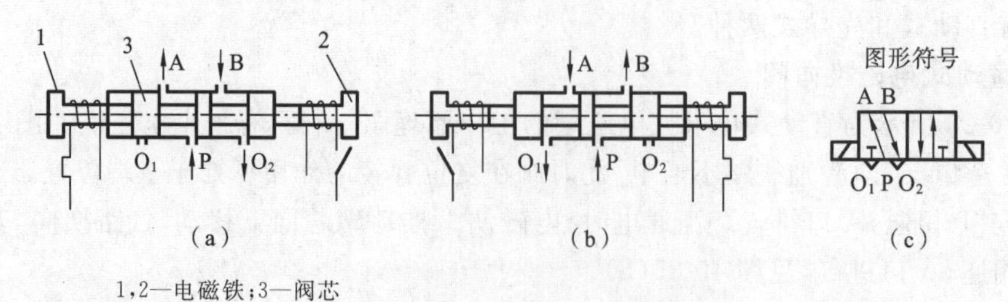

(a)　　(b)　　(c)

1,2—电磁铁;3—阀芯

图 10-26　直动式双电控电磁阀原理图

2) 先导式电磁换向阀

直动式电磁换向阀是由电磁铁直接推动阀芯移动的,当阀通径较大时,用直动式结构所需的电磁铁体积和电力消耗都必然加大,为克服此弱点可采用先导式结构。

先导式电磁换向阀是由电磁铁首先控制气路，产生先导压力，再由先导压力推动主阀阀芯，使其换向。

图 10-27 所示为先导式双电控换向阀的工作原理图。当电磁先导阀 1 的电磁铁通电，而先导阀 2 断电时，如图 10-27(a)所示，由于主阀 3 的 K_1 腔进气，K_2 腔排气，使主阀阀芯向右移动。此时 P 与 A、B 与 O_2 相通，A 口进气、B 口排气。当电磁先导阀 2 通电，而先导阀 1 断电时的状态见图 10-27(b)，主阀的 K_2 腔进气，K_1 腔排气，使主阀阀芯向左移动。此时 P 与 B、A 与 O_1 相通，B 口进气、A 口排气。先导式双电控电磁阀具有记忆功能，即通电换向，断电保持原状态。为保证主阀正常工作，两个电磁阀不能同时通电，电路中要考虑互锁。

先导式电磁换向阀便于实现电、气联合控制，所以应用广泛。

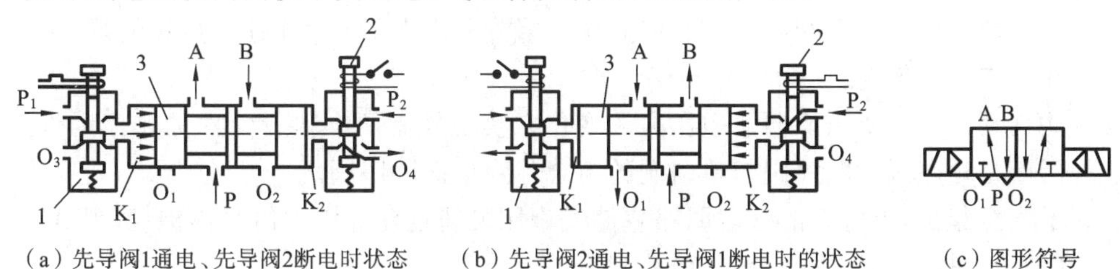

(a) 先导阀1通电、先导阀2断电时状态　(b) 先导阀2通电、先导阀1断电时的状态　(c) 图形符号

图 10-27　先导式双电控换向阀工作原理及图形符号

4. 机械控制换向阀

机械控制换向阀又称行程阀，多用于行程程序控制，作为信号阀使用。常依靠凸轮、挡块或其他机械外力推动阀芯，使阀换向。

5. 人力控制换向阀

这类阀分为手动及脚踏两种操纵方式。手动阀的主体部分与气控阀类似，其操纵方式有多种形式，如按钮式、旋钮式、锁式及推拉式等。

6. 时间控制换向阀

时间控制换向阀是使气流通过气阻（如小孔、缝隙等）节流后到气容（储气空间）中，经一定的时间使气容内建立起一定的压力后，再使阀芯换向的阀类。在不允许使用时间继电器（电控制）的场合（如易燃、易爆、粉尘大等），用气动控制时间就显出其优越性。

7. 梭阀

梭阀相当于两个单向阀组合的阀。图 10-28 为梭阀的工作原理图。

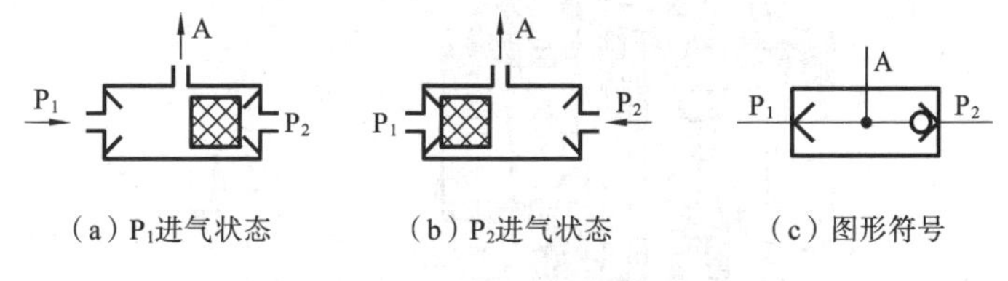

(a) P_1进气状态　(b) P_2进气状态　(c) 图形符号

图 10-28　梭阀的工作原理及图形符号

梭阀有两个进气口 P_1 和 P_2，一个工作口 A，阀芯 1 在两个方向上起单向阀的作用。其中 P_1 和 P_2 都可与 A 口相通，但这时 P_1 与 P_2 不相通。当 P_1 进气时，阀芯 1 右移，封住 P_2 口，使 P_1 与 A 相通，A 口进气，见图 10-28(a)。反之，P_2 进气时，阀芯 1 左移，封住 P_1 口，使 P_2 与 A 相通，A 口也进气。若 P_1 与 P_2 都进气时，阀芯就可能停在任意一边，这主要依压力

加入的先后顺序和压力的大小而定。若 P_1 与 P_2 不等，则高压口的通道打开，低压口则被封闭，高压气流从 A 口输出。

梭阀的应用很广，多用于手动与自动控制的并联回路中。

10.4.2 压力控制阀

1. 压力控制阀的作用及分类

气动系统不同于液压系统，一般每一个液压系统都自带液压源（液压泵）；而在气动系统中，一般来说由空气压缩机先将空气压缩，储存在储气罐内，然后经管路输送给各个气动装置使用。而储气罐的空气压力往往比各台设备实际所需要的压力高些，同时其压力波动值也较大。因此需要用减压阀（调压阀）将其压力降到每台装置所需的压力，并使降压后的压力稳定在所需压力值上。

有些气动回路需要依靠回路中压力的变化来实现控制两个执行元件的顺序动作，所用的这种阀就是顺序阀。顺序阀与单向阀的组合称为单向顺序阀。

为了安全起见，当所有的气动回路或储气罐压力超过允许压力值时，需要实现自动向外排气，这种压力控制阀称为安全阀（溢流阀）。

2. 减压阀（调压阀）

图 10-29 是 QTY 型直动式减压阀结构图。其工作原理是：当阀处于工作状态时，调节手柄 1、压缩弹簧 2、3 及膜片 5，通过阀杆 6 使阀芯 8 下移，进气阀口被打开，有压气流从左端输入，经阀口节流减压后从右端输出。输出气流的一部分由阻尼管 7 进入膜片气室，在膜片 5 的下方产生一个向上的推力，这个推力总是企图把阀口开度关小，使其输出压力下降。当作用于膜片上的推力与弹簧力相平衡后，减压阀的输出压力便保持一定。

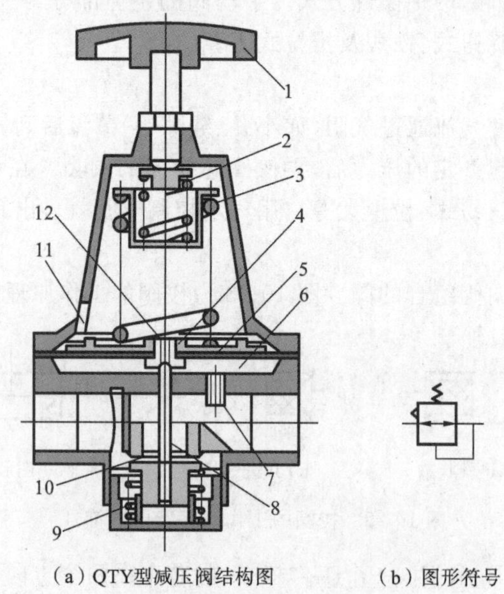

（a）QTY型减压阀结构图　　（b）图形符号

图 10-29　QTY 型直动式减压阀结构图及其图形符号

1—手柄；2，3—压缩弹簧；4—溢流阀座；5—膜片；6—阀杆；
7—阻尼管；8—阀芯；9—复位弹簧；10—进气阀口；11—排气孔；12—溢流孔

当输入压力发生波动时，如输入压力瞬时升高，输出压力也随之升高，作用于膜片 5 上的气体推力也随之增大，破坏了原来的力的平衡，使膜片 5 向上移动，有少量气体经溢流孔 12、排气孔 11 排出。在膜片上移的同时，因复位弹簧 9 的作用，使输出压力下降，直到新的平衡为止。重新平衡后的输出压力又基本上恢复至原值。反之，输出压力瞬时下降，膜片下移，进气口开度增大，节流作用减小，输出压力又基本上回升至原值。

调节手柄 1 使弹簧 2、3 恢复自由状态，输出压力降至零，阀芯 8 在复位弹簧 9 的作用下，关闭进气阀口，这样，减压阀便处于截止状态，无气流输出。

QTY 型直动式减压阀的调压范围为 0.05～0.63 MPa。为限制气体流过减压阀所造成的压力损失，规定气体通过阀内通道的流速在 15～25 m/s 范围内。

安装减压阀时，要按气流的方向和减压阀上所示的箭头方向，依照分水滤气器→消声器→油雾器的安装次序进行安装。调压时应由低向高调，直至规定的调压值为止。阀不用时应把手柄放松，以免膜片经常受压变形。

3. 顺序阀

顺序阀是依靠气路中压力的作用而控制执行元件按顺序动作的压力控制阀，如图10-30 所示，它根据弹簧的预压缩量来控制其开启压力。当输入压力达到或超过开启压力时，顶开弹簧，于是 P 到 A 才有输出；反之 A 无输出。

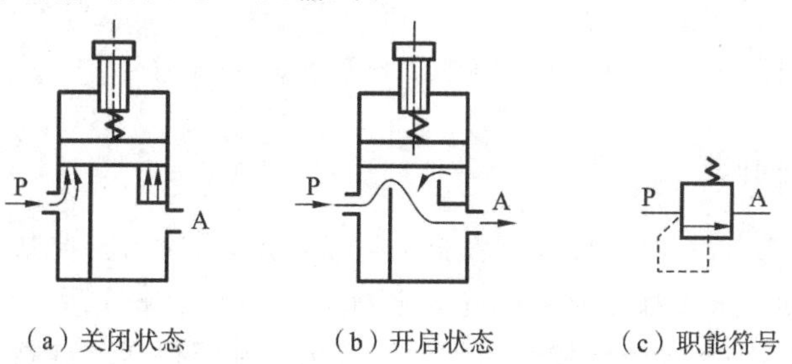

(a) 关闭状态　　(b) 开启状态　　(c) 职能符号

图 10-30　顺序阀工作原理图及其职能符号

顺序阀一般很少单独使用，往往与单向阀配合在一起，构成单向顺序阀。图 10-31 所示为单向顺序阀的工作原理图。当压缩空气由左端进入阀腔后，作用于活塞 3 上的气压力超过压缩弹簧 3 上的力时，将活塞顶起，压缩空气从 P 经 A 输出，如图 10-31(a)所示，此时单向阀 4 在压差力及弹簧力的作用下处于关闭状态。反向流动时，输入侧变成排气口，输出侧压力将顶开单向阀 4 由 O 排气，如图 10-31(b)所示。

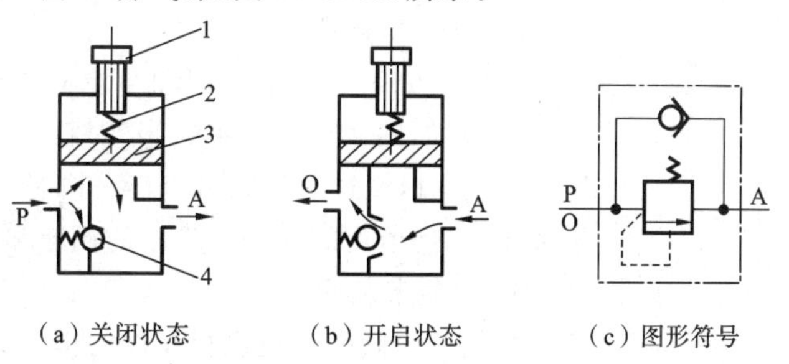

(a) 关闭状态　　(b) 开启状态　　(c) 图形符号

图 10-31　单向顺序阀工作原理及图形符号

1—调节手柄；2—弹簧；3—活塞；4—单向阀

调节旋钮就可改变单向顺序阀的开启压力，以便在不同的开启压力下，控制执行元件的顺序动作。

4. 安全阀

当储气罐或回路中的压力超过某调定值，要用安全阀向外放气。安全阀在系统中起过载保护作用。

图 10-32 所示为安全阀工作原理图。当系统中气体压力在调定范围内时，作用在活塞 3 上的压力小于弹簧 2 的力，活塞处于关闭状态，如图 10-32(a)所示。当系统压力升高，作用在活塞 3 上的压力大于弹簧的预定压力时，活塞 3 向上移动，阀门开启排气，见图10-32(b)。直到系统压力降到调定范围以下，活塞又重新关闭。开启压力的大小与弹簧的预压量有关。

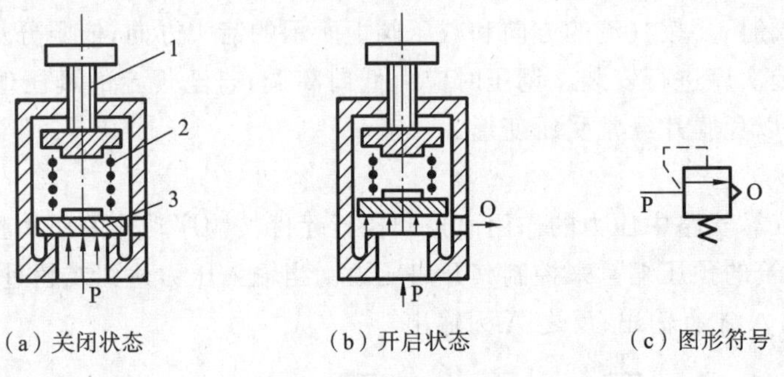

(a) 关闭状态　　(b) 开启状态　　(c) 图形符号

图 10-32　安全阀工作原理图及图形符号

10.4.3　流量控制阀

在气压传动系统中，有时需要控制汽缸的运动速度，有时需要控制换向阀的切换时间和气动信号的传递速度，这些都需要通过调节压缩空气的流量来实现。流量控制阀就是通过改变阀的通流截面积来实现流量控制的元件。流量控制阀包括节流阀、单向节流阀、排气节流阀和快速排气阀等。

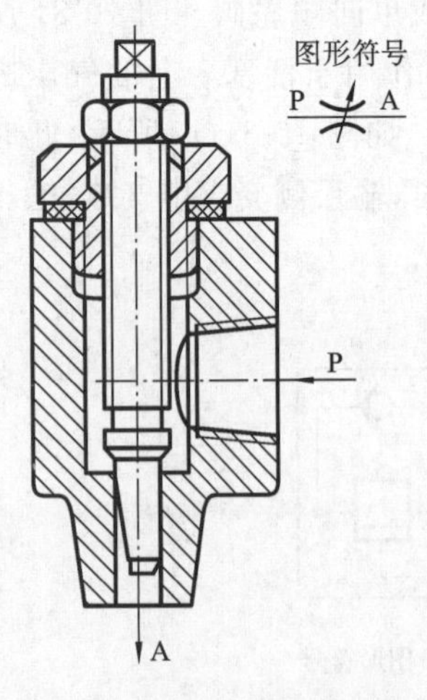

图 10-33　圆柱斜切型节流阀结构图及图形符号

1. 节流阀

图 10-33 所示为圆柱斜切型节流阀的结构图。压缩空气由 P 进入，经过节流后，由 A 流出。旋转阀芯螺杆，就可改变节流口的开度，这样就调节了压缩空气的流量。由于这种节流阀的结构简单、体积小，故应用范围较广。

2. 单向节流阀

单向节流阀是由单向阀和节流阀并联而成的组合式流量控制阀，如图 10-34 所示。当气流沿着一个方向，例如由 P→A流动时，经过节流阀节流；反方向流动时，单向阀打开，不节流，单向节流阀常用于汽缸的调速和延时回路。

3. 排气节流阀

排气节流阀是装在执行元件的排气口处，调节进入大气中气体流量的一种控制阀。它不仅能调节执行元件的运动速度，还常带有消声器件，所以也能起降低排气噪声的作用。

图10-35所示为排气节流阀工作原理图。其工作原理和节流阀类似，靠调节节流口1处的通流面积来调节排气流量，由消声套2来减小排气噪声。

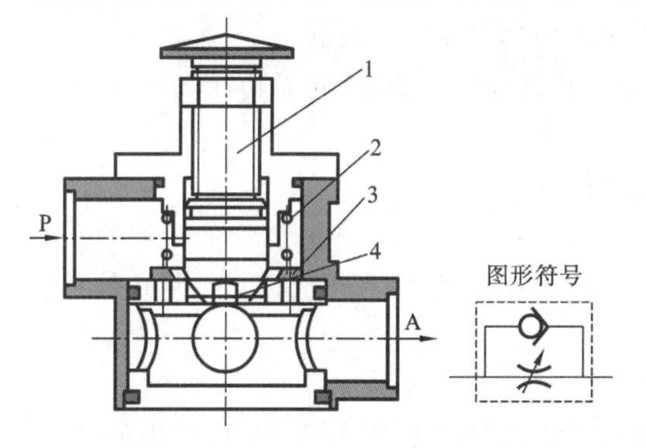

图10-34 单向节流阀的结构原理及图形符号

1—调节杆；2—弹簧；3—单向阀；4—节流口

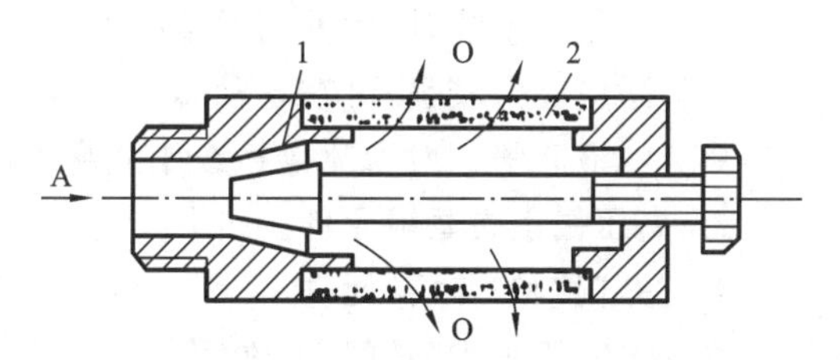

图10-35 排气节流阀工作原理图

1—节流口；2—消声套

4. 快速排气阀

图10-36所示为快速排气阀工作原理图。进气口P进入压缩空气，并将密封活塞迅速上推，开启阀口2，同时关闭排气口O，使进气口P和工作口A相通，如图10-36(a)所示。图10-36(b)所示为P口没有压缩空气进入时，在A口和P口压差作用下，密封活塞迅速下降，关闭P口，使A口通过O口快速排气。

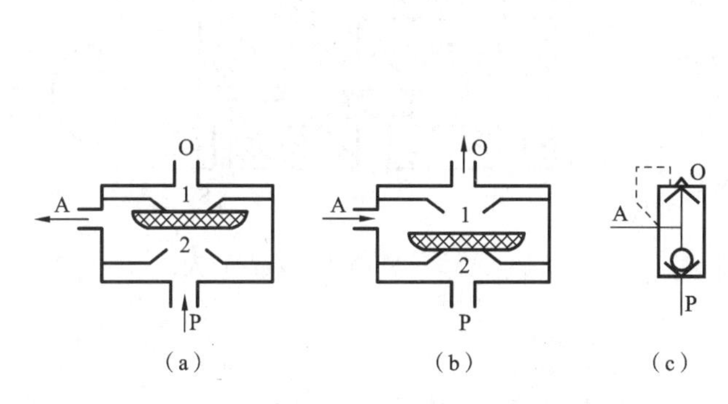

图10-36 快速排气阀工作原理图及图形符号

1—排气口；2—阀口

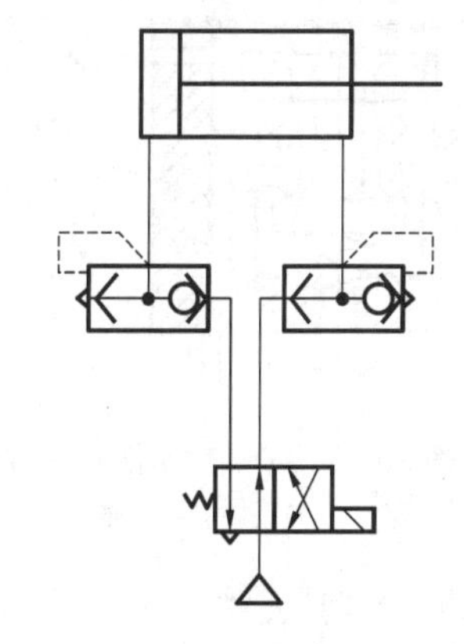

图10-37 快速排气阀应用回路

快速排气阀常安装在换向阀和汽缸之间。图10-37所示为快速排气阀应用回路。它使汽缸的排气不用通过换向阀而快速排出，从而加速了汽缸往复的运动速度，缩短了工作周期。

10.4.4 气动逻辑元件

气动逻辑元件是一种以压缩空气为工作介质，通过元件内部可动部件的动作，改变气流流动的方向，从而实现一定逻辑功能的流体控制元件。气动逻辑元件种类很多，按工作压力分为高压、低压、微压三种。按结构形式分类，主要包括截止式、膜片式、滑阀式和球阀式等类型。本节仅对高压截止式逻辑元件作一简要介绍。

1. 动逻辑元件的特点

(1) 元件孔径较大,抗污染能力较强,对气源的净化程度要求较低。

(2) 元件在完成切动作后,能切断气源和排气孔之间的通道,因此无功耗气量较低。

(3) 负载能力强,可带多个同类型元件。

(4) 在组成系统时,元件间的连接方便,调试简单。

(5) 适应能力较强,可在各种恶劣环境下工作。

(6) 响应时间一般为几毫秒或十几毫秒。响应速度较慢,不宜组成运算很复杂的系统。

2. 高压截止式逻辑元件

1)"是门"和"与门"元件

图 10-38 所示为"是门"元件和"与门"元件的结构图。图中,P 为气源口,A 为信号输入口,S 为输出口。当 A 无信号,阀片 2 在弹簧及气源压力作用下上移,关闭阀口,封住 P→S 通路,S 无输出。当 A 有信号,膜片 1 在输入信号作用下,推动阀片下移,封住 S 与排气孔通道,同时接通 P→S 通路,S 有输出。即元件的输入和输出始终保持相同状态。

当气源口 P 改为信号口 B 时,则成"与门"元件,即只有当 A 和 B 同时输入信号时,S 才有输出,否则 S 无输出。

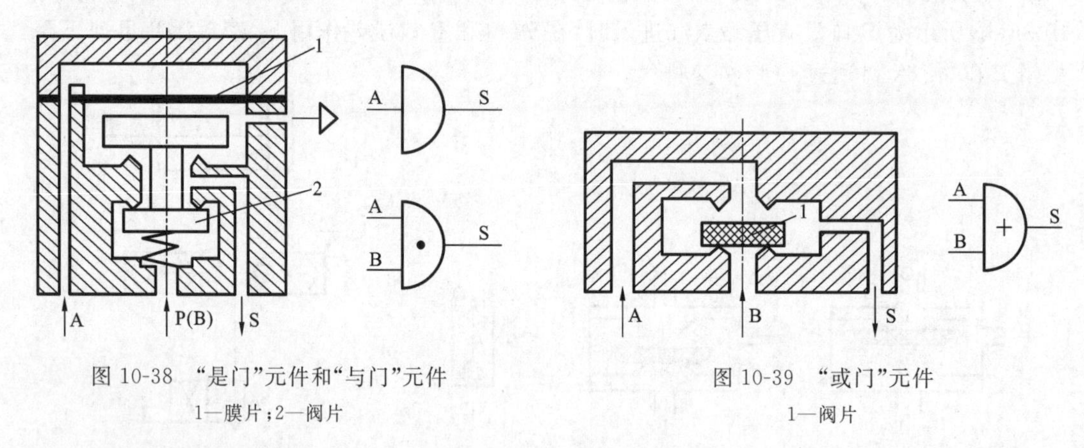

图 10-38 "是门"元件和"与门"元件

1—膜片;2—阀片

图 10-39 "或门"元件

1—阀片

2)"或门"元件

图 10-39 所示为"或门"元件的结构图。当只有 A 信号输入时,阀片 1 被推动下移,打开上阀口,接通 A→S 通路,S 有输出。类似的,当只有 B 信号输入时,B→S 接通,S 也有输出。显然,当 A、B 均有信号输入时,S 定有输出。

3)"非门"和"禁门"元件

图 10-40 所示为"非门"和"禁门"元件的结构图。图中,A 为信号输入孔,S 为信号输出孔,P 为气源孔。在 A 无信号输入时,膜片 2 在气源压力作用下上移,开启下阀口,关闭上阀口,接通 P→S 通路,S 有输出。当 A 有信号输入时,膜片 6 在输入信号作用下,推动阀芯 3 及膜片 2 下移,开启上阀口,关闭下阀口,S 无输出。显然此时为"非门"元件。若将气源口 P 改为信号口 B,该元件就成为"禁门"元件。在 A、B 均有信号时,膜片 2 及阀芯 3 在 A 输入信号作用下封住 B 孔,S 无输出;在 A 无输入信号,而 B 有输入信号时,S 就有输出,即 A

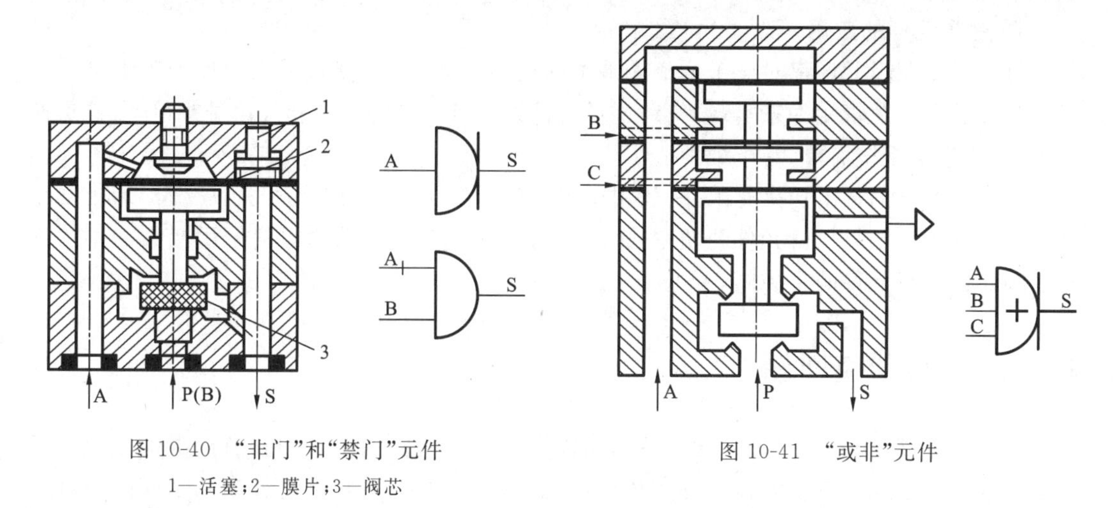

图 10-40　“非门”和“禁门”元件

1—活塞；2—膜片；3—阀芯

图 10-41　“或非”元件

输入信号起“禁止”作用。

4）“或非”元件

图 10-41 为“或非”元件工作原理图。P 为气源口，S 为输出口，A、B、C 为三个信号输入口。当三个输入口均为无信号输入时，阀芯在气源压力作用下上移，开启下阀口，接通 P→S 通路，S 有输出。三个输入口只要有一个口有信号输入，都会使阀芯下移关闭阀口，截断 P→S通路，S 无输出。

“或非”元件是一种多功能逻辑元件，用它可以组成“与门”、“或门”、“非门”、“双稳”等逻辑元件。

5）双稳元件

记忆元件分为单输出和双输出两种。双输出记忆元件称为双稳元件，单输出记忆元件称为单记忆元件。下面介绍双稳元件。

图 10-42 为双稳元件原理图。当 A 有控制信号输入时，阀芯带动滑块右移，接通 P→S_1 通路，S_1 有输出，而 S_2 与排气孔 O 相通，无输出。此时双稳处于“1”状态，在 B 输入信号到来之前，A 信号虽消失，阀芯仍保持在右端位置。当 B 有输入信号时，则 P→S_2 相通，S_2 有输出，S_1→O 相通，此时元件处于“0”状态，B 信号消失后，A 信号未到来前，元件一直保持此状态。

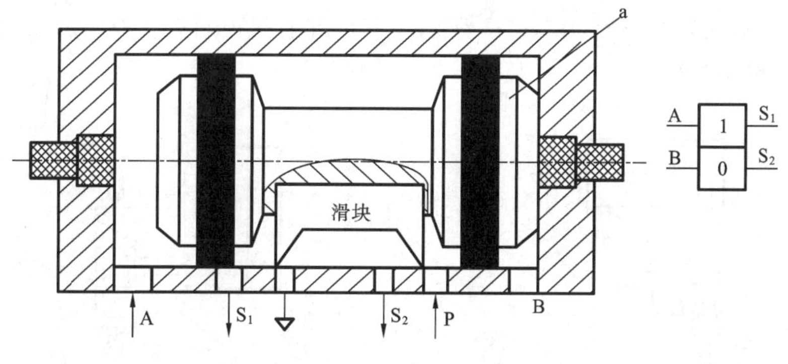

图 10-42　双稳元件

3. 逻辑元件的应用

每个气动逻辑元件都对应于一个最基本的逻辑单元，逻辑控制系统的每个逻辑符号可以用对应的气动逻辑元件来实现，气动逻辑元件设计有标准的机械和气信号接口，元件更换方便，组成逻辑系统简单，易于维护。

但逻辑元件的输出功率有限，一般用于组成逻辑控制系统中的信号控制部分，或推动小功率执行元件。如果执行元件的功率较大，则需要在逻辑元件的输出信号后接大功率的气控滑阀作为执行元件的主控阀。

10.5 气动基本回路

气压传动系统和液压传动系统一样，同样是由不同功能的基本回路所组成的。熟悉常用的气动基本回路是分析和设计气压传动系统的基础，本节主要讲述气动基本回路的工作原理和特点。

10.5.1 换向控制回路

1. 单作用汽缸换向回路

图 10-43(a)所示为常用的二位三通阀控制回路，当电磁铁通电时靠气压使活塞杆伸出，断电时靠弹簧作用缩回。图 10-43(b)所示为由三位五通阀电气控制的换向回路。该阀具有自动对中功能，可使汽缸停在任意位置，但定位精度不高、定位时间不长。

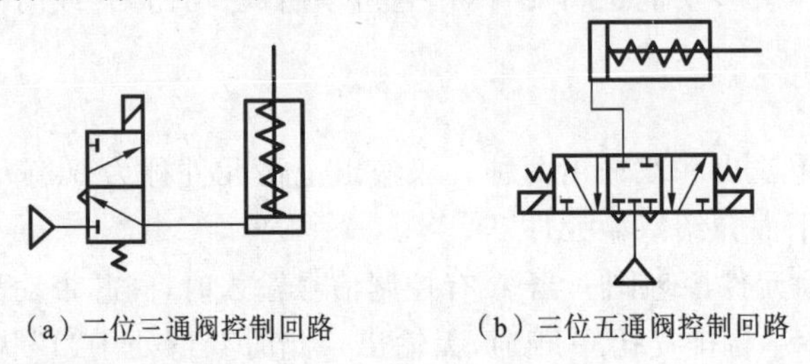

(a) 二位三通阀控制回路　　(b) 三位五通阀控制回路

图 10-43 单作用汽缸换向回路

2. 双作用汽缸换向回路

图 10-44 所示为二位五通主阀操纵汽缸换向回路，换向阀处在右位时汽缸活塞杆伸出，处在左位时汽缸活塞杆缩回；图 10-45 所示为三位五通阀控制汽缸换向。该回路有中停功能，但定位精度不高。

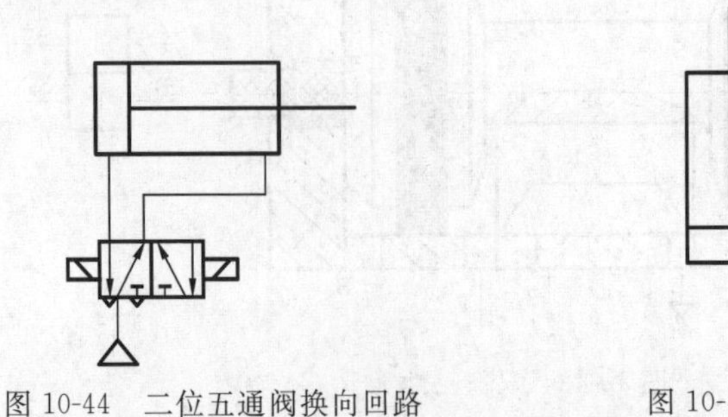

图 10-44 二位五通阀换向回路　　图 10-45 三位五通阀换向回路

10.5.2　压力控制回路

1. 气源压力控制回路

如图 10-46 所示的气源压力控制回路用于控制气源系统中气罐的压力，使之不超过调定的压力值和不低于调定的最低压力值。常用外控溢流阀或用电接点压力表来控制空气压缩机的转、停，使储气罐内压力保持在规定的范围内。溢流阀结构简单，工作可靠，但气量浪费大；采用电接点压力表对电动机及控制要求较高，常用于对小型空压机的控制。

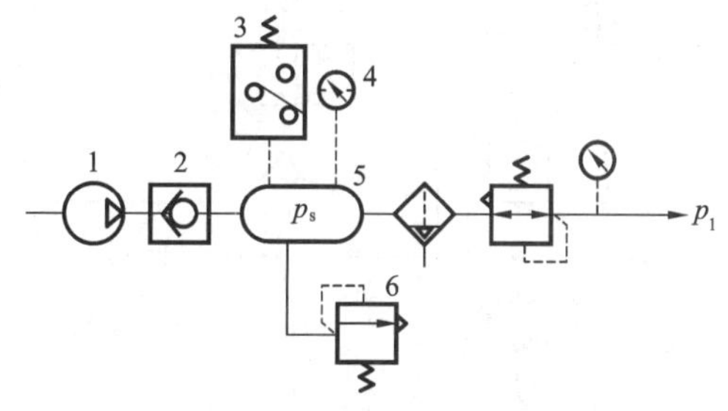

图 10-46　气源压力控制回路

1—空压机；2—单向阀；3—压力开关；4—压力表；5—气罐；6—安全阀

2. 工作压力控制回路

为使气动系统得到稳定的工作压力，可采用如图 10-47(a)所示基本回路。从压缩空气站来的压缩空气，经分水滤气器、减压阀、油雾器供给气动设备使用。调节溢流式减压阀能得到气动设备所需要的工作压力。

如回路中需要多种不同的工作压力，可采用图 10-47(b)所示的回路。

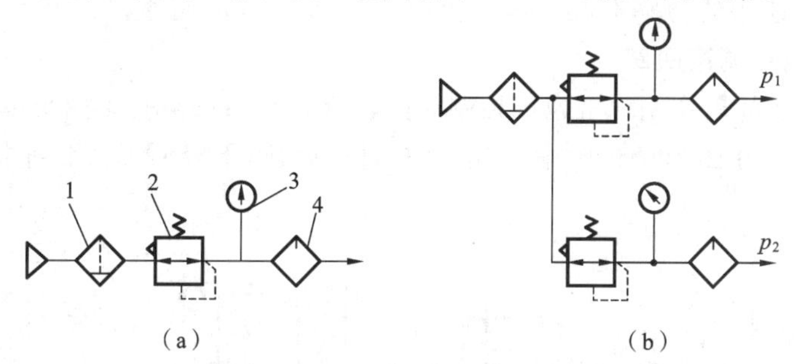

图 10-47　工作压力控制回路

1—分水滤气器；2—减压阀；3—压力表；4—油雾器

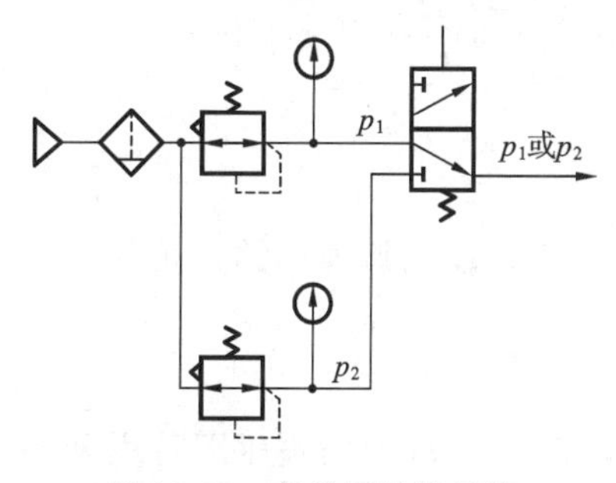

图 10-48　高低压转换回路

3. 高低压转换回路

在气动系统中，有时可采用图 10-48 所示利用换向阀和减压阀实现高低压转换输出的回路。

4. 过载保护回路

如图 10-49 所示为一过载保护回路。当活塞右行遇到障碍或其他原因使汽缸过载时，左腔压力升高，当超过预定值时，打开顺序阀 3，使换向阀 4 换向，阀 1、2 同时复位，汽缸返回，保护设备安全。

5. 增压回路

一般的气动系统的工作压力比较低，但在有些场合，由于汽缸尺寸的限制得不到应有的输出力，或局部需要使用高压的场合，可使用增压回路。图 10-50 所示为采用增压缸的增压回路。

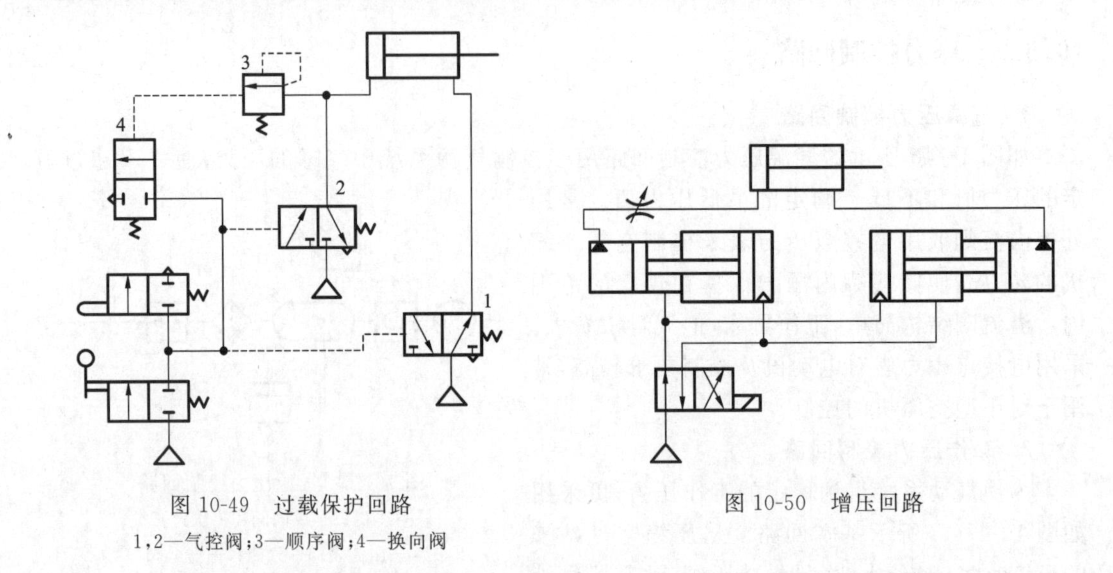

图 10-49 过载保护回路

1,2—气控阀;3—顺序阀;4—换向阀

图 10-50 增压回路

10.5.3 速度控制回路

因气动系统使用的功率不大,其调速的方法主要是节流调速。

1. 单作用汽缸调速回路

图 10-51 所示为单作用汽缸速度控制回路,在图 10-51(a)中,由两个单向阀分别控制活塞杆的升降速度。在图 10-51(b)中,汽缸上升时可调速,下降时通过快速排气阀排气,使汽缸快速返回。

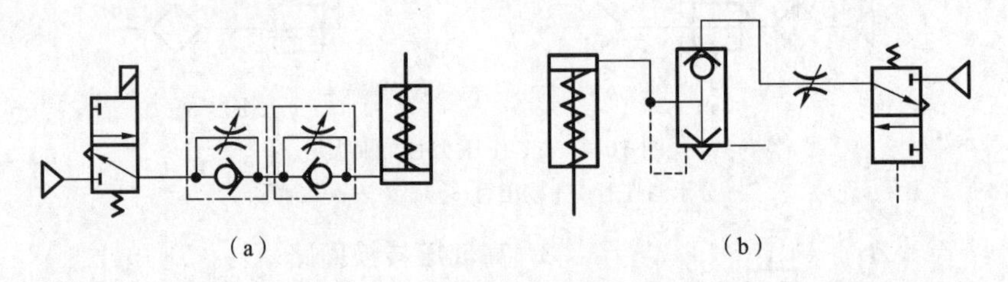

(a) (b)

图 10-51 单作用汽缸调速回路

2. 排气节流阀调速回路

如图 10-52 所示为通过两个排气节流阀来控制汽缸伸缩速度的调速回路。可形成一种双作用汽缸速度控制回路,可实现双向节流调速。

3. 速度换接回路

图 10-53 所示回路是利用两个二位二通阀与单向节流阀并联,当挡块压下行程开关时发出电信号,使二位二通阀换向,改变排气通路,从而使汽缸速度改变。

4. 缓冲回路

由于气动执行元件的动作速度较快,当活塞惯性力大时,可采用如图 10-54 所示的缓冲回路。当活塞向右运动时,缸右腔的气体经二位二通阀排气,直到活塞运动接近末端,压下机动换向阀时,气体经节流阀排气,活塞低速运动到终点。

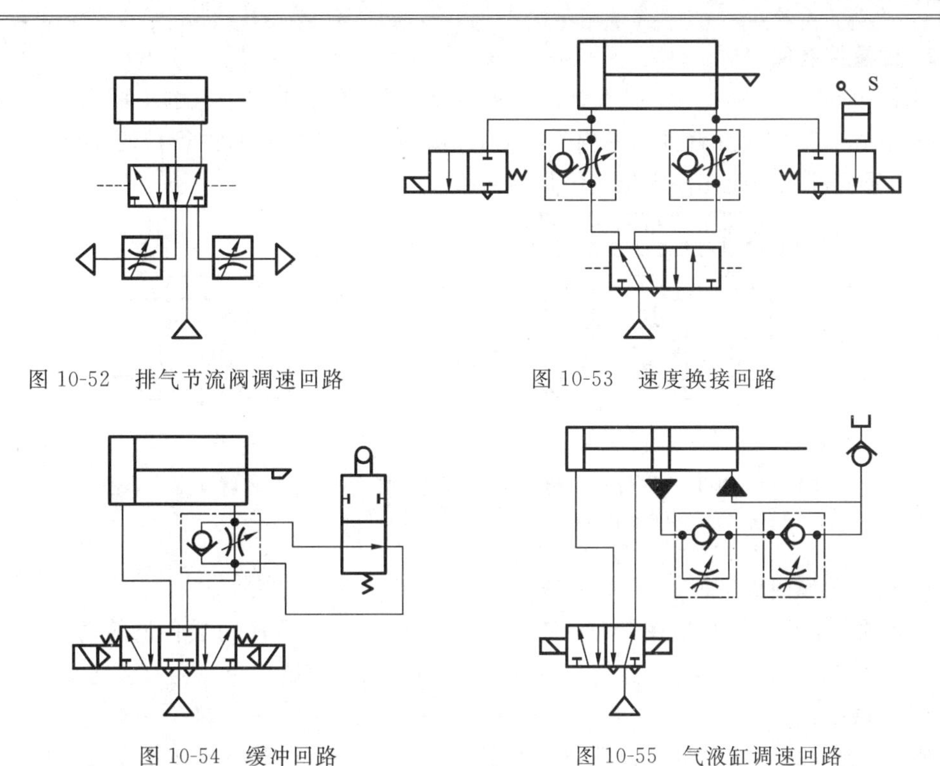

图 10-52　排气节流阀调速回路

图 10-53　速度换接回路

图 10-54　缓冲回路

图 10-55　气液缸调速回路

5. 气液联动速度控制回路

由于气体的可压缩性，运动速度不稳定，定位精度也不高。因此在气动调速及定位精度不能满足要求的情况下，可采用气液联动方式。

图 10-55 所示回路是通过调节两个单向节流阀，利用液压油不可压缩的特点，实现两个方向的无级调速的回路。

图 10-56 所示回路是通过用行程阀变速调节的回路。当活塞杆右行到挡块，碰到机动换向阀后开始做慢速运动。改变挡块的安装位置即可改变开始变速的位置。

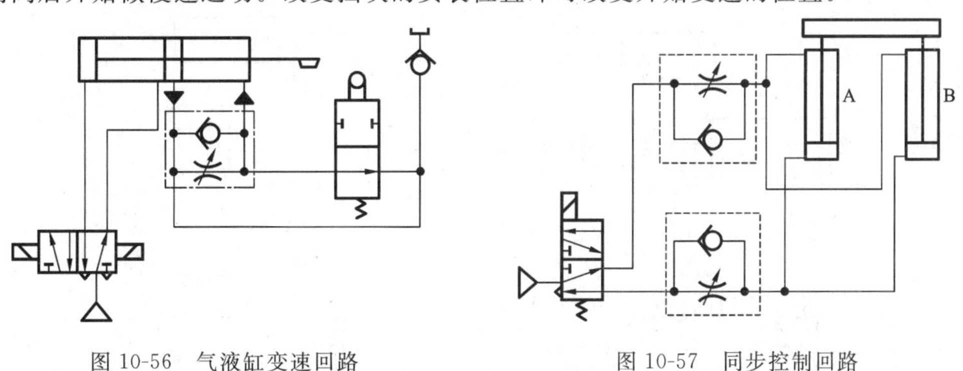

图 10-56　气液缸变速回路

图 10-57　同步控制回路

10.5.4　其他基本回路

1. 同步控制回路

图 10-57 为简单的同步控制回路，采用刚性零件把 A、B 两个汽缸的活塞杆连接起来。

2. 位置控制回路

如图 10-58 所示为采用串联汽缸的位置控制回路，汽缸由多个汽缸串联而成。当换向阀 1 通电时，右侧的汽缸就推动中侧及右侧的活塞右行到达左汽缸的行程的终点。图 10-59 为三位五通阀控制的能在任意位置停止的回路。

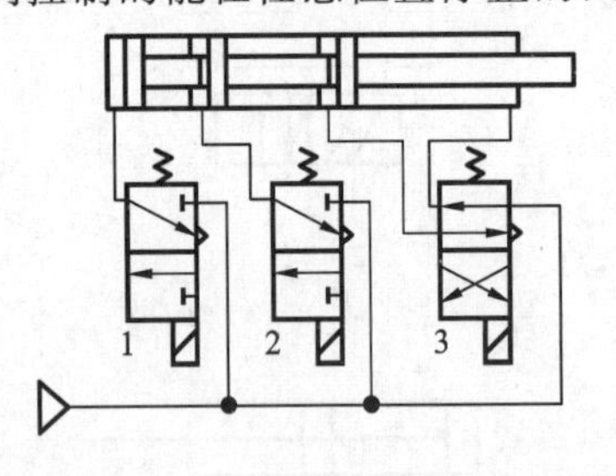

图 10-58 串联汽缸位置控制回路

1,2,3—换向阀

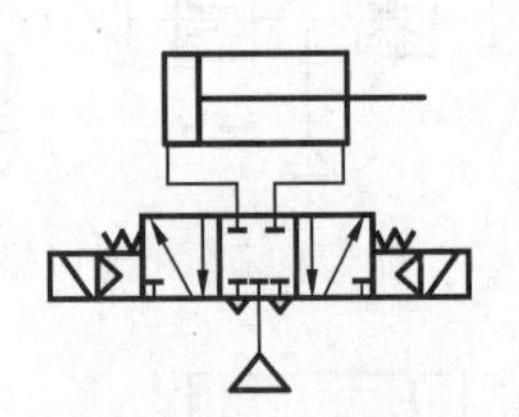

图 10-59 气控阀任意位置停止回路

3. 顺序动作回路

气动顺序动作回路是指在气动回路中，各个汽缸按一定程序完成各自的动作。单汽缸有单往复动作、二次往复动作、连续往复动作；双汽缸及多汽缸有单往复及多往复顺序动作。

4. 计数回路

计数回路可以组成二进制计数器。如图 10-60(a)所示的回路中，按下手动换向阀 1，则气信号经阀 2 至阀 4 的左位或右位控制端使汽缸推出或退回。设按下阀 1 时，气信号经阀 2 至阀 4 的左端使阀 4 换至左位，同时使阀 5 切断气路，此时汽缸向外伸出；当阀 1 复位后，原通入阀 4 左控制端的气信号经阀 1 排空，阀 5 复位，于是汽缸无杆腔的气经阀 5 至阀 2 左端，使阀 2 换至左位等待阀 1 的下一次信号输入。当阀 1 第二次按下后，气信号经阀 2 的左位至阀 4 的右控制端使阀 4 换至右位，汽缸退回，同时阀 3 将气路切断。待阀 1 复位后，阀 4 右控制端信号经阀 2、阀 1 排空，阀 3 复位并将气导至阀 2 左端使其换至右位，又等待阀 1 的下一次信号输入。因此，第 1、3、5……次(奇数)按阀 1，则汽缸伸出；第 2、4、6……次(偶数)

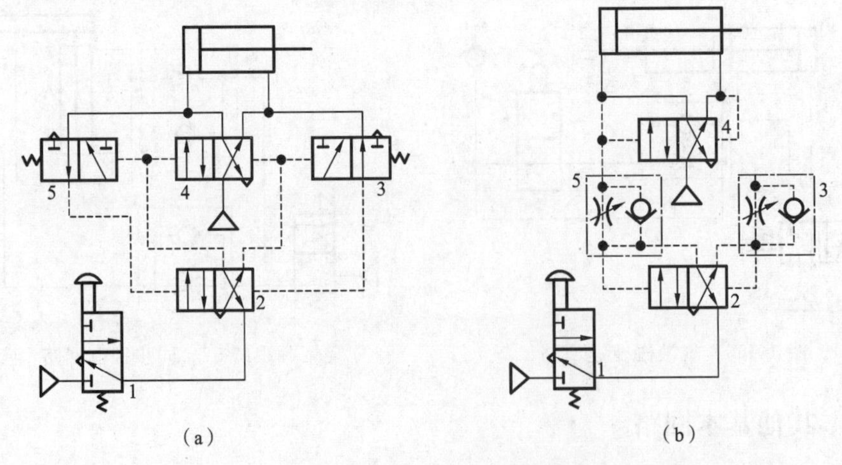

图 10-60 计数回路

1—手动换向阀；2,4—气控换向阀；3,5—单向节流阀按阀1，则汽缸退回。

图10-60(b)的计数原理与图10-60(a)类似。不同的是，按阀1的时间不能太长，只要使阀4切换就放开，否则气信号将经阀5或阀3通至阀2左或右控制端，使阀2换位，汽缸反行，使汽缸来回振荡。

5. 延时回路

图10-61所示为延时回路。图10-61(a)是延时输出回路，当控制信号切换阀4后，压缩空气经3向气容2充气。当充气压力经延时升高至使阀1换位时，阀1才有输出。在图10-61(b)中，按下阀8，则汽缸在伸出行程中压下阀5后，压缩空气经节流阀到气容6延时后才将阀7切换，汽缸退回。

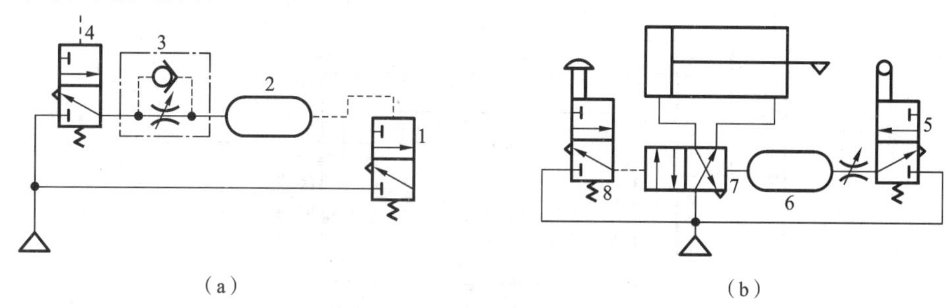

图10-61　延时回路

1,4—气控换向阀；2,6—气容；3—单向节流阀；5—行程阀；7—换向阀；8—手动换向阀

10.6　气动系统实例

气压传动技术是实现工业生产自动化和半自动化的方式之一，其应用遍及国民经济生产的各个领域。

10.6.1　气液动力滑台气压系统

气液动力滑台是采用气-液阻尼缸作为执行元件，在机械设备中实现进给运动的部件。图10-62为其气压传动系统原理图，可完成两种工作循环，分别介绍如下。

1. 快进→工进→快退→停止

当图10-62中手动阀4处于图示状态时，可以实现该动作循环，动作原理如下。

当手动阀3切换到右位时，给予进刀信号，在气压作用下汽缸中的活塞开始向下运动，液压缸中活塞下腔的油液经行程阀6的左位和单向阀7进入液压缸活塞的上腔，实现快进；当快进刀活塞杆上的挡铁B切换行程阀6后(右位)，油液只经节流阀5进入活塞上腔，调节节流阀的开度，即可调节气-液缸运动速度，所以活塞开始工进；工进到挡铁C使行程阀2复位时，阀3切换到左位，汽缸活塞向上运动。液压缸活塞上腔的油液经阀8的左位和手动阀中的单向阀进入液压缸下腔，实现快退。当快退到挡铁A切换8，切断油液通道，活塞停止运动。

2. 快进→工进→慢退→快退→停止

当行程阀4处于左侧时，可实现该动作的双向进给程序。动作循环中的快进→慢进的动作原理与上述相同。当慢进至挡铁C切换阀2至左位时，阀3切换至左位，汽缸活塞开始

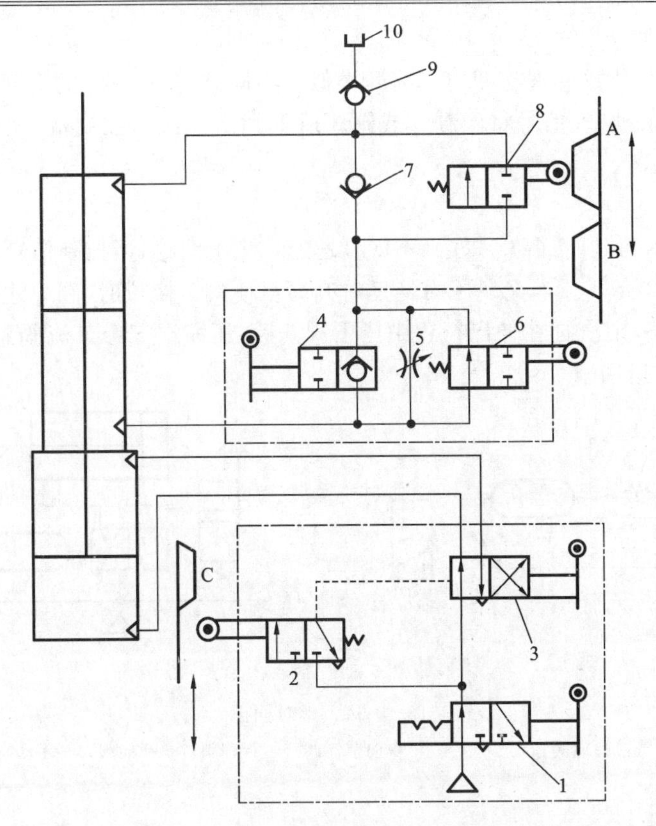

图 10-62 气液动力滑台气压传动系统

1,3—手动阀;2,4,6,8—行程阀;5—节流阀;7,9—单向阀;10—补油箱

向上运动,这时液压缸上腔的油液经阀 8 的左位和阀 5 进入活塞下腔,实现慢退(反向进给);慢退到挡铁 B 离开阀 6 的顶杆而使其复位后,液压缸活塞上腔的油液就经阀 6 左位而进入活塞下腔,开始快退;快退到挡铁 A 切换阀 8 而切断油路时,停止运动。

10.6.2 走纸张力气控系统

胶印轮转机为大型高速印刷机械,走纸速度达 2～10 m/s。要求在印刷过程中纸张的张力必须基本恒定,遇到紧急情况时能迅速制动,重新运转时又能平稳启动。

气动张力控制系统不仅能使机器在高速运行时,卷筒纸张力不断变化的情况下进行稳定的控制,并且能在紧急情况下做到及时刹车,又不使纸张拉断,重新运行时,又能使纸张张力达到原设定值。

图 10-63 所示为胶印轮转机气动张力控制系统原理图。系统正常运行时,走纸张力由减压阀 5 调定,其输出通过开印控制电磁阀 4 和气控阀 1 来控制负载汽缸 6,负载缸输出的力通过十字架与走纸张力比较后达到平衡。当走纸张力或负载缸内气压发生变化时,浮动辊 10 将产生摆动,使产生的气压变化信号通过传感器 9 输出给压力放大器 17 进行压力放大,再通过气控阀 2 到流量放大器 15 进行流量放大,张力控制汽缸 14 调整张力,使压紧铜带对卷筒纸 12 的压紧力改变,从而改变走纸张力,使浮动辊复位。

机器需要停止时开印控制电磁阀 4、停机控制电磁阀 3 同时打开,气控阀 1、2 同时换

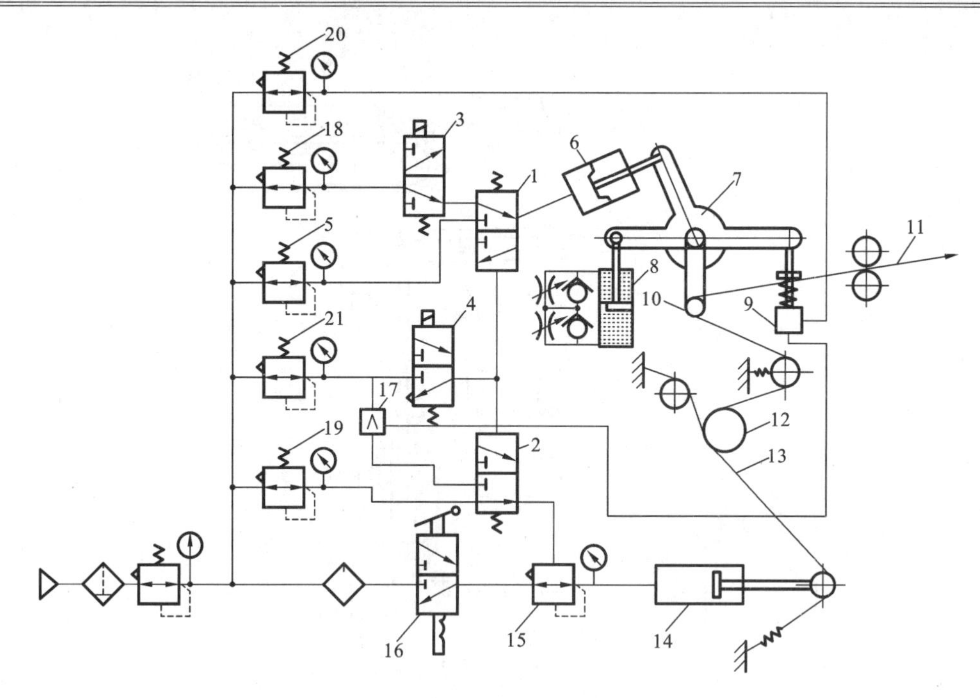

图 10-63　胶印轮转机气动张力控制系统原理图

1,2—气控阀;3—停机控制电磁阀;4—开印控制电磁阀;5—张力调整减压阀;6—负载汽缸;7—十字架;8—张力传感器;9—传感器;10—浮动辊;11—印刷走纸;12—卷筒纸;13—压紧铜带;14—张力控制汽缸;15—流量放大器;16—手拉阀;17—压力放大器;18—停机时负载缸控制压力调整阀;19—停机时张力汽缸控制压力调整阀;20—张力传感器气源压力调整减压阀;21—放大器及气控阀工作压力调整减压阀

向,负载汽缸和张力控制汽缸内的压力通过调整阀 18 和 19 的调定值急剧上升到设定值,铜带拉力骤增,使高速转动的纸卷筒在几秒内得到制动。

10.6.3　气动计量系统

1. 概述

在工业生产中,经常要对传送带上连续供给的粒状物料进行计量,并按一定质量分装。图 10-64 所示为一套计量装置,当计量箱中的物料质量达到设定值时,要求暂停传送带上物料的供给,然后把计量好的物料卸到包装容器中。当计量箱返回到图示位置时,物料再次落入到计量箱中,开始下一次计量。

装置的动作原理如下:气动装置停止工作一段时间后,因泄漏汽缸活塞会在计量箱重力作用下缩回。因此首先要有计量准备工作使计量箱达到预定位置。随着落入计量箱中,计量箱的质量不断增加,汽缸 A 慢慢被压缩。计量的质量达到设定值时,汽缸 B 伸出,暂停物料的供给。计量缸换接高压气源后伸出把物料卸掉。经过一段时间的延时后,计量缸缩回,为下次计量做好准备。

2. 气动控制系统

1) 系统组成

气动控制系统的组成如图 10-65 所示。

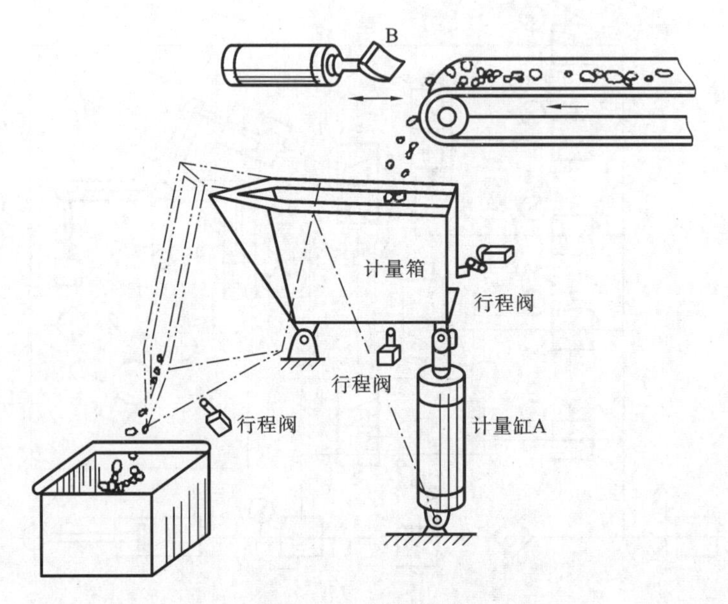

图 10-64　气动控制装置

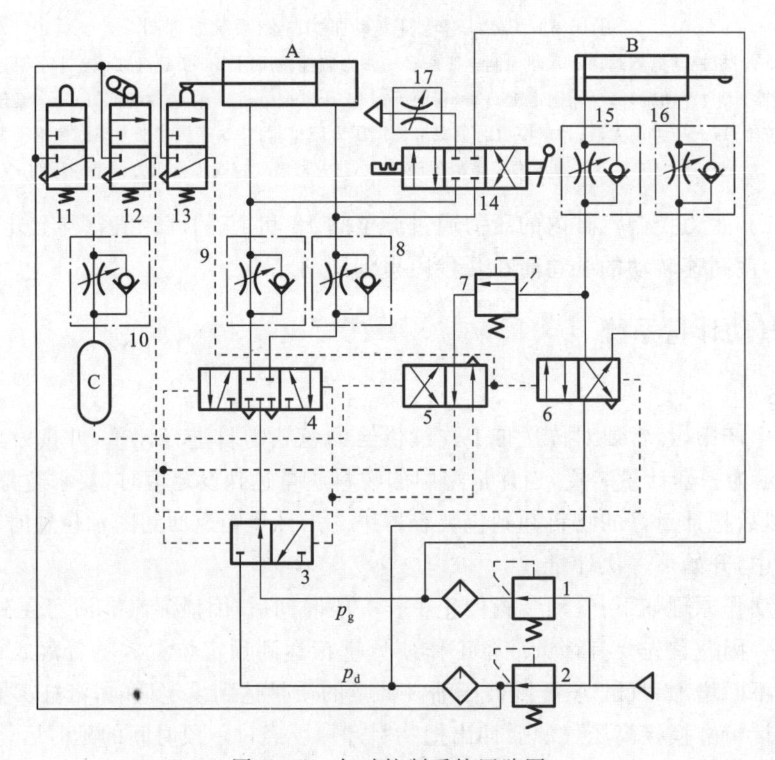

图 10-65　气动控制系统回路图

1,2—减压阀；3—高低压切换阀；4—主控换向阀；5,6—气控换向阀；7—顺序阀；

8,9,10—单向节流阀；11,12,13—行程阀；14—手动换向阀；15,16—单向节流阀；17—排气节流阀

A—计量缸；B—止动缸；C—气容

2）气动系统动作原理

气动计量装置启动时，切换阀14至左位，高压气体经减压阀1调节后使计量缸A伸出，当计量箱上的凸块通过行程阀12的位置时，阀14切换到右位，计量缸A以排气节流阀17所调节的速度下降。当计量箱侧面的凸块切换行程阀12后，阀12发出的信号使阀6换至图示位置，使止动缸B缩回。然后把阀14换至中位，计量准备工作结束。

随着物体落入计量箱中，计量箱的质量逐渐增加，此时A缸的主控阀4处于中位，缸内气体被封闭住而进行等温压缩过程，A缸活塞慢慢缩回。当质量达到设定值时，阀13切换。阀13发出气压信号使阀6换至左位，缸B伸出，暂停被计量物的供给。切换阀5至图示位置。缸B伸至行程终点后使无杆腔压力升高，打开阀7。阀4和阀3被切换，高压气体进入缸A，使缸A外伸，将被计量物倒入包装箱中。当A缸行至终点时，阀11动作，经由阀10和C组成的延时回路延时后，切换阀5，使阀4和阀3换向，A缸活塞杆缩回。阀12动作，使阀6切换，缸B缩回，被计量物再次落入计量箱中。

思考题与习题

10-1 油水分离器的作用是什么？为什么它能将油和水分开？

10-2 油雾器的作用是什么？试简述其工作原理。

10-3 简述常见汽缸的类型、功能和用途。

10-4 简述冲击汽缸是如何工作的。

10-5 选择汽缸应注意哪些要素？

10-6 气动方向控制阀有哪些类型？各自具有什么功能？

10-7 减压阀是如何实现减压调压的？

10-8 常用气动逻辑元件有哪些？各自具有什么功能？

10-9 简述常见气动压力控制回路及其用途。

10-10 试说明排气节流阀的工作原理、主要特点及用途。

10-11 画出采用气液阻尼缸的速度控制回路原理图，并说明该回路的特点。

附录　常用液压与气动元件图形符号(GB/T 786.1—2009)

附表 1　基本符号、管路及连接

名　称	符　号	名　称	符　号
工作管路		管端连接于油箱底部	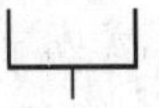
控制管路		密闭式油箱	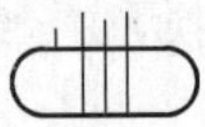
连接管路	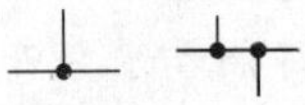	直接排气	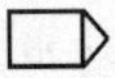
交叉管路		带连接排气	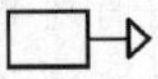
柔性管路		带单向阀快换接头	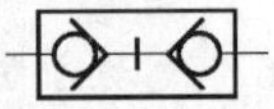
组合元件线		不带单向阀快换接头	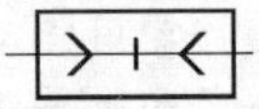
管口在液面以上油箱	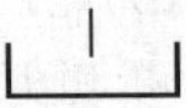	单通路旋转接头	
管口在液面以下油箱	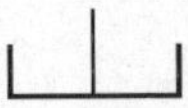	三通路旋转接头	

附表 2　控制机构和控制方法

名　称	符　号	名　称	符　号
按钮式人力控制	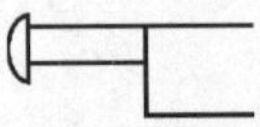	踏板式人力控制	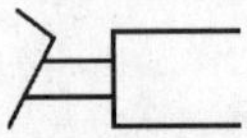
手柄式人力控制	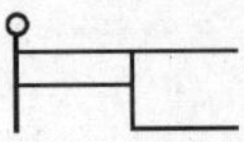	顶杆式机械控制	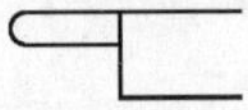
弹簧控制	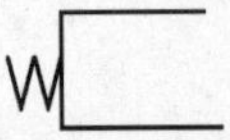 W	液压先导控制	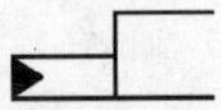

续表

名　　称	符　　号	名　　称	符　　号
单向滚轮式机械控制	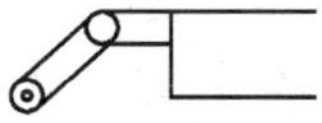	液压二级先导控制	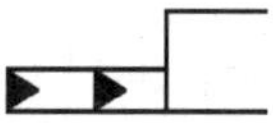
单作用电磁控制		气-液先导控制	
双作用电磁控制	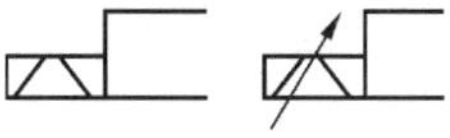	内部压力控制	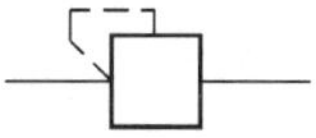
电动机旋转控制	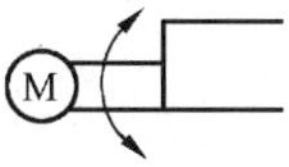	电-液先导控制	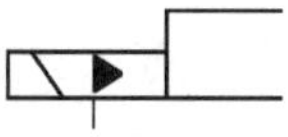
加压或泄压控制	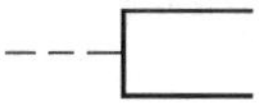	电气	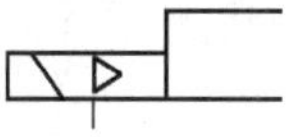
滚轮式机械控制	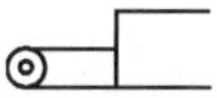	液压先导泄压控制	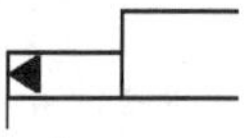
外部压力控制	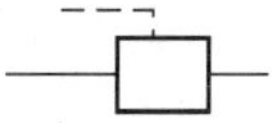	电反馈控制	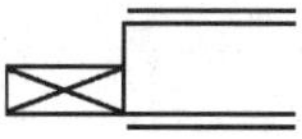
气压先导控制	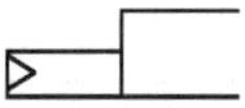	差动控制	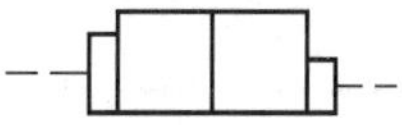

附表 3　泵、马达和缸

名　　称	符　　号	名　　称	符　　号
单向定量液压泵	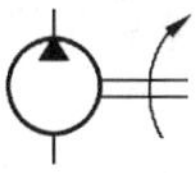	液压整体式传动装置	
双向定量液压泵	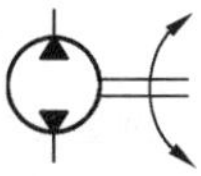	摆动马达	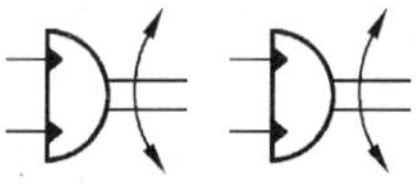
单向变量液压泵	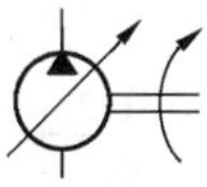	单作用弹簧复位缸	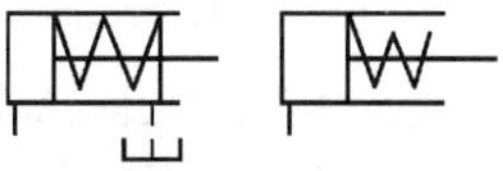
双向变量液压泵	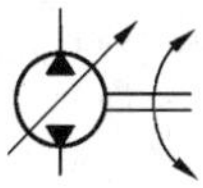	单作用伸缩缸	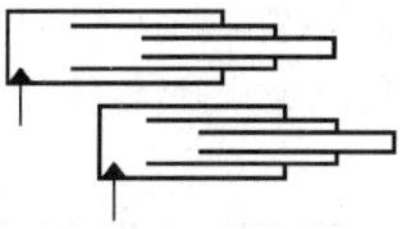

续表

名　称	符　号	名　称	符　号
单向定量马达	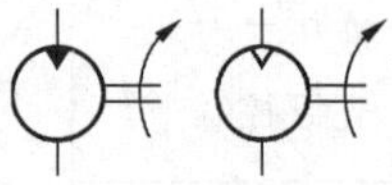	单向变量马达	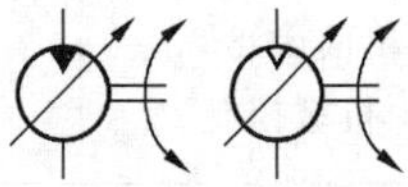
双向定量马达	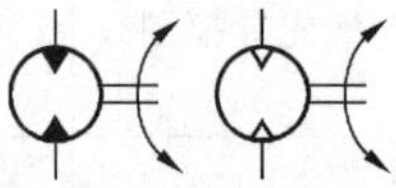	双向变量马达	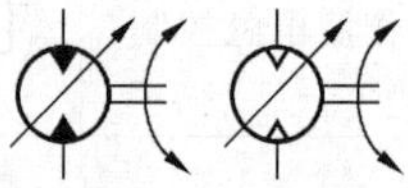
定量液压泵-马达	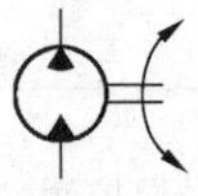	单向缓冲缸	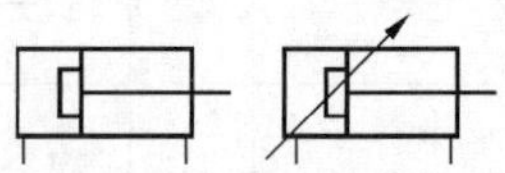
变量液压泵-马达	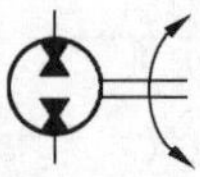	双向缓冲缸	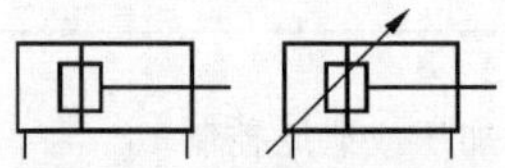
双作用单活塞杆缸	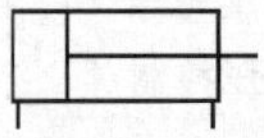	双作用伸缩缸	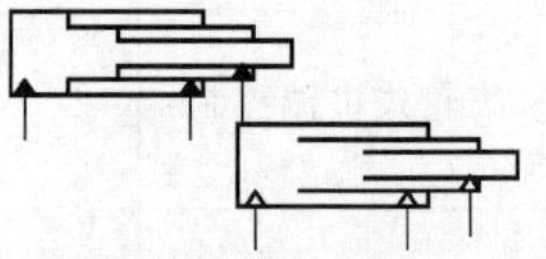
双作用双活塞杆缸	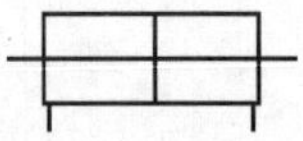	增压缸	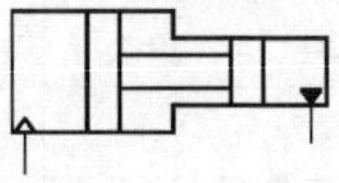

附表4　控制元件

名　称	符　号	名　称	符　号
直动型溢流阀	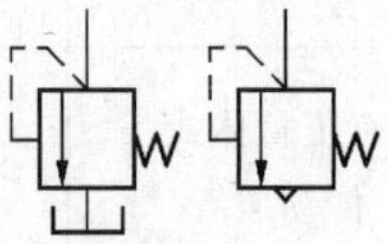	溢流减压阀	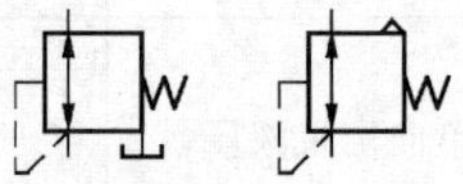
先导型溢流阀	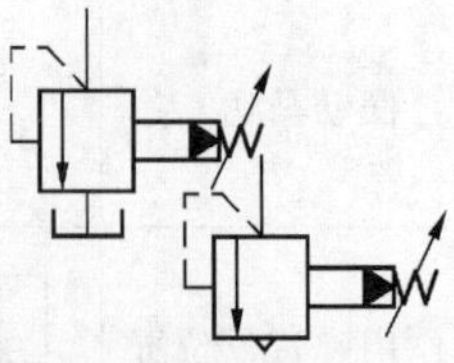	先导型比例电磁溢流减压阀	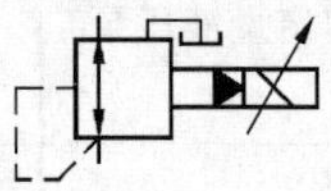
先导型比例电磁溢流阀	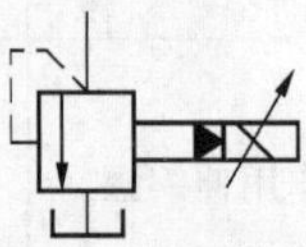	定比减压阀	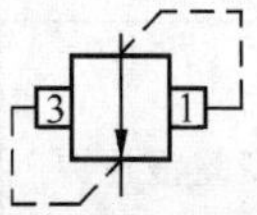 3　1

续表

名　　称	符　　号	名　　称	符　　号
卸荷溢流阀	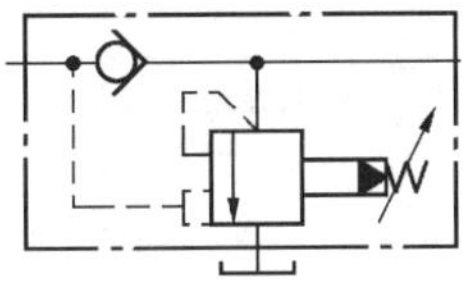	定差减压阀	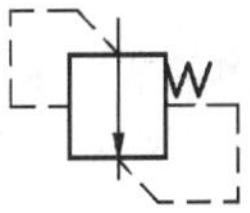
双向溢流阀	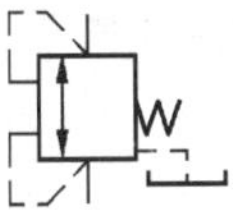	直动型顺序阀	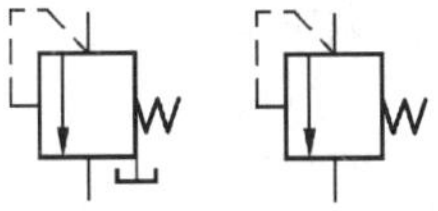
直动型减压阀	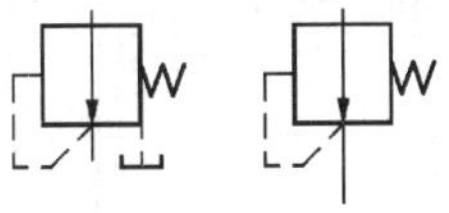	先导型顺序阀	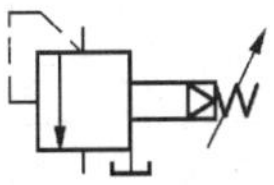
先导型减压阀	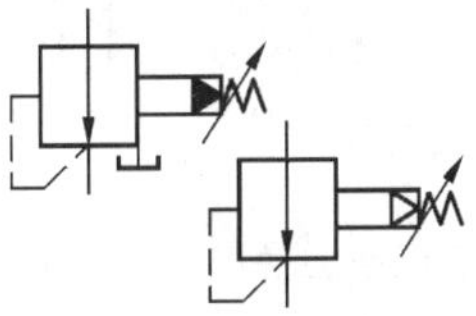	单向顺序阀（平衡阀）	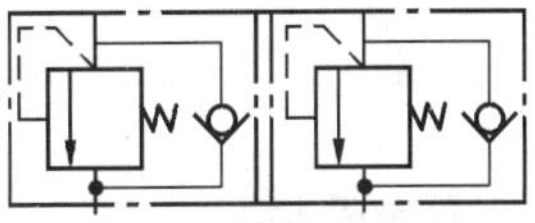
直动型卸荷阀	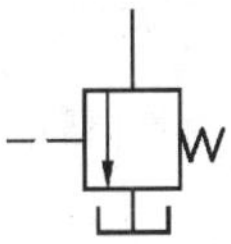	集流阀	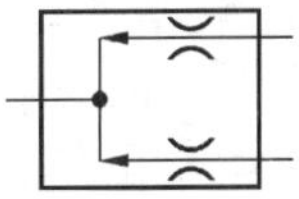
制动阀	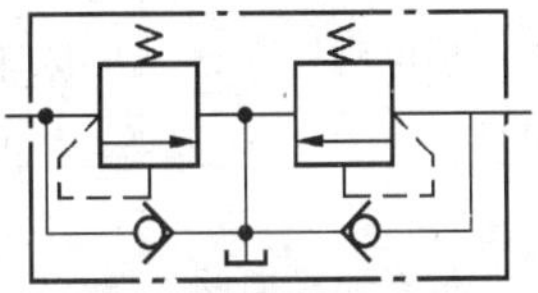	分流集流阀	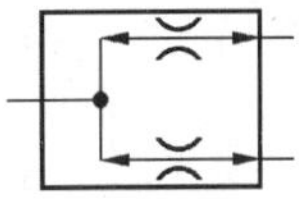
不可调节流阀		单向阀	
可调节流阀		液控单向阀	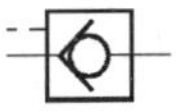
可调单向节流阀	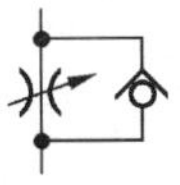	液压锁	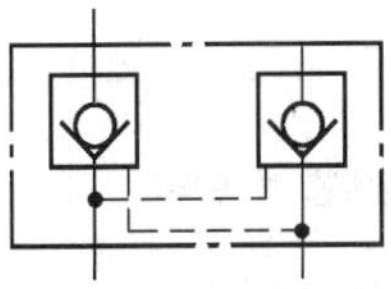
调速阀	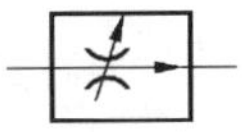	或门型梭阀	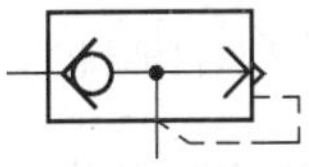

续表

名　　称	符　　号	名　　称	符　　号
带消声器的节流阀	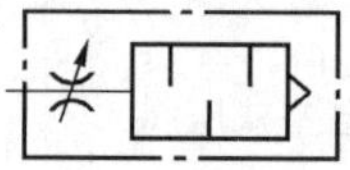	与门型梭阀	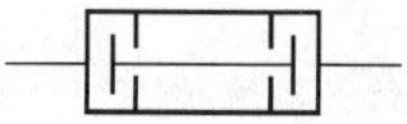
调速阀	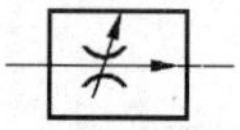	快速排气阀	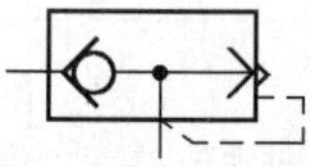
温度补偿调速阀	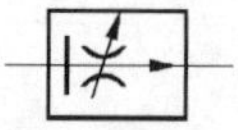	二位二通换向阀	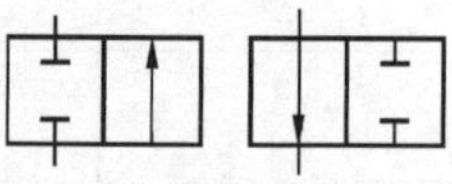
旁通型调速阀	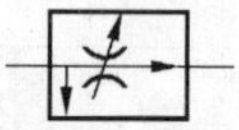	二位三通换向阀	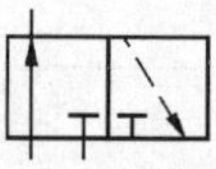
单向调速阀	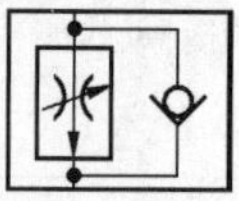	二位四通换向阀	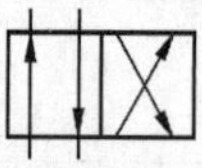
分流阀	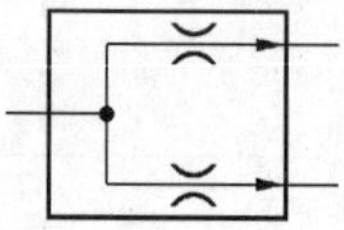	二位五通换向阀	
		四通电磁伺服阀	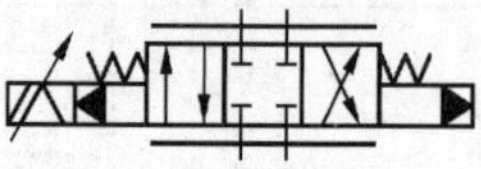
三位四通换向阀	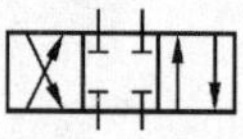	三位五通换向阀	

附表 5　辅助元件

名　　称	符　　号	名　　称	符　　号
过滤器	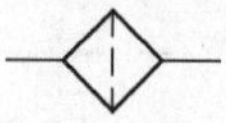	气罐	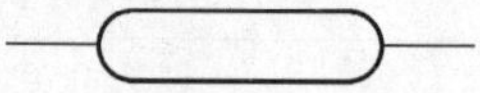
磁芯过滤器	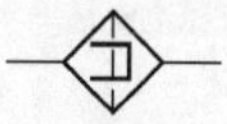	压力计	
污染指示过滤器	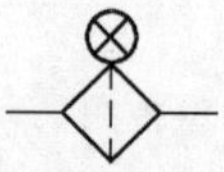	液面计	

续表

名　称	符　号	名　称	符　号
分水排水器	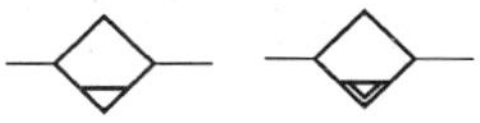	温度计	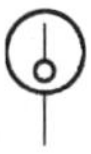
空气过滤器	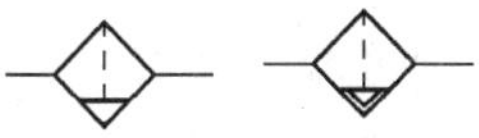	流量计	
除油器	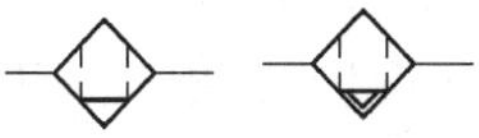	压力继电器	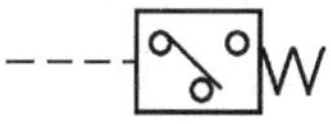
空气干燥器	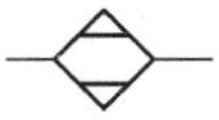	消声器	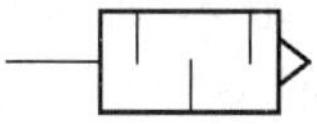
油雾器		液压源	
气源调节装置	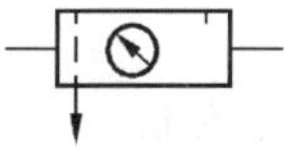	气压源	
冷却器	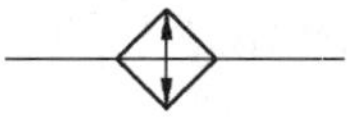	电动机	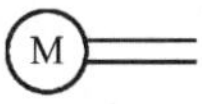 M
加热器	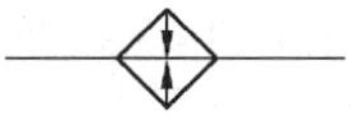	原动机	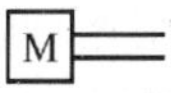 M
蓄能器		气-液转换器	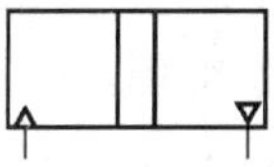

参考文献

[1] 路甬祥.液压气动技术手册[M].北京:机械工业出版社,2002.

[2] 章宏甲.液压与气压传动[M].北京:机械工业出版社,2005.

[3] 雷天觉.液压工程手册[M].北京:机械工业出版社,1990.

[4] 许福玲,陈尧明.液压与气压传动[M].2版.北京:机械工业出版社,2004.

[5] 左健民.液压与气压传动[M].3版.北京:机械工业出版社,2006.

[6] 袁承训.液压与气压传动[M].2版.北京:机械工业出版社,2000.

[7] 何存兴,张铁华.液压与气压传动[M].2版.武汉:华中科技大学出版社,2000.

[8] Merle C Potter,David C Wiggert. Mechanics of Fluids [M].北京:机械工业出版社,2003.

[9] Lansky Z J,Lawrence F Schrader Jr. Industrial Pneumatic Control[M]. New York:Marcel Dekker,INC,1986.

[10] Korn J. Hydraulicstaic Transmission System. International Textbook Company Ltd 158,Buckingham palace Road London SW1.

[11] 上海第二工业大学液压教研室.液压传动及控制[M].上海:上海科学技术出版社,1990.

[12] 大连工学院机械制造教研室.金属切削机床液压传动[M].2版.北京:科学出版社,1985.

[13] 林建亚,何存兴.液压元件[M].北京:机械工业出版社,1988.

[14] 丛庄远,刘震北.液压技术基本理论[M].哈尔滨:哈尔滨工业大学出版社,1989.

[15] 李慕洁.液压传动与气压传动[M].北京:机械工业出版社,1989.

[16] 王庭树,余从晞.液压及气动技术[M].北京:国防工业出版社,1989.

[17] 孟繁华,李天贵.气动技术在气动化中的应用[M].北京:国防工业出版社,1989.

[18] 郑家林.轻工业气压传动[M].北京:中国轻工业出版社,1989.

[19] 李寿刚.液压传动[M].北京:北京理工大学出版社,1994.

[20] 官忠范.液压传动系统[M].3版.北京:机械工业出版社,1997.

[21] 李壮云.中国机械设计大典(第5卷):机械控制系统设计[M].南昌:江西科学技术出版社,2002.

[22] 周士昌.液压系统设计图集[M].北京:机械工业出版社,2004.

[23] 陈尧明,许福玲.液压与气压传动学习指导与习题集[M].北京:机械工业出版社,2005.

[24] 齐晓杰.汽车液压与气压传动[M].北京:机械工业出版社,2005.